Первый миллион цифр числа Эйлера

Под редакцией

Дэвид Э. МакАдамс

Другие книги Дэвида Э. МакАдамса

Попугай цвета — Введение в концепцию цветов с использованием рисунков попугаев. Для дошкольников.

Цвета цветов — Введение в концепцию цветов с использованием рисунков цветов. Для дошкольников.

Цвета космоса — Введение в концепцию цветов с использованием фотографий из НАСА. Для дошкольников.

Формы — Введение в формы. Для дошкольников.

Numbers (По-английски) — Введение в концепцию чисел. Для классов K-2.

What is Bigger Than Anything? (Infinity) — Введение в концепцию бесконечности. Для 1–3 классов.

Swing Sets (Sets) (По-английски) — Введение в теорию множеств. Для 2–4 классов.

One Penny, Two (По-английски) — Если пенни Джерри будет удваиваться каждый день, сколько времени пройдет, прежде чем он сможет купить темно-зеленую спортивную машину? Для 3–6 классов.

Learning With Play Money Activity Kit (По-английски) — Обучайте большим числам и счету с более чем 1 000 000 долларов в виде игровых денег.

Мои любимые фракталы (тома 1, 2) — Иллюстрированные книги с чудесными фракталами, представленные в виде изображений с высоким разрешением. Для всех возрастов.

All Math Words Dictionary (По-английски) — Математический словарь для студентов, изучающих предыдущую алгебру, алгебру, геометрию и предыскажения.

Первый миллион цифр числа Пи -— Первый миллион цифр числа Пи. Для всех возрастов.

Первый миллион цифр числа Эйлера — Первый миллион цифр числа Эйлера e. Для всех возрастов.

Квадратный корень из 2 до миллиона цифр — Первый миллион цифр квадратного корня из 2. Для всех возрастов.

Первые сто тысяч простых чисел — Первые сто тысяч простых чисел. Для всех возрастов.

Развёртка многогранника проектная книга — 80 геометрических сетей для копирования, вырезания и склеивания в трехмерные многогранники. Для детей от 9 лет.

Geometric Nets Mega Project Book (По-английски) — 253 геометрические сети для копирования, вырезания и склеивания в трехмерные многогранники. Для детей от 9 лет.

Актуальный список см. на сайте https://www.DEMcAdams.com.

$$e = \lim_{n\to\infty}\left(1+\frac{1}{n}\right)^n$$

e ≈
2.7182818284590452353602874713526624977572470936999595749669676277
240766303535475945713821785251664274274663919320030599218174135966
290435729003342952605956307381323286279434907632338298807531952510
190115738341879307021540891499348841675092447614606680822648001684
774118537423454424371075390777449920695517027618386062613313845830
007520449338265602976067371132007093287091274437470472306969772093
101416928368190255151086574637721112523897844250569536967707854499
699679468644549059879316368892300987931277361782154249992295763514
822082698951936680331825288693984964651058209392398294887933203625
094431173012381970684161403970198376793206832823764648042953118023
287825098194558153017567173613320698112509961818815930416903515988
885193458072738667385894228792284998920868058257492796104841984443
634632449684875602336248270419786232090021609902353043699418491463
140934317381436405462531520961836908887070167683964243781405927145
635490613031072085103837505101157477041718986106873969655212671546
889570350354021234078498193343210681701210056278802351930332247450
158539047304199577770935036604169973297250886876966403555707162268
447162560798826517871341951246652010305921236677194325278675398558
944896970964097545918569563802363701621120477427228364896134225164
450781824423529486363721417402388934412479635743702637552944483379
980161254922785092577825620926226483262779333865664816277251640191
059004916449982893150566047258027786318641551956532442586982946959
308019152987211725563475463964479101459040905862984967912874068705
048958586717479854667757573205681288459205413340539220001137863009
455606881667400169842055804033637953764520304024322566135278369511
778838638744396625322498506549958862342818997077332761717839280349
465014345588970719425863987727547109629537415211151368350627526023
264847287039207643100595841166120545297030236472549296669381151373
227536450988890313602057248176585118063036442812314965507047510254
465011727211555194866850800368532281831521960037356252794495158284
188294787610852639813955990067376482922443752871846245780361929819
713991475644882626039033814418232625150974827987779964373089970388
867782271383605772978824125611907176639465070633045279546618550966
661856647097113444740160704626215680717481877844371436988218559670
959102596862002353718588748569652200050311734392073211390803293634
479727355955277349071783793421637012050054513263835440001863239914
907054797780566978533580489669062951194324730995876552368128590413
832411607226029983305353708761389396391779574540161372236187893652
605381558415871869255386061647798340254351284396129460352913325942
794904337299085731580290958631382683291477116396337092400316894586
360606458459251269946557248391865642097526850823075442545993769170
419777800853627309417101634349076964237222943523661255725088147792
231519747780605696725380171807763603462459278778465850656050780844
211529697521890874019660906651803516501792504619501366585436632712
549639908549144200014574760819302212066024330096412704894390397177
195180699086998606636583232278709376502260149291011517177635944602
023249300280401867723910288097866605651183260043688508817157238669
842242201024950551881694803221002515426494639812873677658927688163
598312477886520141174110913601164995076629077943646005851941998560
162647907615321038727557126992518275687989302761761146162549356495
903798045838182323368612016243736569846703785853305275833337939907
521660692380533698879565137285593883499894707416181550125397064648

1719467083481972144888987906765037959036696724949925452790337296З6
1626589760394985767413973594410237443297093554779826296145914429З6
451428617158587339746791897571211956187385783644758448423555581050
025611492391518893099463428413936080383091662818811503715284967059
741625628236092168075150177725387402564253470879089137291722828611
515915683725241630772254406337875931059826760944203261924285317018
781772960235413060672136046000389661093647095141417185777014180606
443636815464440053316087783143174440811949422975599314011888683314
832802706553833004693290115744147563139997221703804617092894579096
271662260740718749975359212756084414737823303270330168237193648002
173285734935947564334129943024850235732214597843282641421684878721
673367010615094243456984401873312810107945127223737886126058165668
053714396127888732527373890392890506865324138062796025930387727697
783792868409325365880733988457218746021005311483351323850047827169
376218004904795597959290591655470505777514308175112698985188408718
564026035305583737832422924185625644255022672155980274012617971928
047139600689163828665277009752767069777036439260224372841840883251
848770472638440379530166905465937461619323840363893131364327137688
841026811219891275223056256756254701725086349765367288605966752740
868627407912856576996313789753034660616669804218267724560530660773
899624218340859882071864682623215080288286359746839654358856685503
773131296587975810501214916207656769950659715344763470320853215603
674828608378656803073062657633469774295634643716709397193060876963
495328846833613038829431040800296873869117066666146800015121143442
256023874474325250769387077775193299942137277211258843608715834835
626961661980572526612206797540621062080649882918454395301529982092
503005498257043390553570168653120526495614857249257386206917403695
213533732531666345466588597286659451136441370331393672118569553952
108458407244323835586063106806964924851232632699514603596037297253
198368423363904632136710116192821711150282801604488058802382031981
493096369596735832742024988245684941273860566491352526706046234450
549227581151709314921879592718001940968866986837037302200475314338
181092708030017205935530520700706072233999463990571311587099635777
359027196285061146514837526209565346713290025994397663114545902685
898979115837093419370441155121920117164880566945938131183843765620
627846310490346293950029458341164824114969758326011800731699437393
506966295712410273239138741754923071862454543222039552735295240245
903805744502892246886285336542213815722131163288112052146489805180
092024719391710555390113943316681515828843687606961102505171007392
762385553386272553538830960671644662370922646809671254061869502143
176211668140097595281493907222601112681153108387317617323235263605
838173151034595736538223534992935822836851007810884634349983518404
451704270189381994243410090575376257767571118090088164183319201962
623416288166521374717325477727783488774366518828752156685719506371
936565390389449366421764003121527870222366463635755503565576948886
549500270853923617105502131147413744106134445544192101336172996285
694899193369184729478580729156088510396781959429833186480756083679
551496636448965592948187851784038773326247051945050419847742014183
947731202815886845707290544057510601285258056594703046836344592652
552137008068752009593453607316226118728173928074623094685367823106
097921599360019946237993434210687813497346959246469752506246958616
909178573976595199392993995567542714654910456860702099012606818704
984178079173924071945996323060254707901774527513186809982284730860
766536866855516467702911336827563107223346726113705490795365834538
637196235856312618387156774118738527722922594743373785695538456246
801013905727871016512966636764451872465653730402443684140814488732
957847348490003019477888020460324660842875351848364959195082888323
206522128104190448047247949291342284951970022601310430062410717971

502793433263407995960531446053230488528972917659876016667811937932
372453857209607582277178483361613582612896226118129455927462767137
794487586753657544861407611931125958512655759734573015333642630767
985443385761715333462325270572005303988289499034259566232975782488
735029259166825894456894655992658454762694528780516501720674785417
887982276806536650641910973434528878338621726156269582654478205672
987756426325321594294418039943217000090542650763095588465895171709
147607437136893319469090981904501290307099566226620303182649365733
698419555776963787624918852865686607600566025605445711337286840205
574416030837052312242587223438854123179481388550075689381124935386
318635287083799845692619981794523364087429591180747453419551420351
726184200845509170845682368200897739455842679214273477560879644279
202708312150156406341341617166448069815483764491573900121217041547
872591998943825364950514771379399147205219529079396137621107238494
290616357604596231253506068537651423115349665683715116604220796394
466621163255157729070978473156278277598788136491951257483328793771
571459091064841642678309949723674420175862269402159407924480541255
360431317992696739157542419296607312393763542139230617876753958711
436104089409966089471418340698362993675362621545247298464213752891
079884381306095552622720837518629837066787224430195793793786072107
254277289071732854874374355781966511716618330881129120245204048682
200072344035025448202834254187884653602591506445271657700044521097
735585897622655484941621714989532383421600114062950718490427789258
552743035221396835679018076406042138307308774460170842688272261177
180842664333651780002171903449234264266292261456004337383868335555
343453004264818473989215627086095650629340405264943244261445665921
291225648893569655009154306426134252668472594914314239398845432486
327461842846655985332312210466259890141712103446084271616619001257
195870793217569698544013397622096749454185407118446433946990162698
351607848924514058940946395267807354579700307051163682519487701189
764002827648414160587206184185297189154019688253289309149665345753
571427318482016384644832499037886069008072709327673127581966563941
148961716832980455139729506687604740915420428429993541025829113502
241690769431668574242522509026939034814856451303069925199590436384
028429267412573422447765584177886171737265462085498294498946787350
929581652632072258992368768457017823038096567883112289305809140572
610865884845873101658151167533327674887014829167419701512559782572
707406431808601428149024146780472327597684269633935773542930186739
439716388611764209004068663398856841681003872389214483176070116684
503887212364367043314091155733280182977988736590916659612402021778
558854876176161989370794380056663364884365089144805571039765214696
027662583599051987042300179465536788567430285974600143785483237068
701190078499404930918919181649327259774030074879681484882342932023
012128032327460392219687528340516906974194257614673978110715464186
273369091584973185011183960482533518748438923177292613543024932562
896371361977285456622924461644497284597867711574125670307871885109
336344480149675240618536569532074170533486782754827815415561966911
055101472799040386897220465550833170782394808785990501947563108984
124144672821865459971596639015641941751820935932616316888380132758
752601460507676098392625726411120135288591317848299475682472564885
533357279772205543568126302535748216585414000805314820697137262149
755576051890481622376790414926742600071045922695314835188137463887
104273544767623577933993970632396604969145303273887874557905934937
772320142954803345000695256980935282887783710670585567749481373858
630385762823040694005665340584887527005308832459182183494318049834
199639981458773435863115940570443683515285383609442955964360676090
221741896883548131643997437764158365242234642619597390455450680695
232850751868719449064767791886720306418630751053512149851051207313

846648717547518382979990189317751550639981016466414592102406838294
603208535554058147159273220677567669213664081505900806952540610628
536408293276621931939933861623836069111767785448236129326858199965
239275488427435414402884536455595124735546139403154952097397051896
240157976832639450633230452192645049651735466775699295718989690470
902730288544945416699791992948038254980285946029052763145580316514
066229171223429375806143993484914362107993576737317948964252488813
720435579287511385856973381976083524423240466778020948399639946684
833774706725483618848273000648319163826022110555221246733323184463
005504481849916996622087746140216157021029603318588727333298779352
570182393861244026868339555870607758169954398469568540671174444932
479519572159419645863736126915526457574786985964242176592896862383
506370433939811671397544736228625506803682664135541448048997721373
174119199970017293907303350869020922519124447393278376156321810842
898207706974138707053266117683698647741787180202729412982310888796
831880854367327806879771659111654224453806625861711729498038248879
986504061563975629936962809358189761491017145343556659542757064194
408833816841111166200759787244137082333917886114708228657531078536
674695018462140736493917366254937783014074302668422150335117736471
853872324040421037907750266020114814935482228916663640782450166815
341213505278578539332606110249802273093636740213515386431693015267
460536064351732154701091440650878823636764236831187390937464232609
021646365627553976834019482932795750624399645272578624400375983422
050808935129023122475970644105678361870877172333555465482598906861
201410107222465904008553798235253885171623518256518482203125214950
700378300411216212126052726059944320443056274522916128891766814160
639131235975350390320077529587392412476451850809163911459296071156
344204347133544720981178461451077872399140606290228276664309264900
592249810291068759434533858330391178747575977065953570979640012224
092199031158229259667913153991561438070129260780197022589662923368
154312499412259460023399472228171056603931877226800493833148980338
548909468685130789292064242819174795866199944411196208730498064385
006852620258432842085582338566936649849720817046135376163584015342
840674118587581546514598270228676671855309311923340191286170613364
873183197560812569460089402953094429119590295968563923037689976327
462283900735457144596414108229285922239332836210192822937243590283
003884445701383771632056518351970100115722010956997890484964453434
612129224964732356126321951155701565824427661599326463155806672053
127596948538057364208384918887095176052287817339462747644656858900
936266123311152910816041524100214195937349786431661556732702792109
593543055579732660554677963552005378304619540636971842916168582734
122217145885870814274090248185446421774876925093328785670674677381
226752831653559245204578070541352576903253522738963847495646255940
378924925007624386893776475310102323746733771474581625530698032499
033676455430305274561512961214585944432150749051491453950981001388
737926379964873728396416897555132275962011838248650746985492038097
691932606437608743209385602815642849756549307909733854185583515789
409814007691892389063090542534883896831762904120212949167195811935
791203162514344096503132835216728021372415947344095498316138322505
486708172221475138425166790445416617303200820330902895488808516797
258495813407132180533988828139346049850532340472595097214331492586
604248511405819579711564191458842833000525684776874305916390494306
871343118796189637475503362820939949343690321031976898112055595369
465424704173323895394046035325396758354395350516720261647961347790
912327995264929045151148307923369382166010702872651938143844844532
639517394110131152502750465749343063766541866128915264446926222884
366299462732467958736383501937142786471398054038215513463223702071
533134887083174146591492406359493020921122052610312390682941345696

785958518393491382340884274312419099152870804332809132993078936867
127413922890033069995875921815297612482409116951587789964090352577
345938248232053055567238095022266790439614231852991989181065554412
477204508510210071522352342792531266930108270633942321762570076323
139159349709946933241013908779161651226804414809765618979735043151
396066913258379033748620836695475083280318786707751177525663963479
259219733577949555498655214193398170268639987388347010255262052312
317215254062571636771270010760912281528326508984359568975961038372
157726831170734552250194121701541318793651818502020877326906133592
182000762327269503283827391243828198170871168108951187896746707073
377869592565542713340052326706040004348843432902760360498027862160
749469654989210474443927871934536701798673920803845633723311983855
862638008516345597194441994344624761123844617615736242015935078520
825600604101556889899501732554337298073561699861101908472096600708
320280569917042590103876928658336557728758684250492690370934262028
022399861803400211320742198642917383679176232826444645756330336556
777374808644109969141827774253417010988435853189339175934511574023
847292909015468559163792696196841000676598399744972047287881831200
233383298030567865480871476464512824264478216644266616732096012564
794514827125671326697067367144617795643752391742928503987022583734
069852309190464967260243411270345611114149835783901793499713790913
696706497637127248466613279908254305449295528594932793818341607827
091326680865655921102733746700132583428715240835661522165574998431
236278287106649401564670141943713823863454729606978693335973109537
126499416282656463708490580151538205338326511289504938566468752921
135932220265681856418260827538790002407915892646028490894922299966
167437731347776134150965262448332709343898412056926145108857812249
139616912534202918139898683901335795857624435194008943955180554746
554000051766240202825944828833811886381749594284892013520090951007
864941868256009273977667585642598378587497776669563350170748579027
248701370264203283965756348010818356182372177082236423186591595883
669487322411726504487268392328453010991677518376831599821263237123
854357312681202445175401852132663740538802901249728180895021553100
673598184430429105288459323064725590442355960551978839325930339572
934663055160430923785677229293537208416693134575284011873746854691
620648991164726909428982971065606801805807843600461866223562874591
385185904416250663222249561448724413813849763797102676020845531824
111963927941069619465426480006761727618115630063644321116224837379
105623611358836334550102286170517890440570419577859833348463317921
904494652923021469259756566389965893747728751393377105569802455757
436190501772466214587592374418657530064998056688376964229825501195
065837843125232135309371235243969149662310110328243570065781487677
299160941153954063362752423712935549926713485031578238899567545287
915578420483105749330060197958207739558522807307048950936235550769
837881926357141779338750216344391014187576711938914416277109602859
415809719913429313295145924373636456473035037374538503489286113141
638094752301745088784885645741275003353303416138096560043105860548
355773946625033230034341587814634602169235079216111013148948281895
391028916816328709309713184139815427678818067628650978085718262117
003140003377301581536334149093237034703637513354537634521050370995
452942055232078817449370937677056009306353645510913481627378204985
657055608784211964039972344556458607689515569686899384896439195225
232309703301037277227710870564912966121061494072782442033414057441
446459968236966118878411656290355117839944070961772567164919790168
195234523807446299877664824873753313018142763910519234685081979001
796519907050490865237442841652776611425351538665162781316090964802
801234493372427866930894827913465443931965254154829494577875758599
482099181824522449312077768250830768282335001597040419199560509705

364696473142448453825888112602753909548852639708652339052941829691
802357120545328231809270356491743371932080628731303589640570873779
967845174740515317401384878082881006046388936711640477755985481263
907504747295012609419990373721246201677030517790352952793168766305
099837441859803498821239340919805055103821539827677291373138006715
339240126954586376422065097810852907639079727841301764553247527073
788764069366420012194745702358295481365781809867944020220280822637
957006755393575808086318932075864444206644691649334467698180811716
568665213389686173592450920801465312529777966137198695916451869432
324246404401672381978020728394418264502183131483366019384891972317
817154372192103946638473715630226701801343515930442853848941825678
870721238520597263859224934763623122188113706307506918260109689069
251417142514218153491532129077723748506635489170892850760234351768
218355008829647410655814882049239533702270536705630750317499788187
009989251020178015601042277836283644323729779929935160925884515772
055232896978333126427671291093993103773425910592303277652667641874
842441076564447767097790392324958416348527735171981064673837142742
974468992320406932506062834468937543016787815320616009057693404906
146176607094380110915443261929000745209895959201159412324102274845
482605404361871836330268992858623582145643879695210235266673372434
423091577183277565800211928270391042391966426911155333594569685782
817020325495552528875464466074620294766116004435551604735044292127
916358748473501590215522120388281168021413865865168464569964810015
633741255098479730138656275460161279246359783661480163871602794405
482710196290774543628092612567507181773641749763254436773503632580
004042919906963117397787875081560227368824967077635559869284901628
768699628053790181848148810833946900016380791075960745504688912686
792812391148880036720729730801354431325347713094186717178607522981
373539126772812593958220524289991371690685650421575056729991274177
149279608831502358697816190894908487717722503860872618384947939757
440664912760518878124233683125467278331513186758915668300679210215
947336858591201395360301678110413444411030903388761520488296909104
689167671555373346622545575975202624771242796225983278405833585897
671474205724047439720232895903726148688388003174146490203843590358
527993123871042845981608996101945691646983837718267264685264869172
948414153004604004299585035164101899027529366867431834955447458124
140190754681607770977920579383895378192128847409929537040546962226
547278807248685508046571043123854873351653070570784584243335550958
221912862797205455466267099131902370311779690892786623112661337671
178512943059323281605826535623848164192144732543731002062738466812
351691016359252588256806438946389880872735284406462208149513862275
239938938734905082625472417781702582044129853760499827899020083498
387362992498125742354568439023012261733665820546785671147973065077
035475620567428300187473019197310881157516777005071432012726354601
912460800451608108641835539669946936947322271670748972850464195392
966434725254724357659192969949061670189061433616907056148280980363
243454128229968275980226694045642181328624517549652147221620839824
594576613342710564957193564431561774500828376935700995419541839029
151033187933907614207467028867968594985439789457300768939890070073
924697461812855764662265412913204052279071212820653775058280040897
163467163709024906774736309136904002615646432159560910851092445162
454420141442641660181385990017417408244245378610158433361777292580
611159192008414091888191208858207627011483671760749046980914443057
262211104583300789331698191603917150622792986282709446275915009683
226345073725451366858172483498470080840163868209726371345205439802
277866337293290829914010645589761697455978409211409167684020269370
229231743334499986901841510888993165125090001163719114994852024821
586396216294981753094623047604832399379391002142532996476235163569

009445086058091202459904612118623318278614464727795523218635916551
883057930657703331498510068357135624341881884405780028844018129031
378653794869614630467726914552953690154167025838032477842272417994
513653582260971652588356712133519546838335349801503269359798167463
231847628306340588324731228951257944267639877946713121042763380872
695738609314631539148548792514028885025189788076023838995615684850
391995855029256054176767663145354058496296796781349420116003325874
431438746248313850214980401681940795687219268462617287403480967931
949965604299190281810597603263251746405016454606266765529010639868
703668263299050577706266397868453584384057673298268163448646707439
990917504018892319267557518354054956017732907127219134577524905771
512773358423314008356080926962298894163047287780054743798498545562
870729968407382937218623831766524716090967192007237658894226186550
487552614557855898773008703234726418384831040394818743616224455286
163287628541175946460497027724490799275146445792982549802258601001
772437840167723166802004162547244179415547810554178036773553354467
030326469619447560812831933095679685582771932031205941616693902049
665352189672822671972640029493307384717544753761937017882976382487
233361813499414541694736549254840633793674361541081593464960431603
544354737728802361047743115330785159902977771499610274627769759612
488879448609863349422852847651310277926279743981957617505591300993
377368240510902583759345170015340522266144077237050890044496613295
859536020556034009492820943862994618834790932894161098856594954213
114335608810239423706087108026465913203560121875933791639666437282
836752328391688865373751335794859860107569374889645657187292540448
508624449947816273842517229343960137212406286783636675845331904743
954740664015260871940915743955282773904303868772728262065663129387
459875317749973799293043294371763801856280061141619563942414312254
397099163565102848315765427037906837175764870230052388197498746636
856292655058222887713221781440489538099681072143012394693530931524
054081215705402274414521876541901428386744260011889041724570537470
755550581632831687247110220353727166112304857340460879272501694701
067831178927095527253222125224361673343366384756590949728221809418
684074238351567868893421148203905824224324264643630201441787982022
116248471657468291146315407563770222740135841109076078464780070182
766336227978104546331131294044833570134869585165267459515187680033
395522410548181767867772152798270250117195816577603549732923724732
067853690257536233971216884390878879262188202305529937132397194333
083536231248870386416194361506529551267334207198502259771408638122
015980894363561808597010080081622557455039101321981979045520049618
583777721048046635533806616517023595097133203631578945644487800945
620369784973459902004606886572701865867757842758530645706617127194
967371083950603267501532435909029491516973738110897934782297684100
117657987098185725131372267749706609250481876835516003714638685918
913011736805218743265426063700710595364425062760458252336880552521
181566417553430681181548267844169315284408461087588214317641649835
663127518728182948655658524206852221830755306118393326934164459415
342651778653397980580828158806300749952897558204686612590853678738
603318442905510689778698417735603118111677563872589911516803236547
002987989628986181014596471307916144369564690909518788574398821730
583884980809523077569358851616027719521488998358632323127308909861
560777386006984035267826785387215920936255817889813416247486456433
211043194821421299793188104636399541496539441501383868748384870224
681829391860319598667962363489309283087840712400431022706137591368
056518861313458307990705003607588327248867879324093380071864152853
317943535073401891193638546730000660453783784472469288830546979000
131248952100446949032058838294923613919284305249167833012980192255
157050378521810552961623637523647962685751660066539364142273063001

648652613891842243501797455993616794063303522111829071597538821839
777552812981538570168702202620274678647916644030729018445497956399
844836807851997088201407769199261674991148329821854382718946282165
387064858588646221611410343570342878862979083418871606214430014533
275029715104673156021000043869510583773779766003460887624861640938
645252177935289947578496255243925598620521409052346250847830487046
492688313289470553891357290706967599556298586669559721686506052072
801342104355762779184021797626656484580261591407173477009039475168
017709900129391137881248534255949312866653465033728846390649968460
644741907524313323903404908195233044389559060547854954620263256676
813262435925020249516275607080900436460421497025691488555265022810
327762115842282433269528629137662675481993546118143913367579700141
255870143319434764035725376914388899683088262844616425575034001428
982557620386364384137906519612917777354183694676232982904981261717
676191554292570438432239918482261744350470199171258214687683172646
078959690569981353264435973965173473319484798758064137926885413552
523275720457329477215706850016950046959758389373527538622664943456
437071610511521617176237598050900553232154896062817794302268640579
555845730600598376482703339859420098582351400179507104569019191359
062304102336798080907240196312675268916362136351032648077232914950
859151265812143823371072949148088472355286394195993455684156344577
951727033374238129903260198160571971183950662758220321837136059718
025940870615534713104482272716848395524105913605919812444978458110
854511231668173534838253724825347636777581712867205865148285317273
569069839935110763432091319780314031658897379628301178409806410175
016511072932907832177487566289310650383806093372841399226733384778
203302020700517188941706465146238366720632742644336612174011766914
919235570905644803016342294301837655263108450172510307540942604409
687066288066265900569082451407632599158164499361455172452057020443
093722305550217222299706209749268609762787409626448772056043078634
808885709143464793241536214303199965695610753570417207285334250171
325558818113295504095217830139465216436594262960768570585698507157
151317262928960072587601564840556088613165411835958628710665496282
599535127193244635791046554389165150954187306071015034430609582302
257455974944275067630926322529966338219395202927917973247094559691
016402983683080426309910481567503623509654924302589575273521412445
149542462972258510120707802110188106722347972579330653187713438466
713807546383471635428854957610942841898601794658721444495198801550
804042506452191484989920400007310672369944655246020908767882300064
337725657385010969899058191290957079866699453765080407917852438222
041070599278889267745752084287526377986730360561230710723922581504
781379172731261234878334034473833573601973235946604273704635201327
182592410906040097638585857716958419563109577748529579836844756803
121874818202833941887076311731615289811756429711334181497218078040
465077657204457082859417475114926179367379999220181789399433337731
146911970737861041963986422166045588965683206701337505745038872111
332436739840284188639147633491695114032583475841514170325690161784
931455706904169858050217798497637014758914810543205854914100662201
721719726878930012101267481270235940855162601689425111458499658315
589660460091525797881670384625905383256920520425791378948827579603
278877535466861441826827797651258953563761485994485049706638406266
121957141911063246061774180577212381659872472432252969098533628440
799030007594546281549235506086481557928961969617060715201589825299
772803520002610888814176506636216905928021516429198484077446143617
891415191517976537848282687018750030264867608433204658525470555882
410254654806040437372771834769014720664234434374255514129178503032
471263418076525187802925534774001104853996960549926508093910691337
614841834884596365621526610332239417467064368340504749943339802285

6103130830384845712947673898562939376419144070365075446220611864991272496437998758065378502037531899726180144046677930501403015807092662132292736497186539528665675385721151336061144572228008511837578992195430634136923022931397511437024048302273576290399117944992484809150710024440784828665985794065255391410414973427802035201354199259776281781828253720229201081864494483492554217939827232793570958287485971267807831342861807504971757473737302962804773769089325589145981417248526582995108822300552232422185861913947951842201315533196343639226842591641686694381225371359607100317436519590277125716045884860448206744109352153279068160320542159679590664111201876185312567101502122394012856686084694359374081585364819125280049207240421721709139831231180540432770158356295136562746102488277064888650377651756788068724988616570948466657706745770002071443325255557365570831503200190829920965454987374197566086195334923129402639049309820147003711618294859399311999550704553811967112893677352499581820117747997886363932864058078108186573376681578938276564506429173966855795550531887153145523530703559947401862259881498546607377876987815423603970809774123615182459640268699796095645238285842359535646151854481657999664606482613966187203048391195602503811155093842020989459155576008389798994996456626254051419561078009029866701463523853206603257446682025943061880177309110921274113826914878435567935257280887554316469307723536376822603608017404066099715117688043492748919713308782295112374663263563532851739418946651094374576827078220992846803468415744312773981104418676203295447546807751112666368547994446093480999295187566649990226168601967205374914995122682363789586524546281343928933836515653699241310963810255911464392380521390786289356166099883647917563317672585652359106952032689599005488475342416058668982006748316317428632911963339913270908606507459526035715732306971210642342408159706832870762443716553275022879780259869098111122655888815152083748245003446304650598456969027616695827898291361353530629133142788188824934213644241783351931978654394020146532808341034178527248987905091993236927099656713350771190589994595192399061515616548030014535921255069640534526382345215599921057819137103018897920640888397476766714472731425446792350052461884923745530757573490270734249629887999694209459596100870250132945332535804568928570724120796591980922555056006197128354127020207258399417111755209208201510965095266851138975771508108494435082854587499129438575631156683245668279929918615390092558717168404956639919591540342183645372120236786086553647451756548793189256440852744891909181934116675835634397588860463494131118752410384254679379992035469104119354431132191360681296575685836117745646546748610619885914148057993187253675312434703354826375270813531055708180496424985846461479734675993159465147870250652710835087823506565323317977386566661816523900176649884854560549613002157761152558133961840270678149003502528768236078221073971023391468701597358685890152970103477805032921540143595952986834046574717562321966405154014779531674617262087273048206346524691099533273755610905783784559454691602236876896414259601646896471063480741099285464823530835401323329248640373180031952023174762065377261637174453605497266906017111767610477749716668901521638389743117141806222223457185679415072995262010862050847831274747919099968899372752290536747850205000386300365262188006709266741048060273419977566600294279410904000646542810744540076164295253624602614761804717443228899532858283977621846009676692675812703028065195354520531735368089545899021807831457758912802039700536331938211000954432412441979491929162052344213463956538407812094162148350011558836184211642839924540275907196215375701870670837310122461413620489265556681094670763865360830158476145125815885696100303370811970583444528746661988915346642448879119407114239401159869707957459466

337170243268484864632018986352827092313047089215684758207753034387
689978702323438584381125011714013265769320554911860153519551654627
941175593967947958810333935413289702528893533748106257875620364294
270257512121137330213811951395756419122685155962476203282038726342
066227347868223036522019655729325905068134849292299647248229359787
842720945578267329975853818536442370617353517653060396801087899490
506654491544577952166038552398013798104340564182403396162494910454
712104839439200945914647542424785991096900046541371091630096785951
563947332190934511838669964622788855817353221326876634958059123761
251203010983867841195725887799206041260049865895027247133146763722
204388398558347770112599424691208308595666787531942465131444389971
195968105937957532155524204659410081418351120174196853432672343271
868099625045432475688702055341969199545300952644398446384346598830
418262932239295612610045884644244285011551557765935780379565026806
130721758672048541797157896401554276881090475899564605488362989140
226580026134158039480357971019004151547655018391755772677897148793
477372747525743898158705040701968215101218826088040084551332795162
841280679678965570163917067779841529149397403158167896865448841319
046368332179115059107813898261026271979696826411179918656038993895
418928488851750122504754778999508544083983800725431468842988412616
042682248823097788556495765424017114510393927980290997604904428832
198976751320535115230545666467143795931915272680278210241540629795
828828466355623580986725638200565215519951793551069127710538552661
926903526081367717666435071213453983711357500975854405939558661737
828297120544693182260401670308530911657973113259516101749193468250
063285777004686987177255226525708428745733039859744230639751837209
975339055095883623642814493247460522424051972825153787541962759327
436278819283740253185668545040893929401040561666867664402868211607
294830305236465560955351079987185041352121321534713770667681396211
443891632403235741573773787908838267618458756361026435182951815392
455211729022985278518025598478407179607904114472041476091765804302
984501746867981277584971731733287305281134969591668387877072315968
334322509070204019030503595891994666652037530271923764252552910347
950343816357721698115464329245608951158732012675424975710520894362
639501382962152214033621065422821876739580121286442788547491928976
959315766891987305176388698461503354594898541849550251690616888419
122873385522699976822609645007504500096116866129171093180282355042
553653997166054753907348915189650027442328981181709248273610863801
576007240601649547082331349361582435128299050405405333992577071321
011503713898695076713447940748097845416328110406350804863393555238
405735580863718763530261867971725608155328716436111474875107033512
913923595452951407437943144900950809932872153235195999616750297532
475931909938012968640379783553559071355708369947311923538531051736
669154087312467233440702525006918026747725078958903448856673081487
299464807786497709361969389290891718228134002845552513917355978456
150353144603409441211512001738697261466786933733154341007587514908
295822756919350542184106448264951943804240543255345965248373785310
657979037977505031436474651422484768831323479762673689855474944277
949916560108528257618964374464656819789319422077536824661110427671
9364818363605341087489710668663188805026555929568123959680449295166
615409802610781691689418764353363449482900125929366840591370059526
914934421861891742142561071896846626335874414976973921566392767687
720145153302241853125308442727245771161505550519076276250016522166
274796257424425420546785767478190959486500575711016264847833741198
041625940813327229905891486422127968042984725356237202887830051788
539737909455265135144073130049869453403245984236934627060242579432
563660640597549471239092372458126154582526667304702319359866523378
856244229188278436440434628094888288712101968642736370461639297485

616780079779959696843367730352483047478240669928277140069031660709
951473154191919911453182543906294573298686613524886500574780251977
607442660798300291573030523199052185718628543687577860915726925232
573171665625274275808460620177046433101212443409281314659760221360
416223031167750085960128475289259463348312408766740128170543067985
261868949895004918275008304998926472034986965363326210919830621495
095877228260815566702155693484634079776879525038204442326697479264
829899016938511552124688935873289878336267819361764023681714606495
185508780596635354698788205094762016350757090024201498400967867845
405354130050482404996646978558002628931826518708714613909521454987
992300431779500489569529280112698632533646737179519363094399609176
354568799002814515169743717518330632232942199132137614506411391269
837128970829395360832883050256072727563548374205497856659895469089
938558918441085605111510354367477810778500572718180809661542709143
010161515013086522842238721618109043183163796046431523184434669799
904865336375319295967726080853457652274714047941973192220960296582
500937408249714373040087376988068797038047223488825819819025644086
847749767508999164153502160223967816357097637814023962825054332801
828798160046910336602415904504637333597488119998663995617171089911
809851197616486499233594328274275983382931099806461605360243604040
848379619072542165869409486682092396143083817303621520642297839982
533698027039931804024928814430649614747600087654305571672697259114
631990688823893005380061568007730984416061355843701277573463708822
073792921409548717956947854414951731561828176343929570234710460088
230637509877521391223419548471196982303169544468045517922669260631
327498272520906329003279972932906827204647650366969765227673645419
031639887433042226322021325368176044169612053532174352764937901877
252263626883107879345194133825996368795020985033021472307603375442
346871647223795507794130304865403488955400210765171630884759704098
331306109510294140865574071074640401937347718815339902047036749084
359309086354777210564861918603858715882024476138160390378532660185
842568914109194464566162667753712365992832481865739251429498555141
512136758288423285957759412684479036912662015308418041737698963759
002546999454131659341985624780714434977201991702665380714107259910
648709897259362243300706760476097690456341576573395549588448948093
604077155688747288451838106069038026528318275560395905381507241627
615047252487759578650784894547389096573312763852962664517004459626
327934637721151028545472312880039058405918498833810711366073657536
918428084655898982349219315205257478363855266205400703561310260405
145079325925798227406012199249391735122145336707913500607486561657
301854049217477162051678486507913573336334257685988361252720250944
019430674728667983441293018131344299088234006652915385763779110955
708000600143579956351811596764725075668367726052352939773016348235
753572874236648294604770429166438403558846422370760111774821079625
901180265548868995181239470625954254584491340203400196442965370643
088660925268811549596291166168612036195319253262662271108142149856
132646467211954801142455133946382385908540917878668826947602781853
283155445565265933912487885639504644196022475186011405239187543742
526581685003052301877096152411653980646785444273124462179491306502
631062903402737260479940181929954454297256377507172705659271779285
537195547433852182309492703218343678206382655341157162788603990157
495208065443409462446634653253581574814022471260618973060860559065
082163068709634119751925774318683671722139063093061019303182326666
420628155129647685313861018672921889347039342072245556791239578260
248978371473556820782675452142687314252252601795889759116238720807
580527221031327444754083319215135934526961397220564699247718289310
588394769170851420631557192703636345039529604362885088555160008371
973526383838996789184600327073682083234847108471706160879195227388

252347506380811606090840124222431476103563328940609282430125462013
806032608121942876847907192546246309055749298781661271916548229644
317263587524548607563020667656942355342774617635549231817456159185
668061686428714964129290560130053913469569829490891003991259088290
348791943368696942620662946948514931472688923571615032405542263391
673583102728579723061998175868700492227418629077079508809336215346
303842967525604369606110193842723883107587771653594778681499030978
765900869583480043137176832954871752604714113064847270887246697164
585218774442100900090916189819413456305028950484575822161887397443
918833085509908566008543102796375247476265353031558684515120283396
640547496946343986288291957510384781539068343717740714095628337554
413567955424664601335663617305811711646062717854078898495334329100
315985673932305693426085376230981047171826940937686754301837015557
54082237153803783838342702379535934403549452173960327095407712107
332936507766465603712364707109272580867897181182493799540477008369
348889220963814281561595610931815183701135104790176383595168144627
670903450457460997444500166918675661035889313483800512736411157304
599205955471122443903196476642761038164285918037488354360663299436
899730090925177601162043761411616688128178292382311221745850238080
733727204908880095181889576314103157447684338100457385008523652069
340710078955916549813037292944462306371284357984809871964143085146
878525033128989319500645722582281175483887671061073178169281242483
613796475692482076321356427357261609825142445262515952514875273805
633150964052552659776922077806644338105562443538136258941809788015
677378951310313157361136026047890761945591820289365770116416881703
644242694283057457471567494391573593353763114830246668754727566653
059819746822346578699972291792416156043557665183382167059157867799
311835820189855730344883681934418305987021880502259192818047775223
884407167894780414701414651073580452021499197980812095692195622632
313741870979731320870864552236740416185590793816745658234353037283
309503729022429802768451559528656923189798000383061378732434546500
582722712325031420712488100290697226311129067629080951145758060270
806092801504406139446350643069742785469477459876821004441453438033
759717384777232052065301037861326418823586036569054773343070911759
152582503029410738914441818378779490613137536794654893375260322906
277631983337976816641721083140551864133302224787118511817036598365
960493964571491686005656771360533192423185262166760222073368844844
409234470948568027905894191829969467724456269443308241243846160408
284006424867072583661011433404214473683453638496544701067827313169
538435919120440283949541956874453676459875488726170687163109591315
801609722382049772577307454562979127906177531663252857205858766376
754282917933549923678212008601904369428956102301731743150352204665
675088491593025926618816581008701658499456495586855628208747248318
351516339189292646558880593601275151838235485893426165223086697314
511412035659916934103076974774451947043836739600076578628245472064
617380804602903639144493859012422380173377038154675297645596518492
676039300171943042511794045679862114630138402371099347243455794730
048929825402680821621522346560274258486595687074510352794291633405
915025075992398611224340312056999780516223878772230396359709132856
830486160362127579561601328561866388146004722200580017580282279272
167842720649966956840905752590774886105493806116954293569077377792
821084159737469613143291808510446953973485067590503662391722108732
333169909603363771705474725026941732982890400239372879549386540463
828596742216318201530139629734398479588628632934746650690284066719
018081265539973675916799759010867483920062877888531102781695087545
740384607594616919584610655963327283485609570305572502494416337066
573150237126843581984154103154401008430380631442183776750349813408
169325201240813452285974626715177152223063741359255747513535160669

108359443999692315898156732033027129284241219651936303734407981204
6567953229863573745890316540070164722049894456290503958737889126 80
5655164642744601747381752963134587393904845604142034264655604221 12
239134631023161290836446988901247285192778589195228773637440432659
264672239982186452797664826673070168802722052338600372842903155828
454593854349099449420750911108532138744823216151007808922516285123
275724355101999038195993350032641446053470357293073912578481757987
468353429629749652545426864234949270336399427519354240001973125098
882419600095766257217621860474573769577649582201796258392376391717
855799468922496750179251915218219624653575570564228220399546682648
329822996167217080156801080799777126517156274295763666959661983507
435667132218383358509536665806605597148376773866922551603463644386
269977295750658468929599809168949981898588529537874489519527097766
262684177088590284321676352132630838812766335363319004134332844347
630067982023716933653652880580156390360562722752187272454764258840
995216482554453662083811789117725225682611478014242896970967121967
502094421226279437073328703410646312100557376727450271638975234111
426287828736758358819056742163061523416789476056879277154789714326
222041069587947186435439940738639948986836168919377836648327137363
654676901173760246643082285362494712605173293777247276797635865806
019396287718060679122426813922872134061694882029506831654589707623
668302556167559477498715183426989208952182644710514911419441192277
010977616645850068963849426165593473112961064282379048216056210094
265076173838082479030510998790719611852832556787472942907151041468
948104916751035295897242381802288151276582257190705537652455285511
598636421244284176256230139538669970308943645907600684938040875210
854159851278070333207779865635907968462191534944587677170063778573
171211036517486371634098385626541555573292664616402279791195975248
525300376741774056125700303625811704838385391207273191845064713669
122576415213769896260940351804147432053600369234179035440735703058
314741623452840188940808983125191307741823338981880316339159565954
543405777784331681162551898060409183018907512170192983622897099598
983405484962284289398469847938668614293324543983592637036699355184
231661615244505980576745765335552338715678211466689996845227042954
589710922163652573965950289645637766038988037941517917867910675199
009966139206238732318786758420544279396366759104126821843375015743
069045967947046685602358283919759975285865384338189120042853787549
302768972168199113340697282255535300044743958830079799736518459131
437946494086272149669719100359399974735262764126125995350902609540
048669398955899487421379590802893196914845826873123710180229775301
190684280440780938156598081694611679374425663244656799606363751546
304833112722231812338371779800439731087402647536582575657351059978
314264831879619843765495877803685261751835391844920488198629786329
743136948511780579298636452193232481339393090754566368038513630619
718033957979522539508697432546502659123585049283028832934489284591
373621624852528877442891851104093746333590660233239711922814450735
588373324057814862662207486215513375036775585494138678352928273109
003823116855374520901095101174796663003330352534143230024288248051
396631446632656081582045216883922312025671065388459503224002320453
633895521539919011035217362720909565500846486605368975498478995875
596103167696587161281951919668893326641203784750417081752273735270
989343717167642329956935697166213782736138899530515711822960896394
055380431939398453970864418654291655853168697537052760701061488025
700785387150835779480952313152747735711713643356413242974208137266
896149109564214803567792270566625834289773407718710649866150447478
726164249976671481383053947984958938064202886667951943482750168192
023591633247099185942520392818083953020434979919361853380201407072
481627304313418985942503858404365993281651941497377286729589582881

907490040331593436076189609669494800067194371424058105327517721952
474344983414191979918179909864631583246021516575531754156198940698
289315745851842783390581029411600498699307751428513021286202539508
732388779357409781288187000829944831476678183644656510024467827445
695591845768068704978044824105799710771577579093525803824227377612
436908709875189149049904225568041463131309240101049368241449253427
992201346380538342369643767428862595140146178201810734100565466708
236854312816339049676558789901487477972479202502227218169405159042
170892104287552188658308608452708423928652597536146290037780167001
654671681605343292907573031466562485809639550080023347676187068086
526878722783177420214068980703410506200235273632267291964034093571
225623659496432076928058165514428643204955256838543079254299909353
199329432966018220787933122323225928276556048763399988478426451731
890365879756498207607478270258861409976050788036706732268192473513
646356758611212953074644777149423343867876705824452296605797007134
458987594126654609414211447540007211790607458330686866231309155780
005966522736183536340439991445294960728379007338249976020630448806
064574892740547730693971337007962746135534442514745423654662752252
624869916077111131569725392943756732215758704952417232428206555322
808868670153681482911738542735797154157943689491063759749151524510
096986573825654899585216747260540468342338610760823605782941948009
334370046866568258579827323875158302566720152604684361412652956519
894291184887986819088277339147282063794512260294515707367105637720
023427811802621502691790400488001808901847311751199425460594416773
315777951735444490965752131026306836047140331442314298077895617051
256930051804287472368435536402764392777908638966566390166776625678
575354239947427919442544664643315554138265543388487778859972063679
660692327601733858843763144148113561693030468420017434061395220072
403658812798249143261731617813894970955038369479594617979829257740
992171922783223006387384996138434398468502234780438733784470928703
890536420557474836284616809363650973790900204118525835525201575239
280826462555785658190226958376345342663420946214426672453987171047
721482128157607275305173330963455909323664528978019175132987747952
929099598069790148515839540444283988381797511245355548426126784217
797728268989735007954505834273726937288386902125284843370917479603
207479554080911491866208687184899550445210616155437083299502854903
659617362726552868081324793106686855857401668022408227992433394360
936223390321499357262507480617409173636062365464458476384647869520
547719533384203403990244761056010612777546471464177412625548519830
144627405538601855708359981544891286863480720710061787059669365218
674805943569985859699554089329219507269337550235821561424994538234
781138316591662683103065194730233419384164076823699357668723462219
641322516076261161976034708844046473083172682611277723613381938490
606534404043904909864126903479263503943531836741051762565704797064
478004684323069430241749029731181951132935746854550484711078742905
499870600373983113761544808189067620753424526993443755719446665453
524088287267537759197074526286322840219629557247932987132852479994
638938924943286917770190128914220188747760484939855471168524810559
991574441551507431214406120333762869533792439547155394213121021954
430556748370425907553004950664994802614794524739012802842646689229
455664958621308118913500279654910344806150170407268010067948926855
360944990373928383520627992820181576427054962997401900837493444950
600754365525758905546552402103412862124809003162941975876195941956
592556732874237856112669741771367104424821916671499611728903944393
665340294226514575682907490402153401026923964977275904729573320027
982816062130523130658731513076913832317193626664465502290735017347
656293033318520949298475227462534564256702254695786484819977513326
393221579478212493307051107367474918016345667888107821011518263 14

878755138027101379868751299375133303843885631415175908928986956197
561123025310875057188962535763225834275763348421016668109884514141
469311719314272028007223449941999003964948245457520704922091620614
222912795322688239046498239081592961111003756999529251250673688233
852648213896986384052437049402152187547825163347082430303521036927
849762517317825860862215614519165573478940019558704784741658847364
803865995119651409542615026615147651220820245816010801218275982577
477652393859159165067449846149161165153821266726927461290533753163
055654440793427876550267301214578324885948736899073512166118397877
342715872870912311383472485146035661382188014840560716074652441118
841800734067898587159273982452147328317214621907330492060817440914
125388918087968538960627860118193099489240811702350413554126823863
744341209267781729790694714759018264824761112414556423937732224538
665992861551475342773370683344173073150805440138894084087253197595
538897613986400165639906934600670780501058567196636796167140097031
535132386972899001749862948883362389858632127176571330142071330179
992326381982094042993377790345261665892577931395405145369730429462
079488033141099249907113241694504241391265397274078984953073730364
134893688060340009640631540701820289244667315059736321311926231179
142794944897281477264038321021720718017561601025111179022163703476
297572233435788863537030535008357679180120653016668316780269873860
755423748298548246360981608957670421903145684942967286646362305101
773132268579232832164818921732941553151386988781837232271364011755
881332524294135348699384658137175857614330952147617551708342432434
174779579226338663454959438736807839569911987059388085500837507984
051126658973018149321061950769007587519836861526164087252594820126
991923916722273718430385263107266000047367872474915828601694439920
041571102706081507270147619679971490141639274282889578424398001497
985658130305740620028554097382687819891158955487586486645709231721
825870342960508203415938806006561845735081804032347750084214100574
577342802985404049555529215986404933246481040773076611691605586804
857302606467764258503301836174306413323887707999698641372275526317
649662882467901094531117120243890323410259937511584651917675138077
575448307953064925086002835629697045016137935696266759775923436166
369375035368699454550392874449940328328128905560530091416446608691
247256021455381248285307613556149618444364923014290938289373215312
818797541139219415606631622784836152140668972661027123715779503062
132916001988806369127647416567067485490795342762338253943990022498
972883660263920518704790601584084302914787302246651371144395418253
441269003331181914268070735159284180415100555199146564934872796969
351992963117195821262627236458009708099166752820365818699111948365
866102758375863322993225541477479210421324166848264953111826527351
008031659958888148099457372937856814114380215238767064550632333067
233939551964260397443829874822322662036352861302543796600943104500
158604854027036789711934695579989189112302233381602302236277726084
846296189550730850698061500281436425336666311433321645213882557346
329366870956708432252564333895997812402164189946978348320376011613
913855499933990786652305860332060641949298931012423081105800169745
975038516887112037747631577311831360002742502722451570906304496369
230938382329175076469684003556425503797106891999812319602533733677
437970687713814747552190142928586781724044248049323750330957002929
126630316970587409214456472022710796484778657310660832173093768033
821742156446602190335203981531618935787083561603302255162155107179
460621892674335641960083663483835896703409115513087820138723494714
321400450513941428998350576038799343355677628023346565854351219361
896876831439866735726040869511136649881229957801618882834124004126
142251475184552502502640896823664946401177803776799157180146386554
733265278569418005501363433953502870836220605121839418516239153709

790768084909674194289061134979961034672077354959593868862427986411
437928435620575955500144308051267664432183688321434583708549082240
014585748228606859593502657405750939203135881722442164955416889785
558265198046245527898343289578416968890756237467281044803018524217
706136533236073856228166664597654076844715963930782091017090763377
917711485205493367936868430832404126789220929930411890501756484917
499452393770674524578019171841679541825554377930299249277892416277
257788147974770446005423669346157135208417428211847353652367573702
352791459837645712257646122605628127852169580892808988394594406165
340521932514843306105322700231133680378433377389724881307874325614
952744243584753011150345103737688223837573804282007358586938044331
529253129961025096113761670187568525921208929131354473196308440066
835155160913925692912175784379179004808848023029304392630921342768
601226558630456913133560978156776098711809238440656353136182676923
761613389237802972720736243967239854144480757286813436768000573823
963610796223140429490728058551444771338682314499547929338131259971
996894072233847404542592316639781608209399269744676323921370773991
899853301483814622364299493902073285072098040905300059160091641710
175605409814301906444379905831277826625762288108104414704097708248
077905168225857235732665234414956169007985520848841886027352780861
218049418060017941147110410688703738674378147161236141950474056521
041002268987858525470689031657094677131822113205505046579701869337
769278257145248837213394613987859786320048011792814546859096532616
616068403160077901584946840224344163938313618742275417712170336151
163782359059685168880561304838542087505126933144171705880517278127
917564053282929427357971823360842784676292324980318169828654166132
873909074116734612367109059236155113860447246378721244612580406931
724769152219217409096880209008801535633471775664392125733993165330
324425899852598966724744126503608416484160724482125980550754851232
313331300621490042708542735985913041306918279258584509440150719217
604794274047740253314305451367710311947544521321732225875550489799
267468541529538871443696399406391099267018219539890685186755868574
434469213792094590683677929528246795437302263472495359466300235998
990248299853826140395410812427393530207575128774273992824866921285
637240069184859771126480352376025469714309316636539718514623865421
671429236191647402172547787238964043145364190541101514371773797752
463632741619269990461595895793940622986041489302535678633503526382
069821487003578061101552210224486633247184367035502326672749787730
470216165019711937442505629639916559369593557640005236360445141148
916155147776301876302136068825296274460238077523189646894043033182
148655637014692476427395401909403584437251915352134557610698046469
739424511797999048754951422010043090235713636892619493763602673645
872492900162675597083797995647487354531686531900176427222751039446
099641439322672532108666047912598938351926694497553568096931962642
014042788365702610390456105151611792018698900673027082384103280213
487456720062839744828713298223957579105420819286308176631987048287
388639069922461848323992902685392499812367091421613488781501234093
387999776097433615750910992585468475923085725368613605356762146929
424264323906626708602846163376051573599050869800314239735368928435
294958099434465414316189806451480849292695749412903363373410480943
579407321266012450796613789442208485840536446021616517885568969302
685188950832476793300404851688934411125834396590422211152736276278
672366665845757559585409486248261694480201791748223085835007862255
216359325125768382924978090431102048708975715033330963651576804501
966025215527080352103848176167004443740572131294252820989545456276
344353575741673638980108310579931697917916718271145837435222026387
771805250290791645414791173616253155840768495583288190293564201219
633684854080865928095131505012602919562576032932512847250469881908

146475324342363863860247943921015193235101390117789997483527186469
346024554247028375300033725403910085997650987642832802908445662021
678362267272292737780213652404028817217012490974899454430826861772
239385250883760749742195942655217301733355851389407457348144161511
380845358039740277795072051893487170722955427683655826706766313911
972211811528466502223383490906676554168336907959409404576472940901
354356409277969379842065738891481990225399022315913388145851487225
126560927576795873759207013915029216513720851137197522734365458411
622066281660256333632074449918511469174455062297146086578736313585
389023662557285424516018080487167823688885575325066254262367702604
215835160174851981885460860036597606743233346410471991027562358645
341748631726556391320606407754779439671383653877377610828300019937
359760370467245737880967939894493795829602910746901609451288456550
071458091887879542641820145369659962842686882363495879277007025298
960996798975941955735253914237782443302746708282008722602053415292
735847582937522487377937899136764642153727843553986244015856488692
101644781661602962113570056638347990334049623875941092886778920270
077504951511405782565295015024484968204744379710872943108541684540
513016310902267112951959140520827546866418137305837933236150599142
045255880213558474751516267815309465541240524091663857551298894834
797423322854504140527354235070335984964593699534959698554244978249
586929179182415068053002553370412778703476446244329205906832901886
692400222391918714603175399666877477960121790688623311002908668305
431787009355066944389131913333586368037447530664502418437136030852
288582121720231274167009740351431532131803978033680228154223490183
737494117973254478594157962104378787072154814091725163615415163381
388912588517924237727229603497305533840942889918919161186249580560
073570527227874940321250645426206304469470804277945973817146810395
192821550688079136701210109944220737024613687196031491162370967939
354636396448139025711768057799751751298979667073292674886430097398
814873780767363792886767781170520534367705731566895899181530825761
606591843760505051704242093231358724816618683821026679970982966436
224723644898648976857100173643547336955619347638598187756855912376
232580849341570570863450733443976604780386678461711520325115528237
161469200634713570383377229877321365028868868859434051205798386937
002783312365427450532283462669786446920780944052138528653384627970
748017872477988461146015077617116261800781557915472305214759943058
006652042710117125674185860274188801377931279938153727692612114066
810156521441903567333926116697140453812010040811760123270513163743
154487571768761575554916236601762880220601068655524141619314312671
535587154866747899398685510873576261006923021359580838145290642217
792987748784161516349497309700794368305080955621264592795333690631
936594413261117944256602433064619312002953123619348034504503004315
096798588111896950537335671086336886944665564112662287921812114121
425167348136472449021275252555647623248505638391391630760976364990
288930588053406631352470996993362568102360392264043588787550723319
888417590521211390376609272658409023873553418516426444865247805763
826160023858280693148922231457758783791564902227590699346481624734
399733206013058796068136378152964615963260698744961105368384203105
364183675373594176373955988088591188920114871545460924735613515979
992999722298041707112256996310945945097765566409972722824015293663
094891067963296735505830412258608050740410916678539569261234499102
819759563955711753011823480304181029089719655278245770283085321733
741593938595853203645590564229716679900322284081259569032886928291
260139267587858284765599075828016611120063145411315144108875767081
854894287737618991537664505164279985451077400771946398046265077776
614053524831090497899859510873112620613018757108643735744708366215
377470972660188656210681516328000908086198554303597948479869789466

434027029290899143432223920333487108261968698934611177160561910681
226015874410833093070377506876977485840324132474643763087889666151
972556180371472590029550718424245405129246729039791532535999005557
334600111693557020225722442772950263840538309433999383388018839553
821540371447394465152512354603526742382254148328248990134023054550
811390236768038649723899924257800315803725555410178461863478690646
045865826036072306952576113184134225274786464852363324759102670562
466350802553058142201552282050989197818420425028259521880098846231
828512448393059455162005455907776121981297954040150653985341579053
629101777939776957892084510979265382905626736402636703151957650493
344879513766262192237185642999150828898080904189181015450813145034
385734032579549707819385285699926238835221520814478940626889936085
239827537174490903769904145555260249190126341431327373827075950390
882531223536876389814182564965563294518709637484074360669912550026
080424160562533591856230955376566866124027875883101021495284600804
805028045254063691285010599912421270508133194975917146762267305044
225075915290251742774636494555052325186322411388406191257012917881
384181566918237215400893603475101448554254698937834239606460813666
829750019379115061709452680984785152862123171377897417492087541064
556959508967969794980679770961683057941674310519254486327358885118
436597143583348756027405400165571178309126113117314169066606067613
797690123141099672013123730329707678988740099317309687380126740538
923612230370779727025191340850390101739924877352408881040807749924
412635346413181858792480760553268122881584307471326768283097203149
049868884456187976015468233715478415429742230166504759393312132256
510189175368566338139736836336126010908419590215582111816677413843
969205870515074254852744810154541079359513596653630049188769523677
579147319184225806802539818418929888943038224766186405856591859943
091324575886587044653095332668532261321209825839180538360814144791
320319699276037194760191286674308615217243049852806380129834255379
486287824758850820609389214668693729881191560115633701248675404205
911464930888219050248857645752083363921499441937170268576222251074
166230901665867067714568862793343153513505688216165112807318529333
124070912343832502302341169501745502360505475824093175657701604884
577017762183184615567978427541088499501610912720817913532406784267
161792013428902861583277304794830971705537485109380418091491750245
433432217445924133037928381694330975012918544596923388733288616144
238100112755828623259628572648121538348900698511503485369544461542
161283241700533583180520082915722904696365553178152398468725451306
350506984981006205514844020769539324155096762680887603572463913955
278222246439122592651921288446961107463586148252820017348957533954
255019475442643148903233373926763409115527189768429887783617346613
535388507656327107814312435018965109238453660236940276060642119384
227665755210663671879603217527184404651560427289869560206997012906
367847161654793068868305846508082886614111979138822898112498261434
559408961813509226857611474609406147937240008842153535862052780125
014270055274468359151840373309373580494342483940467505708347927948
338133276237937844629209323999417593374917899786484958148818865149
169302451512835579818112344900827168644548306546633975256079615935
830821400021951611342337058359111545217293721664061708131602078213
341260356852013161345136871600980378712556766143923146458085652084
039744217352744813741215277475202259244561520365608268890193913957
991844109971588312780020898275935898106482117936157951837937026741
451400902833064466209280549839169261068975151083963132117128513257
434964510681479694782619701483204392206140109523453209269311762298
139422044308117317394338867965739135764377642819353621467837436136
161591167926578700137748127848510041447845416464568496606699139509
524527949914769441031612575776863713634644477006787131066832417871

556281779122339077841275184193161188155887229676749605752053192594
847679397486414128879475647133049543555044790277128690095643357913
405127375570391806822344718167939329121448449553897728696601037841
520390662890781218240141299368590465146519209198605347788576842696
538459445700169758422531241268031418456268722581132040056433413524
302102739213788415250475704533878002467378571470021087314693254557
923134757243640544448132093266582986850659125571745568328831440322
798049274104403921761438405750750288608423536966715191668510428001
748971774811216784160854454400190449242294333666338347684438072624
307319019363571067447363413698467328522605570126450123348367412135
721830146848071241856625742852208909104583727386227300781566668914
250733456373259567253354316171586533339843321723688126003809020585
719930855573100508771533737446465211874481748868710652311198691114
058503492239156755462142467550498676710264926176510110766876596258
810039163948397811986615585196216487695936398904500383258041054420
595482859955239065758108017936807080830518996468540836412752905182
813744878769639548306385089756146421874889271294890398025623046812
175145502330254086076115859321603465240763923593699949180470780496
764486889980902123735780457040380820770357387588525976042434608851
075199334470112741787878845674656640471901619633546770714090590826
954225196409446319547658653032104723804625249971910690110456227579
220926904132753699634145768795242244563973018311291451151322757841
320376225862458224784696669785947914981610522628786944136373683125
108310682898766123782697506343047263278453719024447970975017396831
214493357290791648779915089163278018852504558488782722376705263811
803792477835540018117452957747339714012352011459901984753358434861
297092928529424139865507522507808919352104173963493428604871342370
429572757862549365917805401652536330410692033704691093097588782938
291296447890613200063096560747882082122140978472301680600835812336
957051454650181292694364578357815608503303392466039553797630836137
289498678842851139853615593352782103740733076818433040893624460576
706096188294529171362940967592507631348636606011346115980434147450
705511490716640635688739020690279453438236930531133440901381392849
163507484449076828386687476663619303412376248380175840467851210698
290605196112357188811150723607303158506622574566366740720668999061
320627793994112805759798332878792144188725498543014546662945079670
707688135022230580562225942983096887732856788971494623888272184647
618153045844390967248232348259587963698908456664795754200195991919
240707615823002328977439748112690476546256873684352229063217889227
643289360535947903046811114130586348244566489159211382258867880972
564351646404364328416076247766114349880319792230537889671148058968
061594279189647401954989466232962162567264739015818692956765601444
248501821713300527995551312539849919933907083138030214072556753022
600033565715934283182650908979350869698950542635843046765145668997
627989606295925119763672907762567862769469947280606094290314917493
590511523235698715397127866718077578671910380368991445381484562682
604003456798248689847811138328054940490519768008320299631757043011
485087384048591850157264392187414592464617404735275250506783992273
121600117160338604710710015235631159734711153198198710616109850375
758965576728904060387168114313084172893710817412764581206119054145
955378853200366615264923610030157044627231777788649806700723598889
528747481372190175074700005571108178930354895017924552067329003818
814068686247959272205591627902292600592107710510448103392878991286
820705448979977319695574374529708195463942431669050083984398993036
790655541596099324867822475424361758944371791403787168166189093900
243862038610001362193667280872414291108080291896093127526202667881
902085595708111853836166128848729527875143202956393295910508349687
029060692838441522579419764824996318479414814660898281725690484184

326061946254276693688953540732363428302189694947766126078346328490
315128061501009539164530614554234923393806214007779256337619373052
025699319099789404390847443596972052065999017828537676265683558625
452697455260991024576619614037537859594506363227095122489241931813
728141668427013096050734578659047904243852086508154491350136491698
639048125666610843702294730266721499164849610746803261583352580352
858275799038584091667618877199539888680431991650866887781701439663
176815592262016991396613153738021294160006906947533431677802632207
226265881842757216055461439677336258462997385077307751473833315101
468395296411397329672457933540390136107395245686243008096720460995
545708974893048753897955544443791303790422346037768729236001386569
593952300768091377768847789746299699489949016141866131552200856673
695770822720338936659590666350594330040363762591189195691561626122
704788696510356062748423100605472091437069471661080277379848576543
481249822444235828329813543645124092220896643987201997945619030397
327254617823136363375927622656301565813545578319730419339269008282
952718252138855126583037630477490625995514925943105307478901043009
876580816508144862607975129633326675259272351611791836777128931053
144471668835182920514343609292493191180249366051791485330421043899
773019267686085347768149502299280938065840007311767895491286098112
311307002535600347898600653805084532572431553654422067661352337408
211307834360326940015926958459588297845649462271300855594293344520
727007718206398887404742186697709349647758173683580193168322111365
547392288184271373843690526638607662451284299368435082612881367358
536293873792369928837047900484722240370919885912556341130849457067
599032002751632513926694249485692320904596897775676762684224768120
033279577059394613185252356456291805905295974791266162882381429824
622654141067246487216174351317397697122228010100668178786776119825
961537643641828573481088089988571570279722274734750248439022607880
448075724807701621064670166965100202654371260046641935546165838945
950143502160890185703558173661823437491622669077311800121188299737
319891006060966841193266075165452741829459541189277264192546108246
351931647783837078295218389645376236304858042774417907169146356546
201215125418664885396161542055152375000426794253417764590821513675
258479774465114750438460596325820468809667795709044645884673847481
638045635188183210386594798204376334738389017759714236223057776395
541011294523488098341476645559342209402059733452337956309441446698
222457026367119493286653989491344225517746402732596722993581333110
831711807234044326813737231209669052411856734897392234152750707954
137453460386506786693396236535556479102508529284294227710593056660
625152290924148057080971159783458351173168204129645967070633303569
271821496292272073250126955216172649821895790908865085382490848904
421755530946832055636316431893917626269931034289485184392539670922
412565933079102365485294162132200251193795272480340133135247014182
195618419055761030190199521647459734401211601239235679307823190770
288415814605647291481745105388060109787505925537152356112290181284
710137917215124667428500061818271276125025241876177485994084521492
727902567005925854431027704636911098800554312457229683836980470864
041706010966962231877065395275783874454229129966623016408054769705
821417128636329650130416501278156397799631957412627634011130135082
721772287129164002237230234809031485343677016544959380750634285293
053131127965945266651960426350406454862543383772209428482543536823
186182982713182489884498260285705690699045790998144649193654563259
496570044689011049923939218088155626191834404362264965506449848521
612498442375928443642612004256628602157801140467879662339228190804
577624109076487087406157070486658398144845855803277997327929143195
789110373530019873110486895656281917362036703039179710646309906285
483702836118486672219457621775034511770110458001291255925462680537

427727378863726783016568351092332280649908459179620305691566806180
826586923920561895421631986004793961133953226395999749526798801074
576466538377400437463695133685671362553184054638475191646737948743
270916620098057717103475575333102702706317395612448413745782734376
330101853438497450236265733191742446567787499665000938706441886733
491099877926005340862442833450486907338279348425305698737469497333
364267191968992849534561045719338665222471536681145666596959735075
972188416698767321649331898967182978657974612216573922404856900225
324160367805329990925438960169901664189038843548375648056012628830
409421321300206164540821986138099462721214327234457806819925823202
851398237118926541234460723597174777907172041523181575194793527456
442984630888846385381068621715274531612303165705848974316209831401
326306699896632888532682145204083110738032052784669279984003137878
996525635126885368435559620598057278951754498694219326972133205286
374577983487319388899574634252048213337552584571056619586932031563
299451502519194559691231437579991138301656117185508816658756751184
338145761060365142858427872190232598107834593970738225147111878311
540875777560020664124562293239116606733386480367086953749244898068
000217666674827426925968686433731916548717750106343608307376281613
984107392410037196754833380543698803109839221402605142975912211 59
148505938770679068701351029862207502287721123345624421024715163941
251258954337788492834236361124473822814504596821452253550035968325
337489186278678359443979041598043992124889848660795045011701169092
519383155609441705397900600291315024253848282782826223304151370929
502192196508374714697845805550615914539506437316401173317807741497
557116733034632008408954066541694665746735785483133770133628948904
397670025863002540635264006601631712883920305576335993994212827022
489373848906764385339931878608019223108328847598164177011264089078
551777830131616162049792779670521847212730327907382238605819 86744
668610994383049960437407323195784473254857416239738852016202384784
256163512597161783106850156299135559874758848151014815490937380933
394074455700842090155903853444962128368313687375166780513082594599
771257467939781491953642874321122421579815844916693625515 69370916
855252644720786527971466476760328471332985501945689772758983450586
004316822658631176606237201721007922164101882993308084093 84014213
759697185976897042759041500946595252763487628135867117352364964121
058854934496645898651826545634382851159137631569519895230262881794
959971545221250667461174394884433126594322867109652811095 01693028
351496524082850120190831078678067061851145740970787563117610746428
835593159854216731151530969487583789559795861326495698172 05284291
038172721213138681565524428109871168862743968021885581515367531218
374119972919471325465199144188500672036481975944167950887487934416
759598361960010994838744709079104099785974656112459851972157558134
628546189728615020774374529395369296554490129530972889637677 13353
842429715394179547179095580120134210175150931491664699052366350233
024087218654727629639065723341455005903913890253699317155917179823
065162679744711857951506573868504088229934804445549850597823297898
617029498418376255258757455303112991914341109413088238114443068843
062655305601658801408561023324210300218460588586954418502977463085
858496130037238190325162225570729957107273060660729169229780 33647
048840958711228045188511908718588299514331534128549297173849768523
136276076868494780364948299904475157711410809580581412089560 59471
668626290036145602625334863284986816039463372436671129644602 92915
746181117789169695839947080954788635032811296268992311100998 89317
815313946681880283683633738222814149740069179421928881713911 6283
910295684918233358930813360131488748366464224381776081007739183393
749346933644748150564933649323157235306109385796839902153381449126

336281359488317681489194306530426029773885492974570569448783077945
878865062970895499843760181694031056909587141386804846359853684034
105948341788438963179956468815791937174656705047441528027712541569
401365862097760735632832966564135817028088013546326104892768731829
917950379944446328158595181380144716817284996793061814177131912099
236282922612543236071226270324572637946863533391758737446552006008
819975294017572421299723542069630427857950608911113416534893431149
175314953530067419744979017235181671568754163484949491289001739377
451431928382431183263265079530371177806185851153508809998200482761
808307209649636476943066172549186143700971387567940218696710148540
307471561091358933165600167252126542502898612259306484105898847129
649230941215144563947889999327145875969555737090855150648002321476
443037232466147111552578583071024936898814562568786834745518893385
181791667579054210421036349316257870476543126790661216644142285017
446278477132740595579600648343288827864837043456066966456899746910
373987712891593313271266247505582258634928427718355831641593667712
218537642376222104779338956378722902509543014182257180331300148113
377736941508488867501893156994849838936052666818012783912005801431
596441910546663236810148207799356523056490420711364192200177189107
935243234322761787712568251126481332974354926568682748715986654943
041648468220593921673359485057849622807932422649812705271398407720
995707236227009245067665680069149966555737866411877079767754867028
786431817941521796178310655030287157272282250812017060713380339641
841211253856248920130010782462165136989511064611133562443838185366
273563783436921279354709230119655914915800561707258518503167289370
411936374780625824298250726464801821523430268081486978164824349353
456855843696378384153838051184406043696871666416514036129729992912
630842812149152469877429332305214999981829046119471676727503742221
367186614654042534463141660649871499001000660041544868437352208483
059495953182872280520828676300361091734508632133033647289584176588
755345227938480297724485711815574893561311524926772006362198369980
664159549388683836411891430443767715498026544959061738265591178545
999378510861446014967645550103653971251138583505085112442517772923
814396233043724036032603181442991365750246012787514117944901305803
452199992701148071712847770301254994886841867572975189214295652512
486943983729047410363121899124217339550688778643130750024823361832
738729697376598820053895902935486054979802320400472236873557411858
132734337978931582039412878989728973298812553514507641535360519462
112217000676321611195841029252568536561813138784086477147099724553
013170761712163186600291464501378587854802096244703771373587720086
738054108140042311418525803293267396324596914044834665722042880679
280616029884043400536534009706581694636096660911110968789751801325
224478246957913251892122653056085866541115373584912790254654369020
869419871125588453729063224423222287139122012248769976837147645598
526739225904997885514250047585260297929306159913444898341973583316
070107516452301310796620382579278533125161760789984630103493496981
494261055367836366022561213767081421091373531780682420175737470287
189310207606953355721704357535177461573524838432101571399813798596
607129664438314791296359275429627129436142685922138993054980645399
144588692472767598544271527788443836760149912897358259961869729756
588978741082189422337344547375227693199222635973520722998387368484
349176841191020246627479579564349615012657433845758638834735832242
535328142047826934473129971189346354502994681747128179298167439644
524956655532311649920677163664580318205849626132234652606175413532
444702007661807418914040158148560001030119994109595492321434406067
634769713089513389171050503856336503545166431774489640061738861761
193622676890576955693918707703942304940038440622614449572516631017
080642923345170422426679607075404028551182398361531383751432493056

398381877995594942545196756559181968690885283434886050828529642437
578712929439366177362830136595872723080969468398938676366226456791
132977469812675226595621009318322081754694778878755356188335083870
248295346078597023609865656376722755704495258739871812593441903785
275571333409842450127258596692434317689018966145404453679047136294
238156127656824247864736176671770647002431119711090007474065945650
315375044177982192306323700872039212085499569681061379189029961178
936752146022386905665481382858280449537530160921422195940638787074
787991194920898374091788534417523064715030278397979864517336625329
511775105559014160459873338186887977858817291976604516353353556047
648420520888811722831990044504284486852338334530105533929637308039
738230604714104525470094899407601215247602819963846343554852932377
161410869591950786873276075400085220065031871239272857835807010762
542769655355964789450166013816295177908531139811092831583216931563
867459747449584385282701658246192092219529134323496779345585613140
207765996142546463288677356891785576835169608392864188830094883324
700447958316931533832382377876344426323456301679513671047510469669
001217777128065522453689371871451567394733440447280450959433090683
667110655953338602938000999949010642769859623260401863733572846679
531229683156358145420890540651226419162015504500430562136991850941
034609601030543816694795964585804425194905110733387679946734471718
615647723811737035654917628707589456035519195603962301157866323750
234725054461073979402475184415558178087962822231972692984516683306
919505079993357259165675557294585962182052650473353712351623662770
479333289322136141858785972771685682725303734836891911847197133753
088446777943274857148827821608844765700041403499921376794209627560
883081509438030705666022764678117533361028187800710219794428777313
146387857817205661409023041499923248268982477222109852189758140879
763486146763606368674611966620347304608917277240045953051376938375
381543486981101990651706961774052218247422657652138152740612699012
706880875386408669901461740890540981877671880076124151967064152117
653084325544261017536348281196837493395825742541244634247233586360
777980960199745187758845459645895956779558869098404768259253477849
930457883128541747079059795909431627722327844578918694214929451540
174214623240300841907975296782445969183509474202123617940309048634
960534054931299919496087957952586977170236680033862505764938088740
994009589948109397983231108838769236490221499111120870639202892490
698435333152727991330986335454324971441378059132240814960156485679
843966464780280409057580889190254236606774500413415794312112501275
232250148067232979652230488493751166084976116412777395311302041566
848265531411348993243747890268935173904043294851610659785832253168
204202834993641595980197343889883020994152152288611175126686173051
956249367180053845637855129171848417841594797435580617856680758491
080185805695567990185198397660693358224779136504562705766735170961
550493338390452612404395517449136885115987454340932040102218982707
539212403241042424451570052968378815749468441508011138612561164102
477190903050040240662278945607061512108266146098662040425010583978
098192019726759010749924884966139441184159734610382401178556739080
566483321039073867083298691078093495828888707110651559651222542929
154212923108071159723275797510859911398076844732639426419452063138
217862260999160086752446265457028969067192282283045169111363652774
517975842147102219099906257373383472726498678244401048998507631630
668050267115944636293525120269424810854530602810627264236538250773
340575475701704367039596467715959261029438313074897245505729085688
496091346323165819468660587092144653716755655531962091865952628448
253731353698162517351930115341581171353292035873164168839107994000
677266031617527582917398395852606454113318985505747847121053505795
649095931672167565624818782002769963734155880000867852567422461511

4060157601159102564490022649800394984033580913091401978778436501679
6016746537028746606258434632970830372598049465358931891216397601 3
193079476972058034710553111117215859219066231028099212084069283091
906017370764654655683413207556315315006453462321007133584907633048
3281534586984973325998011874796642731402793812899617205245406746 95
2719480799303967301942740364665941544000927999086348066223349066 95
2240446521589928642034350988584226920193405754968409048129555226 54
7546507135328425434966160849547880907276499302527028150678628108 25
2432229799853917598451888683870044771018667721594397085146646128 71
1487495318621809417196768431446664351758376884367860814463196419 12
5665740477186991609155509108789194312536719456512618784869108767 29
9105655951551597396590343836281246291181177609494118801059463366 71
0390497773120042435781157904298230450720383227812464136712979594 15
0829183782132128768905459635863693448797497848411232749213316631 62
8124563882382887156484478831424176501479801878582157687930630011 53
7889980146236901358037533062461485760749325678076826510457380590 18
8312376172718899337904871133955884852342402550023522006135749143 18
2591424798293677754904963993507558396689675783643166183693076256 03
5286029406628032554165354315180137148219417726722440052684019965 33
3341840043455252965929185029401316006511243952978743642228069777 20
4373637178734579484202387451512491579131394111486084164293479587 93
6818686096896846408583341310178581427109554162933759151783923413 03
1105433287035265999939049668221127681583165112468664511673513782 14
3453366505983283474435362903123936720845931643949418811386079746 70
1347096403785349071490898423178917397836506547519828833673957143 60
0000034398633632120917189548990557486933977002456324759545044114 22
5824107838668376554674001373243228091136926706828053975491111661 71
1023974377494793351740361350053975814755208342857728009861894019 84
3754464350814982183601125776324473894520516369385851364842599645 18
3618569890887217897646947212468079003309250834966458416565542612 94
1951088471972091066051055409337319548884064440802805795490080760 40
0341546621376696064442937749858973536255919596185524481879403173 74
5082560728951209454565621595404054258148869298427865823576731957 99
2852931208662759223661151374457679160636216752674404512210510520 90
8347074439861378290823527728958496256568819727927686947958061005 73
7870841214448150347974223121032953592978223771340775495454777918 13
8235426071846171083890978259644061705435469685670307454116342441 34
4863086763279491776829230931832213414554825913672028232843965490 01
8056532039607955170744960390066969903341992782126967677718352090 83
9595453418667779448727403837333819852358842028401509815795946858 74
5379895032573628098375922162292585985991238439935755732850286131 55
9703629342498141780564616158634153386350772232699965088608709999 64
8993730493071709678887401497461475428803874212506892121558766922 42
3874347011209908590821640735763808173869597551760838776002775172 53
0371334456548526356617201975630015800497902234195867380614424015 02
4362889575032065336908257567855070205551055723818785746503710863 08
1581858628158830545646622976948039706182654913851813267374852271 88
2679179190913544078526854762541266833982405340224699899666525731 55
6376458622518628230920854244128059976285054889130983317618849833 52
9751360737720305713427396381265885674050138410747889433939966035 91
8539341984163226176548573766719431328400506262951403578772646806 49
5493557463264081869797186302187600258139957199236013453742297589 18
2851675113581714726258285969407985185718700758231223170681348679 30
8848992751816613996097531052957735846185258652118933393757718599 16
3351121634410379104518450190230668930641789778081581013604494954 09
6653636603700758810044502657349351277074267425786087848981856288 69
9808516657133208358426133811426238554203157742466131088731063181 11
9898802897228497905510751484037022905804830527318849599941566065 37

314021296702220821915862905952604040620011815269664910068587592655
660567562963361434230232810747488395040380984981860056164646099819
257616235478710913832967563761506732550860683433720438748186791668
975746563456020002562889601191100980453350423842063824039434163502
977688802779835087481178298349417211674919425601608685332435385951
152061809031241698182079314615062073826097180458265687043623935757
495737332781578904386011378078508110273049446611821957450170106059
384336519458628360682108585130499820420578458577175933849015564447
305834515291412561679970569657426139901681932056241927977282026714
297258700193234337873153939403115411184101414292741703537542003698
760608765500109345299007034032401334806388514095769557147190364152
027721127070187421548123931953220997506553022646844227700020589045
922742423904937051507367764629844971682121994198274794049092601715
727439368569721862936007387077810797440975556627807371228030350048
829843919546433753355787895064018998685060281902452191177018634505
171087023903398550540704454189088472042376499749035038518949505897
971286631644699407490959473411581934618336692169573605081585080837
952036335619947691937965065016808710250735070825260046821242820434
367245824478859256555487861614478717581068572356895150707602217433
511627331709472765932413249132702425519391509083601346239612335001
086614623850633127072987745618984384288764099836164964775714638573
247333226653894523588365972955159905187411779288608760239306160016
168434070611663449248395156319152882728822831375458678269830696691
220130954815935450754923554167766876455212545681242936427474153815
692219503331560151614492247512488957534835926226263545406704767033
866410025277276800886383266629488582740369655329362236090572479794
734434077704284318507901973469071141230364111729224929307731939309
795452877412451183953480382210373644697046967493042810911797232448
615413264031578430955396671061468083815548947146733652483679138566
431084747848676243012018489329109615281108087617422779131629345494
425395422727309645057976122885347393189600810965202090151104579377
602529543130188938184010247010134929317443562883578609861545691161
669857388024973756940558138630581099823372565164920155443216861690
537054630176154809626620800633059320775897175589925862195462096455
464624399535391743228225433267174308492508396461328929584567927365
409119947616225155964704061297047759818551878441419948614013153859
322060745185909608884280218943358691959604936409651570327527570641
500776261323783648149005245481413195989296398441371781402764122087
644989688629798910870164270169014007825748311598976330612951195680
427485317886333041169767175063822135213839779138443325644288490872
919067009802496281560626258636942322658490628628035057282983101266
919109637258378149363774960594515216932644945188292639525772348420
077356021656909077097264985642831778694777804964343991762549216500
608626285329471055602670413384500507827390640287529864161287496473
708235188892189612641279553536442286955430551308700009878557534223
100547153412810957024870812654319123261956462149376527526356402127
388765103883255007364899937167183280028398832319373301564123277185
395654932422977953016534830128490677845037490891749347389015649588
574802194996722621185874361039774946338633057887487405540005440439
344888192044102134790034598411927024921557026873700970995205391930
979319495883265922171508324621942300185974396706491149559411733728
199869021311629886680267446443489233020607003821262841723679627307
191405008084085703978151998148822390059948911946474438682533745889
962375133378280532928272016815977970066488394482446332210928320504
045983008943565954267256879714918703447338237767914829203283196838
105907715727191903042365315650957464549643425328069510396558733549
803850995143463506175361480050195045201350200180281506933241918267
855737764414097080945745624854867704904368368717590918057269794010

465019484853146726642978667687697789291431128505043098192949736165
944259471754765135205245072597538577958372797702972231435199958499
522344049394502115428867244188717409524554771867484911475031801773
304689909317974472957035192387686405544278134169807249382219749124
257510162187439772902147704638010731470653154201300583810458905006
764557332998149945854655105526374914354195867992595981412218735238
407957416123372264063860431988936249867649693592569592128495906254
446474331759999685163660305216426770428154681777589339252115538590
526823311608302751194384823861552852465010329467297198112105314125
898165100120742688143577590825227466863206188376830450921784582526
239594189673003640808624233657620979111641766331328852352062487922
978959456450333733139422384778582717195412347860434376165241568717
943562570215636666680088531006728947033079540804583324192188488870
712275670333173939262509073556164513677064199539111948881240659821
685787131385056850623094155206877987539740658484250135205615103489
821873770245063583314243624807432542464195984647411575625441010389
671576677263196442524931941806472423789334668561083789808830313571
333157729435664956078125304917594015895146954965223118559669048559
467607968190167266634650186182955669893965019614544401768162810604
465068448139561667220729261210164692339016793399632833013163850830
967942792934551268435760356901970523138364640961311774904600772840
862214747547653221505518116489887879087780918009050706040061220010
051271575991225725282523378026809030528461581739558198122397010092
017202251606352922464781615533532275453264543087093320924631855976
580561717446840450048285353396546862678852330044967795580761661801
833668792312510460809773895565488962815089519622093675058841609752
282328250433712970186608193748968699961301486924694482420723632912
367052542145464162968910442981633373266871675946715392611950649224
725627254543274193495995569590243279097174392258098103601486364409
101491734183079646345064833303404765711827040276868271418084574998
493392039317445402616663674646668754385093967129918067471909885312
710726724428584870694307099756567949198418996425748884764622030325
637751112534060087936904565779272035205921345924272965206683338510
673615276261016026647772485083344719891986802656197236420847504962
661607797092906844757798251795569758235084371746103310387911789239
441630112634077535773520558040066982523191225570519133631407211349
723226549151062961739050617857127509403623146700931176133132018631
158730886798239298009805089491510788371194099750375473674305745187
265414016446924576792185753680363289139664155342066705623272936001
177781498886100830877849571709880858667023104043242526785955562077
310543072298032125941107957349146684680220501816192150766649106862
033378713826058987655210423668198670177861672671972374156917880001
690656659046965316154923604061891820982414006103779407166342002735
828911994182647812782659666207030384795881442790246669264032799404
016800137293477301530941805070587421153284642203006550763966756168
318897005152026656649929417382840327305940740147117478464839241225
676523593418554066440983706083636457657081801664285044258224551650
808864421212113914352453935225522162483791737330329812349528984098
613273709957407786789349311975204237925022851375880436791854547836
416773151821457226504640800104202100410766027807729152555503218182
387221708112766208665317651926458452495269685376314437998340336947
124447247796973890514941120010934140073794061859447165516612674930
799374705772930521750426383798367668159183589049652163726492960837
147204067428996276720315410211504333742057182854090136325721437592
054640471894328548696883599785122262130812989581571391597464534806
099601555877223193450760315411663112963843719400333736013305526352
571490454327925190794007111504785378036370897340146753465517470747
096935814912797188187854376797751675927822300312945518595042883902

7354946726676475060726436987613948068790805935317930017110002144177
7015044954964124543616562101509199978629724959058091918252554863588
7035293201420058570578554192177305053426875337990760387466896842833
4026487332908888174545304719474093925840736205824284934902475688333
3524462124561015627290651306185207329254341792522994174478551899955
0989599998774109514641700769893056201635021926926531665990932381188
2954119375454485094286218394241862180674571280993852588426319306700
1820980080509000198196217584589325168776985941105228454658356793622
9696192190808975368132104845187845162306239118780246040508249093366
0699980947762537929735970377590661459946385783782110171224463558455
1719416703447321627224432659148585957978237529763234429112423113688
6037245144387658012715940608787886385110896808831655050463090061488
8325454528199082562388058720428439418346878651425413776860542910799
7210042716581577830892298892426705300963990358223607456887192002711
7050562634379276091995418960273932863096592132860866113516677732677
8863936381316733972259528279930344200480443047267908314781726132777
9808609416881966180391801216897159720014750411547249515141050365799
0014682198153143369117183969236801627378505573465789414526396845200
8017702934796853900157301509192427251098757289596181258154313384822
4794784275717899006900482860924697520112663331458261249389273246188
8806998673405975692785169253707810445919864771156200766233836373688
8812562248357047719381902980923502800091617630646539769037461207766
1775310424362373327222539858777920902348843916405595859983155957211
3113572201536803012255576833797748586815330881597645559646307348988
6170444071965631722735119318496355853383142667278838334503929502933
7754404012839584407164497747467070573773281635284892667888932753844
1809432221740877096283171553737308738901163526963736764702604116555
4271267744300170440774596415035154466846989883081471711673591977499
3404140866686710887250626305478873960961808073562623368866993822044
4144291063277472808125183855402965433597958920418952952167800330355
8635917060744917899901667010507110287969962544530163817853422433822
6934198585932062878966056748051328052409814147654842848801447240833
7203479551540965529736180580526641404169081405650065306663527830522
0310176465019635521631396569895732763283616633158334641786662354499
8812075016707169149215331047006673935150023052730973025076575803866
7996053817576728257204318917925283698541453695686692503247929357199
4508067961040725957717233257533688571196220488747000661767905116011
0564549081891076163350991420662633687239418911489611779479008134833
2666507249505964851389692069950123959467416836620923119701645876244
0906883765587938520006979095538406103772087392136059096883611781999
2559392761220137173166980928432933584789138980968048937178814131477
8883870960209340798242036295667564225114022663896968434593705833700
9636380821657946503195205454166993982610975593870988470347537448766
5100331938094388427353416519480521582839097061468315056133311160377
4314325427816082428079648914867954125873478580290427396453680755188
4428997564616225679401317696296903390184402425625013231238201300388
1779451192041528619050048086815914949181885979792998737761904553100
0267001668506040597617165965868928153703250065852759110113456717000
0615598990905491153488403432561093362129628003728001616734908977855
1700818713878433443141874579633187905805595191765168900636832767199
9065347196467619579145257670009556054361162184758612900275456919588
4010766761933415495468759287077149471747826757744820941589147152511
3067467221418049117904151016162474904279545123079855572213843728122
5062682949390478837557122516733262041797053294441892500125477552922
6131338871090288217763395093255538406747776116921921192885054785800
8417122295404863650552168513440314366187350348137371855347902464577
4445997624100147625523407106447986110665383049839143323255855220711
2770172085993537648796177004970995751349857282128815867090652893799

791658225227087603710406129982627999643357823515717966366403518262
501896701372213885069655968928810345127352758307864903033439668259
7976736826004221675976241942929115420165897395305151862418869445
050358376910986729584484305015937455685374611045069497653043115674
264812804526999064388076661574438502396781141370055566045134560649
400773650518849004330297368291161994536994296255596326923942749745
875829509755559120819112933771422623427405869900389482718938154399
024533310924039649919055177307968218374284853313295652654225896246
589368232780433362987936455443866935914119132509156302600311751936
575298051990048325561549374120218002407445703600137515347351304324
914131404498086313366965450491395592861158578582126330992257616279
827544805225089902795438768396428292916835039001789222607573521307
316798802599548500931428859887774033818563901629726547833146970405
534010857755702271116611649980350865787815821718941132247597607756
406714975178751242499352210884370881193073426320705046954986205513
418622065400593064154242552649171544964537469484986107527222050690
265232812712332213481636344220296440548599998178217973763917067646
995007287720338797501531611558814793738388397001819468364419150936
636885986774801016438906177057787077506831077270925117345882299582
559857586674091835256478794837192496711262794192888704257391875553
991261202496143727288938468528606846866239496653368816531623741111
153296167674029807233159938654745315080285937824978727960670847566
364098678403238236050440666123794176243577499524081824942187528835
448191691533036421517009930080046523329055336091928897431508395704
157531246174452057774316877022429410324102110575225866573367305572
119740568698949732494440575529551392708557339666369309178972919161
668311588165159364832955699230720056065132751588821620793595721294
679883955101583365112940035810393705104958820071527374047199348271
438826812271516405052637196865710565736982657763252356177592071582
715451977267951001585145736216492730531970976497752863537015507435
491947389811071950980563640108425245977523961317546939669366891809
068890649702144324749256593298999338480102819954584318272187928835
686473692417480094805332720218037592094671745464433679263187289570
840036472226255644053536066129922256868195685065564854453445185906
848756905586930311192444560090227124362351084330243756408834738667
729540074435565810641346686042484694397703929617107851846778959568
116253133570127453025748670978499377430521209948564101216319577316
844903890519027471952207197212047931241106646034554513246458699479
765339232346496586818541560919077572143897332311807146071400265892
253368171017772502082527324272534142353693198204741488864086198417
091078215883056626827410432949100275073657373332334587782941890133
308610102836698859964804112399196004356679405886821442604614502595
221704512812005046194283216377756937171556872881443614985905098557
824120793683640624523194535177701810804820864582055339070249790905
213429612020960172538718836180919608305137003939117066404887198370
902036407215674455922066247448445518172891762530879522025330631090
482841234627220349041343852695731033587714684907347971597198216708
378903613581351723573206700941124556474957041407967399496845340385
141375943886777783546309734525579781261004059777395329176107162699
335162280126424896524218259910286600134751841336605016328376930778
500724073114994615209924574413235324984996932813120334851264171071
733531912109617639565566370961814064003838711464537511910923677787
403154428657944448159639001529346135597761119683752136833202941917
989095636449929130217423338632734353688285772803488522620240184995
224166770295099758268719449991392429993072891499636421170146439010
925676609887254369467768762754590815691923655002341747034157055596
198781445575284781601865713426775320792773736841122219396032342604
082885471064072584166175692131082652569516518505438075576289004625

811364702960472995554964651347285479774662044494460743108961778523
131602713836494316635688096841137841433496920785082912770997552201
393989706244961162572210203995003431558682774649843870172263784490
622621596077071837175751873426466137878519252170269420669508255493
172934477680902864228438908518765570229140835384749927059792147957
211257340972611580785214705603503404485203668039554507896341423829
361527610039502980101848577915343626649638990045812842148602204723
111531341032436454649501158514914584965065181124591622012028780589
032135003917906844742895008581143233834278232207512569175468896696
992926721873870269660050580256003880128777424150835323726928045325
332944404150931911010104560743614741525758926194101436212002786190
327931327856256099370616379462099625162592846087608745973209697131
756771490067118354845722855268275516720187427058536750410664392391
970945109014179624036117558829200243934186743733012601364433610253
882532552255123158058699774576533775526119561441663738429916155519
844374979872442430738691616238228428778890624606550583525895628943
395025595559263626667431581708579370475376779186058831438865989554
762973557400006250587131357805115866148135723998420579619256843268
796544824261509095741815241005159390965133835581281731929146608221
195960084196069627850065506822687234767297143846760984341502207978
288628101295242583872035193557864793478343777170297081314032987409
790814796595242156440423932943146611525204974292375196242443896645
210734440716822107095651479357051258614770485230309765452753400490
135910287476462069660245148373251982511558141451275137053435922850
170035263458223391427374881902048338535230983741658890284501114699
301984229559744217251031014786893889640178843574613269262909267585
360876096316659760139768530415491586380264843818668988976746262132
578184845313713938886508039599152410615811423152990242326495225964
743231955251645194546882788248918557595197395339473382040638120714
446148815646096095948644731950966085787844754365546329456002606006
014035269297039107661350499616561809908044049768563533663480660304
898412670818095372086444853780753554140777975302231643557483019084
558658076226778051680323897452891493318386545812947091726781190995
787972627651840161846218826151737032123687547328874010551193627482
992616500258094748146013567248646366927958547613741339138036855287
122495525161287119032666293093807076433413147320185361782612335935
906424846843612142358575244491755080430295398789269427115440486407
839707559858721371117078178840627922731697832355867458555663611023
036654723921637141228470736269615327810195815612687218389614632776
538136819279140718606319285333696333642908809364177238277026693271
275411422144559375296714367878566083123998329893176931815396517280
501999216685109955283361581958944177762905089853184390645580277789
909518268834112862700709399815862222798700632671251671553156774341
900307563159612211664437372272291025147839968813746832435986003933
547696790558557151928711062588362329337063885484098145012382289519
215342305297114938655515135741817479071006196211536795591774598030
299125212353167476609775815542523953903694937730096879338180216453
301231900870431328193571893979457449537444919223476442776812325496
533655391878984435986903716705359296722932223406266469148328168965
740114230898678873948102595872992664670517778023554671431399897383
475493395060660341628269416839267482555713967875348656956840070505
538932432423731770843360790770361046531048992494931600935676708123
493368030179364169421275587079009619902026929545936001562550493649
731031734174476566504056209156968404563308671943929994558746084610
116194687133331941611111633071494104378625488438522205991670714055
860745500240276142493161470189287816294592587118438542492680009862
318404583674171762957073310519201120807577399824212137251721856108
157196779678516063004381452627370102350271386770844168079938332447

780166007888114182436657965538903342939270474269204287594059112100
981782874833987803510228017180387506497624004261560260293465780881
961909546867418412217220141119700365400944884248528380599038810062
291363980806928581541545273337958237118253683388977156103781634710
580759675381248361225918334008477946844297907020076016822283240837
851964963023947600773832455944953201470621514855475425132598203797
335566325073234223566501576555916393692097810262363754542325188541
532364868372267047231091905382112277808934067587169725099729342783
254765798870139741553367456645620955183039691469564900066975281332
991050139542223108718987897178141046991222684332212425522409920075
224650118518771424712009650506578223894856614372477335421607083445
132771801143400538207903892859721928795065272189363047361362381480
404755262484218365563489198432786139157224194381624450361973090404
387697439250674223497007187735768344306602727194222384118661659033
947655077642636005178320998877907127513403682287996751004584621908
334268734417115340777779654277019411237975325101775118696060692020
564859923440055748318451025751717371542437060496202341867758604419
531541092669154461216481873575295931658675374385534442958290745303
045123913666192912256477227977709315939134439976288794316924202083
470541406929340319765404849754556245239080526384668547351323826296
261434023182410737909141865080307105660919265689858769502293784819
268671010920892262774031729439459087381803811673411729393065900836
067630252287510315282236276389479940622185035744186524905938948997
248100203719213256756333316331957193842003417004081947407607286997
585832829642063051471880543188734796639073673297466127385094114686
951572147078237096462104569638713171457202201624613311170482867057
565080393370015750085687231642981847719050327758907710566311272970
900644291733863383289589732461189199734937664254252394182150133646
102914329693097786308114086949665940485452800636490974183241129644
404297141015114287594031423507639340410646072510287881733276065853
131366578814704162948422562151584605515382898343957046413118262100
039603813684045129234958720958680386613808395112433146621366600563
868726456244747680654536754101841772541497402937355022075477207517
129081486820962806729791955063028212018144357196534075285964195336
322651231034619346193807918783448622948533854941927460242703990946
793464838117039311692461352548697504643510589444586509514104966260
480848092322549671759317986901197677391212407271074903234717677064
235163732431114715723104726186936347819623408043358312863499604524
293811655063560106250008095060175346995125450460550747629464434184
508116440288889699140209385223951056010346733913015222368180508601
296565843648933437675039144895825251452477329736840950015855999266
125576672642468132845503728275026636757393834217148037379160350759
633288788356737975224623160539026152511043702307495447103981994206
750701212140415708600554686540155598688612822278623295721188407892
924620951071191131709694086460352958282824741405136610406406288005
708293978009538846290595337832484715323595494390095313670159773019
211837572254848722277932260863942672782132864593749735088811438753
122335111171036213690651405477029258419489639189150419523437566573
213634826527396046089653590820811120126598972206838384693083778963
745217430494808697531994217409585650671662931972358222932509279670
077950568365989801718391312217090139455720088601884320169574497632
230598862452042691257009024685410031297091065345234315444598968320
417238553577978989071158659412049678788109582475604440348639339735
105209089641849178311115771170719708864466893725288652273501777455
410375615093659549717526144512582267028272296452996906045916987531
033864431615960689670381230614108628010859128161508762578519857610
359933353121535363921301055828346813566968392231968628556923568184
157001716775417889879682184078763517433210918581094328312206292379

733236945559199084558427073940153366308959346674812010839942680472
723084927997816550307897071742498101642884911063846612845732564413
150525873924801098850842858840034951587547525551743866918914191225
433581646416489898076410698687460399559885394857123111664052487431
379571536506564779609114389137982118898242595411712704894027458315
615945161464850749817293260379266707775532991282469904274381853305
666974512886913304746874501934261707205681412514208035979346154239
829487981481226768412776772525211217022660366701141686899856213661
007080677725583868056043269028638536749944880446064349640810700115
337325824220525156468572226287596477602063389725238541892323161159
233438454715166536118441546900168472072252425631606096747950278097
883818497769268597558008243994901895539913159841562388117299082584
680018182532324620349861506070807092960300605405339686881344752494
858301003916970130781743007199889804686609619355477719206174223160
458803937515756983070254947795372710074846278892831287971486813062
592457649163326128157254967527906801599628077767202451149433408030
999829519793911576504574959757784237929701189608670160821140428861
937958968593069289946289506936698547174913949187067310982335677814
938786523074695122191595711343295085446544754976556005956069476723
791449545018710436084595723132451505594916439422750859079577665519
766311301020782597702915518485283197944359183914152674536956840419
168975362151716382032120916694856468832814526276718549531933214079
260757518617350669441261286948316150540692389200258732285158874109
481224667096992097028243552323373216161429391039129392454698181247
039123832479172111006568072074805106725190961164373954272137302897
303404707678565743414631524258764271137666013155141832092872463809
604276556713628852842494231560115281292863052912598710726978325611
225904595330656789483278109410667616650010512297601797826617810634
570332166870907553246219449201737608151650652605599031232414366559
454940399058512219351909386263161655916687460056260111597373251993
128408291097458698238276551112478574916953811466817237259024682416
472404834902937574632176783882475237675012690300917417340117324023
466389120600150954958834409987411070985670802163539138081441038770
330212746399935612006593785363722126440386856127396429720494649186
609674837183482187911469942675089214741347825858038286722838664272
578083834606566495162496228320170890231649043268663281015439839884
688864407107244742804862015090918569872685774998889665196911075908
839177693121613721684248566990430848630775166824201222192984548560
072421059702868563051790353593184328102686497365406823307775132823
718438772747300531057847346895023204297001922475682947190617041955
852342995567086561191065919053917113291894143095570130703187714463
195134883438825562628290095760503414641300733031247345046205077089
175291056042110861564054475100994407333804296438087712992014859405
520188595568085214411095155668418642087166847105053928828298338590
509343602636712122196953283858079809706329651525269155629218269038
733352743009316791057846732829095174876151843745467608625510943018
053190779126306051060929678222188314635775859630180665608270286784
655944164993601108962023324841423295856557723056480389919642127793
273551048937409971141180545547679432602606693299307969484563598753
167408699236484916746670190434693803116859405539143595188163366937
501573017097248328737816462882236978252987321658084662629908965629
397615419643920810755883012724137792569183742878048619427493068848
158920791833045357447633075483221435893541544552325120424977244751
114387822998931408929480433728904419005792016556782998440920508048
440330001949492885996802173812407940297103110951172985634835691902
715631447181049201170646963914956347740086584024846885973687263421
246230924510719034552970535982684851049175883874089584858411869170
707497367370333614204320120913098588357978907829039407615720535218

000113184154122560782003666473572637533944693584123734045192496929
228158942581683961423938551324662343313180366517426827741001015864
923501519610892288633311331903836040400712929160187236663957114243
201228831130717712800139873422757958638280675129588653002912800580
286123711228294409814046203393076416699154928236666102000101106000
803107634107253254341649431770729368919197455168355921225675731114
168312703906334860342426163970109045133964404656989912925278212244
320839373992082825428318033578276358371575280817826120701080297674
834777416453597975946709280959408386009450478904940704158196916546
347280372194335833631491304477322394863838574549548444177151124077
775968886539152558848028745783646934494517887807032211846013721220
829550212384128477194612649554464314845984667392320677141997742412
428407531029618912401161235908479320239173740023445783437695468026
884426769286191015783775987029376559481977580813168671761406236506
802647090165633633075125552558326128234242613421014817100124882379
404226285294766637365905992317711856806667628922752492649677802643
086274944049718762208972095774048387490057001417952689238607741180
486077780314603958192243500135908369950644527587205935636056173038
752456163841276957790666517964476968981245720692270183532433130291
922130934967161464606972204889547234559893485583785874568451744669
943079807859780192966685651746649984013573374659608696671673642013
650044333130776894733977365445541036574536351607694199765776075850
042777223222852241871963763348567790700459375264074450263270959964
976771676023979239172492679306699833179767472586204219957576221025
538767409200060202448914712337800754541053946067102109854899814036
883776479047868795095364725680526594663654998414073760869167888753
027633957147445925330997695918737337201001007410943411210653535200
309360537933056798329040670437584800800373684788159042603969987532
702962185566295640583784277436467813515616463930988229869036662335
183730132210586343125870381466225241575740983743773106208028961700
754161721152312789143407503970312472367168327906419473211921015733
350773769894377442203793393769134692975214404878149877313144525722
482189459109541415344466546553070070483157866540189564177757128391
878889245976307479490198053103002092808919632614520608584887790960
666043967052853343031111784758340786884620673695352443218385454787
570264579493788752065218864548331594966574629825911092888190385564
234241618885865663764751177022715935066729909048107680982370186000
552616818553277828007228842362412051541387641103514042470717679817
191270633346107808979846798965224958077736993725740754139959413655
523298293097039298292328672542971708970308113951533808010580261595
372147177580077818425011594315349995065751704348230856492345992882
382754483556163350584700297935774632607510468447118419488482068781
334195362201037022432603200266149263680010965236664988507385735079
038020656061704358260258173481215072187435564199772095398862993598
557357070101756497793271487474641672710287758966413542438788224595
371427314786422415634552694482364583641291866154265618232410505467
575238451640909145473546120702852160305432581527186260451048822047
924211948470728233188672173245016488524179417259899993884417836901
476737635231189889854578317999151846279323877759714106718011128107
340151472343264979842063335776699903484731484091244393430826449043
866202485031384017180116247856746016790312479740849476073617893987
310775066424148923780874584851709450241339588810500214987457354527
035258374346148728631347950701302232200129747009421522300742457682
395791445626128113789538031052096993089949474958689633426027659724
523876951042551786306662326343423321489073795849374134482715965098
678837407784140051468972315886216163324072330618027462056464266482
106421988626611818364857276991620788180145913568695288399343650036
603540319236913005352808925160063319301336501783877022055158786231

281209588495372374875597998873042415613356291891895991378906783545
061133817925765766533062525622073646033947246506566554725555120362
720644036435452833186446966826925760479498930150431492698141680856
843930493089740971823922823505195490956290512214602417230576851819
390486881032893268431440753082760472059589919175920337920039731983
301201480336193703476225957251372636883917399534873458214485288842
695981849252807617705490394922383237071004451273550264051476529902
303166993515071577628167599082874074019489130938850171628420590640
196987131809810404501983838099415237876262974620870809351498389459
316838600622515297771437179323639295276305978642984648031484668162
893814674457242717995855569796832920942685267739020377316457133594
866012939940632657340825446182446317829174969642908671578904672429
011959585875896822366288966377932505827552533965682099906129894834
667102696430611073881338441826528380103658708479905237969531400674
636176379866100485812099636932635381580803952771099486205780007939
614044699926816983633028925541992400747382024309477923109747356895
028709421788866653744508547943204409329312557523768536438882253883
749142378344828758256453526896352054872924757582652127539856082982
093226674592369123765997408115802827790444860476111556452123612553
243082332293380481919375577315204398650685646691741229556145231565
304546367843975855395242622731362049575453674520125716420688660162
759445258270930584280398146379275824912258894317575657939115777198
218910203056020183475978195862442525990498517820900705009156105006
729908760404162602477915134088873371526592567276341022973618546797
061182682320079511955501452229570578824119898862926777923408182917
001956468450945667173528526962457477946207250287811085356924184026
177712114461759833266651938395116742965440884746188419297117212958
338407734527872146471938032813484294530514709195206421764909023612
045497344056752644079992097437741132943246533325046230745327799706
406080860592938732057874265248370162579440616474483647483962400501
273143988176193245806632018487915371031326117703736852811309307551
478098179796030785748629864941084997506874783083433414335218509855
332675278170087988140482173418378164273958080600011585533259153393
300236200469970956095713148270926890913448901731254885184776300914
835670228972995401120963988155417396934387469066428070233189221001
782066401422820213386623442986534123037107036560244021295618843845
615423867889485642924094785489999287755071804914128443567588047198
703429473611770846678335224044032864229980111215779622090031377950
011979279498839220490879006299042141051004946152977650830430729841
253872300509586948960205360046898236737968247252413197975512914699
098119315172344683757485350280928119673548909819724009787177204475
144963720020485538807797617907870018089637342634130849637455808667
171245280077593752207828217225045242236068773369786399768044077260
330328524622561600883753183648773579884682308712895501293864121252
552244572101432704705461847713674245499978873339900838637654353379
186135695043438463338188214751370349754144124866187795979291210752
525194238781584393668436784177447529219147896822342499519532664810
830108282552058364399343263479954529179775259904278849590272488351
875330211088507179521995364986269681375785644859919317710439263073
610134145119611419799939180672639335377354293328117639114042037265
553639665370748413130137420474097073895804557805626058581803123710
078804891643234184696305016303502676241840938524848729358709021949
494466375840185750134733596934046467479387263055238392763922340067
013803172544865023682310864346812833033027702661292064903355879168
139605531350041261358337846941797664719119011448463913791958820678
401284232831260216825194871697521434745361996749254102368778318214
642011514176100979584111246350012811233200288519566351756089249217
774272563579988566710808622564025399745246728700413118052948310215

792768787772666501244426302335482262490006290347443886823168491080
141559453966853675049422165235689706110670508836147949109671531833
459000175466341389124939297974084154900473527811914721749172311103
369915187767150510815496192948919406163755807206671547209452156326
415130714462545212277997730510938866531295722295134806067597340319
444491268474855565498959789225018947629614984589858843068531545913
643231866362208363717294553202947738176126531002471040353807574810
001345967302893717490803342333501667822362363667538968770698333555
737830821278996276261627116438319408485131297616494911166177953791
095898984367685067422853139131132694236070693729055868869493039013
373200641046667500454881069159758686575633591332395066352027378832
608631246540106171071396485537081149632622381254769566343022501966
922736539842911135759302417953794023528515541613279341994934858289
457308463622407817697515114168841840466283772228487014068535829663
542544165925312615493789465368958870166051170427862534613490261058
603807396572389825734243154632245225105808339034719186042572390756
220887804755139350545670358847834828020371417031829315490395733177
499547491139091984277713556309945666750573985927676354365285368440
525962958669607368415593510088175147846881259416173497959869046326
157603933779046484064511679228499998983643607654975381224949735223
863207263319157502713166234386671793477863901071996086909087740554
706598504744454287611188461022343073837278601510958414984347567685
631390630607874833220765346461276268580208250568104495429298314716
775863379474368057001681565848235010761099190434849600158768972199
537323429346149359252482879295415404109914943788567995930658849807
643945848478652239987806246142352995926316285332105316759167368508
736679466116512860311255935953387443073941640343725652010213685375
735367579219932693984127381416363586959480393783643817224789610963
748697035086821739360384680401334904178760285867855110015128087650
302643644037629559884811152097696262148395261699051443229553221145
948888953775507224799982253353821919833514733179768141977429785436
910342696265763123597605410216560843465292187351879381619789117315
158287767206428014517402965677184221852257213299664002647599673908
187646490320215822804773413362649575865065218203026251160666641677
596962048780576576529900603079323476420074141365157017370103242477
065020459262593923912675661476882703588712940336474128772835490203
318445003582340807572208456507969826834688991849276453468964749325
640486379990705537773498412189689136728851325630718986023876883580
688187374521824181714951865238611688675502012072107532805390738556
670753766793133904444903701081041329985598914317189548513791486884
633560743610348880439306123788362304553518794143004677350510805110
031737838328330664680238213161695805115833163589798655371001252368
464052186763018347541140640575012498443840014897292735962324596246
945054146757008702553453687728558402838174670899224970111040557754
724306631109005839966095451565307343612153254801920464847704109631
782995550269712489513482310561907913561561863346814063086564397144
730543445304496131262742993342375575920531464827315379028061941848
929760219963227973793023353090526007740897688220513777616646613523
765612085377724720346237288408114442352683465006026561137079099101
899112640708918971456626282817211213392079179295529881131114118193
403310110404905901480590614175738379437552273936517773202885982332
835962862128213242607956571503127512165798583280568039565727445635
406113530927505920611028760346586878840942602203507562748754218254
818275035272908352575382125837740333105254454494787980097807047193
142120189974545330529739057387213783284607573597126822139094056323
070970106789112678403048385356536605009665129434308574405928419201
823641443405158140135530088725470680326321003228313891426044448378
165419805393351850574974278152216590811724165549035348870511856905

3767623295995922800463862174784258257277885033805696189095887352711
8346885634044470385224900786770173407120192401899990509116528629933
5126427583663982846550895194318843413153092243571108996633409592184
6412218679008121955991938590970765113887030022072014188783699842055
9689799922357851989271797720755215417251803857862878188078616823666
4714625713388097539090458776533407267824197379787167524666698730957
3678653160654541214390136130185802925625726627709496197466087745808
8524439622371175406766481434946676413862277418844356874511575803399
2561741659418950887200355644283720953854987811271835540681315802300
3209982473299948266755710046567242252222326447857711865222417793891
7560315843032793757301790239170788976425574977439817303552731863482
7905182706100558681256630331172564540299661734771348062587745501873
2535909604344098065652369872803734494006366479451869037741865278664
5785458987464409901441547569797027334639173819283034012181779462265
6335038977592436152732503586212627342095830802613250010132206892906
7114602890650784555443021755339907131981340129161023007654805738483
9937567640932264468762516687088484696676753365402464379691201162449
7554675969111825529161263545159333860240522418291560986030949117675
2919686512862809627873482564346013134476947044853736511591897591593
6941794043607035953737189349367422484012010599898078290132791390311
1947096151445375086660066881672287938063208169410087458115243348464
1008586859001065034619616619530149647987432356303024366874181177545
6038176651266227025098833554579014845873335854855275606276617964227
1207639841607167102477814739422918178272543084316323963542698175298
5112896750107408670636367874663230536443405408431672453096595965055
4581758608117896041840662479617420022404228730887503830482906663033
9457773793532500931422160272679692494344581738568599367792260669674
6797354991834830416027084769137344171150364896613619014837851442482
9031829780314129000707688793652347488295248876873580075063073756933
0297637074304355371633058562897834022039520775535270424626026367644
8004169939849068661335607571943053874474579742683406081484157892345
0245209700970961302497861505930902138794510438578765314485752055197
9664243005105424484301429191210313199352578897130567693270615123528
6718541244723213669019648559311476948511977775025011414011503537139
3048479235089853083822061734059670199283740277976900397560670203744
9133857443792855083257532054412599600836162094167376353817045995237
5881873981521707904350593212232223136292487341323101534805894898839
7792360076227358000579972281981735922564330413069313404624825391828
1922051404686122525481113535304463243971318741729148258514300294359
8999433487290279629166467521943209808086773108330109225103792335431
3848881732259187142966376481129125974323343507721997244161545511986
8670811337798224626380401081648448726075714379446372547824529956159
6730363516664943826611936848546458654480306282640794437143694092705
4131217663329600753523310472734407974431857158449182567631885280113
1206569806247014776736053930254639833775394201431975366687836855247
3541526054217380231119998360483596122663153552465546355395072323148
8862144863706580778811911289313354735382583913418206608989578480237
6323994418105352367436960569136080342595280747549477179958914367823
2483417406997168740263157275248100259822941067643041717813589963186
5371850837109084990404162566175570531823281975702052987085727252058
2546377015747790091415826465082216909908916310794546642398302477996
5906834774702767505878740792578452116116506773637419862367632570128
3823083063455675312497763616445101748260843256190406051909947504373
8527063480374968391904569667145158250044060331082671784945121418142
5420725267435791362985756316491229535652575246255027416934392567692
2027538218454741185699668414415597296826571183850898619383682297001
9708509072522076130469880685066062752611644529717544909066793818044
4744436626110712233764847583951561049968437456035226680125400594555

6861171431225403844258441571501198763936859452293440069566437612366429435784436607078008703587033833125653410283456145408680885880865701445188905608631735662570329014018469059268884953100423319716296255464530668256401248007792271541943883440097640066743514595757178443129759726035854606986996900193393615336560605285504017062602022117491034910632121287344661989951441957259211483864376391431475690649637357927748152085410954012979386218951945501258476532578082266539512117278944562479190169514074321034552114050613197602522597379901321479353739831348977759229795041059427749182890502467318687837018851338814662629011954762226484073129927944740269944585361347373409495821484025536371693321710423646746471332779580572316713877006592832331925650418371005459621333682443981840281541363661749799798818374599657119467686348994391308593682696178578514572228242550339232511173396707236546776470669877966559523959224273592175315458601141195677575792497692423446214873134343321740758700272876627043206199583132143503228299294498502167568686563089408628722867718907628045663350384369466944781680930375407025376174296264524836857918276318613850205984122935112862136968349141567527079986050097534619584266248802869806220047379363517410532951927127666622736907138905377842209412060750478760380289257691051538468335044675967845046522490627119977316543085921514665186324648754994208125326394949060237555264075859101580612699872975822583615336982488818758459391579258819322121928149644199347603217543399122494177314433315965185267998594602514012997123072294410302583991941340968585898936899033170412188648175117035860752490325412915833454609895900178991534990418711732920217630473506262793008749536002771494087949407233315273550233776695057266203837442235566705592860084104207926813622900183256215391195995921665089345769336492026813849933347057643872488096110103300426277459705676742383100031470360037628303263161547783072302094657128458205474308556489093564776532680341218860426627736175980545743400270074056224816607965955958802450645437747303328744550860895626087435835971152840314185928756216033863569514936499799772825472246553947617046422427699666783235268556722146303027284147842514912131811404500161918892742719657472024325447511368781492159344238151463180725057628976211236095166616121654439723193110734920859033509842257593867149109419458281672415667434328741144321073423720755760802301688403327948101183279117260848680132151228131627066439703311680855718932963312536628028530056318839464800934990717350725469824785635057571475055568729318918360905610680578683002070488348949673325218519567614388718852272321739150710371679521825921147784825705825526713268625551814557226154628541210964744210603108767774583122568748590959221728298235452562579865826335675640817954780186896647984861538492060042168108912328866602985757052446704583641321011080539736002943325600896108631461471110931378835700149388376224767078560367792804604371165063085866910484648597857425991394300087411609566314730362968509939305972984952583491642454646419024346787593647254923366911141700782506847424820692449526489582786684166238594074921864043400747025712370627978052490999854161730658194057148877020634143963326478733867814903692360893826749508589249400078910941019261345770615033556665137623339727066867009872982461027846441061134791242008514505678233394362758443875978657187399746890973941635007446914941376581329860818107099520208466852870686808421762060251249636771798007829986048318779081537320041153492902608027962376848047202267557217817539114855970191470661187559439521504591636336655068889652016630557123114245881293515060308898906380965620414336332963674748086311249942728065466268807475696189363920948240212414942425729042863119191245609035945377217994152795013654732883938015384610263407414705324867360446838836820339950846069216578977289137605606 25

895785516762062028460713642169191819839986313796493922708404246841
398904784078758735385884742498707152484079903116069624123974678623
329457990339421327206203408234704567443113021524202646357626838971
937613904846157723334029893672879504253039795691465026150462335535
862320917673079136189060547971013812915149057535762680058636828419
926914312814478284519352805572740399033524984235406002643719725230
739996489566148534765084412120887282901186054332229714154674318014
583494298896133442258281551975308347904535109477867551726264531214
509838051904427676490580110271276888057705475969269512024130944923
396609047849910225378530705695415711409964680869459683156723123658
417724790871279995454841762788180766248834060971093902580767014512
411370676768449016864473327095439547693176999804908801655177142825
848495542988613097744926442938632350186074623939249967210845334211
378715345227513168213035301220923781871192748716598876840086328238
619728316421444020619058640031883885104463249536010651405626795485
933012084187479875386012745932687799117692872966734896792553837476
447935981521333456355477144701920093189784887635164377679668185330
466914884351975920210328949990780918346387672610548282301964961051
440331920559421818912951433659839770560802700119025933356022397061
569500768912158545278090769742817863659127554667069684054005738150
885903554487760384235805242968849180664655141507518026743089083537
304482781528529805471087978949906616737244549294989278720593200875
432167503789535791213443158560370172661007442976069069911324473478
460237243069610450958918270542231049550133643986896359088186079159
985310105891514096615298602687769355530163732507227087775075832009
722612006778800644664756077962529787187100822698917268314985447298
619089646230723464895783550509688725098646296673560610726621985943
434196041909671374366737653686009282989635647170734732514704969506
739679959713965841345962744735405499441528821718299079506471170752
075463244334405493543528010631853637308163937188976755420441575644
447655279762844468521601113024428601242396775186218307249554379285
503652428496734682713504637152156232059646516727505591488384139625
082487048739948418335468831747618753971032372342941839899079094298
685278477849694580845073683487722544689834909884901936925065151824
506809649824540756220117368254666131869209071151343050374344443558
682457355128233602650647554538485767826351262511583972043617632041
630729545488012678236780693513519248286836663233101426516278973632
868966439703412392738719879049401819561420018976291920058488605646
804966627181087320957917911503958201039413731663554155202166979801
390863625426822526905334407770746425534736075927076805049033015097
511937470214309010302346769883864468407838920229178401952391041662
190660303123768296930228980007246477342071189071292296560136276750
319105894410489611219970138899972709618729927347340093956545786195
970693261646065132073929950588810116186856087983074409740333571093
216634528509887879928210844471703692816688522910805950505594689026
066598943141397318113887947078454235337513208935001944174225812058
097745394940657758707018516716580137888838565011028438199947247852
629125217872588078569393225912115674534471891749811154714529276167
171856870487997847343233017227641547109151680776491771683742988090
278787886329273115031558241209017956008027307867560208279484327793
006330307116611313081199895576229892008335125277790037937886938121
832913826013833460913526102515780501579696308521109233329609609957
629546804734382586250698378119649095662479550237169710089922918771
101227503589913905405562282291499128533456202883094847501740162480
817747627122247409899385761188269260354778246536332999185785053906
557132200479168428950440724292666419995110726834440824637005542681
665923981802017453498488156386104828699403720749758031516354147991
908522276546218035422141316581261660690161892541451192431847561464

129361018191771096973743766977901930305531091403753559654583147490
454557573058940881073864182679758559139017838962024120788771793501
193112069232243747432254825953363291718705029636338636718912145575
397689669525658667306918808415564134245237988905434311928279836639
129115171935782466300750797793575139800844581298793030297661902400
295194561183459760004286520314961005362536814763676150848726211815
184574170954523041161267130801142345082644489983279297080882922255
702327805334695159912939268884337608143925199067495382179522174509
988711359550024142725291940817185900538287627654722058597496285731
070315279447727796232224654728361711236099016766558212869019418576
088712807799075360579761818196372646395179023814718806174073242738
821178288643453396490062483516817869109669422029408893042602522386
581303160344144405404239707367867581557003934713935338759105100658
646500791132233999530837000513329927458347650167299016516741661835
749950321848578822276242965575330195892925720425859834792005166108
463243981243956784017856391142839034870711191440044061737725688199
681536723140920984852566667983693712222106216749313857287992665641
503587797707185571435354161665609575272863836378342905591846451614
816298572856557088020256180935339188959682937747236930827878444039
858855011632755639718701384981529450853186711027689504207877725743
577149774807269366650768438253904638627517891611263019263759644308
251967215565708090110513365734528159880925052608022662073226498133
766478298209845093003518976894402315572420788986872209612565410625
461517369722075637291476350603049816231800505843457808009913065100
340349584425449688519184573127415641094904502920637223165591409996
383726547159816076438579267821401617033930118933823314957953276035
791396882985357045269745273489009220329254911231831362505002416342
413486368937899517389406983642252339859716494043372352912084510035
811717343116244472762013777182087403651768076245191131996915279147
298817522542223424311362364209396933754647516012891582050428905246
665523761398640817576470306861425062951680285088904490543729663779
166668842459495217968475547678201121282190817057317337414393760969
283820259270175587383138951947724623821113866482235770863745665072
101408264057436626349667838363779485690677207016108834343761131659
780519983502209475506134209739457730719937551805415681841516928984
759525920463835861881415631687673754441458510719765430768538378554
495283747796732795846064866537007344585945382946238208933454263646
930795600055622087292855407615962923659976125650462687374086529848
152915984993526660989316846882413976403703373979531246439961958367
696114190402722067530729018182156829738794441193813422297298006042
704796009624320026785583681980722720278288080649702471135817665423
015293457975553119269188312809696843896942977688867236326318092487
361512434746930381585156226409197063653697139258175145400927653872
994343587327846224132094499652787365686001539965404795404862346300
093371016163745887838646828708415724185224486760933750893901913487
864917194259952873273378466433033415894061122614552010600772567336
716370517273700263603682403429540486330349911525102233065524240494
232349495843674404159827083771368624948599966783518688346366379951
372680523375565814005647790815602985584986054069807657453593002550
288331444149899589203535095531090126533284567775429482835424301237
967809525565735900631292062202562643533644070782448790323582591316
337714002075352194952443725501139739729946985236371666287419256206
815592521333015782794001550035389146752231134174341933173479768256
709903471268988072344254932555985736818585385187345000852433686651
891846469000142407210590980451179679939846385285558881270029619123
488745322286656514940172982303474431951517755047685289154764108631
053391200735351494111902052851454422360539744226475385657804137526
897425564867399625031349700509642516257371958058890471815295560966

423635971445320421590139987471577876601530254624603223701492908012
437916070715626410646303071570105082963496295512613458459124729597
817735722344198372661919501117065828590016072632943770351864485983
658689390931666808753780616545837848695499304416105004643988494099
465375399257133528952114075544260144201973817667595322546008723006
036524703392695021433869068284510278361367333868604522088928807778
553054448713335269836830724971363892469030148081488721420559866855
891204745109294868741843102953205826773469842074691615134245483961
249107507150010429484651573900017898277482093796906833438092724889
514494911128325772737430618193842247339502389029188628162541277609
316688451059792678534810991664845639148870254004770751206100774705
812695743635790384317300955753880221274222008609901305250262164241
593866336931967062589280686207286845933841560073115619515853620650
304306247412918746513698722484443403498214988188246055576266177060
104468207846130921515643044752711078772360439387867146697797377478
166507368156692501506575878545449424951053037816229031528478352406
659101621631676171801660035138362108044178513400715700852877005249
993541817815819699088892298994617985004040734812610846064471364014
374282093944160722199733021063222534995531946696076317584500135336
115278600324480755139078528233526504562050159065403840623338307168
804404123731810197514661515918374814206772463537469226976234792396
741978537337380468930040266740982506982760132074629758656373082943
550510654565332915633960092999272318787512850337364708730554674459
871726553468907285354496874464270850038205442461797596619033450272
302689595567381260781520602215277455507152602144844901934573850597
348286000612999018782291241095673788226961486231737361572633294059
078521354931212448487309192376695686016086159103464836568134229742
845515128112329555843519097849717259431995639853160646258589124412
168383879240206004087758278403223797144338889410219890452616858847
687478514036226717140788271542597945258641013250602264981653129669
348107943044779858488041658902235426970307524211828252842261503111
206541578700787372651750699538263817782867652636333884312495278086
004211939683979310153842791053923991146533004738482997921994573809
372056563338484236771437109870884316526205438562073008627555022456
996543705989982328112417231598693911952365193751881004573391789618
677245936231573751385618992849439884812668410948158056678121266131
542247217016487954801209151210764823326471435807980711390131308348
981898809661771572013064268581632281826299222698592376939185636776
953850696044329749300124189467717886662891887847854294694020683099
086486508143026325704085233600892817882735189370219709850499331613
977009974439183117813027372926113845568149791339251960230474512833
150339230469524223383253102362423384921865973893347287497205746217
286452587539052524125710397650962430235165975838201847536611144915
859917936875727891592308781129693183778437459594674219412959461527
646218934948821374291022156494513987709106057397018359297280127688
023624209347666176064448759031520609297106950262367021645828240884
204208733528543877392885420373469905096077677283116844029371290409
330217043827713701955481715804441040727632342478288696517473278828
988054817678258184164229364867028703847871792866565535026506568963
948603614652505817581289349485575036593070865291331869432682720086
515808781955842778686180230811199497845707263160593883177729689044
231281270544669766156723937014487448264838749880763289924693320032
151758114185871817883544261535579708233293672540180108467196899650
605468106543980944105731361142342868731975658698571371221045568213
561840344716447892712996323728145125800525769734706021522466665102
612647492880512796066011067515488968620349307560919930700423586221
896362444983758698238394020706681511677100557844960933941119319816
824215718370333727246634765863207353598470712555929933427855232480

427458628962683935621026401466788020992546883690963003009876060163
0835042244754377525015829723903161699855268765624266086029755667755
584333791357655929250801920457370610176053735136120345748798072938
221158512933188094709652791013183504565583064814582625788496167578
231923279796174838173074986584894820718979080680159130558377366519
266599500442097829337468952784962214817538985677050165237538574620
468193480866526747814366932986503684716836727751126385241213323301
639389088784444242011313424262755071806349980846925013194731577585
832429824030379295414402406370847005546985611555112585940952929333
699529753768985080199405717985484645324742536687462172906451582282
424658679681544527019348426357554060848718368469153080483507086268
574522760255922076912266276097424552715307431199099354068452973002
979225961033699511334230146880375432182659614607146117174318911209
570550389844786295985607558544736389248149237924318320290998161460
256938524579100661538720054560074612496537075082464992762170393109
463778394178509842269654754045646510426659915891305567224802796863
088183150429172980530448872623204142686146450491854918223724664936
373822761360590330235477754166750665535200731664375667414496759933
624207909759406642765867355756078930063494455552217723085174795873
238241964920216277138862151624372384103682576310472771105102905266
453915065183822187268868870586402673282327196930579871929981473746
830509934922180127465358100336532478998809544857648146708597620843
741028192042340457259091371215599862678194635346436581830190778514
073880611076664294536304164670686211734549095812650059412191504222
889147134876213468816366382666821503545944874573202795167923233768
172996633009354285985415140044882344770760126177097713800317932168
584852849007391665527461176796800906222049346078652402508230691089
605733426049531467629791919667513237853620880214356031881939818815
787478325696512552111344157062265207919686909441569190002015329352
751173065054273187564835307191872953611128666141685094449479156789
926803798045228302948705462741096631301277675329071990211387608116
155278114027433622279594096206469434926312475384234155757436109833
344890348673374035762098162345139000613152925625906642788374034570
887877371927706900288327209148192826005023618777655507694404159106
918308892224510711387862503425788014402297772928271428345585310436
191000799155077634971410885934112170067082292924634862465613036685
148620184115397254970369506296414025866503032822308984788713865976
550699741079176114103764358119082450923259668910259570544084591010
861195230273613364042824938193146164487088219533127437305607886858
410917952458656087595405293456069363910402612786499830533128748082
698061536663240538982433414545749371606678150027950246529185068255
723359646015579100310512934531583239885765579640861878466575860652
329244255264924918975911097417354611416928311204900264229953430150
005597351494479170619901573329763293710808868661846111389404711477
505615450955167309084369389408909403611908237620068886621816366245
589544079636265543069907488613768701284608124555238746011705126974
947581443491949210717905891267243698848909144642226968789509640161
735066187877923163791985493096644000151421084333000468870901899577
432379481560007920001965475561557022427151929024241679926164652149
366110446359202602647092465489316452502491029495108101693015284207
322226806281355319802009679343097673046537335501986047790248703752
500237529190238925173036590001043920100048117294320210116523239218
120244288537060364226512487639707477505377167173557690565872321296
9789545053489530388818642722249745591938763738031363733595370948464
937856411017778560763980381465317003112315155245739643121869232229
521861325219643686644238992497588006212342608277240921254059236297
843609675578570825680658738002101836876812505608042483720264460759
934594013740841216272555281404647978933167565137807357316684942229

393286618788699042398012987805710823200895004300492335443500609762
727325218494711310636140331885505670342241990509841045877461862436
452888595836497801238950420269430005092309706682623786839266570364
926778355928097192033253640624500094784458481541023110352716362995
354281955841710690480726375140785538472303766926746267000673940612
809082615159976006450102500784750249406224308887818003789784270542
623784755136646841663552834726377589288518698657031720539896514600
275002650870830640282215438415692938775837499440046434743043723941
544930658789543702594594496569728578581094281582071987243237661299
617569147952860234616788779036106554596099901086032132292660775565
425455859883890223174107701580647678314692582797752969054857700480
298789816511358067476847171169506098903401235697591604702566515602
055205521966633608934584463644881324700031816074703056650983809377
771437734808163315940888187291040874389911593266646180360144419779
332391049783004577812338342592440414678415973786953241512393293863
877924664472983351050021072354435333717025771996913611277464059799
596725094927148069297617254874796041467492281155871540494253462322
270378706454804328443625106128298473496636741507493705072131324524
482148481146344213489330155775493753082015475796382377649105987715
143272118998072295102283012251313790454733336158083272764318664880
200195646567372490832135301008748483242945297092090924298944533566
933330529841644535824644373411232714656167107350957860915006671922
686838497704151233133060677872990532073884575247088895549528726791
886137557546393057271166675704196854654627747802901871216273181694
241082249964109319140141062526576114373301163433028941188579820479
083047950919087003352535436068592617679582139411106243434449346089
634274608065645295501047182235803648317437318368864400019369073286
826931362501939846148003938805301764460947561682549655848653721938
505090446900992622968083285843536720223836960659409921917708446511
859255568883923000983681592766905928660504481988416945447539290402
193516782943069234381899344408316797035879681343710515555831611449
830341283653023040064444665171093886301073461889427483627371664223
220831423275527385640738714755696065234952870471386374056548188333
335469178726355809531863449046227500717082224461845490380757349287
505225967207410560535260291157172201626159918726029898326781710425
800397170520511097097717419482617917148645518018310214601720509662
949389719007199733578484766123262448537109244335436087716309268094
606443567143255244361624070749520446447368884207478603145537951155
863370110478490626757836004111003427031823453384407275487638001165
890227358213933791037834492294513713653068588307543648867190294822
827042023596078713010637824030607864812022452329161742883791602860
067257406916828223295343307490025022341873915997626686943688986326
803215480563367983462555468527883529838862264929159825799890364318
898226084216658859977427374200281472178586206729257737025274476139
226443152340303310908240876931033289641196189766150196190995195166
873322611586890529132894132565000830277907014375251310059569148976
120765969569758019926954120038854204175962945260948540690846102936
489974282367544827228371692603234992811580297430270066217586228440
594371757251343369529653065734765346780120899754098374519234005518
828261058412467303911168373205393597741204995511508793702368481549
529577807529298269932610111951210485209225855408119306554598508813
974673882286878966762547487525248976892038866462703177607862738905
652871458259609317940619802965660468054310264783836328638354402780
853109761398372075362629225315286988195010712803183355107991306382
965779136631902843190772251036432186289011487807906005747005322059
550745927724145166573167196860096369366523342825232955343492376326
420555065710977135289771542383488821879717140709147560223850045185
855481675921506145544898852221956328808089003023269887980524979182

0275644029315147475128340640142278939050978232510135161802450525451683834320608968266622592594588211536846564635123631290268333337464213673615431115440353896747304519069560905613750783595208328359982933915541178943936572534683435093452277496315714309817297559722066702452728580301840642686087601352967641425238018630307559320984967696388784772154991608612377350311112954089694370331983500648926791759626743106330007413312791632170125089063186221430833493391783203908768525070635495347729293290557996552875374040483618047967782794752283024333185845950045106686111031535525374928370027113808592544092301576611893146659766146784994719667803988966216167814332947254043366707456118425462323920145661530712053253106440945853352625115089285568451884127404154268342799066303149752165619179053335924760921191135439770721131326809372575019303308222678337089630707745112109553355386917995950753769392335777768851527166216854180900423249412673317017837135266392357152000667544056338784156383279245146542504002368359743499398370351241800504623044637856142796930664583333590495245215243453650733113302032182239523496317788129804340291706820128359452662670649415481578276145609203307065271791863265318821231799857642771371699985487766911410830811017010356925063180326376215969101477359821130091008274046529888366020577428211586429244204875783198086075451258361599024064434465429198865157602685264828082944732246547031790751766081013955575249045446675864301908816675835689123440996364990999795664078080363099196443206565726313786259668425746655560007335348180345026511386871350422684555871124740278892818216398111909307001665906921914615471381518571199482141925954353684356315469110859550202318534588251141515713489737577425098102314841045611808316796927683888426694018348204654807244127709302746487024408846590497558609288867296009761411386658355504835759508496295042265127117920676673264445753162162980438573855189171328380385828466004565009334005833416479708620290395585006173342727774859924909394164189641864913610290930127880983100400362719943027081159049747188844031769974954520453937302275159739190981520404935699189284971418696349396872918388957761708003291302933823349923364239095749164364189356206645733780545589776200262226287146845886534514008942717945882214283798299062450391686375717367339770091531221212038129783550756314609106260278551811134362403986960111551027032177575736883113610028078627408033445924815020439579586973763246939697455858231328082583372619720563662300222461926996388614908128615826609875795470903048291416099753051471735003972939195892155202706432643954376058265436136822449241698888033258227167590389408054112566848714225047830354003156497949936559990923004177229387023518186313534997777503487199761783752272270510578482930630555735262685134995035102260443043541520767655290708602257812727887139855727487307964914751908120921558083062426509576579394323796233375977620423878835284166512076058414526425957548483989319545499040595479540504877768796902596018993656375330599184772940721379497613462060772588511934144049380916630766562739997489853543199206267724283509832598312925032840342429814479872896824442649750153835239313611706100467180555732793894471860406434160361257896092722339517560357343809034749019371389979362175648207830816781541093529527819692653738882831449655846462511416860752604110659992648721673101860018077094029662795783959893435381800731418529149397433761585680261587290637648218553759276434976694331287703224042492148563555489170142782848094919982386915133302739389664181676172799218851233155799257873768220625112219834354311226611324954501159059405787395092196083370787137245900204965035825439426235938114150845197078552300821859140942351542473921950816877089692567700306944157845351708318274374642746458937541893777242470962796650202437004863697521359142392205578123677454319844069056363

070812200612790951058874188415839633183935003140667905334767661088
065416544286897054118797075220045020494457015594814902741173022737
901371876549546983633759803039186323855217192336553172461908091979
792457652773821915848674124400068313954334611334203869861369746051
745409743651941372687596169587148476746690870804675031082568937046
734304928770556294604791924449826027602568858992584403167238745963
761340812011605870431423579200957536461217752087944163019141657669
717423113974106653550215733685126878792158602908243530767591900313
662747947970654071374548447213034356981029833591069337141038262672
426979727985387792083082679976724243456316443086469876277302487235
864904883020996285942609293044874637103084928122865206648413337790
460598951408608555042729519223037863785462274822498202700741957509
355652123638503183041767155442911123170036064739219739125338645255
894907199158437727424778847466305931961209866489963317182737137130
163459972120141725157254939862618613875182852387569931809473567146
223941619614147610365528432509066407185586145608907856838631109411
698531853407414963791790262023866736194059869416828895141108698214
647158175103946251534088401442752796245167590109862529958716462062
745109449973038789240805126348999525395386902822413510771238214969
028925715136994181372544547487373284069385828442264082770628337434
657561054375775076839458054160172738474863231113700597008635426688
139671686422799000513516665416300645504218255069582812681867074057
301895706957901179653622551941971331878527335205744809284766953811
142387930102589834956968714633000406364214672741074093925724393797
295978396986842138422845261874900620438376162795341133995814930084
217407549341633382532795034689184767500483778851927566302246059516
893623133924624683730966131694337339576005940959720456769813552203
381484270532189067280809814963612232992470455393751984895880523325
461591079184650442024487751378329545385300440420683805178903079494
544844966951330248633209278655763462850935434691457172263693603395
104648564158842428056314076717557615160025174919691409231950009095
389843368226670996787397568932270950590991424445609159198130620648
331042537690712559288186317037324757059428220937244313811845893577
533581194835592017516907635786932392864720029405566786423681321758
145777756129239745458963876362743584319459854191850097500637129139
935240599434330831902816309498577662582905613185862954852372272621
605618051434284743978985520725809549535825695854755588402025474269
415318334032325704986902430741065497856774062295904618130376719102
013842863092021029579093094912928230938828881218257684285325977661
121842782809707294521693701023866524800740740771174069643253897196
348111724091802724633744295396898449798874521207079412859426235509
534513318323104071653665583437602312727925269299611294873389382387
974753660836118452436561368254040712768934285308710663061205221086
706330720363248176463262983442920121465454040716232290335611550810
857808585209364656295790279969682725175739334326308511292453783505
031676214797009408522645996116288237749335582543787141918610442439
022581365381890446684147443293328212016111071890024248352085961259
467068456208797546619685301660669813683186915017283849388296836936
488434173623364533976593749268414769160448003918398821501508109091
648589828798687126631143980968732481679371117374993613327027584450
493998295039225983006145482704518746426806221964786013959875637656
975106523633319622533105923759820476761827365661479791245786824437
969173943802009410721219055921807810573850453573484565020680076854
171549566151122661589257467059976826393908697228483420338850695397
833369769759724549562781698755812301778958839613183982980960785265
725024521401881961692422448889937856150595988493279000427578098578
375764387873819109685403388412966676949734787395205510466115743850
297629989817124907206228792388080683955029720934913595455200608518

875883535734196446815388087484644682381513989943010375739933096638
534615508117303415354709296236941164922197474313263465357061979759
410599389040462518372342307671881143331736649673333545863922269089
197503435037404771235282010971873083114953574094266633825704128779
700053126120208348051634344450055850598923983645168729744933137078
817660252603849610641414125206913030110410793716727798837255427720
017064311366735661272278063867544309150152564075015175504583177694
945364716362265136031325606351313279989324937749565148110297518014
459910328573893758860163398540624959203144239950501408728410025425
364064727472731035443669725870413346619043214535102620917571104540
198312553580564583832927201640306943312378908237492983639718066770
389453030717349045771060438837558733150642159971145634236956303651
041587711358811515281246831556068443384269394694075454939646040108
762184719325213297705923368425804960426983879962492715106034727519
177560904753942721099013981003160947507333689469833938795544542509
316885494169222095805483781460398125388780752857598505338997108690
258662692553086243867488190082647150280248530926776581402660022843
965792563893714185198578660846202630395741354734595159237685104187
591980728521034961991739361118657603307766747189225128936362581918
592144748965172102350330569217261768474671601812545725065500508898
408285875189114712446456329950310514510445258532408791472128549580
632967252571761065764174305825506449580630746230750343730543373698
421495866435129598353141139390518877135005443919082018008372920427
598154203951595501186652747629784801997640543455024026316878227940
295987332760133281907385038904883896477621856053631518899708302716
315663139190257456125374745049806496005443168909837464112293103404
456762182857594150013097562733422456048211747192197045115491338328
567339454298093546084232062302498470437032250912912152111539577732
129080510534672716419441100955991074046911625508418797500759009897
317157900860782625902080983384377210117978348113398007126625368397
939715439616968666556739853153644719949995646274578402119849787944
604208616473821434484534260615932252473148589283824124465776737641
933737572558179010295524916609138515347885197943412790248180659045
396056623130179760556678738123455058894710592659518671825939377380
652270840192205091210247859890393347630904355224486771497364367369
134819843829050306235325969570680666112469503406268808049178900910
957605059869000741604642730900077608323314040713621218825348884990
955836888486277727881743466126469727080225154805118864445304709722
808036409767841158419236987498688758669393467079430910654791253359
364200569587630231223132008405765552441547244300186053126324136303
990041728855858989768376206745224257490042794858585261207495301414
198221451553043480771946099430603529426297686058324139634039736286
122267539835904294858402482454086064507401421291964710242329739011
152278014431636676863835666522415456067102569368405092633833522899
117497494834758417321911219131870763367624993918201281332159148083
749571118998290455132500294879076060904786165554717284056275256385
990667694285707494674059120140280929443890524828265988415270914285
497072574933067166543898910699811692902711325374676556677940450887
884236639404026364467539390644541134143788051375797641393077924327
670576683051869561966339909265517889982241249703939574324270216721
300403447752077467478041364331487882797685786728274920202746240220
870562574650918525788544409732319624612492841067409171580688252857
993657603717734050497863443874449986046814158786212650600502367756
181616016231354170995706110615114217992700132318339652822698885210
472865887721347454815328730915087993653444175585947057673127422563
034681049011448231370354972613371734824268839777367458523013571481
745346310742140546542471596532841685321172175067007591171073411746
690972290107692177877639802231107811005257168650409856367832465450

243657278073267085168923934501570200157517298244779345637527265703
168427472765060646667186001370704927405001121239592265485172912147
784052315380158356525473067609608615040744547919378561640700638139
389360114673054706727596822068552741623929378518038323760585472832
516564922068169034179879543706191959564584781683172988914610526671
997481102891149853087572565158268287022313035220392854198676595825
273063378022954946606449562265989585451085868403343946939070246045
022465831308288100701535744737554355425195571818429832169366719652
147769206781986168217714329533206665781349493730152061703618351531
260703533252651301515843054826550808057194108959465267590372030968
464646577032873702326179166957257030515219105694791211639420459681
170989290950688508112646954949038914253078663515064691668433200712
166664641797236781981308123257761814768611817364421928240348075542
595293264239094018679675723064641964000836256223692542658489943425
845113329793607449880500899974146856007284488061958892802028873269
585926512216791696867025830686943772933076311771691381216492222098
750522251852886203319216920272051159852358805800508250171510886171
429411335855244063806017405159374351446630551770394754042156404251
905820439361127996993854529601123428223241438948010554715798053289
328841405878762887885247363850843157829205210661294404387118365794
061445741204136095859606204569020548937353254343061110428657466356
040513479730245559721326332464555955452254603268642425474608012577
247316654503003415488222287940888983361652486537481514614850962016
097589805654406880744637238857648880353090650391913003514381114232
630255040687214651854896185753394078651685691915034592191221632739
996398182684039355627108204643085155650039507928013364789431169007
844680043971985556143119701892601692069581646894108588091840324081
573676571516868137267752890801312753701957685915946073724802150434
841939645871744380330991838402024076156001533186504909319309316541
547816863099183909853201432465670831191824598913538402391479338184
282414383911195617624507811089163091187650552579709845099067491442
076440607567378187200007040085082764435788958638609279106864974584
431583383448452920808071142433053227919773213460579118174289766543
974721522573428548864493339595026607021538117770227258654627122162
326538556064529956212155024601384145403276082523900623413211057179
987264876502835190187496822293469915898331739984049856334260471057
842078790369967367738347697000548603573742052513580548491036688707
564497530152556490140056368338521667485395080017875970345083205493
620953988083057262781236604624110241262973879420654911705967025018
568171843846045174853951261951412827078238390225974513865460997527
007559379641583934645480842627408845466217993883821797949213530488
473340321394554856230319970314197349116706250465791552302813760239
729495113657239225843767997030203043309387674998860559781378208795
316281307277906213857588917538055478813378590982557273826061968894
440465602471381517244672366464190388159302313280654698314552684826
856993206754622202838186660809003679814045508809320087636713071310
178456755421577301145601003742137608340945019804895836448453948730
986247796062474312891777773680676385486043012541859392429900736323
141307467428792575505768887355579805842420480718153844636992178910
384369257082999723045639375353156846920145502219765738196459952902
204278531138917422326453088668884187151379013141043631215857966445
262684281201360963435008752691185987304308961425494244142251308082
149601744828761835719088404478593821153058937118914674572423985698
462818003121547389076210811364428571560861136371315452430657604757
271344532452652997720761797593110455336764082942509991697886206416
004370659782343393448872370626303443552708812742979643251983642321
142461748637651790156856887274136546571307422082386195305551033797
105812272340569229725063694243402397575655901155412205204468942858

048796496305434361091989883857836158959120510569724304385363654683
457383764086622952037117036721547481791276472224230215444969865899
874533887622379894830786486116150189404795314026482981250531170600
507745633699533284363654280013447788493694047779891394305236167121
419005290100023104913165768212417492043469251601295792653350660050
559048339317106187600165293201703570909398124159265298361592472883
660263544350353340034917123892473232519221711382425952125600120146
933114098211559827757712110567336690879331227660424268873955886078
599271435579443446933291039554696589725417011997920946233817433120
524975116481496949694862443157217885214853046032586814021750052504
242612482097783227371254226450826007916510872290554640622601276429
371326470870997475834392376887315972623516828657705948575369402492
117487346019525791825393169957705559140271831999409983193571988550
135025526840454386031660680814396167969060567837721860733532325020
732425612599311001461212904130375052390905170641709841548741203990
288087980501183080924151320892401925358074591635271341750958995493
976727817257193061977988005136901107807330130630219032519979824850
948180049530011455021715768529040025087724667489258914555226938507
872730570020143426528366537917935325938440837099812178499413608962
344414132096645343671999286797883163269177497453232210832201161923
404574044387471257702436029089454918423285284634321645025815920663
434086154182787729211377438926330035706918170878554646003405098268
733792424922593637401015063114152853753256611989271287817777269350
022034093651895258689298331395084149728932887720598536555645532012
153687467399245408216974119844524212675107221214694994400922582398
597228410766797571484437107365441196506399936498666462612595952385
987261190680058252558280289044808320654242577666460198815428741956
474222937060097790595194093752823904478274964751093103603345164137
809981877558655854047215000693062087322897835394317640655664802749
652452572074002566414118580275271816210600287302565480995474056822
964496693211146371188614834702305200817287046673747899521168875459
633752994783694456095632917514622366098243885961725669226416468319
181937957419411991735310423362093830589819964379833080366148231849
707652726493249205630862382571651851930733645009312966464361437651
730202023403834500188578966775494595057873166503353799412825352106
382852390850540132466097697922995320939420661186926466430272241860
503334258668497519701577786173817716647099074009640886841360902600
214560902184235951769518842204560027291438806788421669836383074702
796386214364646727612011375827657794809438996113466662702348909152
980683840965403199139833919932049568370597740745219843719909148797
659128006759171215052426329884703537732595064042219940076141531916
815861498007118331512179787788371574181616433462249140215552019797
643697751203097281092059367688257954355491596306828766257110182809
028150738273755821327399761136759818305347938095669054694591500054
944675534115842833923779031722327326685304301376560382167564369504
556113115801500196056871427029485767821325403598222436983776273812
261107424271669402990269974766676696916077025813386614076994562517
788491361120181311402486148646199650539824250860706997636913439653
153627025580988657049612153362200676493876625079141919930840381121
869353917637041120699804303544910443762182783006884440276164674247
324537272570947777649624133275985750128176289329633648852371911629
840621155339305723354012532833495506401261109736144342217117776724
271739366023675234134252653044503311234200842651321560225969348371
220608526314264348364194208089584334570424190148644125639818252918
714085772381076994848307063269464674942201014122358166994657495107
230341306219570979002169208605609409580590861208505433290546279736
645525074098712454909968730926911802412447293798305483294345904028
0622105312481880816571237072938153796379502481787778380893440025215

939176678727196230141943911814096488726198686730538308618541954184
289405503844524065567801026147979403961809686459284094526190040488
065991381884355224386794030392769227234891823030005979451840388370
259255058117713749216675596804332643931214034579861108979432519525
109056413221153745969970039731461849890236988909653473898302030668
604544250725220417276173839480006010859765545769865168372067595075
080110493071463860279851909224081294926227683852639012378227004313
853713464499968227210516870936360262525795193952942734786592591660
217307140927730014934547501417626020679202147811418199942292773369
464771889000731975458403404860072565118163479665865211752904497578
040112874622679486946135271674369118603662466987189549727628064916
992599275417047932567661188723163649345689224226546695485682886850
351521872530586027239966118757844192889456084680174379539358455731
959170426048703274201533338048582114844763532277380337646730276538
179292335213733905029547233366952985891699068510134337937424149106
829372330129870393666410313325051297184165027560570180083410861638
094875981102985092889526216348263250840359766991339943550379104347
248984333834948074145333318996003917034276129495912912286286458544
963694638708860862159874640145920460057973224467055865963177833136
506571640992130068462036595036521681813078872727046336985507117341
970387409047514607435362678208988613136445165674205039467849005368
926835561817507304222016484287401783608299783260687338410435041951
485172597916570358463507089835502861398804770411501935855098758118
089748694693033018142876799311456738606974821305422608523453283089
670176818676834173469163914186598091422876979307597185756309099973
633878391116829934309480716093234284998508964827087020878026291274
847247613747383212039943603192266060469953567398337189683911683375
584492601118334506527706236848212662898447913790016648025983233218
271580441487708267584246451338327856300358850943764566207073035548
587086266246372448993255290708188850646264631641747012667178303634
044144416100914302851896175447025696311345085223823823704466446880
207654452499267566179710829429065898213165080214858416956507865995
019699141238749721370952637104634349200337721170369466624453313563
912850950452661577463493297481733836333900282411119160738160577906
257028082048899536682613496304143739042924075154650999614772451914
593447788926406585372472733723782992816588477536395962056279290413
256418625535991663214774994842451285569389782812606224760458132133
961229077388521582352115917601319396567386844788058079406577077269
794826050458123802876727332569122524580245475987888921438516338344
266859667988276287820771649165081508443258266503148443117294798950
241768112152617837156469558632837042238330633909895608264626734055
666644767290648806049388150398314014352320540098433777242109852388
685246075128872799079539471595334450266041910131584433968289450230
183601059149058336295054107522271659932893654396999298287344220944
966350126755215052554616457344050163883218151548738933545030674870
757149598751408829629611056257459805684950932575960624742348375467
041938101928139932286977906752327478727979532172684108733049124589
182080475076206839804999264070432938612194491507917705310299702812
436718722499042606680647009122360611095891984284070996113544739321
928845065805662306563372170917321535340042629237407007199323867414
398819800752746489279221653807262586558870878615072437831773660807
025211426011397684044779283530843643496023819534114469818202528888
817798627916958176211468665211331077018585295281152135727754835839
483688179007165651677027137369677888969870244071239197408165990097
891655403056185356715360712112311508783029479827021178877181995179
234108894545908807752274295762587805889269304528711084633019172097
546783539208878752228430966561863598427456082956756879125556096459
474495371947859233129318310452773968251650835323237574033401295846

1555279169171017634122930745594943096899941418417430908531931116342
5831460717139960440367817349980123772077193798176352656734560201066
8426193358321338783824752563346601404919370855941944418292361742588
9061544442284876470816152320792942313237041642181332714455363100799
0782884845908137131045857036084395956820981855455463763421390621000
8720173633634089922142035237952070332387315277446207971567072258300
6316169959713627172496167951098818475263559737940831308678208573888
2358650937795389637956218333521389097449182320640339166838387625177
7918633278914568311639936168277873086076315958624011635182692568522
2681603364263990029976452457275031771389750754928388963987555697844
7488626835771803834100639185871316800317873697822850615883558548311
5305750002221882151810336671162761412037305527793993754322401212922
9421082540280973577643560284297704678421570272192751399160064976577
4948685714356472111502907032083103522928276657170107356750533967255
9693463737855542353744239626327363201109039772261387092338439430144
0392255379452175565154255810933481112052444560558986466067542395288
6115556302193673018174943128615614168999272244681815439430381538477
6163240958409629174546127235247873008249899484617944385706482533511
7422247964769608041591924682969194029580449553419415053102299454933
7904811160841848137573566384994572644299275164433974090561287744677
4930200507692953301542120514044198923914587789878097020407208064844
2130740149020743693816250328906434564140271643641229680490838918044
9764414033041069862093713687487106824878615723139399001982088986788
0711095204783849768789422100272254574298671997183028651866652565244
9419407244658152876126297780809481118623835926374643912244768598377
5612445377184953745894103761314204877829450074830012515273612667955
8107407046431262892563513222533095945707510887717790476998337895855
0883343125902846149157943842423388460502061770395834251468093692555
0613367615588880624542999213953533509289839046826906581261908101088
4204961186654396857079993641195618990630497379230825929453352232677
5846551914622417810142316449178171151650230286217350567888516849188
2244524386933605473561667832017199415526410445904935066436252338744
0114610062809123722740633020925401405001634397239651786222147352300
0029654349768256924413891425546196902954217331119236198261007770200
9085037837528700439741659329932366369605424227510611987538643397877
9867461397566379292542643176752482181157918648924642245479284397588
9571510477645623026830619085207475141372376896177418132843624200399
3539173388253289100358549214129567706040373847890404160368323553288
4327739189315637882201029208938029420053378196107291550655360273277
9401351877102024437517739176991674126407733598677147167373935453277
6264259732043192660914559981909932110472987945528798753118097494944
3144650640777760445653503354033322336436584100083340176559135346288
6960190055418778523322444027646853770069654622359225778084470294577
0998505466124366380640674386522911030820661925257910053923648764944
8573448822477294938690067053159323736634748444677432056363102490966
9947238712364283294468177305441678576184770481181100262959004638133
6718915833395671337386300274019732053397352506877852119618740011300
0961670483047487657021986675911915767755147280152924371917184069599
1924506480097362517485599319689030565395021127559975463042342876300
6737226236007461069460106883869006732846059216613807629196548281988
9227248224659072567695382611782990728958514661497213240538445737399
5664884931049224386667746308495773205369176197688660968604028414733
8008497437536192302608276959714596412398814384585298982354354980644
4980222106628632237062934485900887516237473727570429881611968412011
8687060829366822811615721857839899409901539619248903410979986369066
1569739115422150664293609710521863100556668586893531227194505021644
1251480838284395582448240554876051533698474600659875590225476931300
4278602193103944133034785688641093750248369208005169261898267840400

223187814475707780427898804242938332152505561915368804106116892257
681956487194708228268283202895140047004967191833628964056728405731
813160716518972685785848209860517313696785581832830751646501334399
023485293031317846106415708940425315151061225500256976277910007975
761845668448763762279905907985028570493942745213779234662966363279
917587153191359290200278824381767538760466316337432362108660704607
161024038071028217964253948220808960357530341278422205834949802363
385668401693266517015174027020304109520424912191594208180073897854
902602340518742221234579284163870833564506343498730436361314837191
018282144320419652743723869978853532142047128358535123607587783538
187113153907123123723496453605149361896856839599837018409796414610
955134480310406287789948081225602033090779419354317185462059787035
088993800304403425939581034150949391640556670496924739926711225678
174561066716111781940787967907725774753917353951020524967481143411
165253155031110150807504354780303540465088530915133437581104849867
916051382096099019480199003685794340218851865703649119653534791023
631759920601838700834009146402949583504628110668371928247259057580
245459982264524449349014966641275363303671550603772713136935763208
168232961238303946734848505469041155543495885942602345302561793434
003404211939440196239179378971287114456339260841240788320600115336
317622895560702626215659567651804630110382232706870483480404289031
713858823348744798983944967817654305261174314045186056860890796824
960343698778288478524384842213686479505090881478924112788601364836
878178992023815795513144685102236681741305417962357852818150298992
841213771884961650185190789698749316964464952987224996505261072102
322563940729988706074811429874829025185164650274525300934809481985
701238698138124719487087278645636146993154622092367669489584295672
974984646160372903352640002654073707913208763271465081677603180581
723662289577764178878177208746321877187468071675082408868748919066
545085373955664069623606739761003627475363577973330122489496942457
970585818371384970639574442222612097763679751116081916159482911396
953561688133956263251128602411573568762215832818487015271145994990
872078300231168878619667927163214951910054963762201252266544533763
391732476999195586323708287580687969773210382197935821412491124629
366340681803376071502799507135656220205811126408676152061407845798
809806278828019986904303239412401829890570605320720504257334446803
075627572948985101460596128347824128892719461660740173803437462378
951672498955762404476647010262919196115800537621815269864319828169
592381252627521821519785408123013470711662994702449610349060440814
533392274647555429610870813415585096929176279158915163177490968632
507048397317147036237751045831559247774362208534151628792535420828
059895163916060045238538260545130187421435433849155961449845233130
123534068937597821916179147520045178177644525638506278028711520755
604074863750872372257401191436156511061076159555031500310101235771
714365624895099774846062433009669703177461268699377731554526859289
098306131388145438952066738999201422292441962894441589402055576282
768674681932260506700036601197689355583500628500941951944462687047
413213479327993776413739517365584568626089508318589036904648210024
841514278917332537293692531996983953073791643333628519952495321856
299593237351367905755161166955632227854503107777213168452805188742
066354340836892977313952442050195251806732078748506465059080497625
027437330366062044156455670164315900000829019020339691869156987115
127380085751425244000955815665082272406377427233753966049691743022
843815985796106116490423320752261145756967672985726329472638121406
810403478031617907358024851907265940524346683846432293806442903331
969872866136161757975603490494741695269973863665661739152453190794
290815957780085988041482961654116636875937186575990767049183884271
504646581449233145501321907207627103429373323826973465127915826390

8612146064727541087615250432960098556940966247573517302256677926О4
5332961162742367739641619212432845598612781193816831826623232918 87
316244149643512729532508126135896316029541701389666724113214445920
211905556259912898711055355404362420332767561133896347621718721601
799725580836242254563557830142141367002186669820902011111062633949
899274077546395476278648568193000341536591863880516112436694328698
733337324488765828578618179502325606870174498488276713175436791735
114974297293702489257049254774575335239354013657138979568548923887
021952128906981776155748518221172107552751736135727366152125526541
861573403750700490639412074026766745795275714707602738038031646193
498155689604439533437795613164677271172580557893984239168817327214
029867345621518199131304654503471641703188370885853389009757868758
483349671930650172171354100435522515571824404615825833655769812510
808686557634398921272503708561671821261235136259711906792820988915
184082375634960202645970199451592425401328682155560279830808181620
342551857010700513398144904701723460569577883616069630153438890883
920131126565262534382035280731212800676978951509553123759397622258
247808934827399554925761730299100538583324885947736751729172091668
256689039774293598975854414276721383540753442876315736888694434695
083779536989656097840621263758822520078632398233275000026471575688
682348299296568373014438267035832380214085149702709832567095396127
245045103448152778329313682506615088395812615102461031410142564269
778499872495911017059933063073807575890482565779635966167431183210
875597661845056094538723113794149558670132622457293230089139030454
832566737993018435795562546855008874198731450466312014224839724875
408373431526397628986000935159475992077468721207473029090016261620
668010992734545807636037829849078588726902682402116651187720229991
213402287079894386673095742409523548756949498318062833286046281996
773277669226313323741481919296738270886199799361275911067863703466
815973431216195075803948305290096273983276321023255101099518435772
004575014656202819393667591313222564837712067635602637580108587851
851215081047488194740034555430448762686446088145548019789829475832
540460042861380670014570310234355524193538505810423793769291727138
929855868601704446450075570953676366519052190008848963393457243976
056415804791572365313532766048412015718585911156004300551041540303
977424261756689883179509949026446671081850793506724342537135420137
060527778612272989879440510686553114373744434469474905539379010572
262286825475692405683846967985230640254868418382146012182133188454
938887023738520817451393696409934412892674562628878456141821124601
131168980096250287287147596426228123462991723858855749294428299444
072912128434262318564691860209317808272811417163182309757074942998
229165779482085994068687059610847577975719105238890423912070098879
995813632036361108821457593584307108529690027000036080976257958844
829057028700870775245651299424339081359486459124628475123606797844
875848920113587518049668774063898771892230953297326539364276261618
295377316778902746014978996551448954937894457542683627552407544885
517422490731748866310889202529839999358823998627195786535655936572
205279494449454609112300605289940775789885826453151917546958493282
548250820790415058615239346548503507906931748662004360354873366040
275906949745266675337415215547885183599498157667941397412658355358
397856690141654753408058184395097377546759292601550036102869712228
189212887190095122330561149254196852640584833402250885759980115785
972275007091480609146223729529737700327421536960819771479844007512
100193044328280307766896135279136565050866627766765321286555139675
379355634853839707677964451695487986284654557430313013882113473645
491526132174458372054583885771141494423556514299300944926133992639
348024409427680858771087725818907740295136359039803964151994831882
990587044461773823047916266879130425530749941602537419229498418989

516985575734960632798109300327517506201817018167940268081748859692
299319567188610654229547433299209808548813257776602268513355930760
690260254742634626753016660445841669382737480640841216629058513305
707346389545178376763540214590060181919483510399532217079697682068
718306900829426373048693910434410437368074991097273165422193354477
725860769581000622795987215218472126035177066441195144595314806681
585347617634296111175974896966907570696158240667094987516833874228
102987579049538267913449014092248863570374803629626779614856293953
377219712650797694365123020383015127398967510118360386739041905378
293493453389625464358213107587780587911268342660274360075586635259
881164896766369250586817308175465989402095156371743223246049073146
850236434523770353738388325386715719295554200104583985982839782957
728225885684527760467328389969792573065639381082762416387843550405
682091581411343466180085449128567407936902385775411080032693132254
790108173528132779709385818893523814323699144688612459663125076039
955480352002569850648722259151815907278247646673257749426638085748
787123905916491298265536117628796015117882014621427797571823899223
050610603076649544691586771393746795490509266206966323297286930595
769421044272964141193213426535450979921831015688622520828623376473
906681742711545663645477586904816421636640881716049809271186841351
496513899728190788352209829736495176602001309449247235507700848099
284543436972280731146684757424947430018886884652141120669328117504
080331064153190855470138151078665359593502570742649785609977388627
530621455112283888070830246488778775901157039670465492498731561094
018298872386566805932518715728657453403817957909843182634288210638
036931301499917668593007570253956038041900799075854101154786575965
559744144772809636119297733131794212476500656383747471869077208638
885860321622335375230138094971849064780487395493391953249987795171
705917499241142418980363483681155566969376865333499262021341839291
175330284106543597812113506445950299232679660146794305242557693309
757856232952073543581224609983465923733592539728055775156165158075
123200925769231857105940849041904675835476759039250046013420820109
986607096495772740750132102549885398318437730377551218198430549010
358571599269206217191124211663858399696463595490851709928243625705
850022007703644911994788077449697506068615625730577469909171216383
475958628744605404744900053573379698770338554697968970066219161251
061968802808787368869037445391236327275608911792619148823421165040
619571287628383412974920446510373266125432690433292466800929327578
990478512679447152525172081842036039552269153853223811117366087843
197689516624870772949623432263204508435804815212001620197929575916
666635981490722845832656659774786058899359144474287904654337398123
612785414947794350633492073156703057527871496402531550399365844429
443739141173177110250605176245288703360270531034911460635702904737
685826589182930689160635295373811668687790776100382559381662617413
064720873733697148029174553469825226519349722217845651749344958143
346019024784021322083795031650057709193983295672715148910525345849
817545548250120025620199836950173964033494493278266975640404754508
493573645492312015881372328170792150214793403917401761076676779686
822466560247531609562495362806697839095361417443935672602003422637
494491079183014662116006927914877326541602683481235533621466142510
312355869768365634264143437729985104727659436264027823113056390782
422388261573183851428609852272445136726144466197197085758443930631
253453778482712639178167116164748384342759632179282338984776201799
828070446808007615808514448910700846862134846375220637292558068335
259578587420867809998548967968826048407572294374214301573915695363
827271380278812833584914011734195095849539935159365826903939601137
856151114884413403917318519921706984188514920615741046110611292748
382186665565133911246144189598964689505567548538599158227912905312

7142262919035808780086596328222956642727558204088835614908518398 31
392658249897226641967153209082770669819153160050182621295358250403
981163197108935202032039133547841899084318477008371461682386028723
837009607533524998580427987961568800478435632958210533702480263206
549204140029254419524869509018894703203364267547812988626868585054
916913371855109684829516891495216115834915753776418682250537528714
569069620870198325112736346911045740925073952556008559786445926876
725177876684287285495509575564552843153499518641015597339322336672
778251361852667809647625596347421218147821932896854507235079218338
054826312744368170665083499920922718863180686398759644817953561104
857363874255501541796703290786420134040600546136000644887212410119
808495929324482102098641479773682104926278131472904383780208160158
917995865600870698937059036736730186127031313256091560946513380134
411807382767075855734044952787276753139849410340920872644533798367
411036180346412985939988978553556561927523273306291485629641000508
373691170697173946148959625122514645926124866121600901733895059383
439159396576028085705942019780057405456260304985789137434332988391
947395061953880220817532419139648077868052015687762807031468619586
763280931453954972181421147797586447793469909121084059790532251877
904653986726154998627442510070476006148276624966792183568082999666
085263928130525838761737486383883753222401168995842255699788564286
395830372119794549037703007203679728125971429866346333684063043265
708406907791101676275164963189553727850890894464132902521062955852
176177470644292687709887509699829534671929170421702502199778259509
929014164941360306488764917456274548243070491260305049701256295000
609411518114494247229068772961942240942364108926271606869830389462
706401225503585202007811066411753296488387209884793210455691626344
694611947616563302417636616206216829900866722730921410267900016963
323327259713419019903009051666900510531929381488201813563819800900
251812452823534008729538818312813571641469509221417743362992514258
755922879359839588616140127856694883492025019265705008020902447424
577604920771131927236462469440015377651938727292859418723540617326
694076480272048334695158155245062720304528556245897698749055886303
138048801539338614895567371102620569552129191359974523714569926592
312169142350512188470100326121593232481976511280985113460632889821
659106818510906446529941364717873870718752758126212886240640105069
765725206043306029765248178668672078543266091428619790489311935379
878629868148828939598477525007439417725568296019869425669834972102
404256549566561811106531527266207880628580908936050206981892712032
666223978521317902769484707356341945016272630210063292431737297267
319718097791198891528996497644590405420045724330519946799304303441
397411311326372359082318033893481966082706986266792702178213208157
868634158868322807793319325898426204573519424774556459909191586983
011806596595838104633472587968017679029649835683622797347930863524
658073258851130553585238416379280158168276395146086008959179972272
108345879447366635165591300783993426272961821062068886227954682434
681317810142805766101182928149607818097900305320504219699615505790
022099465760752487458760766183649213819593527480331972786394209717
134385822176718742640015644138352778372555922371284045087072511618
670042629168881152450686431015924149080715572379140686391713404628
159649878293447466572688278836417162760065491064712930314931104706
872628285155202814957062366706196821724134111073399410260023582671
018716136310777338421415112592816716971589873756201356689422297637
462379380584084610494758283439264916166073520355547810171751974551
732932365975571244788344934283262078775496866871431317729181905276
555079213415693662702844008564765907058547517491080279853770220178
536105543388462009204479401977484378002779287594087003350770535331
266378975650643310364921117025847501332673193840148395098838109965

898184544129661623058974417694927411782852011162331212265970940262
343936982793010583657412288844638581721549681214880666228582399475
320559293597537951324717724680441146743361370994096703053144237037
798834283278668874101955536024588729566057569656301412245609514674
018818338559328396345923746379327661769715164762917233168274495198
480362941951529213065034888118094192867723413190785519207056763810
248441411115999270854702281325889441789034063685828483210106652580
916850163965011986282261590371444013945039217647255991065758537574
003008584603917246371426772215844651975093835037660836597866039916
735568031937378765128506270873146798131638653149653094911656760973
051449505043501781075883705585126517265817549613756912149490639140
785713112465741426283179825194006882964526705735067654127579709381
974811277831390005196009023091397974241625902967018216994566972264
811098186295058750868943931797030921679022247967950304843862511518
568459496147550813775045873716477264883626095757708526203976082294
745351964678202846239829265394888567598307609893310675818976080247
893226693808940766566435041647205291542927761713498997636971180022
051726764943134608212494262330705912869944951418153053546603490191
291338500315258457826543498059213101540038135850049942573880795623
171876196970031434910390508548698730103391242252456266873049153816
645571980389769254954807964018102757299595736630766392184577765500
280473800688035029378804551268577202494753230739314769038243140887
596867108383688603659648130327158005693938246272115358373399160722
177382083482736873728680601982950324575716191329392851226291550921
774394484417815786492892517165468492751843501338216442895938517227
143325510288512574797135837345467323702638203130427750394752724796
313180817621448422905747742919279965948072950501796518803816217691
708652602759630385084774904357719861985160291656690277225815910961
668104900848638338973309292707627279888816600471017224472924983915
203509796711138632303531056595044577199832909494688623890259356988
267303478109859646391778455421479090839519881509864542168304446011
533264016255051958558135152033003456946167338762886322027248480164
230587091946861825517635853559386564859788466508415264084512467834
214915733040730621934661800588217947205436414892791066060875787484
577292195479382447253437329724425982051173784450122053116060931292
251397897254192410197951789640738869243387380999125343046435478763
720189264658355275776820695454887060300981045294340146681418980159
751876033820802752231072737218761461170126133921429255155526502934
875746917804187568596924127569793381259041813756410775728664909220
420694436516871570082776223584723075967733263763791067672745113118
293394614032539625633894904465525504293146357637936718198421207600
982063214112523429453792150402213528981930652166856334380853071868
298947921682749307243982034307075276864274394030635546808939229401
494200627767807348862489036526712752680447694195459167984076114892
101283991141377220690310631888048631447755770621089285930669936256
629435235833540409940032387044803220536773038752315421027644090126
099689543053837897562320129187392511814374267486682929424503400245
562510509103201017145298994446229999332075464373885496229768410666
680300715771176506006595466483973190110443858281491270059782918570
514422577883613456650265111048792096127253210586062838021848519965
022588514771157674419473893486073010789806788321134138743001117061
648769067527175866397324562883157247371745979394050364155872164518
750218267542375915606809161470718885421304537681879592606007843600
575291401990403169812351483544833276136657194978895324006051314419
374403265189708344356057586539001920878786115476982903062848978186
908895015259069632074860135757546499748002461945625052245229838727
924736076039343895610525039824868571128827750329809194985751499703
709092853353996005457595940593906200675190832824032202060019432735

1404553666470172774249610372671229803664445627702728320020432176694381802455844546629346423719362441670191233426618812815434105713812970741900936250048925914004139081985014082001388221179637510963217166597973925447741621116705417435157837546510801656363497847298133717350650742107625002631070731779095488722326289452410660230905170610857090742612542742022254773789234385158850815783292317532072965643451648998328491303532802815799642424293369305113733901971790292862139610875713307642281143399552960218573038634256299729792828094753024316680579201645901962039830974411889326874356124611795162698174039145518241401097746895605633745833200798660257488223549730565995868004320120087897504169873981156087531870833301296842749340679575699993348093466151639457540545813622293042804425154697200269129570065083019246827214885990800248450958585565106025942312081867181240646285689289050869876959332328172024681738932352822419964373747063608767813624210351268370604175641313450320641677516892905105176445999936312142089455775733602655500763002103145847439454329457542937031550355093959740302313796168637676829151879632566149146548297512452656592219063965397805304934750445579173879167264132986970163014225789646763597709074821986416519012862860796717824530856733227678036310463430550436510213912816729766946295551572384012013001537845884294821724598713599885863978886846059473022310974637243844112632899611006505073182933877635065703349514408652339261856630681908782344161016804840065407447046396204564637056681371002199515483025074538340115792627453171271893761243230948225132098216022675637562635061443400816691430758711012440884755780226223623817265587461351102985475955518716665250094014383740241837750327667173960218414477400983936390441315083602217105606336493635726441228369948547463112974485702731084459489761188584772270370863538734820281802899485745094168472405831670132176547053370102536934013571768598269727591063873489870021587902301752360343393944310286340371627728087979007267383385058420962866041032772580494260835029259183560890436791647091415894012611037991677503524839483577885480146219288965814927046333306335301080013359323375759536541181092888197537751353649798842375250830710636391335501416670909269242033560746835539848278062391096633794939864093915411935607339758817695474772923596983573431485401214837785432587557844899043096473373073056575686770348910643588158515401824310651108164925054414616734272656375190193318317945703111330344263994666976878475298509977111699397521793467227151274892145717835961128513864503655355665639823383315114079344530475109308082387180857005829460119008065502339749470835741797087046002617507890625261935814984158178865509982191154603968779800833780030747041557907273521074893547663151353111384174681488995197104399078329412028555975334626838399335815350239264338301542367753955997283836646779266627223162613270561690719736704091979703337378913654315885428331994395803887854114962572664682418028751499546608792289882808809678553525476160876562410399615632494804362644401252788069079355262116668157253565818056498651479900104409185735392999528476643349791772505818956785435738495800341039487956144531498535916411481710947353541164074865108398796336699364841821241939473210178563868244107042455609525975009970428734051278561798524355791717121926654416492563057438612597671650106250877875941759780145461651527017884392182924147099355605716718612530735108032227573547195770624444032741846659279428772602143812165807939145521619014054808030209173189887698677184290997935374429406829283288731333647873330768887034380305252644244479933983159518367025633276428505393680446743449184170484535865505090178139240436846375453187533250981956897771779496714578500121476696564482296251990740640767785492981907596084887018155731738603349701408541385425040375650847343535423847663604199184158570101427

1617065881693799460589199828446778963305604011630944975049593480446
6998454721021137288677080254942504164198428963665666500392689210577
4025779516368858324251586985453939067057600209462130611342338577263
5865983197859011664291918208688302721433210754560811114505108816
876675487652305723948111481335214405088849792115859844466307192798
875474317216416607444426211936794230106614947900511334002015833537
565672606459811628827940534630323595319327694864527334047635745855
268332313364262645234302281234574342710692289598142148775218394119
029422022570259230472805035306576488517929917233674525883479499791
988957173983593897261746445121740458178446297847902345960564717599
885229733405179191265722169455586793884887205064018490838526588459
061089560600926661606643349130909338050300494823793922320424901108
574287364759522517258340242504950652525411716126638350548016708746
816117933190206711473491373223944817993370284190593887276019130772
061320637980370438585749161096885022010702071475438591644040219080
722141667379404789064252894560054834904882363354553250843696758968
425936348863142262802632019226048235717733672121953687669341692835
393333872380139483939415648020710191936755258400653836858194365708
922733656860631555476830260774504119461406820492519554623749223127
254036184310138841732019043579088839084938408088243246351117141302
824020856749915544775683195932544284905996500600646948169608546578
824880551802592289454511668420958142629181425706756600028081163246
492300743361248341006333704124429829176802904459532003771893132303
648282919508920182136399058945685598399692247805304778750036736297
044860942759802411514643534302920419342735245980516220281013599229
015585934507666335425213007505021463043202349702815108434549002259
232130707559872708292816947239686629387914862670517858330925503768
581817710336452304489050893619799908744511800593293394201761795790
636101585350482726788267440922670307818025191994006027721428873654
305080455126834203787396577193329879528572396940693258601341807767
484126334117132917492073277200975069031422991549405132431333360202
145491479684611703750622237606628403246208402997986667287273254640
935838040486782174670803051967297896389306933921674284261432155680
285670789647015719545737657922629497561939280228435777354971995800
695791551132675063180379880713242220093976183751848615566938612047
732613228517327005087503008117277213216187771569666287123907788909
632226655310418724195302424578515307307301387961231568904774335932
094104622097102930988853782365966806008259666943312147946867101591
510311386243442701405970461747302074241212770927543465010806610947
530204708291814403979579991894643342612865495363468201288926865610
414644000543180257698196490256281173957034962983558718538926400625
198665760647446251235778814584902112890362145892522924208441035133
327133829723678592372521892231118050304653423213627120249359309951
230207407196815855878633687677968598549579171717568414970199786325
242870965683293306597586188595211617158774360463896436298728049769
900590076538176089572867318758958969072932943527150170420650136015
422036301463234937450965567312716265264767173065631563320418173545
468362024061929387350751535797291809485924263377108121456995139500
623656441919771822650344378984334267337664115698682862362316457528
289086823960985814315988026307551218268125892451134845647270599783
936691765631779278150676998351356912750350685726701705869301808732
451995518178459851687813668049106298398016833210340185026963755299
885013956224405547606602834081652730508552155690238307532266799182
919753835642288612809525380152436076699428944689887759269381730715
879450221509824746659634884049375575344759042475680613510759260691
238729114261123643538277251472081279869070069302219805113355366917
962247470416497713751002336950537124053778620119682545426176415079
094349245088505559918000830585174431026810074291058598458365928497

432180644842134799534345161164018561094849651202925234153644438873
980425744452211957475175666712708428411832484137523380953424315207
228291397871592419776446572231852733256979892770972177625597236533
832891852918213555978355853525528168115819172182228982693129131287
232741238636375386671725660658448890475286416564847159423966416434
389233966555555577505623941919386322247792525405039371606304906993
076168706508352910175835793502829967125346073403187708553748311141
833088915087819597467696781523926182417983405144250609493357621178
885714017028104504195467414437360882949188541087995789078320904444
403919352135632561442306688626371187652846600423542918735117789411
361957225376746297336097877026833323640272245510637223928833180494
777403716667233314341415592504003443864851730958168363281184446312
675714559731700030550889826990775388947909042746857279399214476292
572155107787976322230317054527722203918954369070799156122936107154
413193133429493781284346735062346125673695409177640011845026550899
269647194608984026570804072312783432408860802224172139644006033859
955655688644213098831700528579098647977434087547626287616158537268
187549754532891400418937316397456821025427865392198275474184556871
753930342315542048866244344295228563422335609124478797116569348778
720123757175151434224096306075856343011165525133545498704693937743
770124362748514149112587076200193174071743682020386127013213975899
688228407512227059994213429913207267333097712360897894644938981439
659735961665658993852816670862600305173333482083015627966996961156
196817843264927328573416100073953155547530667562009960759053571258
963642358621386526808056494782651293590560810954346438467371360449
994040135718864031978546303925795186502552188165735815622576359864
310277602829677523482352602470270649121653042164389760800295529831
100624337813559649817383604797920909082575666433266668067122751187
684352812512206634374531078010963786553144854622218985259961770486
536947958684510965302601401388203570512509791840617689609178577595
647343804196158319476697811395247867423947746073409243167798297755
059729700767184529038661793874812581676128701839917437357115690974
065082387573190996884975932907443641601023900906284030548539277004
313603845524244842300053161907844886747913981348989663958291891950
571875763453201967071694199497137672478174877139557046673027712747
983053013424027891648068047620392860696091924830264868072958363267
116662677967606836340750767263763490452258968158147401802558001971
760024139869399349215900153041133962949419173171645888714287378878
732888181304812619948719916342766996959439710594198522351935509361
408501616263175484624791971026824615645806024564475639509012331590
914096651798470733029035611775523525988643601194889388936714131118
598807032378677445581428892217103406789744586486447456112767577519
527408008868644380212866636567224057317387250035821942569887563308
467789831264393605749102121366933901818953546225488974154060056777
788383312620690588447287730405728650857319119157499988336873749468
893593455510369378310443025241392692681714876547170747590849536287
048244116996098433553202578653400324262446890254474473833912716553
478447439842526122069863563784638897289136412807708553537208431948
966527513426096742709229740278802339778964577921244483551078442570
651693811144211921575480837312712674174288549055177845320131746047
600130810219497073449144052508127837541730266179692906422776667103
715245685443986106628128440271779165712220782541058139155388001667
828725304184557347984143255663858212788155688674415170239884908113
560974671420339883653705612096370993533313231085778377427795448898
584648812197073626525160155633750105804463787632815000741844838413
804874849039857102538428867525102731097694380500816423251631709067
985432903735140801396567650640807862787150435600026715537883901426
562505426920613598935784885304973060317873364705008428369490126054

4951484242260767187580148807479139066864567100903242236896023668806
0574602521273596303711669176423008129535137527142389173639910931113
7314672208936408019594232817962802908255501980359656559840425408330
5776266682427933568550126996721603354213240970125983723376799656111
3486887539825654211070254004728189643445301960225404729358416467334
2404974210620123972320453744822423136995824124157135116583185576116
5924580026367039827331387252414339407810803587139303738449437987900
3601633478919280426727540742142670752281515450991305001035168462445
4249717116669512213066546505564977564110385106266543645200287044996
7536241079709588152329710706303160566938074775580319537562864782772
3341049508927591142006690717379097318902032245615013945402438298009
9726769920424765272319924737370155731434720659195020719678584227776
5614098429400094376865752376359851468390061654928029909002962369551
1738255982696013620210003353868179434355937858379004708858492911442
6144943242344165695319322283992370858267013050028486169395378932445
7999853605920229079621349531700462217788209988321594134980339611991
3732956581839130786327285326063182706527441493339003864873182182886
2203122924499674941088300822058518425616663182718722992164091478110
3200352652426504140874602758082006913914273637371211638474961570770
8777336958849289062914047035146988420614766202152326345261577748112
4477080159970614665600896820980868258346739673322592322120724296330
9646731266109096636861283412026274913387343848161458019140027776229
2429624607495194280454975685645418617505849546999633775796273544779
7780517459832913974674208473686301938477187729923796643522371804880
4411536266862619747731644317493549506841656974081285024157012613115
7472079069439414636381338206448094542922426418299397466169364828554
0041097582467354812163921462435353330228644407484099145726447687442
8857760169927764055914867383726261024919610562204775635744008270332
0021753533984825328170338173705438969969799938126763264261104927335
9812102326989506260177614740941030741313819844531110345629659558773
6764498896681064521242649779181702159430735469303524136621277492887
2333895655970410106834362038275038336527859153019558137441667889668
5132753624312906878145629643662719027327533256034113302753850936770
0191269147981170339426787491419792129170708594557827881106040255776
3820288104256838268562683201215331510688601742035384043627410732552
8340332981323502093404328204168931053768695265264050913506283356558
9619830396429089520446200249234933115528981044938114122352091286331
9024968078756112384110250793156931820409499981144572008681753862111
3010524555162817616012935229205556660247747870876417284565057157446
2611637791064004407934874693428131930279934596287424863956894418999
8053332795562681750988240931457694388834756236736099959665760716669
9059196033490939811817152304881959210641162852266909261667186176118
9612471905771331297004258143281787971950190068242915595509502642882
8612389743276552830910025912454337404378466931001120624764363193005
4542562850603441869919429027298419270910979925369718742458463445114
1502673965834932717938637106387028430374290575691997613663198743335
6609612623376520636157227943291604464244065152273116445498522058225
2129658314777270475714303989134357348971136818463692717879360520444
4307911340121952147594012169821354606441077883342989454124698965332
7080573183880337670875809036839302290651293530690420764985054666448
4125890529434537482703552246096145466727537649376679333347284358222
9162282031959366970359666285546511346660999496178025772235590297668
2846894310119150869348430451775931952555566013569203185507585729225
9358014664116739978475413770917696988801604261337073838314748182991
6256282428305730006603872330270922325859338381596764243799238464004
6044947096866542204732446969012091809783135204980457155711698360553
0331464086252914495985537274687027460858517922375864434395911923440
4918091440467895586835328549556449600208435366737504198652113839668

423567586572568044803200470047074846633772561749120371573696914099
800171663329350784054924994690548910580351592358799960206349263645
304337445233479050254988766792209660975203419724151944402327099459
378786284513869046440898249305953165527625377926533095331877489800
322140418396089676653865793187886197178340387375601420904872325389
715572342580697839785993703731942953750727243630049427871067157878
101167654743165362640480058256709042309432531823037137973484079228
328385164658381594028185866391977008558490473586993372086569825328
676442615025084735044213734591251702111656292751758137455993568204
177395456735958539434669387956090574876942091900586485376030523008
072864854720611571245539992415280714726159427306192355530451826672
189635795845372684828287929402840227398662851876464606978604412749
687943260230538049456737826373734111486032430403728215646101130605
994292283108037660705390393493963363354181071283102132228197693430
313510658509929011414433436144905679700233439645813668586804928470
601217352398639692466022540571949411305460253415743042620223087066
969880917234719381193066964587716620129609067944803439739480980302
095524419570239581382508584674429874026951903159603892132499355985
601650955647636333940744821989456881270519283254954069169130357089
478286921261494370210235702615165007214441762529335765767306306695
822684868387342020447612152800025823603795362148783640508985677848
762409487591568179686805686824865838578824042021498899028910967345
313216450064814414227828298778846707074297294195617753754477451379
149561139742949518135050926127875644605863300767748734535922892457
276475879263457768228419966768883668091273699642242951860320894505
475243471362204298839768164908522944916865569594899825680614052980
030681436083858113114797500791122284877105130065091376257137360694
313499515352423132652102192142970052901646834873379281382170615428
714348783855817567329762702321654980375430985970897113283288274433
287644671408371054401077372750652848317788523863175541306956132733
154016591814960234115589341644228817511240174430099280995436869829
183130473733540334426683325893922213976161636010048437841861853904
479483020983327807261176708771544586450616112004141613220351977393
246633900546897941552140985089496507848716449506891821008814878136
066421564600243012943543456114383628658522074799062868527717514596
568434319847282556725374684639462791762628094205633874349949853240
894363822427338329994509731176352634563491688257050013106907511733
287744909852321137461701176930590906350548665829360330917780093962
459583565404384393371362313986086305427287358784868071557623833490
010743106932869384601494661324906309952274140757137275103737615216
324318959205495341939773275269049441162985967659098323064887451212
442687806583768247814926231358608878087909214024977698594810152762
049633185804530258640574345026833037770135930994252919052519422683
466078739080800580641192151577983937350654401715993235790169271144
800050809095458762355982502464958005401566378766136092150142010046
928240960627437786121912692149038779764771864188190242733089453306
112236811746415059140408948284153855835405808740468655497641840558
782572369953221011451291344326447440342179600421483197761208117523
640507689415236041101370463033975464717017246408832295590234057636
279412310893742424522089730565587802769683234103326542137520868128
533351397100778109895013173034657857914184337770177603504069388960
726681809021869235516486849124677186104016589023550647717755044827
791066302367894384306670657163892011399008626204678383417488695867
312948413954719153939434461741576055886400591593440488190495524201
694351436000844406865469049503918062033839873826526333443274616661
198185065972021278792899630649503705925482589517315586350567099848
029137075329918689245462104728609284427663847595618890225238923577
566321212933516908406474653440872686554484243280256823726635198751

828466183064834315351325703854649600853665617965246617511912019291
240338874541160654332732574346565143797121496321015813667754044245
219321650395358260201584481041110057169137294799987964797877006523
904694149937611711130292872054703029432189040304618839642627744467
971469227538405368265667475965275570138200536084740811089637342056
979052465629411944617123829656597640386864787149861931977735697570
324495491099352666622640909115314991305673219695545941468785277848
707695394546243456577875481554528277152475477766909304187179457370
528077547916344808296389282851009822360066301005165470111495168074
733818849806769105000583212084165629229182960036814070785558554371
485642735369336552341869573392204298382165754582997341478762079688
947988122355949602837269647452228908416197386111316864915069905090
210773255830471218587137865855941636671191414765235052251757041966
869045920994180894392088061860600731399315259242406707420723404987
169852971577142538868466949270315123492658821652445060790703455255
196696432555225796065870752707432177655260409532218335620099887623
524973491402823446892907950658573745069441396910566062692801550010
831890064523820525032491562571574511444671737983894202578176449938
407008754138340443071667258617083853077760316621314538900716161202
697264735681481630988066980323850650109437714409256326214142759705
622360288224258030087474573131279090113097756584353816453384648090
985936538344385682767942587046724326201737816960643904189146233768
577782896516612459887436075991284198927683608706690247631254858342
120194965511950192317928323306630451393002196298407108455069646589
495884358673556863018086528877357976672796364595381916575081994725
741351528823818874681843774293192699685130109316069888967908899800
591204433171751787711384445991798291055507608526709617491939989143
337279015655946566285258608279043857446039792964905563086028384685
631122133622404054530450865778235623758437642238479601095418082807
513851708661442481842912062321207176720219722110369838022305000693
495751085030005462476978023570816364358777957331166361344565139606
179828607646043512476946955038373802936973021505202617762913082637
385196341560511902060352594036993650849539906434037212169205291209
788233423621699978548260136837768291681264981419573605167451174164
320328376549914119102280869189598486847065651126350998511062624104
713649839744577004058385841443078064170666255144471405959529565408
704088024050412415826267096197546496424126139786021249105428750235
514846658881209057991130132822103669795354785060406257934250916380
245089332802800421033153039178895910040470073493633443203024108349
972166378800737338195265238156303392503873710842626207579048717502
108012430284900066264579065832248570104486069334603987010672822472
183461221247803297257097707173709247274668999143097971497838447873
703753922614033637422583780219603284270279688511958326979940678831
091071816429766699970361175874511554010722078196536113070586141738
568972315982803559890834844225080811083211549492492398130646027909
585801610176564183299645536580156179020481509020638379551814766381
883577256599306603187118197341027425895637834163977156954723073220
464251214361749739445403783194998523193624533030238395642734482510
139314575700204742383646779137169313032267582167463089839194568090
809126748139403848448878772736218543237177688038610787130910721656
507531368162995994039169544950495572605199248861879215271999332672
145865284363847574411417839246692208148914761009741510515768914312
413733354697074266924476491758415994678924367281056947537650993564
712872978760278029078197634972454049145934102318102565085840252262
124826200795918824774137942442147357843631913389571488998199583602
361693836747721876493326187077491697672200425649566136593526572773
574502645609300827311196842549771556347992588948178920462165220583
855541813278819549058126799257510625868898330431202798496992878179

024719838810331873591814197464239974039975584858036676410795669684
899765965773778696925867820023229153730592765537727396576488633811
983424316815297585660113365269358801668957762898556640975810633606
953495253989857451369790925174222356418478008318459934932261807890
576288986725260927572370516137852338606867858732723979315956890624
465565489072901196123339587778799536037655312329040757400027988600
687054473100913401586390829430009855957979663432418606116650928352
659726201571995260188130178566159635905120420527779366250565092080
624713841364594983125043247106914567550070629861517594708823346957
373276468890927583644992378384005440704963020186922553554793704302
157513078858309138821573512466601799850215371898588848076133799784
476616829078423102026099754587872949097029651150522335566843137452
747564868363591134151952811494048839782279345120868363103962333382
607998845590041873424496719824892264398085921527371908974273329551
708423598774709873091680404693817898745468909490675963778627952639
829248745704082010222116592889993755516831159136255070851240101675
423048115584678252854665428264459156091318171444740260135970848527
316335458639774668610995038135588827321695448203652528248354770052
820440737145158073512814094554183285105339426565462872053627928608
384312188505625772089710977869853242061975233267413721482252323598
827959073043661420765122091510720128976125484629108196497793078978
965072124733334507444185564244814039737375508968237242335165058744
911689202374721813061264062609694858871907637916614280454877867532
745285808930017329839327417743625543367965958139697427823403450545
535029524509661453590732714083186685357715355597610028081447303761
898211188922077959097052207250883453613296382749196248724097946446
309729838763725369660950022363853896843877619586174020185901918068
794515689758222665181292208303240483586103583224456679517868919798
644354646433894914185094976779336927960500729117057367164646681724
299712528606688988619141207234739735418484323311610025673986218538
831068127332370439788388767447863898781294994175360040548748128475
629160162655770935758240601462783212085933544176066166126429653308
801027690407963574240713289083836589336864051979828270837680614112
991729100647246005903703342041646147645922153418244290262506512270
554983666624807274393149683513284744611610503255953784254079329635
861063489901500048748306835104871252907039203688179344820658193834
926658321889989428709944222149599476491379389113067551602344523714
979198078324998881082363153562942128145291124585548660121188483250
617543957323068100854880209457045734907339654670598296731514446485
996925761257842021643634986899983396428879583975882970232662715243
802072400505646649045703847090460350210628695163949793281554763349
146055174697991552503661865655658090117498459600521658549374211729
108346603940236276376998141160808461575399974892232885351659611536
672358811711294013539200784153221161999068347772937536026196148229
659106727811170383292431117113289340355640120422596320147254739603
783346210994549931779107231034439188802955611446795771737182062731
655949097280273945051936481021178819229035652001785711729589365119
280036439229525043514494983404329524464110944721930221258745798619
594064734641871453567909075464169227974133123635615123603001196578
541977577097498749348537767195032871634401989104169522660301918932
403502401720406704863646794993913982279793081416595442043479242694
528755758442363250173490919811743458881937270660268488012038335564
373703081072260018623727839429149206935294025080542792851856047578
049330990989189647031146838689348383477395278038768514846213961859
432945813056131637796956015167745818680517518453032377128796088346
677136866097912822286427114648116837962329678591015121869867005754
560852622956416215207932417202005994233525623284925453289547341176
064238062556498114833494949180536960248295712891790926012509486553

213494724099116596226547040062446710694114764260405616138705569564
0655690693544364325505408247316637547884045654817805344474525608 53
846374035527902884720933573288741668784370013492568395538099672150
039374616952772191498805828705564427155917355686824630303452033210
095252460382980722978692504664000172854066326375496302949556051549
028417196378504028580134522527478118071482397904147959346497026547
586689907203842362268159756668849201634297330018770765509915381095
384982996303970257306625678720222687461474967093099396859507028001
281971577031842503493061086715415200417595413974547587551986283029
762911532284101150539791886643193960349833687919318651950275234032
747563954586867688273750361330444218650061230719968393995951898354
087127657325476452525216030557147529697467000949885201629822818225
009321138597335949834881599765744138081151848377233825971824507793
646105396323866181564809621220385776737215607185655698793567296871
676293026573228475251656946333316050520452729402470581052007563019
572547217419423363007973768169894298832150432015050907726513317243
551423839527312752915610134927446696971905640328216004644736351122
568892166982394172944737386075088781643163375883579592772385929395
618114489905015085598839442870349039545338826785722639716455944894
751511377337485169932565259400455834925706134637046995791837926428
690756137494769199935049733253080405743394773051364222294169563270
410907746035885618562869286584846307973364899496080260274888861101
940223321004874826015090988446008955491985175019312174135886294785
534428200149400741782817424117688358279567586797842186052981138405
958769627432508596222464189103835339354481549709974268965410324644
893698854617837477751582133366957324827966528103921327656845700793
830468907409654035812907526019212943241643662532949891480563694601
327056532408036894483858992080114262081055373622508139952658756332
798263022168759950863292642137011295229577548604080632536733539552
443475313717153975378927571536553557012610474416319459645582198465
153305532990234678554062997306884899796267790005002775670789487092
301832174351019023776305600055363189642530853579546428842491335401
461609770507371546766739510110639836720481484051225284417371062653
991043392938048904295691215815980377751448645040382480260877576675
721245761200768681908517621360464946355482903668734691460718242196
141228909892218209512265223417322446564366837635708883817514475384
652065617413257363254193166769298056651307397629726296272786169314
275797238814063298365438158178021789791494381382928131985200236825
506912101495634011775128222708393029192778258062444901736777998931
389700756917761194263090685759800040728931792049662014565560248833
876422081631684067952449429371714519679325068245113041578934466132
337063004295480366680215411339157522267600530391504896167814978329
197267927530102673711622847783797036997733025362643104922943527416
160277458532268249624921850147970733286969369016010169688380414697
735346146654901408245135423360855273934690160932696430681248551408
239472417843213479843432739106046123447978207888420669793726613684
035411783738126941445601984730950358350283376311144873763483398875
498423824422379081023058088778728577814063976053424708380437591758
189941419035894519226747804723180563597593832212245315088898397551
891771956510931003525537331986539670274297720995152180366966361810
210075174693654397160017094132643674741241183245903355084862970188
267331577935690840771311487176319412691554793532938320256821871428
036440722501060156252897298731411296286358277603383147963375658037
446916647347214289608200124857840491094367336066569968553659532745
514586708823382251470733434957768124680976090459169159389483446652
576190333010343017360348411987512947976920925963536396977395981776
221799919072257129757507685512602905480718610508818608892024405138
186502414500628436471926881283704133253500643921744818802399785798

393202844392722793057289586156058981362506152291326210980823814501
474869473436512186750721425855108940706143171858493162759500848064
795367505671421424306513505583375014719567483607974002761848192827
536316389431997383969104734148423790181349752561687326536116187057
165504554838580258442669511700680501649881883142707127250335047114
263927330335082484662984017450755882858633982434136925237058129853
967823995799766778978900814602854486742106225255083623108659221993
492257227422075456357404051825349925330415231134993336909485291117
941774564276270297773407535126739380930486161681619950530955024742
923338157691511745916305084351357259307491787448483526433209716177
661134925111860271260517602407514018886444310696674956954102294966
162772522566890253209678404648340200068680599487473846820568784948
471328817091911729314914851803019525150613791194710762006281416375
648983005520148150280732751451702492518990395033779543865481149639
502333515270535507351597433517379799699091109411982654854949973026
573578823044961363982097407623368413291288395583176197067909634272
548680153220279124986715906358512520720453458874712033949180782613
391795621586084740297063730409761516387027216939468490954730180997
286516732835602921708253631984654113209127334554674512392970695823
927901743696263364534419771279439340838780475073850053164963759296
759210285568080308106243371136117149098406353969954992013920484920
721416897182215106270295841432964647014943388172948960733082197032
707634825638777129852564896139712246481435993252895438042765311622
761557127474324182762639381271895342031437001970350428197073086326
014663568086593646951416459101573845251234320371355129514831484553
814491585388883948332565725735161673243850240373672658757407427287
792943147299710731359725586056841317317447944731328496141931063710
779830107870532969355048271033952246261661672116728959534485020228
360573589106176159226194845099742452288440544715699278557160634841
000693340354462337556735934004250287137357673263710875390197501939
380295683181858805611896655258188841830461335901511993423233200746
860430390032976806004458411937170355237788342371889469700521048196
494098754817944565037796590463571482356403702165564682544097421632
189870808041732376540785671695894215430397455207183327764168245058
233818306140660591864746399698987296423948233450268260875149388444
432267197718382202639141144251583242468928035120409900725171872573
807378954270838091098180944885412629393231737607162179175229735842
419432722688067293213063681060420077883107970739643982674590791146
567696015453146991467410071923087186183870593525856962588143573125
640576540505660828126116338832000893594516274041243061751308447616
223717498605919997121798640656648428307695598456398509726686534116
815150251186176493737385226139954713832772270785100738239865298651
265165485334571603564101042954396937039639486646546743598902514142
821062493120113405310150318817883967128512621058705346373167306068
816863315674632501193881072531095893171843737231870699983340490138
849404327133231720869785786897960082491777760080723361398695069241
082318232586060821238171022059938139083554386832838869130131402741
006521593253394942534927174551360620415918336569479667008336871225
781378805846723069252380106172657385355605831826970001199120047995
084022895345017653131184182032915469859348373619727350325413604159
085200412214863838269394937803392611320860567739777741012647309840
688927617240509745035570764536566643367544151076584686351212854628
702341505473728278275445213715807256913376352973187496639154828210
780232688506543183862875312587501242230194085595486852747760588800
081867308420620890637789949318108208768339256520020735536944335374
420832768851764288979448990664613916612365345689265888871796285410
133248668823435197319084115781670876094956836424005221770877182535
208709153744086687876147787205519256776982229976444315892750645594

282437240251591708882617304396067579852337543812829902303728008066
530421624455192156371884582667017768671149800022215754123971605319
163559439842649502510719986794885345634778879761871982747017598672
441553982182177731297421780363830355537815305364238228916446891161
158261412688094878385201351563204279130895248017844716063591686309
433206386387179857853504014876694267412315061268138432880412552349
761827514099780459769733946877300534608895535902376859534348333563
077734006544696092107892183975139670714779474912458687220031064658
404791815592843256012008249239497905481317208193862188317751201198
983556944054664353012103951032897365485475766782352769312736071866
136808531181259805899784515165363985211226689984209357004144173576
614404351577361462149211915530051838189542865816583176668531281118
619509746919628665235438312114020432097795871150056636454428607135
495750131927502402122238039446890028299273366043644538436632150125
022311259947980234566019376785318134616783564420985357947363871088
214799759599828841086731649449926371736606680272158027875772285980
186467749214808001421165775715501115369670987136419005986229684448
248699750485176984788632219143780065743989297825479274864282280265
975143529669554558981302822205098452725517619098081182979800322199
631495810292629544188414397423702981800058542366893651837084630829
181107448112647593195469780926370085457171224995359124471442630519
453767161247470842493096839505621020415259842365705915024641148140
141439694875616592072524932118588678583621384812850051751969952440
183578439626563588472420302954174338376361544229946306525097557709
513582702666484526399000132232261725720793382478144240986738712938
882244391592664718746236985090274394887361907201377904316879785274
790871731926556211340681218304129890645729822511103783307104405370
692575989992837547107589696215782759283837927761713676411727706310
671574635108765899413500595799989090942306752973719218945375931328
850474543793116673657705186290621461941323763214935606217772798326
485681068491584204398906407065064653827022822039056412603953669171
436500231769778163597712767958153506126763369990657973931565720425
661917151564074477093487335705966151597128021079385821408469966480
982743982208552894231820243875414719000872754665582855916543503571
331911205556055570405738563415020628520731587400650174406416392798
347499337486712929658729022977542740791964019148868677388270517579
257724642088763441315071195399978549812825753896859020924951679263
063196410065142836570295813284392017907499466699656292455030816400
147903285620877961170408197998994042791079842092963235466083614647
259147741279281444939158171324476971627547142412559238657293445575
869100023493696626576417431505983500774867753096963178042008996188
136203702612536989302935601319479762275922570607073972496908394226
582146709371495387037248661703853972368689468195715893677413415388
762941918651467258868211265337813447805725408816737193513527855414
549070782197165849156609106667472980130501702854986690191683677521
043323427148051810539409824103813971584313239855383395557734887624
229436111863688352130794834879887905169424541834229097215942880936
817376033779991183949210578172245478968456592155020802062840153065
636581878955564312496970716708891753788615466259616345766249523561
181934804488591202350409994497541751464181574998088585138357841939
065041040842834627061994864996604586629747029755823876115600901198
969954985811079130203913539749024702125062845566074398643308621675
367113691722802805647154946953961156342973841267390258138277684260
894357470734699641596140457510364577645342170538699778703398492541
460685398592745883212789374282248148705254322215880732722903673633
465448971314132199491989160090241529738009524076753856798159244152
895251327890455846190865725513809908439706206790559752633342198328
178430251514551588731014298083645166254655364692178992629790822474

124350073044987670083101086273364183252048382902075336202835187787
978944224259241398364253195482388718641061873194104653840859056466
103620476172204347384846812560065093902744366901726012463307841473
547217978005224019995499696109053447750483551786449706883197627192
725774951278421709800453250661930574665378923578669378248917877273
645437895527732712070557313675490711017386633783488561273470725029
350769131309222265726774521822467436930669625110416724273318063845
130091038390292943746195475710993069956805013599285221463255292666
688266320702976108005848634018952275035518842731282251844868757701
525722342380296719573452287001778418328202870963973183249446852151
441321080962261139602565223774887452594560033381925316327137996510
019962295212966117011923081316307697839884729240646281227455941322
569175198360727012937273158619955072968763727004710071735855591229
556219031525115357048619425645748476204652236353554715662829594582
690715353361349548786007986374981456925444104939504857340213428228
446255909484345773115798221186990824732047341107602499071287009217
909518096068675307657641305471262082757097924540777453443421383306
090618683074623278099042353097189727760099875471601568921921809448
806634762186412768653622432909429541302189704721953884101288789997
428633276493081302561749807025023076683989443216618251608092647751
669632961691359869267554783212711516046934471888614045352677907497
270261030206465730582821088764440926403888484291266172832793100715
057675263133264779649819586419522386899538489912149111816213595339
658784700488219544768522340499501766285306596104397829267431144081
756842978602461017821409053809901352534383880666505004409197758152
935760384526055746758281114054153094394087742450516453496616512360
119736164907330247422514804471869307010332418874852558446508882152
872868977664973125025890647450902467313261530595203520600183403084
956233075306233330679046214083507642015481888250732270540845214819
829324335195363287667119162585390677697681055540926787569151640975
815837648379131216397293120260618393408213256390010541979551527978
170627868278088043113983414004732014598240490420379285480241294772
756713377848242788608110985437147772949580311212406487854300475216
951494617918223495140311063647482409081038264553089986543009703611
811418527928219447085663087986681972780665640846430553316361114113
782897540439153813160594546005075835472799906667723857395609299205
301836126048495984745520306632173394667169224408150870739816929963
902549348041330446794629686790629219702426879681407258532685560064
532307932307568102586936110184801134849902968943317304514564292579
429410614059613436315534244519280779047000829801796860529678777329
3469243159141326338370988170002680544195451933339569613904736763930
739075043538269495371464403966307975469803250974181288128983863713
177192417475370601498442424778996431527687225020274456076665213962
546516140427332894878205499158773985601144439056211531260579864064
575188807398724049332187666557891376104939088147637262430423375843
397744556889362536879430836416494879102523369337695947515969920394
255564736798683776244507674199678947636787388641929831954684520605
606243761750812166876155373689115881948590255733905919792644394418
098457554725618486932893925069486978042860183905145854004775695689
785343329994276047685118207556340225494152599639313145404828725484
385409709603595932466064233047970520430059801073087394944734500444
852844540043056077658644342904132523744015063970909935658680689775
410742489281137612416032848656813109036243882961317912706496825358
843267446833903132741199597568726858128016071794260101172304862956
679712644271681747739830575074812875307053449871817259886617985926
836356764133853940497678747581353122705050349858704828533271978665
235897884461024519128973063623323355598058696916602727807815771029
859466411865598563085011671218786896432276329316666401768699669095

101339582438142191679127645906245727842045241054280476267715793395
989421166151969684435325444768441793349071576598028865807323513454
048863805624871981828408040161132314554239018056809341032134203323
557409209413771194786397313686064046970055954254264129659052586988
494445899388404087960123746352320154791089931663825087114638284137
858802245743073965793196966232675878562994445666497496682766137958
013964624721848070912519090093633746702543810642783038513325097754
489146293605658747747482983497801296267888819960776219139355904688
189001672935706081307827330639624802123295973801100616967049652110
554505926312030502375356072787485115961029560369232557329306799779
191360946236231572756658234109813667149923143655838476506549467438
756386632391304873686169986400371457252982428306782582070093748067
299425305123680437067183731944093855989836526409878404411458935140
219407051582489242396817483059743859336118351503996860744977614431
371709069027748690212968399094290718348530516988578367435663970858
501156659953437259908557879129367194251417569676357118350331727897
382775668774652499085470080121233462596168870855417886065295376865
663969907889929842314143113480960550891203692661226683060070629577
653123805272670114231464096614748137909934039033472131901720592134
910283698840561619386035014627214017833934761636871215131635539277
456929722079087519972940504187415059762536050479796907507110175753
355675116653580301036872779442830155129869603117876725965305194247
092233909627477074752756284316250466232281592484526405234271539440
275748866650391074373907289454572335798799337092448814908618903626
371068176068573139958571023186359549689095986604825088052672764459
149547695839427263361468611523185652598690908353903604081127852533
287975128355804394217230991522016509537950936475771399491580492148
255175522353935357780034744451615031470437531136200446283968711986
425045041890089824541280883339816897923077111730824597164567303633
760028668954680758581620067815627776181236541950766808018388115994
748268172997269908405965650653959621572046158591995268880716626015
779388476312351449583026829643155004227802879940629548632169840079
468221580633317209028016880755299846405129603418925396172319205966
991928994425681335488907456715632979131469258314018208944288943828
444033593112936762348446222180918875954850764219347435186976764933
273417886717283755418933426605683515198279627686328810477015644211
488613142119912915403583749043699136411646150489569638981945755787
417882970264867229171494915729164740421426162381174785079385327276
432303955055744038643139559229670264144992885302396219686804740437
863625623852745123619143435267010122281601635200579441048889054457
206706634870114053296929164306040538811862196658684314296822279287
899087980928534562548707533664643936768366300439385923863785454180
620587363312857645236785243758372052405133008753962760194528982569
248870319687495781022066952731526879121594064090362749583678456318
149239843506375402815803993769278273118248698814931261669051733642
356656469566083585277598586732414085771852606806721886478896987611
199440649285279055045963008689417461633760212432682758528652618577
453079206738343955552122452261940848704554508971455287312331325043
342305811373558560467452342833195587698362760223098655814997315265
866554642907735231851117990555703505081204269427352005748601842847
698078126415527702131440729631629033511017334161882610629927540302
126847485863679862636060631991586518459086118304876967862526567472
472425706539043346947891360370770870640091242484024329198728060241
949935865326549891120479880707223089409380164681053431040518492886
907149311822860928367978041803338815370712335190405976173458541151
232781452817885628551211142047328249497741552919813974559467725057
889443464367745256984848441405222625085134316964424020595279434434
340340139160784398646946220049584492631261866766089761333818405603

258909966852959770971080131337727426598486094200941191582808069301
144519575771491664391029777933970476475178682197708525265512506644
595177658574193672996503119774867916525745383689174966638164468538
394687642146256593138421410828130688297115144863770524558140666343
879646224816824733697392797341810802561967115043043407423027687062
788131402741185438878392738804438292645671749648724789058333162090
933237355279208286864245260778590308182472738465426079979036457154
825934591452818114112034151558286369706641954804865254993385307848
702444926833454357091165956817684655991795087423215062067987879148
668731616900902082017175533847369641321489143467843073726262801227
088991256597512200764969170735338163095630378755754397870649852681
990316420290274778770512076045189344104274151935216656406518861196
169938820891151057833235096137937146098219043077749028841522959861
861306307591491856986609306731757311934373789567918378477972474819
146815503462135927089565587060751553677896284436593302429852211850
268745959329450032687487145153179910289816624180680445962707852822
417977648006853930111885183292589906338825052597524037190474619052
930842420886952564889081837616636979185977520349307095302993104359
991252586775590223254281289558173085337637018916264015945278272572
458625313569017000370807367587250725024698627842397393314826634808
243289470718517955087774064872118717467670361277008587461165334690
217923544954670519407469684594013935398769604051053426787764516462
347159226036377864146158064198299044978842644299501060670711737685
461783448515620265879514825083711081877834115982875065863132352724
607232266607059935737034491560786786274758349825148007354283710521
198036566433256751193291526072936975097729561383129959168158945499
657419922564161328156615736215850153848372934295742367917393927297
803578527080621806497079055254796259341613417993129348996037063024
233247607956756524659409613675938718147090383839704034925872447591
964651294881497037095039020425632396000495304552096544222120445260
930127487268518656244913476663126943573665795332163149605047190348
790119182689146570468823295068543719521327118214336758561942260875
722824808462224285886993393680529249615274098151946949304006094251
444636014193939317869291192172428460306354530076933558371942329668
562492292807315052632827830843733235758263544207942341654450342376
257608400838554125537130565177777693548959624114276049301337120511
986468469284697462312847257340263783364557075801976138017677796027
407554903626800296902709238723349870158670216473911871770018710842
632698579512740911682473353966013319439757699258939428053838591823
710020683388424875212667598315722967780405033297013142518583397685
213790927898171148803130421328555331602399729475465432077539773417
533844998440478582816949407265233889835855218679253709659325392964
263636366459998375654934014682025668650135022044254865980486545319
671282649090382823047887240228699425122731503087266777747751424737
931179179699445271763269147072354320502206757906516365690496988409
582368597609218400320934511905707312722785395890689268870620124645
552735885456114930737821911398300014991181851866344322412153411175
004647235575260535790609301374582728710124129392521751416371856717
012787261732209974142550677390460254107182126341620491556692346321
206514558501180406425158773376116928016561553696583538310953419669
366868439393922685707136284100750838110195902267173316334003214882
294335566268661540341727350272973004502719020280620922413119788091
042620297318310645571532278578364863645715091487276897917162882475
935801917253018121036014173629782142924841591202843541863354386060
313856570683150776093496561944003362353801030233129736027657202766
370425142012613930927034483815780995189936688474853294366025321730
491990879425123307822879489808914945437256033237154742336406535504
976913900216316451228220087510298424714883347815068003904372148792

423549272379249793539858813442677919609222260332534990479591763083
982972063678283042561270212909272134265094215870641460005061723531
217012908137381479094960180780686881975788565313023116747533267248
164645618129693166976722727182850611590697892499159292192142274968
831155229264321510366216629306635483299111904558254809707833246193
941146533139389260386507511052824749658635572542831954636533534885
779150048681772051038475630152022702010715972311218608953719248809
975594617869774095008277654803500765664667347038766526088174179359
697887553019662234029245582445630007031909626267905534347487420674
136643591873809549137197190326602222980681132468995720988358282233
720955612071687583629474486691077893486440119694725394661140769392
508739049203101558542504619027918111844775603824548752639921418437
873962651935603344439913652303229321844755954361252546532221749874
681878074617817025874990610724225714360518796899452336805283325547
238186644318869982863988125328087783745924392995001770626730036756
950276572982627166715105719892980986039832043030037036967493027903
712924776005140020688643910870470790236672154305464761025005873285
746314996940064346324127468947050816662582385200468751661852068713
096628797404726158107744104411796913231394301476374863166126052267
157662053677140671418913451318785958603566869282803874876605605123
437438389373614446777123350371301770395504770462310157520743447607
699417117265578396294585328793404391959394290611937951102369257318
483972517415517711095702222005518686500528214256864010286055562610
215037388794233517973177634985993176081229554737212319426108439735
514231402289136167270284245650726851742136956587043214276460971938
801168106203087997782123444024066271467371616534615725297236779978
689174078326231288666377081549433690940666331027977800227301416626
909883486024818659552157810902253820793547083811111979813931285240
950282427303216156185808500709277604444750649726227020507577297597
306189254468772238628852365051903515911190691921446463428045355496
911367352411152782368956532008650363175485745731846767061402105724
223965066055867669707858657345981318942878977177374941235459053006
718912665995654433811205137482590495998824021514097803964067901280
796212158663984972622660854249002787032299290387638764320916957549
072473903824722347512589270245402358621673216367377475723594789901
053204748243065387070186091121176464331863022974087832554825200976
932284894090842331418448755310675203469925984245654163598119183563
973109506183251677661589012762298158063016442376156309200407241953
019894405816998004549853168544684619487489956698591275377840368770
969398496999525571776268427979788745387096545267303599598014654067
449388096798514980698024610132940886828115216706537813006734716892
538369338877838013256032569492846084262779291962157384568505419413
900422439946365906039978988081001574450458400685783575048643643730
542814368930148848623999490549246466498820968108058699247475865524
227298450958311450926131981925905202566333470515072291600837313628
164145249614102918099336462189266913886952443190222592807277974074
546790089316724323046519005911213777758226796049627651463479521140
605478265047027222140902819651991808171397620880977828257178524345
434336508986060260331303102986677014079405936726209919879501362980
829540001627752881280159171930404013406904350534258063343133911950
258287216466024878039030491239469853915276433531027389931891753841
404735861126859312245695658153421746126151869153332767447667785166
980717193439322203109510045351137771249375670732059161715724795197
912975124936842335605825120109378934111722117631137731497223426588
471929435407218173114204647690902404655330781402312927330650220764
487499192614210286007797734937096026022970796589776456118799120907
022034947449681852153684050733185367442795302364069705542268823742
939736899285920229432195897309499442354414895771883784569603207586

513518755082354966504718443007680618995567487308946671959970639508
969153339776294214885709941368416199618403415404082417845744377359
524611578759448396079412126237597493908247458654860814599117843416
400147282251228882302716904705137498178324753151596767266069231683
552104908709656054038330403875938064614430994022440579431207987085
977762291382368772306979964435244603014375752353468058853164159421
204825172357838403361771881184142953774238369258102638064252381190
072364998399914446005433212216134708179418900846057583484194865508
186478677624763207993600505589415669609737642116197591228993331442
402274138013180809237967842270584352762504105140398872669001693783
531741183699003104826549539288845023665458511673232113332227308685
521597358838858678663123319450276027154089585092885911306717443444
458056774587346085491165274986636259172750171520945942596507712580
737376177671932672470633909499830967816759270093290376631907599733
459228054467666703142079043227451691157080376320537379297535517097
573222660993194953176572417654676322772640770516525766835733103464
369148183440024517432105167425020048069832902300157419024525339843
244400654905806305303754620794486258390271962638251688655507582704
557813550439005583434590152018254872795694254608340357384361561630
479244672714522217482040688073357553405763596814938445330113754098
379867908965229842295381619136093587047354517455677644003584677461
900842320414303536651104853579754237170888700555461015014360283515
393846321772264885139236954128356375243014743417067571494411862984
966682049316188515590004412082557167420276513977075712692671593552
740153065544486554128315740899279571105633552712381936248574979267
268831256714527884931541965653522308735836557779450988089807854297
668065246896748909570195692787649432795425989159583006678297167242
098645721560607723677529619442389032791665644899179937948435953723
015744459547636512282236373966081811949894262242296010756462945621
632501035867564383628511623299728694459312273224317910795380619303
157810710168017402022019567896155316453447936662400082901837318905
834199537963927799652371984609952089876788488543491936449995204403
319153173841896317403570427547329190868487820380318863884090716838
801532903257708554876470098523234870175489081046127405695303738908
926644864674048862072794839575596793113351841733483453895397852334
796536628989984681993393420924432918566208499074905042104384392317
909247450251724238793267892578703604885994179419822794327486336908
199478671598013747322406821973716607004814407867370062666547736006
858079653709296236647948790007549099637301746181561138217793122709
810806808065185672597559815948970889945696345842174152757890148954
038889376818705188569679301097285502648264234491050199229470933104
572989576734974858522196916266929975011191264894997706593126571257
326106799203255587163984194557037079484995108859178057171007822170
616334581548324339793309630269690911508306797252658805458617371878
060581495865885316912955180052851318752203306334739569672112066673
863343959868941077140276671444858164921586374003038680923752255934
409413664820599998189311956134552661595918794704865580612861607040
539388001072062042164424753856924560227381019180304293693338184455
382673144667792832948015269026352712950409517603540077995277715548
881234687564817900088055388224575200171238826378966240161149521693
768678201468521913597972189162360906145674830236466268935110865144
163736684891406346916209843159553161905047725993839014065079741681
539643933390168658987757524574413070387455155465388084219060919287
164939019058481446555021211258229072696892844803581789719975896621
673418226365496090001362260099647554880436868799394647487524440128
662029803293362304252789470819192637257191996348654561029044905723
318472014268671707719505346445232734779327661018026924835905327795
203509521442448256589447448039517024457788793911491810871055125400

728563509609345490342922098795490879853366046884246844239414061572
677155613600744643009068832381704175914188201221781830715577036223
705095652651834003609498170267869019351156870404217169710185058919
850367505041839313420035998673548181854775040607225409023603068842
267004006039097467840862456534502071105767393804241852925864942125
555277683623126003418867289010383808075859219960734407737737015025
288243197916711347343527571090995309237839484026005174840307174309
890459677985877578517995331175285594967495687554990705565537272833
514806197012086477665931014764148642770317424842838897093692063067
599516096401363292664928928892337048781301619516006353368604254144
129309700671185830116804781311825924788351734688395582073836549292
264657246972303550126174031722447276336484296440169582857177848276
910911477922538548285448222290250657605105376804873894871312754949
062793371807593625456314769991067002541193803462810144843239993875
688949514387692349501083461879264629943754542548732609494660315820
339781546710330517756585173872905359510508754436445142601522999357
113327645965779550218984605345575954304364506109993450164291414307
511665972618835634644762057735209710441523128073259036938328771074
910401783956802389513027045638078491791611105230476521526899922409
080741591105107166996914168099325464863544444182704003969245295113
583052204701453014440978721519481034891089885066478314815170809580
339181864501439869046518880736318227224708033223035018387192063969
070355141921153199276141387030734297038979731902895838225801030390
350440575213747637834470150613890751553977130748236025685843445392
399581124549015843213611236416351505472719847319762188140704350620
840485309903237760927173347349572477299104273570272170881477497936
261889887332511199568343357187242674103186460706633019062697795459
732396048394301163467044281276198522567119295381028298688677134408
392116262095045996562935339355691025895119151889809463271057851653
314447345091401089714718849008581493092912973770432478172290121294
659138715653823900281208422876754475061074580977543259377614122750
145488371944849765712584911477909239746649279942986835034858525942
654923968740199506168427895761116021843912751003708392010481740796
213822585950149825634796287896886317989241407194814502618962580026
681987465374430850733075852269395699742413932280859142490346224414
333127984119820679503546613985158977673585219470165779779712122366
723140802288910280209701650150696225591824901546052436273421925723
833157930817969071205746669984501528030229096378275361319167887787
338402449647237365634097706299095289112671689192261871309472680792
448084442925180518359933785605333467003125026601155523133669950960
881489529179469315832187619143005025376993136353811134683597870566
174730235184761523217675202531680924202627398707045566071422013384
511608534323165279484347083404448430847003892807189337427435670885
956198171174055643090780231813273838059370672330411030232467656730
063847037879263080343114788818274154322363651906305792080043032787
003377647710222888041788731407571410773365800631556757872436906974
751520539032087537041968543171404378432051914364740258236534625367
538959438426962409160426320703047904652029587191126337610090979855
497993749884425943840624495848089069479273959703564184216339132400
167554096866498257547587487036515498044019610162751105653959148418
073098826626065687985560808882817007899010989926909302979874361262
615934656220326064571419052605307161946749503139934539428814116491
335840269786240611002335571920926224186989715906958892563790884113
561318104897397224348824039178970686921739163727543233781980450357
330397162406811375370657045979779792171806622749775349236962659210
177060955292786159494539621987099301680853905197533349967150864761
348298861744752953276115978363508696283411747561901309041674070412
551612310301968154832578261727902798360042218862019598738554561102

760080742590047391841379859701017708242947785325448539518117059309
675285322354458429963756305150937988968811576207067235486630133060
848542188019793315367686025650295612323597886245197697879287326111
834481017771247548417173194178838936112987870700040595797847219540
043624526595000414379409916506459128746993993394142966700378528368
274605364393989890534551307701321450962472162364146090745801411207
319502659673666467155057893950694356220466216834426509496766823748
875924625928873976793633784419618002161358847781992039027723299406
292851908109538500302970206699791256647030017744200186027208776370
954982040423842718749050259622115290587253601628235216072301486912
888255700429239889217373001700859159926367628151507218510511194616
210280589483562416826193679888216244131226008714850306642203175204
031635152693764495585178636446944924987038357121245336512937742209
714438475923934739816350929038634821044551671186897698342489245977
842843737398132305239472823266596578161472873460277860932832157490
460269414058342962467622444157739507532992452195103564634042412499
894555376765820678210661252222077940881491806771898625459859116503
891237661121360318829095041784680987737458207115640478339954673122
887178195766942374671953273386883302009105717096218260109356085562
303833260108782714613580876176831418131968473768862823219771454328
602281125514557376838177400655985270249766511777705550802198306545
546158629564790530988078410246347111331806478393273212021266153611
592146866472907430985393655004513167837841238800280135043710787004
126190747122816564847261137137615620684900835044514671177811757690
688672409211106998967115259185862860076555640464909451839132106947
708480787668113546047278248726291602462589481013618493360714055324
642231912594876478811751661359058810728307422809826803895668636132
516175241086229868191033561022354325429812947562285252751689963548
935429126927706201714231471326861911057884563195915996262125169018
243653341994189636018234538699128505539656640709645385695203418465
121322649608772796871478499549468194180790659875823462183922967385
193694739016158496212521827001385360450993184681048592714070117437
286304497024130812498168771731911293989315956444487754100806865190
637866297337843336527769539354643426156580622412309365423192483429
609773491226854808632276301860336108276162398798730153445627600494
864973234409403251835808396752802178125590282154225868952059685634
511235727088749243249019561987001509779636735195427792240390951507
477276033143356494375785175001161935373497229293110286006365232507
562930375111978557338207299705996772719257982093990656228155019059
267456367230979194996754150002686725961853886044597714918733218898
160761677778774423086873747774513522537986029687656754017269088723
187460692075390134614058220569694965231461952140405609478766404702
938883225220065070613484143149144738859364384921404316884450173931
785342526275518354909270534291567400081062570063942615545440113243
724856053450234921194348861512391262759892580355123967058464231953
274067241133832687226880248864399048390585100862880287327353797775
774712787757563864681779553511334887752131411818800179361041372939
072620489593704678630211862373205074784329578008740291931938405818
433249903813874706397446186425182930420028544916194185291315416891
680407043506954017393520279395874455008626318149941330862355390535
911894466310598329113606022717635218118208869867053899138929346264
091659621837788117115034932087110810934747955537872469463472972235
387206340556996136864963828026921017173584801481114130104288141038
068421205995774644064619923352356233175884781858905330080250677049
562296650328541124458435885471394991695843524728555239972088930780
548653502643197216647747725070130026711899973296946074619254420034
109191724813196020356374825709916360073745107739786334408097065715
186291754786853161060656234714823231795919678867104836703859907484

595084014142701106560603855023418376193620166989774109891478083228
382603288464190442970213914076742524123534393553986568393142411072
268700684191149406185066631695993245029527571262480909597735885492
357061544674809598874821878867172140652197803668571299686992569030
907805902827780155245158802999078300369199352315639758910591425553
350985518917681854779141264488349360265114484646521072775647050759
888052604645526002033631955055262350219895088265038705576257429426
821916825605398068616943379061674567479574974886091749447615170058
320780001014002239370872764548397872274220699916465601471365991129
055884080950362419803713376844670794100933897384826844504312935437
966279370117250119551416179072933957187633013617550537304012412583
604434378838439653248153987396016504696100990329068420432827959608
194589347979632885165304110088258406625117191813618536366222953439
34659375553819233803282060977469088047878148367327384830172276915
062504002616045155499851328142617312486207178615466575772188574463
378545362144526446241291938674337933757037538348087687414143235677
873279845714677901973166159835261107027376311073517612852031570325
412487066175865867572691876611149197735942334968822980837638400781
004277880490170473092956192596992904602333134453202236969171968450
960373231804543025102509351388081763282983318865977891004782254974
516154742939435097484856136455011106694981954905502160932960428981
202839165114561820200872568610443804411964327601970267265333409601
354517786185505164460735302011159767669151068413919645896552338805
931028452436461749910894478330359352064756985785993354490700119632
646957133088274932541962777082725401686351399084518693442952074647
250614816289083605340335804817800971637039369364297080378982143168
563954049603024476169212755415919806359535365900825378770939195101
211992907472867957489960977883704011615602848446553172130419617691
802137120409264956511683752097076899800330008763217912424157229074
918122471099541719928757700652036185081447625236869061531806574587
844471779352423000410860329564422708492064049520208701205485740037
891723615256133578551522592172278208983260638829641448042613535352
525331179196999842301337876212937294480884271080464143651678521681
937101084275021668460331593597413355838465000932811161253395295500
639060758558469797804021879944808138115928282218511509981217438539
179101075466735572015083061167584893368647934432451670585138370627
223846831441139869722320194766828639843224876561560302024755317763
711714861456808583165249806329691142434183804171171380804396015804
330356500901318144856430351250227656590372595305579983604972076755
702799560583792726977517419701508881519065040170192800619802759640
276359992366869865319778690957107814622305837214408674459317369418
915676842339416807708618950416933085177872233064095585685715569658
590812561408062883843421841304346098670656485171208607690503512828
632956114706338168013283937898601836990706699216612906783155653231
058834021608161882393352879056240352540995035522741041735826102719
272230156326918842400268333018566507112765484461966998693173598483
826325176113233096128571671860942135615121233886914790743935762840
077427320978128235910612619554977614465531737934288581084060229378
217829418960726778281756179816548851130749902069608278004959180585
180827407210735822291397990299412189927300425369537876795367262827
927546271157230144002648114992442207955093203186555774987870741933
379080398661180697277575005853500059026226277328559658334403753918
134078762911503590974226896351182598363697038288688786073499610789
571500754821821635911283831750724312178956288232357066841471702109
588220922781036866571063608821164578979788030914638849299649939632
839657039648470530728392675966471223992567094488830177981853822227
997853873912108852970814602651815214762250485257667079370840447830
472315225522683055294156955914472167465119004189325680670661143365

2941884758882166967324834308341220990329538748936658146903346717085
638782655857043669229721261933870490929569682781794869030540237498
662879935688168891518629478193788011146936003299300504320148633144
247760104976571453226642871970342758141433486336124318839420140087
384042610634123085980901794877657884850192349475486867331259763470
974576752313401584355381876897247411377423834365695857533530991570
956147823277055248512748874408893795036164817972731212975751726107
224955024078797892515126189026122292231721444717380774161231063044
833948252308536358065558981340996333418152503113277325283339848358
689552634974195804544689242101627144719026250807716477256302004305
371807975579239229945282175112594482650749781692851043663295769343
702189367919855322815969206646501828025886637184281952768724994800
456950502225422272928068301477747151688542132904301695583481165833
642157858185863748648094990231533243179054047063656197491931807879
502320656079863534415373550038860189502742191712790375863369932078
263775010920879264224333781368660300808433630939658169263471863533
536716584757277664033992166128393004135837634554486075300470185099
050781390056524592650711653899424320325102257501991321720028483219
132575850143617798195666976867233819638448316109856027348433841434
499664634244327956181650255118518718570164819025233706117421785950
269460122323153058198202471654320016158005671279619091009241001441
890470083865087825662708066819011510897486926834316605102231249549
875953529783892630509702581743790423473031557666008670670078091903
634352599709183004120913069485417603697560107765535395973552854863
971714975445878783172891450336847605527801588705003403358782362797
370036419023068930330638307540168900484581694177410632537628865543
251143230580050720504404164762715322787145058200245970773344462906
486535774651068578748373574966214364393354662014795776653727490961
688699548370122070097723204233302281294910421790198460421051127333
901245199913916838209393210599264492088550981310661035538769719258
568369669966305903537563702709490421889675444737027979438986551851
504261945223369465282740709032509659386165576176539840360144408388
250323837969427747056294433116308731719701175393744928939923452714
347613185360649690063146433459461931836403007046617393510599936916
012881789292299487195943772600239029734420362326779465129365656872
300953220317707850589371212261344903333688626873017519553046156687
575381746325058107560214200188577636635696051625575732936707149828
722858378237329216823604973787300183727934725468095166440991221201
697893965852905429092431352050289148780438435893693124100399406297
013859406447616159987827861475776566091486510532780162534732730297
891722640348804502203255348478566514514711523260093062180323074850
593650493103591775891193636505093868041375220595828344817552688364
289646141410236358844917356064309274249364692257306625803465393191
081833404715396358614812703856391327731388093488907261395233705337
519424861619607226907692839142020933609713289867603371375891616181
935137613051626482974882575809619880410147407256044601385913690109
566223816716132677773693403534940808090049494444088249681275015146
735696677020724672246916860754257035816142085882090436201069810187
319133767683288235062282596374112617344539526182391013448299123712
270515214721464092058563168333829746196853319949432101147565011383
404131759184850076904642706568522368753064112852728722288589968636
170577435471653464121256097067730462798514631541794892731737166396
636944066476967840202959073698187037495149806946704388452789443100
207972593709309571569207230539194212477969285582653003356868717153
569522102341777247945668629096812938833749412957927073646892667909
247791475287037805839521661621531895434856329275149781784616626161
918726610687635893256262184034798145917404387411501395345054680820
135221940188851206551762722136870736083910894023758740842500794366

313425788214929508353608515328901992341196331976979468194522743090
166038119190285483059003061208261550483442960424511505330718424037
729095682876855022446081530696936887475184153048776531540355922689
470446982252412847643095313838434476716724176939343472341983072020
122915571575343596593201214598888521854835209956090404776065798806
423170468347378568015832182297502824448767182652946015615906310912
351326038042048025122122914477918097820902688616373321249853880843
390018919518101709857051846011446097849454010431659203406841572590
511465037757651256093659441125412262736070611982620155187242211162
286533287647057729985502959735658641116592732133953050022999318882
631586528195305112172075743964852492206307108321183088353543457000
056894445517301621125310370150324452263282053070534678595711284582
706761223582857069400888789151098792271775752600008121543210240683
350256722538175949692858337024188811739338937303762881663289582619
140365152926866367128523712088529196024021656363519444521983427103
380979432404075978650125495290537559463729905583989000464899358228
857185497405896185513230705126568729447894801400673237003953242690
178082105783798941171901207486420213917585094055725962916617278013
224654632193265773292056597372380486350258835944605683506720573382
059781753778720472930299325858325185482870074010929376837453842619
603769295482749819629636765193378801147707929077633684481292060384
018034108998673366057099243427222050916020412080505685726819765029
727380785577685002395098979621940324592496655788369814440446560367
681296064329327487073637600989338308304786210774485237900343811826
748107926181572613893064775942301684287389565520125082335816008173
480018501420989491725939976492500065428077107879001883730195037802
278886623791762636695497520448303372205458235729670891848869964258
916887584066722556227778540389816704457490366533132943293535852355
133418389858197733729950749015930074622291617208067473495596387661
941884380324970489458527049357191970187458382620100962959999629286
111328791296673452684634164805731355407246756085480183243626304230
364986990370163033143813158011926200509990066747889108906953479766
798490697237505738492209825192555075599072182490561759835768259837
491948521042243615059955140701132777887661768518032437010845728298
924214340200489173403555270918640464494379556079685258754897256956
693504246657281552152918891336328078906113693474552948924869656892
781956450424722901986218442355670330696620736474856518935820249390
833582112085946237638116681829507209432559077179706847621643368496
540362165368888363479951324389089392358758862787041122742695133761
095196631834249329588553558856550409678769390405977167740770939790
767733852244746497365944327669263630239187017907422777836709633043
750379804524602558969758161977184239578409900002987461039958875570
861689836439418737537807892608865924070365305951702239353004782023
576894312627500498868330060934685817188869644469512900363559286008
831814680715599511769552300745358430659473714536745289667139605589
993068789829393243844353709806165643262782392276519697970954455224
396503095905686103445702613327114353709104466224376120059925959590
311707715606067234172332977730039030407088459294144660078436964267
555662597392550380391679099481769754744983383891254051527672656840
929994133902692303785782158278424699557867552914590280586090149716
349434683614003614605320781578009367313023491244558579245900411690
401494279264256912207810636321048554427030475462294047731138828197
444264421618282561710274124488737822341212935897072159664130761640
582702308771713898155270009760484699916463987847686728533369793988
052337267784110613607098521657348457851134347567892002507971063644
496908603294757318472505877334724725572849825296410157123878809199
323877672381786072595000595943474410430104417676098907124489355289
228614132820392042919391743096523431718820586658891465290366789862

366268643623298937449351342957737871020341990407838921305589931699
390930900468826171757070637525246996126668259085624126358623385571
454133129714027264606888218490676921513410036637803148848333905078
796425865809928118986953525480674337393070365331341645665624989041
742670965642017069977891645996577368075027692966647479398670821971
728396743930063376115765699662510969177807849483621266185292067273
814296998270159808803379963732735837464516115839664252582849777714
194933149285560456703265708671842172106959667596774406273964280233
731837089716153885627049753569228689091411494516963407475425989812
240392011978569099330719103945367818569606156753811556899276563073
407242687695638136952120738810027595629473915474743678453263203292
141513760915882990657882685254926892422450161783599406710900867028
528702113221573639858021924451042793154951121008002468411633897081
321166954359781615618715101432963633917948916425894430180465266943
027466001622509753267366093979480914296592607391397631470790477209
228594858438703936926608102512417351485434892070414223889758328906
982908871146834923510058223284790438639273195610480272741231484759
648223606657040120667335852017975000383341558341269729881471235789
365525645895448266362491316266045325108348468850976389965657998630
846553095376321566645223033115754188815052858396699427114828241924
859420618734583985896615085089839356123329495839431514882318245635
266396851121038772958896319334890632463525568491378256182449645702
031432012161455982097930936279732987760263253385544215990886346008
931301130367675683910410655906934886904052888443707714828237038832
505028793501981124970480315145626858004868889003643186247284648558
230785424695109404448487487763451778282189861232599547929706215880
529450690580669234528616109708152776200719571609233885160225624106
113754542929112994824577637081839673866525488983253908269787228944
668888696613302084617393894897807114428896826652158485126736660537
838118767793743968320247178849869816515304080927737701300654196386
507210843842487052954917937930218916993531056402698211350106957477
818838679468002378227758628945411060546605079782626426235800186622
561396320277779105875466729958766075683356396969708571022907232807
305589230662685283532038098866012949784096358006368535169563889873
136994684691758677513643758304203813503213763256033480973529216783
938389980629774673405051013826350663630667030307468899304097067994
589874379884852548532208928781322423100230526818777888779413774334
029590212993103501770426188249861427728335008027132347648539632781
199551511030166788584582623707580252664367085488128956153586531409
297349641371546142205531768289406199593845853158459836286307724325
713070157666407364097275875338174125968352511774553090639117072393
324238085227678069163899361994364900774873835294789669095066788976
501255109308476791411977161100297697588161408225211457540587237577
726691194224794851855668328866378460397457073407707795599901050652
738530726971987602840024110182139341709005739673883662723490532522
222444536278792955857482587694554467008057246450856242504293050558
982506875570504034597472892929800816764098848461213452124063220814
333769665014535335194785302670264821470180928695736853277341911751
836084463067232082985287930585928994860236544222849952149948932062
588172634677189453133994111105503657578149566630582078776740183297
542991170062718671729560177087834626377038970246265245163097571346
010247465466968911635725083176880422026997056928944668406916030580
907793156303885601907485402883280813706250609239364885069629874839
848308861485097508310552777013285153973867880485664210079442387978
021490466885606311938848783382383727108382724092777723881385134333
029055570860803325449471452638581605127862456990493712865830092552
546087607897254264849148388558029154872667818674463273042235983948
728786370783937339474031724024059031632974868222928003416970715142

783545002667215708703659635670463067941348528290957523019018713280
109081571023101098571120555989802560397650013594513023521046753452
730939832009444503634768040142423478118567399583852077225290578791
699166077637241699383725126597571193015828741084386635254943431606
122304192882280906658482809905567386029882384066717536373630909729
197007518608686154437946763349604446469632793489366782693963516396
018109277105623052159542760001566959250497975382683314253100679814
783497507074603164470161115110109062164211682457913751075366858075
656575617421444599018781856163866135363420229857059562392698728615
682906733207053299464552271287987506823474619169726603732752158278
986423899357398713267984106736295202700902508564339359219576569082
290836950778930302538147990716448408874518010832996008990395148665
347634608590623242728800767589414440542513876989972235031395628505
002793986430294174160202528849151240943578165929132200605333770534
763396953747004900910369066663782309542008924707929973255957196369
465470659867369858186276416084795728622411143930876420834885015881
379496897324415564080465548977948512351232420238921723673911294417
796104750642576007618328675466046247075710297699705466693481935636
634469131072934030272763394248291014017035406551177330117300094499
173858198555468026838934974491743846673926258399062907807147838502
670222972971163814283584736968137584910611252911047651429097949402
097748945005672056401431189797160304125117064501244379800332167303
237034856480083094989877262459779620918499469052074029180306468401
623302496234499566777670517300086367147730438543137878561218021696
249765938021426568288765399703302337039828434896668874670729843565
011939294979721578953034939501337552788097086080511238067057137199
371466572766593948145728070394120605242315325905079011557237982160
652353603859887827552710611544656690541652286493347108630768519158
612177452779885828678041112300673675244895552376490005856998119869
430915372285637279653053815115574312175709519746854397833692887517
883005851750225636002598222807682669659788383371725736948479861562
503677814774913992871726845222287271265623323934800591867476045345
164632475796862487208164208388448765671946429589507027522360867606
417902467278367167019695212866669981299292776538996154163313585303
117770244499379413891377433634512803400716271320514979096441560531
388658289014794273897079993108033737466895804902273441909800822646
396559563850466802220283320428872345134268196151124403871972757507
317214633120455930434806022183514410139468786130017550597056776532
938668257947501049040013276579053883306380061230507488638512750245
423642189731172967014753035620521892984640091546606551765464001609
231766715493926694076576254372557069809259203500240240580969407222
786930639606617698403204725803356003227700645794898400080621314329
315062382075563696302688483951288618771529842651215185568255400047
405936225590644541184263482991500341060196606179475008432114356335
223450952360236587262029764834599139749116804392167135245765225073
572624979047689432313868690080660177687646832979011662066253117063
166057911898872543726543948902788322796811845168965406568900396004
394529368005756606431124322588496279862064128325326613426723892977
689067771543513325973850589115609567680406977251105787368473031511
177932985825885873642838294305414428993436950066412088334707789964
180766958860157725547482459210544059575760050157344853957816285485
288127730789274647965975257207241341416726442954322546061801627680
625490682060184452903957750033765162969163771364184757801535794081
027407524653318250781623542505737657966017497966473369157074023192
006843264936772960469370123095237855969631754159684177848706502888
070539896670523791814166436195805498604934070619222791318177901655
117696200521249761214513813514778470215938249021932591401348324768
347524727560557640141679566132531419578449607769498452188834089303

300502509511917522204777654647631269783777725933999870830053930982
570058745912149107095555869831017549737111029309208984423333448559
228082527247580827765659484938054187537779201229478832672873230825
604368461255008456317038440796826013485805744131119048510076069817
911135736212192938054698988256978781611766324081267208379656131444
478002435859061117916861673023409409496657132067139730501070728709
256288564439947781328899847433725609360129542162806576473187074018
582890551497837410061356265368836683609799969058468757047713906395
493563887979875180831871886349223010484355820416025032766343028862
617860167038531111451122886492787794013034231980397276312452734687
644228883168729498209990718104551385217123636486607357764726768779
214938995006803861019148957324013758492810306930880781688159695944
594275800936777029690406212939424684641408118238472236757430843785
479194003626953787313598799203352238856200603164243829551306978540
646814832792924935639817692692414547079317236958939027700164915405
715663960753885629787608401258269551420665894959627220271458471843
832903889771042231478935749590250760579811240776765908017960172843
529861339707298486346114793959620203733797753446186461053580217271
367441813271935555643805400240396270394444938485637574032881337908
297872117863785432236894316435372075752481763196754350423254566033
678857732307722953573502429072303337824517953322921764424890684648
795826058520729166519432550867903493155007454582911471714413642505
631444844637084541801736511342246122512492106763859434817314239301
905135987144455621446679527349947958263461511620905684977849117482
217752360653281618679705126115849812771312663330174986758029001758
783464643638168980712680961978121911819569398865498305720207582529
744285624936073193420162045381268472457739784926571590414167177657
647424576593224958897701933453535151882062229297867651305979207008
080236985322725410358455737435367682727768756388184053522770883814
082755057473894302483734930155815449043997031342675328507628924626
134834272241002227199700836743404876134113503520624637866061391313
109693193108935303340192580030899282233245659173706062690169943420
265367489907973505192193103386082704436312453456435125985412220495
727594910694297045346966624131774278394716531224707014551851566656
909178432221618868336921221671521848848643192643729820807168413525
821864143279541790363505489576662029516535083464567055703980936105
807733357844767573112283440793023809462808105123919012402692479540
953185491663334071802523171344052532045002423928214134013943511817
965458877484443979902695910838022344008600472672435656848364047484
919956134578693950375729643711566083503387692014204993565028431762
596343313916488048741845693594676743903887069090134127975155835580
739057581048406633315705032628034400446086586171469655443412577485
021237231079541591514081033261622051458584917368930231023443887450
913081789290343296441731271882272310952825634292911222362740132258
825829310841227351664205916715870515344002720863421891117941175556
027672848579140415618934045982874096531924879272415276303303633056
794682796362097471114651867628576926193833799327168793913996121817
685105095759579934899170662487280525233263922907642200470500011157
015225581223135334486732215212821565364533098208173845536331863761
149632430224786325415951041369899378853846952507412097873446770859
517106797079530335777926989335652401245403295061968231242525290574
3744001092232522297855056329583840578651836579798569140752980299675
264167570735503262400083591495798837602963495008944226583634555464
583057169832244722326629095298296242806781783339046055206319810610
501099154519129643117379620334669587474174557334158844300615758944
601952180767982045607496019310113615079796700301761647457843282631
521835573775413771935684020404100335565569105395141689365097101943
594300999996858566613807160245755466092088322021329346375363718704

484242042758932375611046375343105641698139541481497109487227608749
415260908803010361770122943668363906957948608078660367774832800950
350480395510691756187397749670885446710799282456190060025697611617
756009681803951917629579363846620428263799877378470795750268315446
527378533702053838658679337308825027934766493185610368267890683825
101841817366840615733604141606163848580058953713308800887404715703
566604282355730115686880667883300912759514714107605792801959177914
144272211324632011685911293649553472517223804401106628800523614006
152046991683261377711216902457816367849163176211698289528080467716
328521556402069756131364864780197094976456734477719569079190390585
979233428228491077577497516631012654014976837394606891652752891734
483232298378072070143847595322703391963002256463652545808322122578
032933442413892794760691267497779740255708076187721964049812683795
053284302915383630028435904870371348066224610254450365086938936865
206741990305768306267953707739715707483814471528215736801484936306
587396433399340457577805270684979362704951868630040312865264849071
111385922341922394785898388640127243234882113255222310372199148165
365671362877515302777952064581583201217552222522649043830437481795
405080271421044900919893092813574362992764233755580696696827007424
555264308213231860392440066972923211489001940954901015657358672300
570800099859077880723502396530965523419563274343989721374657163160
490920097583637283807894977190827541949371284819348833102400523834
092653916173248749629617435795109046948076330474205054944940057502
582400681950166700424564601731142395116202263642669311319119808959
428369904929627226535087091415175407239648664065038441761014774117
203094809538407870916282463801373014246487297538212404891528279759
870166528280596872179420351913053985356012164229440026576371485936
175924013727783739465325203088193127723412185033358504025905233688
691187855234187984614114181636985586778940293556469420961414149438
992767891392507772689243771259577412203447462068222030671076315999
112092039652192593796735072585606147415351934988925182151603974189
187027967542892248188108393541362202145615065184339440984308553935
472745749767125164679555179927780175074628076441987100564059101953
788728547713297909136063924904935161063818296252779800889847286751
337875769363671334816611311668925523243948714308478937810392764958
089595770752693198968850351940619747660814031377420698948799916857
614041877847942413884623202610689744995710334995203010274667299928
491316384139593409571911247290658058757952149131038429941276103340
289362180761548819288028959512287460917751262981673257888785900695
627708429985708592921648269111721197261836332337730871438806011422
777401525924140602368509764870052209487923763173656090092409071652
143421885375768213074726508385146574303083005097280551542142312573
769800382842257692232610399150891092127740469707719633542864825640
011016907898747362265971916595863450458804654374485841724981551749
068597943157501797688783235201441116015969624396016171759054241714
220919323921768948651296236430320431327770973229340683848296739828
759728725510747414947567782694087791483257004796743687631544997489
182322652910632628097145834093476295958470425856109459190686778484
222914688540105486681696339548236034203975802684468087506680244591
225429157330678035159102286452204303493093772535514455227228220435
629169769898066471443971724558343533634366326112327480043735626294
191235152792519887786182463621424403223790343311002757594470135834
162987892774363761929236693115437826836596301038408024040966041476
149080501055972508906297461302134270908773181607082902594381757764
264127630921367837264191079729090899489718066458754011318121603521
491168445519470464703954264472685706909664629863371139052843955094
875069493672920743794609825333222671150658516572674075075097261114
005445495457355386048363742713868146434583664249021791677041138734

530857339574862162151620063602379169679850045127207642316985700315
087080506006945566710279891082656448062020008791760723998383660738
255161727640957470280921534791328621371016683079880050326193307331
168975636722526806433856400063569905249634472199604796585019163135
812310492667877601975290457541475119727384121858790867174015221437
651966956527028835155701975324763139746203400616847134896540667851
866890671611887637918853067024083508823883059034631783337861066709
926367509729060683219777997060705785026484011537792832313508247836
817038553684076577640934855557706078772080829258171304748537303316
011939439466134988592486334376627696926005357741736406138311324482
651149970526064662830959185170360606815564075747608461831685839232
415221686432214008448777356389115086642061202266017973209362907276
905241212751548288546623650658054244778773730612450524168623732145
655424939024848252438861790742525203232628509544438467647884109608
245922955005723326374794812381058631017110370105116825498458369271
507417970698053822615037591045623597443480951848816374794865426165
234904003620767817965338378869515174939638200609427219118939010169
602643691871734265826603409087463202750074696124460646375759779106
269117284678836079422809104595732122751663398998809264032707941100
879228139337944789043341570865441584968524244650061011253262409009
287030181993986403608624494037038303599888693638394113032388861328
467149933191694861493230426818732193962096382693488225517868800658
040678380915619926191078281310036112213940264046438364349657619595
792273321561145966901938266951304833185728788039353140951796961704
548967090590982050740220567894040711860060068690968032746782575454
225429314663689988172044531774289337567745313834140786684947139113
841978664355959838859602785572127360477455977591112318228210352982
762567436513524542325247738581218387441306579080634523270446782573
853100849633253751458006290704318679642432437481597885843173228835
741356788371230273578110243598433553900390386383539578572879318237
472818499716698969833941615959864341541961550497087608750673922384
300170499720587655371906670298579084796749789269103851214824191906
089786391088740312099758655542404871704291536483557371109919115621
556666634944409592149929537085650384616333956809833182237122337849
389475902324972563740757117573871868344340455825022593765431974818
732852784163029141563269667595242313435205092656524496007239895044
546390271902781272065536192057840255467573012059924467399062694523
333976468068727845648739239973076409380467389746040791864234528191
873353998980386274945540921485256905040581699611035104434200474997
494956748176751711870534541625542415610213389835588922391219733558
007105152568837936332399087178953546898173887254608047017435681199
915475522131536492257959368059008189474065922650077248753534712128
388627100742155353402037985449774982824466487229527327903901344690
509187548388691657248659548278890436333906803531109747137959812767
071939670378633707213273947679375367017791330946880320640673727006
811781238303624893321472642961717902574615229980834655604397183897
330128848611313036281424342629166352073900521567972113511592904058
568350744521741472193067754920470776039602606894502350940529894524
129993953254910104106483591316195985455529885556969765885865895158
975249396648449494705261767865348406701803116817242157518632862519
940867279216474977161955830077857580310763130226327923630841347232
026679648966003441073679931772758768305063728925043419555006300307
724710590504223375472132139400636448711850572212864419552227094515
265540555746182200058783732343815750465241029009091512279276209388
376176111936155972297170105204526065013533756552934974229006197426
494884197164951663591160417268967356836099462451378481990382711583
676456163791881054929338084671432052547545401706562777070194509335
606754719194129457193022672782792647805913048429144273304695117840

2877415801044122044290522568412197076475932193583661089744677721769
7342505692100466184199343378727928015558524252580437955921907300008
789542161102306470869316246247243063356147988531893838587575459588
4755867674446040006352972778555058703380286435820969873654255272559
3723915298801852759975937627006689398417476025456212748799703040034
5027289548068847505004433386116032366711187310497461625199469418815
9360323198744844617541823683981875001784104857123486917830866771143
2749005954855468289641644805369676752654920950220646945632231917113
8925728668118168431715217013236563698285829475111847557733382224428
9491827004335370549422954158627832229727393869915251666858041894486
8784492022427256465104599369056663978100372386121082017346779418221
5112888995074848336273098963803846301949596475834386592639044940555
4961203477861248727798888111620764556843270657695976920197680191199
3285891699453457299692218895142660954246727623046766092550930735886
6015483631762749988282605677680135371851036560465287988547750602443
3687172791522029860062683517669955524284392989658533438080261610333
1347894475045915820655354601310034344087823097622248664240156451119
2912171218147420547892759419589323456341743824112470807954308137887
3599581373242187327165640453413388453447370094674399642702286952664
6130547950886959796520896482116243658812456169803186874945676905993
3362612311230510582357524431100463460260732354558188164018576682559
3095118502504443181542029660403381839878782798364439322949623443558
3593030679730684546550573691496169087137020415651400261635288524446
0086619728104507967169749184423268060437139814054568971569786779667
0146649177101518324763975028678428448432997054194401531087929487884
3765956265352829692896161162852367763780253054234557987797199837771
7613240706180698494974869078696809253108762903067772095296839332216
5590958687455053275104446081178869035193856115505106800418845497708
4229313186340494091496483580376791883963607253012315436829246151443
2340264161082046236695965285632267358403303093259198187349475465887
2797803004305606412175360543584844159926637604755420981993323171116
2679280436847222850646589572840925662523260269926244640184559640442
3007124361746816213674493029534053202128027825267537543155426661113
0673439005157541951939482856382766541406116307220105182435350709996
9483881765193128916031701442417254495205926323815719518351792593664
6028508627705225613864247701631103731833903802864725235504125574113
9950632034784507378200076502835218703248204351173628237058066499555
9516667310231127124687345568235166836366154695238788514235029811668
3227274381135398698022889517687998917427272777904899751231769261007
3693838851244011382704470306648138907166479280479590426242482745113
0039233245544418974443604996418003392192478668476897857780307796008
0896040289865792881486185571783593282294520642370057666105544801955
1687445363065849157026885594374221107053510906128754272505443233001
5412305188485047298573666675037236524933290635113330290932614012446
1490306143710123217588061553361798762960703184895113394043196094426
7785015165103691332199064268116387536999895167239679300218719238334
8912871763504040303755897541212637854167663184786994988600559525441
3164763836766723337293822007323746442422920806538848246322241331558
4444586461233374825719482078346621702795996557629370093535252284423
1254984160268945639733524374145231743899791339582337780339132396699
6712683050455592219137210387802260726686517993299522714243370237669
9460958617937297150989517316645689510937366832856127714814495214426
1505033046010810467562535828977779097878120173639180676307787538111
3840969238665146008069751269748091514100163240704922810668487949777
0631070217663796141925427595235448567098230672163348474946257898113
7083289183592404504219598538548930808530290988760538500124076157335
8439952263978446195718497969589400478066582821199033961555431314556
2973747743657413501955556639834496577204688145916627378315045692338

714645917197013138667119434025641183319683003782355828673745205332
687755568867051233533258382116342336828451047438311177855342467691
353038208033602823032166949479688798815679521651165848096788511612
039141376073808945798201199112406218114183556235989276112510597074
528381407993403344225243931850834794402185282057039810526472948494
349825410297760612195481827862289327533820576044073350146802017665
392359918111302589421507057431631567972847031812556931519884705890
704551899569023248053456528168870142540540888278214999441343346002
977324335977227688351440119216979298976515978571737771690821585299
554512767358944270258919054464571359857275532715332106566561795827
020808692775885874526129379968744819779312091611843929190984949913
487543199508545103427018404001814357526821862790685745640958613445
739169443825060093229523782866500256020092185810304528576493414754
488397775799883571539975895382751474776327542065147036743984887457
482739339389323862496089462304201847660359912917314354442180125426
569395154303253277334446844973454682568495489341778114326563525258
665287548801173355322599043586341713186366930117049065555504159932
840167369152686438134713119490576159486308717864098227608508619934
204858407286003776692251856604420604437970167174299552408368439911
016402902662061765319666107021890055123542561751029658410791725472
713979508950526979298797819394316399122581003372640991255830444613
342259776608862339528564703168527732670731557460536949100561093125
549283181336269139345511556603139487803109742954379988855210212860
468029896045665734576617384278605979707818202233156563719923310221
691591938675756011737130206745272205977039503135446549048025665334
912329712410223544096394166948490926123698066019676176490257581877
517489903927889880123999261447185308473214596423829469305209836344
599235270515198589693695460742987212519675825898929555780992408420
154180694206255247925086374037148362183525873478868018825644555184
755073273146605624472795662946503597008877877212836199312577678422
553814490193754974407064004835148929441013318670557823618277301263
806528331223569557457240678824331826868060770221376806263710429044
692981169293204459178623454635664602845818460253300498945343778132
182457570363670858826140584522099249304013094613903501674987082893
018077570801434861475407601627369325157518134030811782468568069750
528776664069083569681019733435480478154412613039222157086529342937
591174345692776797901864180612429029440948344723508494637607068242
943274532753084210190063982525901409690078714943912457609351072614
749924191456945084939062050321798980688302524120759691832055608503
664028799694979091992835198923178275528687712008463935358562908477
161719156816720443940488118376606033583661110528331055681320620891
540928699497108860910609020823237297744284946224743329831717128714
548894283942761302181965413091157078647552703892778848058270346984
226085168840210297068215565167740277868905511393523615714511423042
286783291848371913496880949776465257264352253789977626578649684666
846085122732388893541139684805891165247891171599267815189674825327
040454628347778110780713023339175201856636650661800626385240826360
339983710207847837661531206262776826654547840853867204724752698487
661903117224868023494547676137920336343162621909027906517804723690
154426021308524390391968264121041558103045785635885070025781323092
424157464024922774102175556733658528009432745619759023981798132429
193971879143602503261896848277888731534558105601819882147766048623
985769810578947488087654053589195382226163527431505900850627213954
264863909373856154339741187417744387323367829528937764131935836862
216222317414516929616504710572498496343453926265324222524189341747
839900362457314585336920176144188761532259339557170259387737337155
308473260719347628634168278531048842365618543535518988752603330599
678460964750030045405536296089974177873029905709840405308511719919

404249415577166546079647110947249842612900543155097170821787056689
355692056540262316263684419705003394156795602416566553737773880992
501900861538868245822670617059012418907153778896993596315730366104
612595016912843064072864865346307234439347521037773129296682927006
838353262228400922478832802778094495622395106088676192410363203881
957083238131147727074615774588013905807990877119564364983162418373
856620733043865048395408919042880357276364223361097068311875713958
335609700428678956182003457965719841920905132279673870325676582848
956603703740660281070919120914293453390291819817676715418450268333
798814661986317806448122211781492248675783514701373285612388066900
656119309887207251630261720003906108522189625471112792440565230054
254273601486759939493479967874076638691641137002050011845039661922
060816616139989766467173669492107639652303801540155383431362214107
225304183028883772019216564633439023850883394390396706789833663814
702197355336879002695395677473128792051669220770057784394479240333
156518921226560061637557397314550531800136819256238918303315665138
577783091948184752308744097022434924409300835696912712256098446946
395050075651377907065197263162401783850545740079065676321390115890
334813494231974028495601057926475986930298958586606221035307932611
859863473546519132623566874079372837512651659960973877076090837833
290737973509212576529359499336280406762929447638040793986678081572
153177470134651317102698697476854915795821793230335334869048526352
849025361171079141733811422590860690789802263733297253982909921695
141959148696987420251527341252876261305244482410074309633416585683
644447100899585598266686660439857709968447922431052641003625413322
669784534069407576213181104218559267285633984053092033283431448863
546941653725118072804810832484933864893115475565691551508105306128
894971022631689725466828705245909130098474849897083015822942636765
680783318055670361813145331067890374748390916136339605059814340021
537426929102351571123771922500463026471413080315968166590420328157
086179805159034456734730066957934557838509741801746863687692240280
705426196955882575372578978325178437689576117086937187571716474938
597451865045283297837631484780459968167955323536521325932602906332
417013841773975315620786602090263386770927402771886656269893083278
055609201583186552966069246711487037891083419748401626725691342041
460694283342838824192634092880283527105463709768756711288164355583
955596898460307317620361508020849022656570530563421591988423183213
146909427101602417731002154227183165496274911315157338292424761582
171573412546362750620221193601966508602403103187393227102476576124
615348061412902455682628391893766766735001879566574548327716452047
465160328470209032035026063738577879683791283360111484746202429126
367168039941855659422035233328163238910133846230795018176738580446
129607959877242653026691464333843954780012573116206349905058847958
513791826836866391406537477112526965760812098423487384534994658741
374290796437966426821142659495459002238994503316137970800059980476
794376138900755791679729987613281661349785807215057333162259016738
052412665465566951217071380948796227185694301701684641057660766677
825438185666109806881741939101001376365642376704767997815877738134
725525862500164541713160310238475488837985635077639857109048643346
754856250132100189837676021907332930674268888894903039308061605479
596424933228575380065863546278712171564091289674976217014736695139
946487773980838656928640221402774111042964389555795491073508937415
858964180403804175504912438555047856639228428937329012400232566762
538548417144723660347739987143095870061244085182262896817258412446
992685789494912420297545028697129935818407518340134616903851988459
140729141088880118918016863023317493180316910826776982925315884085
261861238345630865404565328553327622196540669224518237970931363490
045246565393454106019681349223565229879621525589484829386260720759

775366723331384394077011210804286015867342782670258253230221092518
853048158137588913082646488032612112098540824979012071346749374407
198815866835736905386646527380710837035205921173286211195444202734
174041841866065696243271406339056764821957236144333858001143559632
789729218191534988190364517736856886734164444176405980416506461654
079068122584685268715370415244844203587763686431313664232399616069
278378170058494825062326324795019995590525837866147804808677096989
175291631729770829728679914601675742063161905683890789827759443443
667132778634957127512758280851074137099493733479226321405400965343
697592216838178153182902455944505830494476187716204464901829925003
079185924634731222109429108498373358271924216253655054057110875880
694552562865350069775984679345938400643410484467343595155369409487
963996289616662287919092496584200330153112548064254319945502886071
378448222668269320809795916632955769775995517753620408021243937312
824185150104310352736783431312136418455364025533173772138448355636
531501549908986724787465081903573135364580473310506358888368585986
867926370194813431276368815813663156636871438023405241738036428514
243197521537511682993669185479470217882148614749529338341012958036
710066567594290313450181184899452288384618919934728725371592266915
870197094251293090065250130062368559781715019347101233029185704254
461773351327738713281223583336231846951525865536563877439491631188
073409194557971103712495140083752086163103392845072924962533551657
407122910726409525664891772220876907143564028204516071917548290666
551244812468396128487215736990359588246421114048314571545108131218
535451221153476002754371571820213622775138808441121188869454389621
511053484961808204940966448075809672342561930482287067623892126115
309151368886257844011731988610515031311113940934269185674560239767
279042219093332997735070579008538416312718276569945665611904892746
272227176039075967485104987045558678323976751016924094803799603318
931731633547187068087283002465777590519652672754339692282355854928
340296583640897909566910223306226618870431918461607112640303138399
252861427709712434896376945103234800943358745502741194084381871346
259785920269432544544156900037125205079480678691993571842890423853
360643081356953463586849401314195827010581770703237912916442478958
268838051044469622921840564371070169593993554063384210616311080697
032036285539864396347164330491310575592585499359510446972819785333
525724585597284278580142147542701147154458573429818341818206682307
473318190720301359358334953382374412988124980772338726663953320867
774897761707491021717023292135608081788118830374285293233031674007
895634958173257968374928590537891545991779905170976201752212412862
370616781518817348511385274640125924869192930521632036989235725399
643070774663285844096976046822873016012891894801990981040839081037
507890826504007302285398183516119508022370130711210272187251296803
755885269032281823134918528806202089826849995196036884163845403814
836587041833266887261460145779775888059000813818998535193196542224
648699605954581757606049067258526929507743644259005584272648717220
947405757481355935579864350142478131651456243565580655703549244866
391268384000431300078805747549756071158652981472411432202254069880
673046512978450141523875877896261183252121322318436095252806540408
952212506182564994007277340843459379413097307105859610730507556802
199477465137460076955594481064799800847511364186885857159634152074
000162283499528940823732576747317271533088419526236103464025796613
491252807201540419066944898729353968677190961888263392777396249665
057110274547206969558640797170078246566130554846146491913262400396
610209915300750348809422280482574697392741336949538373861003399806
276063989820381249696373019184317752304999391593684761500281427368
813412866927475093425156759731464573715900268247574239365196260188
578874106399069269979995370010886827604533952041234812786937469871

8441867475220456839931770225442871170849513108320993482663496603509518978135948283534564589184804676912150994261761378059659196524928357120400283884325518192980175000505334054742086027791375002372455128220224945540811328340553130685235247491742349314383652715793955393396417226110614680043647665988459696906714405021550517373623304062158166020915245906422050022128513217571307847157646907524050318827380463544848380860665863926718005168141330170373757359234373848941988780945630772234914020892533424812528459695311934385455298958834503014288267551576438569477063227440153361235104804475836631018919717625275504827287362100720411701230266647463178008174891397966906226340607488155096083959284886792182803878596355798048062713716356605317946947168674621582840377187227172036782942706673567460658571127060114682024133411038785823547070906915255232406174751095801222857378610423121520922443376250217320022884771389269417646391225677369635194704016029707333023615767920797254203587019579847724194558937496298407977653991665725161633569614002249677480702804744825894816112180341171401256511965328215741751278733997491703545927718110487900843221116767029173048930880586578356677598078649679669925757941963419831748216433865717844725576446595555227612618860343370124177152282987982442978414303454243257077744144154367920571305677044716355672238813161106336495524335404866864247807807947066702734450532037794877465598487833765193784656391615167819474567635986604332673113072062217709610875499585732760763816490787078458163624547140052037146265354169606248421187694903235881646741509883878459529437155840750226730659696753350772433145837917805754702350342737004306284264707818779844224263877150410901010803858156396328623490098913859307553807141416040552370803619714022426586443285844495409655403976889497792033970631125177972715240508452480077294982507919040127912734573060833703389960181445722898037376315591517756598543672838479234368514772836744542882549509373305125209896074989429643505455195655557720244742228544737247534491414489600170114707671252095001176131709336430358958274835755167880766214497666557998656623870488444103974244401842564571956593205845763337127712693271724993770055808827559707568223550353085699686916461991711851580325645261306455752367232706723593234018636991969156021481335351614986339637522691826771448458516234210485859177352513449165744988447528714139373450817006338492390112434297809611726686876417709555621289882761699786324531195039012385192981692562730978027429894076533590985053008141846588565375540864231900436793277266611873877188070677865346662255936411046896641369180310440116148832624713073945869890199770537967900714244318126436891016003979977004269779349773705177063164286814344403836788823514830002161649081103444980654100137472226611724126376523023662218604535987330073116335745933160550988070127196929464516194720502214950984584531713879235574763561623192616294827806622009620182716169110793947880575439378914039862551618395820051404753392044961396565935052752732848454082473987717166475827631327893740643536451801807812381076522451859958499379964584547659554944620101908898233449045302621656295783349837221157967290992404976779447447294346526131288244138594337513174521971765334291658732584116300689179155012579882794543228929875084988268811661790006476401976176207149237222970484867767442111670419114610571665879530953634446192527913694288775673855406402154162839181046750546103981001212805347059334805002624775677579429881418125354176479644239033716422722268086223620275481734302907779321037480085785272342061793927972457715946107887915200512013875501096471765829004556664312695491811443141485792142847759489964386698097831971983761779897363861424433144542048951094120947441045083442639918706181683577297685492514150604038408442513584515572485213670320409256855485664721287400860824999934

662513352790105741333674196823274711770059982010257893648499669947
139046419316610685090617740881079332102768146292206523015163843307
282298024915574997313452791429818011163476095015201747763323042251
906111299648358141717736885610300076057967340270007401880341981543
318071606016298797434394407007059149718455611520554536035381676448
033840580844010395734638866838850347176032177392483113003224389607
149884969090045041331218453078822895592730702683443495668292404377
086749890658746778647954633025279400875947974870807810360935598367
351159147220399272534196805169549217357698578441593939406890929799
936262233868948408410563935378227133919668476746486150425507436935
687686091438758281898020524163948257606024481882467827564353680593
640356993613081939468055237976915839064693483125429979780324604423
357324056368844545175111789471596319851643842895373556560276511027
390851291524393042422390753026517526012946611816023578835347078363
807535022964240320427137655947112509458451739481882961575878896786
111373813492627395460930259976493899062908946073265256653602448348
354220490944922810593322518055124478200036385828875693444659056426
491512880775848306376707297203875121061443722578823504228439976049
523414253445827244026326388052863367901470044893143945911763164513
487936278688385640086174126714791253915330649618024520188547615507
364849407196760597689189937693390880280406246396773313900717835839
249703661110234379096461681899716370666222161272327302610361599769
441915162382240850324059997828863438225376796242112790009717463072
532567117458016928762683471001580829239389606799842854559924944894
944703184746084487645986950318900169076677922784151638673740800049
904902682329095274026239970402522918682346169205731324431436273457
095643542358320673376270000576641099047436623030684175820889470567
200822888578100741101386882077784247179010677397769829523280550151
849768398026388945305043283822622038623579152729339392592643334928
446196973079463486038831991332628811326938312596822772389402596499
349557667116370168586639377995417410458190705299037593138122526279
744931187294705575523067767940685878517970570630343128676920532680
437660115763935802597436704228911507517394102516808793820048815176
721346837581541926272858679433846576667332432619564242871482388521
655300971153783043747331280798159278370693233005788937951218153713
327603872128108470609632880616471434890455364638663674749823762898
232325356966706522964098527483105457663966483857869111143451708848
099611195103174855832693455181753093492679526703354366600325422777
339258126353404348965122202070787946889596853703920814051163842247
675195292240672562248727560338696028164859176620277934693924682357
719084628656092782352231747349608107189637030761263794837697805164
462258407832295064315463908227520769045382764673805036764940830907
688444650723098695961373630031923213265300986444549747251203549427
463723506023289433736459485166997381487901430865516623466970212623
765646123533749184497410409198440918917938075366380519241591696818
359468040486300380690409273483991675310089360972303840574406344622
977351229607884023101571490569308464556727920766228280848309139745
062020016798876052731330669417673825752803757172782257857675592041
976397549268740926206703909743964284803678426482843568726152630285
817768597867857724755472768807792148717314380696025623902717424149
214879865100265338044002053656951453519521044910428374089865899919
146813045449433498084075285934032273324454490246811339251209117925
322866388461971639921055380702465469489697615183326781811356383373
742998056676294172078321435870294361489573194600644532303974817240
761170535537411984947826154460105022440175738207465319474068505638
898487886444654912857922861891681860338912200493549788627364337643
888379188145614391541022922547529870766814530622478226632223413638
315497364844219140948101758462277074812286215932826542276580149355

449314832147493264663040936552784745426074934187840127479389418087
912006335707579323466264260823916159033496540678510478735894667223
061015781905794909272782098608087553160551304997317565308221524542
720548168126692928434057195595621822092118631635245365621254732281
390227059715213422217014035840496921626885799406443940871203899525
112859070013865006076742154810840016828005795143776685897896738700
250573870548814928951638557912443253478198100974035686683605105624
311257698949121318709887389984836235779154555675916185725086708582
707092404497661401030254303375842907554663095871370739067282777645
511731832204943371781261049737059036499686702231103487676157441391
278094660808430308399504667455100391581287625624016639835756170495
416778671525648246593753968490767792067922153253283532232650482012
450380546336246828528420093415381120711257323204180767287866450962
783130325929496113113600132273466561352181243246154316585449676066
369936577071980159772265607360313740415609610559584425069111471509
185985529114124307222040632247414099246073400583311346639335597710
882056429588088304065134956332857521344899458489221928122519082002
241605942334444617101705048370252599556210062106737622246129215909
485108164837611453928156072911700608038440564253249556420928079598
911087447545972614142086512376963390942514059025682271019267809817
981050411289346998361223514164683533322362927493276041870785820594
183329517157140881775768870308700702805505675550028422103896575944
346215723714692142264956281881325140180470292036488782431154939120
625555562311254818700549523372805238785214101976141805929623387509
217546551718077576602526509971322349649083476461517828119864907403
413839604495437716697899447398397540444207890821210357334655622104
252157408059561356275869858829796976565984501483365551265282886089
465771483997024665040149157793490935897833723590532191529016892259
771224404519032244563011819679012039500993334722618198054654678664
369479500185402961193484853953051467294402296415527022183618140254
855601317098264871000329838993057200653097614961481240120249484860
403247153925919398747119438428961000975798685480702575230287448549
918228333208036284325885994643803189263460603228129090384425346630
184451273807574611859791698673324021201887469933946449946815963920
013652943913778428770171101713181750392724754591526614258543810515
605058468417630238876116331983442780726057913411287442005251883421
234279251699919400569317230621412432512068991132232879623189811671
899239611062814182071222601895155181009233478358651408662094432255
158852216756941467373741983523646668268345383430597290863468041534
425618159408041981689202588889930910364871516517377749947349629267
925765349510334469851512081407582045048101792682738483524872578483
084962530950358354441221149364287075810408947387275706126034310385
882201749977507082700506427828081232461137450284432260565397907137
154842274467258934613419640104259801455403616434049189845254322163
852934409028874052151004022456259264878296723845820509263717016028
509849950795598989587101633852278828798940354401523039524233852769
007853619635149476830923762103178597730143281092662046800863597683
782049962319632860447452126890461319292297376379909436182988237582
499654037847945866717025304383402875588893677586053507983482514879
418917997489610958190292393031044960674486643240900609094349747856
753371216328232277429832104427711678277667030630467327024416307019
815820796187212457638721465176868822844826054194591885995838999420
320062723952971634166693371609633699427592602098476806021757087973
324217410389742542581212365182652268602898765097020867149125614463
488982070420047420299621720567332554279944719363490954337151101795
781345638560467713070247519585754557174353003155391158719379948832
704594877055745389206916148304760405789362676850258924768379908682
260708865624912086168675080911464621570272490233673305630108689534

368655717510076262841820842095039954327638660017331560969484830562
018510582863630187318913916849576161504282564545001856348120800210
460263049612377895566186276742999812457859330252531733007469077258
074660676629412081653406977115407460555557817448462733188977717012
918652167251365235439152537540080064750970788122453647804878492631
564675963960560522663218350350661331926715854020725707319012536248
690289507378666716691831661992092587506358545398006323306204698237
204930914674647218751673081702618503415143105072385565331703702125
089690189367198203964584711702439773795763765114263719375313179851
733641707093126883366844712031750079255233587854854996127024280888
472223188941701569471502979521899546674932431402851427863431716589
481842270979895085617043613385602518369690757522150524550446225612
198641200150095682425406009512496167224838354216664177765843059114
142192158141612888550479385179828856627255955742820725335147379837
358791338506933097580156548356019121870645983890008942900453759326
790911857211323061934377190946334115962220229682422394127566911861
998238210182908384890475707919332484068491798073775149195359239536
820348642842590841418823042564020799305445952556061928582705769889
725883074892905533103810448634197490254954798443775355143739503999
552509348713838059001101635874041774498687958303942269681078881405
849382587176349473737537907784110430224321407300344825794894230403
748906294967764540973589925898509424150623124346523772837892794288
371067314061707173453626036803229029006511203839445138481233117788
224700348472222786411790741250807131483123146649330743996497564573
427043760538508257326321008502830087601891560172636126299672299221
055008340208245630459168737194288517527987219036683351624301375403
458399191106099044997134916304426782256486749763328762982502493450
160259005105045221366238941867938066375078571824052162047816552377
506662101627415480987566673614772646055895970372693449863138772072
943922918827931784748623753239674177957119975369492152550997124173
620008945500582619006321512463755324966216782758123839113987573579
361783691314965453160191147606863763944932456181473939884056912640
308754889342359575286865286731224309805844967517775356225963101436
389222404907065440075980370254834182993704024157536890803790139626
026164418504124614334088509356731970781099749596628485980336486824
857178998915640141063479233351655382342128452938380314600615957133
626433698392917533559465080287239422136485115121057506726958365964
716410689275985270226096407194009465236083283852357443011324237072
572067589611248572068392190361789108368528241980979424986351915948
429643887675591371787297126707338160302607269341384280795149000231
758468021298109341966010691934723530815856321526865695363213955523
682186400843106046875580917010367590623711605666212087695904061864
647626957825487418996766340379841354927545396116623030962131910237
203154428576197887315787165510097974805214074371598204831635957524
650730723785238228639823362663855753318971177950931873401217692214
076487749540853279653726068436006924182144843887147279156454947873
265652657338487361855217871858591604665458746675576195500949079958
149790382608481332645212941082924754025832144287949312294398244643
076351031476612755527450899460147262351549520025792009096322105102
246480772534836609189126544181654870585724977177390605429985119137
719576437701627696341658758759317588065221024108350126797765389335
200339709297569962639059378212788109772821173007239843235755946289
707907918550699370375783459343983918073277214992914961550582752843
954484083680034757920048503382665192655250954931956841221758917940
128457658775701521221898116059796583844023533221631016207500194056
101452805935999220516160297204372507779957971506647504185354846932
424799578948107530353590492947789472161296687911983273544688774046
223662009382231929352051627307297355501285727600907554347452658678

0001389707154429227813247814660796709728293778232137744389476052525
501455973921907745353499148375308429086848148176478839593902980613
424201466440569255053239498185822926467387225771895540052277233353
831972428409953892077854054084181582975560409832326682215716574750
448371589114925293921386311547759922192483236983515676484479505772
904555873832983738313774496663596064036083443945696232530296269987
382009687518416014657996073342383665563490078256008115813309237684
113375098038997847265336569196644124294961151655943271084428642004
173229851247422966641264855343342598579316070063826469053990158882
010446785219781361528547394493779237847929921409521110155320788327
556253491853931940951098048004263870377720016323077412984095745544
941373438993139363399029200876569853586525602184440835830457710977
966336991117669892977075804788527800563637675010172405361249428893
822052094613163621519923818046596896968384373098546970179600639886
054176724857841009922252196965698733238986675709162672038299088128
319299526022155743676727212795995359515142774659022499328706475970
124099094846752552326308772303419757820491459726199829981669679854
693154768767845292678348399300092404031268523696744536320594288880
688760013062388427114884688224806517925693792627187201472554269123
880554614279625508532118674166377172178742476234472894849417772091
614588166757653909397906116796065338463748546910783907032917450412
142416739291227376907433744736104124175926887909040981790571644485
225932871428333674878454138089196611625257363342882596634805787143
942735415672081212725248191766778030326448959398840310468181927856
820448205271747027773487387868399787703657793110942938911784922573
592425942438873992081778039329256877043359110300386728148555979215
053470663263472964466701260955740545354061929004307908372516047705
152883723151514277103612181957818063028682725928518212874559186156
531065366306065281569039457932443093935428703189823749166795879108
535331463847830457001731842322863916474795447490129478287901994250
256130692608596121195749922913155080222669377077968498772426438815
650589834146906833548359817138454003808058556826898085264051289525
267834037039815972924311709685744378139249169863486106071845061286
916508595949134939661445905045663382660694241061470382879587580931
422376097023442898504631138615810336704390847111315787435980289136
222815217092722923550454045818631395884781844799123330918234117180
910832727931978600111643968283942702168459087241739223948276937945
353895685927120043565617447595842274770265408133336780927709428044
786914083188829958032914096462090807610322795690608469196284208964
093624473477619528392222828260283148593935237333583758373651066923
594152611864785937843417822586250032762612814650638266727055849444
282181705633646353957869339532664703045826322825798150161033229852
721849799922400995374146371772779131143491747725992925525335781615
319689964588237537396365620159344395131237859414203330918338573646
295142359068761276415635046673150654258941178596755785051373127894
155637931647245101077345848439342770214413286591519878498482370787
965865360557581510797535721768927986170893432990537549568317394835
206095268583843339027055837666953335740435805608433127417547318726
544182394852259314815459902906391723542698047418715421438354872063
738595735780584223851205503008894768148981264048765251574048538198
058684480876152751688330563926916843645008102436810285127098048128
812163552018330512870527161081349427905926249474120301621499827704
682358541557481715029627143397933115531792006325072048163199225322
066931764722209172645307171595508854648141260197247042243754144790
578789077643112755259638972186573614783474850606247135113933472402
371211254278526889559945290185847597361141653648041295780892561550
186959860840193430314511933332173712409362446039151162249575372029
880713997589127349247616701290426280185804176070763747067022522343

851984787239260049726531225408524436636892513589407987310731074551
356288713052351446863297161831117207638628174253732143178627409785
894463395245678598631323952594238181263297500334579375786679514819
321742984132264484778394905678913395808363628006559542046767986444
509140328674972970514828912046051466752659376039084979898892690756
037167416206881347492232127660021040923306727911237753996094124925
128592695624815083615159264332527325197712904590201296636965412071
033604787479470142473469946291046819414235064589789113539526938487
880864384253971315747036876336886546459819231884410108855295658169
100493925598858504198200521398475090214014735484878527517077735887
641171978120775109168145920880815906829762521213822622012146525303
713498173979470048923093514730002351215887195410845956065904556013
921522705596792414253680982444147556957863546137027976165873174564
337305450931816537806207247887853794759566140675261081102738162296
673658344873695599160770377141864472131926503532416485720158532170
994491932296613629507858007974737475579328724793356723074917345343
796065249202641018892249103223035533294922583751945060174393843108
199372100222920380601240520953519745308971923601747332489562458584
218358048738859263528768534684279298861863389795657950766995755021
415903462656752391130779259046925063533222456426769649318758741145
560210252379004666117825528145303912886606905096792468081112990648
484394834728873289353223247132522865175561476622155753973292274173
076390103684512538444563701990029572363339632567922006199657903898
876039022313932509369639635758155927873539879532736696516176058936
615008641928938332958721797674492816221670996229055447332114478961
078745205991579561671213868397071348668759061492667041703562625360
700549211319317748449188032684760612506653075571883973819857023481
069759795519115379553633016635394190360680246747487061218402213934
361575160088563290322654615903358214078174302820876714691841971116
038463015723082888659578378751686446646904818293655590033835418645
116833116233912027015409879142409398829413835062084446119133388713
187155313108803876512870945099113076740336774569693851978386442576
783775218739687813718939977896811085069555078862301852777455491753
168376497223601391403271884637528215262086229911448877115812986910
169163195452236097054509128118061354790411908174067813366226759806
778051723409267321815692612924894340120620975761193080334453260319
973484441380719506979005555145866927873810133263490021251629654251
141217087408576871720963635667906053062897885152432812589294439234
680244239468818099920702490187246397880070204652223045094432682921
297482443548657386440842198214851621014966962072118336998382559335
873813911879714681062812858293460106137280344166035938416164759226
685564028738064506555345344453169989082509149348163337452459038672
111022494004313860978430269642951982051667927320528468901994248142
566210312742553832036188231658549208927419987348021148100683733830
172655415737849595356635931240031027961195089603770763090919221201
517744587565739041264526224871456875117445252909104866361872837462
022212928840940422370808593895949891940597369087445447948904531285
402385015776580774181687255952408118814378123133810595732580776514
928001681274754933748207892338997591577170224704113674034274855190
152281694275755141058878076234733901802913981790532992798286570638
439481010782837203593409660937220128893909106383866620232900194332
550548511169938715085034277568424649023929145590818503877259239332
817467384522552645948225885729939040644581751920220364328356301895
828148841083609043121682963776211181003225025817018877434632489674
273735766522472687048935479201679570166080595970963602790118827515
340412978362650418049994631221225728052387856681216243824763490487
830174592568238088797026289065577896912710980215545425309835005957
300229104170685747568925497429492111172160450732331404803722146320

4773366125823552708712023649459983351261330566455930066996854243954
416469108459902336136801152992951977989722311852131258680476685961
908250888344806478189148930225361404274700483626418888022818836483
353674546952258678740445527466291356164629156570159558347873498928
543395459362522324007246129351240859771691871097524997334125908497
785655940427829615451540103448956593017579992267969243553730852381
433020647360472812179450611395357978432859547545941507824910817688
611292171108047152354357056840516699872956461477890874109679337311
207711860657570715357098377172034606849732264026152007455245436083
123462337523832279945197205417380851661529280679594633364648129902
809924176874065832151699338750717081134149398500201021406591297085
301624241457691169505399997771969761765085867820918890612671501571
266660467996438417926324768307104022523136854921476875737622851144
476309805217120924442296831821115533313580996674574820065172742997
987672987901091134935743880480304439505493150602484172865313845256
031415192540475325054193211211689777327984237528926097891863598745
307765021171902409539034878159628641883688930350006173380296242305
248846161528299095677884423503611762707156862177289850366279070006
524132921124191401031472472069222909759621163510922084196023199298
997015777202110283947831917430046047238951620869859252891801421896
405997162848538037709657833037189700412303514175672947532514164921
547745012350248594001469359052486403324278795206741133756174583071
888595841733641089621165286979226016065219748404829312120834530044
523057002072622370640639782779325194378433104270569430135294687069
611522548111770234824582063661817186581612092797075550082069891031
562275722210430006385736895895752594782112288886585159031552950572
674933004114673833370735045645087777221933116803381840602964221456
343335492301690995670193488630367194407187938471952686692237450434
341249622422165390746630429442297774388417436800661722407077066960
699616047333114524083317012537582750783149112482809187411450138447
050361135536723979468948774370845507832213512006652733674931983705
850873900682768674722927336488607458157877914028022042701026141373
495500179098332377596273523462148104035350851288270337206282135770
543399983090339263436392046146162852453454038865489211901887046118
286334104960470273808457206846086688995821336876726832249915378082
920129047879427474000033655331526022224108996744562191442469474244
228951855921677147204364542409536766070854945518260142276616511555
142583388501992324809015983822586125119559862857577953676769790454
944159051616644314917899259043417224111592556125379803850940006849
823038522537983783498611590852792863098991626156405569381872962517
016361778863863127299352373687485605893543703607186093106806742259
682908352235806656512029769554532670387071627629403757731627044216
093893374911391016015504817162299577706553464583771711453735121686
588371915297095387380765701929484850072245397466127463250616787547
637047350674068521926199244158170004735236407344125918492634365317
525714698944987558368950276607463331157319129239343970422819207237
151536144453633556906888689327161608727353715014495563051569298812
104880151853279160961261784726425388349502783009183621392650451141
705056381938589091584855381770003280462189835643033041514851197033
560415429493833101315150541900123643215801073441372098440105267862
064631332800766519466669855776254720988285607375263525112189909082
204183150858253623492969194406602520690498611922262598329080202612
318696321549818518021530997668638069314398872396629332073033455676
304300106611056724287556446941327404655134177167166035278471920534
808756665752218576684108693258873413807323669757500811390206401094
572287886009820042295088620665740406379194147411299740859991398079
454740817541914359927593449148373555151234115831915281679422714916
623398629635109414727036424674490639734205399298766250014665258128

882831220965122702735758775369061878890090877276150031985658031354
772951151622933045908152996164815888902432756978917769358875627993
855423033402159938715619219483859323226252600581535717705156973803
100867744833213472870649822607605933199243349302996231184535089679
706810909252455573663569386664936083857691172790763534061675586285
531036649498890805422916942687193673772908103099846178101185534328
346451884763920095687551205072536590757023498814418580835356643501
997344219616535923062328511602984764549160205295598987916776611863
350993548954201477134010176161985759077311851304733656728859902028
920374122937161388984920466587758804340643662018185676885440988293
286802687186437052315236586266684598348463824849493765665697082545
018120124782350980761332524543664613822067506954928839566663955808
710816496256494090646206640191251103238267403113679088565599143318
277586129369844769129912972336620930605688888930911722859591919728
794606137926511863839032718750329381045789807249066404336188860061
802304637288400281895548799957673418548471365551739180548385383000
273060209825597397564851756645534576942783655809565138426567055246
938204446387854999352561286712414141379626998354549141240467184665
538596698372634535514684251817967596786123148208453480853353577573
787615043835807824011209461105070736599228058552548445456325446090
201898039596174433779430310751023504637984828808240124620463863450
234145704042271891710127920201429064012509838598320073155912826145
124414309072315563056872435171859291611869273930302004328709492896
955410601609599773491517410480834584336869860334542172399413971792
660804420756396960300241390411085484991162039833379556626228303468
915333041397175148037311751271565431917817082166913993132019328570
996399285941044382132751631266499649297093019917117806590432489124
599680823955196078942962318682230775307764765158572847681485148152
274251397703925704855572350794795721856547570265866959186343388785
792194038054429196199094022272840546651838637649003370580808175009
320961159407900854500991817106374626333017615967952898534757741509
987952684493487842726369764993311279269304189960117925703974436619
466908161902805928620319104909624576406647951407791141670517591603
156045486245293567055895681451757640787693008454663480488123931659
239488034165845452940994881441940599765707641163905798075988678582
069342011772592646808054125868468255487696780270068568666753938992
024549387195483888127417942821752316507940977823744976726932384614
321081994762952359238964306747882863840191971852893029117325352020
888709209593622400866999291468947603733501961431447399078564504416
931677984914245493135282244058054543720564147134343766966332600213
610716546237081721511695301327495276778725706772981737400218031373
312850890065151916317273155155827375807634749515897375846571721820
307713839199161258649656589149891368587560757273946499093534732489
930176497875465481729584058263829430587290599854317716943086608797
875499953108779654937012742865222642392949136477674290498941363515
597176260769022864915593414602657055272416546258978136738086606993
124501106745985609444106599640506334416355500595079810486766775036
207282097182444568165919761201912217469853673763584656769040121520
020110338501229758755728331500857897590010782179371001161977852773
937116911952882181155812264658190353767522518461769865542616584523
186583106563142280685621665892885474065739257249685384670883157176
089976766976250115519176712833144797754040291800759289598725597672
210194450478329263008901534435645093710019505051175677835307385583
131450107646476566468097376454216235650328760376820121636675138683
111893745296457521885851471600623012491769632735763911730589557725
658482896576102172331623659154463423282306608901439736871636089186
055432325682820842539438531312266766522767178188245259684983061797
962312806296207783217453807741931746616073274927912546119060779582

271202888600645354882077759533644093793298435190340884953450814482
2802085278633571068582649501458368211401796639713534996351948062 62
798978723698993596964496292772827076946137923433548048248624980361
631738394586950067669390773704184576305085726022606449386519703105
292827844622415130915545518503224587847361395472312820477294797199
473133671176899121276678293254574929414124903188350535830463407136
219431825448908670081720219684587800271235836407557646291008766734
331458830366316809133955270771330056549720133147870274223003944498
205808534757768392719921790493172422744113073831909588313200978393
598697892041004645171806713086670389826275549047616660640525133919
304501175180541725439299861611629184309098393038995179595727951138
203534742048600225855624284608019721059720630114609992226443393170
722462698192480796195512481361651114810683296378365256376662891808
543319037638981353993769463333952138693591448803626800619063482512
405642719362760261341376818721901172313247276019400802194305822891
695230492454415467931116201919214692480634110951252677499649505312
420795077912627031164881648504636156887970951369905418555627210687
361710032584721027893834575982826509643575194111617853759962798581
680644305959249736034216319817921882804932847932968679164336649934
006729873781231468131852725741044647786841916474267141561033811546
414721675424917838670639339664631356901028369105450245721141418326
944982827624049352059479627343058721073288312678197360489251337232
701228223323583527498687777118845265411233968794857809586938692685
305057712732881673622609417044477396459695998486047597966133327357
459935225023617700866029561687078677190033285370644316702991710811
714835580163459682527869811835905108362047004152950112987135888970
933641273801600164067153007700124761328881017797198656160395170396
228136490957262395415467148950002295707336759877489523252987449191
889154702649530465726046787403435015428147092226724106085522079360
619742329363348025664606231344250673320465675630563659048233141123
697813165027570473327307204763709669081841381038470573596947987010
427668608042657470134983403597317332262451981594750257023571842764
580130511322236272517054261528450022749946452949311231799953728230
288256885992617311881806524488008168482005657740990130931996335114
864787628650740567468324949550068842361786148880744463384527114488
965180775223269930871058705334403749479805181309050514227297883119
961132123404422873462542497088292669938181860009366804524832951660
969435692392580370565943377030579673666694838818416012626124252332
756721975375948097594458148029045374299261751818025524332592589550
300671007878642733331258072856001919585133957755793844169183571062
341422571596256919900185772631048387879208307911733331724162187930
182851047533685844491490278349320526650521984864529086497850940177
640972344698593578858005387710119021259952296861576625230802267500
538844514971883479547070761873981436817612823022124183429140273712
221467385240919584299995954111598635287661781857971166111022976971
193451576743445680466085338034157044940515972042022363422790376031
483932476463938362048868028292685531316777984280639819538446163721
736956115366939807970344745720679036644695492931565347006424338203
796733807370156883637491603256334305651563288552089028922182310066
244378454048559466564900409146525639755906086528131222916040673814
405419502492549500602495412106968260510347570707246455277460679357
875333287327632588600694034734973126173489984956978787371177503711
472724007421058061585896373460853329145358033115173485837325553880
896945405118549551765521787149303763836810865472526160344250062625
132065109363084664874076040460899324162612157110533595369572278536
653697261315526786634651954100671096926239090071761548072520288487
584764790760842146259332675109499239779942160330996430680882135279
117858263102610971836282160774781732825839403020679620977097378407

658936877659439376333971593973014006162582571367419353268024873322
395662315781446051667242153301097672978323660104331925841993131993
297622171691684981087021384127663444928697151624137310404051575760
657401776609454901598083195599093647185412113056210162808457696631
928341671038412162411337706945680181162688529634855167976098555753
204258875070940628209268333349724585927985127142830430980530602563
487181263843907399190592949794684026307184806765942609689720775744
115571770452318282352694959363815254682257881033180136234596231132
396332076679099938628268437635956216325687175742602571120275529817
120833785406532174987912523723556505331803158337425971537253295549
018114017665720065005397364055293754447269649701532502635427948850
510942921684048901129902449957177216800935939516297771830653752045
959738205494337406160569099829623066890707403532756485784767260213
193890340371689054957483646322791535163733567570307340081389933401
498098989535266410444707039829426871369584300109743853336713726758
233218273730939271593622165439164906326544403977658047172324439875
257763882157920854873440748928249224159788803862072062889426436445
543271942830292944550647610264350140005703974322869721583812292911
727538830328499018276420463682098708973027339312821886712676921819
803179170854067591243208871934154129014184696028194360452067085215
169798988518069320393068494771310592325979070629735253652712017106
954033333919172859001774143477480749049392531824385805857715920622
553974622903430416708514539809239636298761241158521912221564909529
823271546065248842134806607995701290270981822354488724395628928489
864167210066196892380364692476242646641362604755597449396312303222
765044053044579284567172355157325577496346476060110369858757682804
116194748001585810099623430994109144401565853098181462370889091696
695737722177473822450089682020802546525556807776590103539599400459
020483478566279961333045202704646611284166106737644648223735418590
234281973959745972874781937451516799086200973054952742588050461441
207386106554249046016049081841944120995878750012562075995600847798
541428999592742036133337568663658841092650133998739967581004473470
121787129699126602312624670315697360146995908325727260175090636915
448631267437011628866315805811481323514679252419795463146451614788
751912488238305505616688018514511079555096382605980369627327606275
114110859133978447978314909599972038669730961879093123697740110922
187845473962551886391258465612605102219252835779537340657826126094
459263599905178117418901686654579036872912642373053884823541712501
289940162981466800139776158004516166665923659305128454245572578574
746123310907734453093299858290731886192045129697291451145241375719
254130296618428190141734656188599648639751598016171040519098111815
321466271798305740019142866491499426147735136645924255993347178671
937541736666144042217589964572890077633574537358677971646625112892
385738934303206661672111484950943028044928758983933543899934774630
319951589314950805401818783890082376984820136896254505743110931606
051685512138496699991986808435095458753789241687992511791295364105
586503308962580942562834108845142053657609611496205517274071498942
996123896704607723505664943737043905290410601377339840288545544846
306566251322506388314028388286747821958843560375187088634843093931
140839969368593103433412712025108663618772124187391934917006054528
952974808459519020295075231040217200213906418032675969793562261741
524707100329793874352722354197742632172910992026858663603148413737
880302385282629824335615725892834151601748801895767039908052180863
687730067757155614399456441665050380986716110962473286924391059655
072241528701341640564244590582233266044424977229170387927411383147
165985281553435026554283769260159972458656795963280060104668737903
733218704969434812978564398569094840193196438645447267906595663385
396636814118342382885161163575575090969119458544161531156118649027

765545046248362122570364637819114773939855240440135345852137498249
889329585276599896225377914504512312162102454280254393937289137546
988111201080931522903133654957798393813691711862834823588219339723
751914296942197976983387369721394837906364840251432282830120560011
515384579182903232050975633905863361772632635427584770567465208720
731061885328366088034384827602120394980655091343664018383369038787
490483406394642819303959610291059692746956781152512004817997704058
719898282900188106284832971763535676724612080456909840963661728053
462845639953764675839635270694458946230643709324140996954962091222
532694496942547113936906734871573855133491615781902113002831212291
030223501847219800713581759155887950068328726967479892532378623454
257052872880189803962106918656362105521879930539952265391821137139
363512295879472818691961018798522749398762003003268032674391704856
069458489317223179389435739440978525972502166772615402509924089568
594956252760359072558383194821638235462462727950418486117799013749
824248079227113772498191263439766014300983774784636893344671290136
492806136982148279236171670760979401581355244729122261495423525454
033292644566914521501279120536959120811076724998176019328237870439
303745277412473568825276363542546361136755855430298481624246330391
488620203512999549428898211696475948385962999465704119431032130355
890242731860036263085229341052794571620087064190893802245370871345
170825622257572887853307890522708087171620659920196656219843308928
935401238840655698596747031913407637325926907872443435612264186966
523155565878761688923663590053455581192449080486539165876370328280
232960087064997476905921062370723951200131815609675795796457719712
943000720510481994471417492897129826926630659146835911454500750123
438660204317764553130693646372145727532561203072222110681197409373
992025980133572635061023693636264006056099856895530364734508525765
209997245306841944321215439959596037922522917911408712747909413718
728669235449654947241984974086116135239623075681175867074339488192
577126838944104277711847828338528350668290800954747483693611713548
490974340419077377232041947655887144861501952808935087109408265017
421480352504492277659855154254615353403857581231395511160070112735
384430546811671786171606808477507621577534451486386149775289589937
337592010817788104924939189771592078139129896442799968785202597243
447538788129809095136114765312203158588251909312398178779875540718
897712197335804306214244843545416018470628255544248012531582172229
850525073665835412234314920564668716310911820738394797365724775601
824446122940024351839847281137303602146792720504453025181100349889
254477922130658240689159470758763705838281263052739444927652217231
882649330619742408516271527174169646124135414746157379029857944069
114030926277736794965679137490639570533131867754060097446605886501
002242029747801473887325075653671976249474351374348241202872700197
011650253883140216487221542997525974697758410798260929568537731186
485478117018490942392780066503884496690596083370554840812862857932
450154711014287295577504606620295966778841595108429399227014967686
083743258771462007880052260669087620253503644114218499967013593856
337540863755245587567251357766791727978725012527395459466415558493
120960280223676046222430467867966964459147881508396061910200675192
971643687642209840369990627257003079836189559921310866806451429217
205138474126089516142287741497921627742068344308395545630722514520
873870765667548366070137341044763119058573787807522440239660383285
719110063396312380411037111178521606884091409948089334811221932561
553960796763567898945105319038002889581238573166699121852335806827
312049504145649607166160231004613986360522352251540405428860620323
001505827954923994132226295967993988495237442704745333732885087143
640106761935188226471831014057099590523254620747206947300482377052
350292588685151341237485742564875712590127712272445487224584231753

875919269966452695693582375534247614618807671901197030479246906966
1093774905987412591454905480208836592300144165212412550966154276511
211706768397360272304631203507846275504990885222920507984146848422
292163962678527080262360226069053080066737202260821370137560247225
141479584687250425677737720661837467874064297416674838558098715235
699045257511332336605477134548356730193826337792908165174636544834
721759175560118802955680952299658385728682140045137423910773828258
926933166648838587603199913801965668747438552077150688278088172410
036807936349567977073742007547245493077145153983088223470156649706
345324654559262442016840641891178605279281164925573071114301388551
818872610535516995512795515083298782445839972988355949606879037775
020370283675501245802927927558263333724446794415167813618644558006
958614985041778475389848612583243803116454515380548275598736307207
158435762359471380387999059304153440286249244000221089487037189849
323172968344243677484876684360621652884797040391120610537772706744
266431858064122228884985346762151376656283776046239135202088802306
330374540082862072687843488939555653551750998863337457510776469610
320221855111502273625087003529846914608735848419117712973395077327
775155021486497011655913427143804531020407436635685512426871548687
670431113353247440206479440336338214618302301782799046337853739471
303505469003987774820109035243384980392425091714405911639355195122
438371899523185212010464286066729137032993166987061559011236261413
033355760334032409671173144620095369265691096011091907966651999951
012139515811842183927010851725685909954529721607472810700760651264
687325569328446299661420278297645411058426819326218746696852400360
050221051446802732781840024926178227318898902450243151626152628194
747685353066930536130691061391121677756757805495888783632687145945
212947718262968970042962553068147238858757791069134545952824578643
057767200475439788825822848258174251120417823590906630157548852039
768239802964573542388104939191810234925036179884770686168785270600
642254698402521987482075070222663720080742973726310407999698025692
587117981044107793807440082080735340173698221810725256257525415317
721136186494238176835974507940673905837289319935357672454764928469
075836378833452944454922458324051022400012950632370967152531021657
724076303937072736975730612954610731663156504666854801319595069533
166844475836094849717669409597359448559791983494391685447454742686
076315325533288419934997098660596617644008498942985504144474650955
450243442873422499043113092192560369021986733087627764338360998541
293111431814977436328663749578535932383693563749661777338708000088
524654160901165081395669546844048651804815631800993391640310688522
268886247325828504423547791601905580966266718284381107201299342155
114915636144718673039882066638860746902750309205631040687733256516
945898054550272660257692387112128238849097572196776932854707273226
904938852013817219407279158436697030620402038271684028178475750199
401291329141395927028216721901064966827334946927472418162299699827
068041138818803845355925808933283611612267171466934303616212720932
352914734720381258384595102872942402242621232483820348227780594778
160833297042246890693245442522153940919024720757309215521751258219
453918666315548569503387846488594767420995469602526630196646312346
791407465121078589229521360900474115585548618434292554307516475076
141505737288857857928676553516381152229479949943535294922426281821
115237654632865938852578895592338243848681880688866738358377451787
092449001510462670924029875473591727424243629354591063949923020081
352954144142593984394513644913501281213946825083739221928300756784
956840371035660948971896989824069171908114272993956953877263598674
951072130641942098288437710569173370368269515230048857903721936670
088537432609533656352771217931123337679806116454664163179493823583
138154078660281746121658499478527716774557612233503732507017180870

827530133275442537597993265215544443991736773302093506515483450328
623151370271587545135762811664318527973837412348134160498800667920
017607528419677469010914597350755926594785839315816119646030056828
482895097079069639810734876543787694270357071836126454070368959010
923609730439562626723915077528528525059126055333218639812472738036
110813402105191845085950834213969180869205953916128698468256602797
621778639341773450462640528607405885735633919282087553633951431321
688187681061323146795323689071547068297439336588000917804778899010
893447921483391669563575256034098074766802372020117803193199309086
767921216158767352481562224152880062985138423620765575963247907911
300169265102055362734934670057053067786477479293625441523172016161
193309948589788016480724882256177593990108542631663998258850824878
923600423344460595125078489795218435946449440272605559520239627364
013991314427067938613833982194910109141452174761703034713852857339
788388855490476506475647421047292746694136767048146761271423412889
021447350144467200301767063683132437227953626945602167220460639028
199331545695309248257129326159491512283794195853559049797800132260
125426842583924722281768451254177971013158118285937174917413032023
387160130327434362331478320079170873666770856138122202068378099549
585750389821608818686007351954012605579154814843621054905544064814
126739590822836769810923423439401140506090737043876411576995172594
764057112104658504624176326998804006544021603809712887857484645787
444150356639794501945631753081106313316894154872739421061791567209
983129904989852608030260387782190465247325727446090910825519684769
977016037643824169688834596940554889084937640130503002761722487011
464562923137023344907581513723181052440134845043898182371420872349
602506368290475915608705012109118628944890904495714254362679090687
693729716625517445506167385412984916378307264694727323230925629989
226329018442121322572401253525503579787933858415123185322118773687
432921068950256584141914640838413204448537371017185346703117868944
824024148365280215762473411656049713665418618204331440855194125173
385870204610248139199910352473269343550147297280968689094874622471
108030697014771882963941308302521317797008804966016812265495663069
623701230337817681567812855048364099947089534114474091132569178831
351178371537116275312205913334117144287469487988006537244551083852
078717451869817743018421248746490213449113968266877383133251956112
055820932522890125656293022676146992720356651781502535428760883728
958695292767635329949277205976879846457276971612724675462847884423
684912928442258864397507086499023877822914070876652973436164426792
018545130701622772403828786841857025299564743952587876371725982279
611055284870008909118046462721284544913291802946451014226828760207
036933828425010888803248685968940640097132664929413372294795907075
483990471815176408758704781662892888949722756062428002393851140071
813540839081764821117871019280800288645970135824284223117008514664
322326361952326920683055792156883360649990582418226848567082281016
820788756666884813413739538673914222398014549455648858193087800383
532267151795737319674332504782162081255147211054407753745938917539
581564302445105637001027528295552693959125657595877685570859929411
552144318577518426394254409256648636001270976277798319523396015911
639471320399895187285852730092921228217281165968870904438084327675
925580780620771936886503634814784641710061989406360622643095079566
413050313902687945520110454678272273216581514784367555318090913924
965047678200296286536382305681765782328978807186654544739999561112
474601669767587497071272239056081956352244732606458526238860870006
845441954995604482733542459607413268500193125084714800040301018274
197716234894294324491300483684116258187917831398538251763054563120
412930691402754217524635147094326375439555900297171546878167250690
766254860882588195019709111751847973999603692764277173269828451342

610845209864552373648370607619401090998189776327311120768380079227
924925826390015101723852074999157456555673748547841726512424832142
780801503203885121997967421263376300995115368663380981636738811932
133969852120606131874430577014198145850397236853472186995772571846
207033882956822463824928057453144020593435870415915362356306589282
044927914022024927486531143665588873374635209616345577323283225381
391510654679765291830988593652176282965018191637704923197934196057
154103918773309369134085572409983316807897683231773732321242613204
253368289697612292113122782197106053767913408557023543299056702209
945140065287016236477211903270118931726634951114312158444365938774
526277548871285693283824031843799213772568707292286607266895734943
083733666675086866635325475166195761088276661601867015343852215068
783521118709838853354877296911690935259344563066530660334624737148
135976442660085883091991603116179403861086397748336072136165091328
124202375942259820965806138854691835789472486837666155195683426975
863315591085424141446200710793264678023399105197840634167485812140
355590032608303386642443041617628744070256253408417926742430832164
076516547014754838298158439349265674950760938203406722731576658713
873916007604647559647135402952170538222383054086707515505358577806
576286916254160152372934219216884986742698057308388280454989764721
138122720577833661950176585235615651553226833918605229087491031532
760167430591197713481728662950193660891866889529888078601965014507
605452041729644532098633786568954100707685368978550438347083909568
221994424405352539940260966562156188163992799841073682163088158456
092427104438381223921346057869903497600428113945215170332521323903
538722506469988061276772556924849545869642561231240126331217051058
366708737482059736411054774873934132002555333749230809453089806117
968485901984086948868785404458459384670408564548472955835718017293
466249159368356481992636514936597382560762345045167954286388010347
998608935396159148326442744992320520309233183720920008609194111213
789667053005898434685790134284427644730176165464553124273427497564
737311329397816544434986449815514790646174576335376536234253508180
887872290051578274167942213738858691329919969754297933330324670558
352357455356048470314023365760240483823885060499130278286518536710
221257969110578869864072567091367114752786011863815583303216946661
076448629884430602387587636282251831060760534393259736897202464494
481573337705614002320271356302171764278681913828696508664005809260
897621402128425874925880987653304645233292008566003188294183293496
443697996684028688939194093313947815003734093174366104642664682381
790521118974127124719927065385790215237081780603191989742643278452
366725460563693408504733578490544398926771911480369561371001165851
969671008323052811328002933070192920381984730564334241723414920497
272220006793433625804660456221623138577028913224350661301435335069
292453543163767929394353394632403577878857301120219334745051239275
132172545597805174809165432406797913022055510343639145591128967505
584261277610634472041174842702583981910981933123992996622528514901
579265547421744162857509165987293497429104687731751236339289995016
542596921422338760115803730572766728264005191378546577304349026848
429198236652740640055343858983038870501128024423115752944353666596
437594010712576335891284580487944089849295600904998598167545410759
971093577697740575434829642188109351827109371918360488918671640999
357819431986544503924148045682153380986845905293110317727424083029
058852552724496690019566630695621010774651259247361244470963028959
200573012393901090833575275922252314553341235270425385976684615511
084604524925129077380329442656637975476495416166935639402564103535
104335364799707914364720224594563419156122958944550757750598738265
848525888895250313843179094247093626396217739981769764987489165074
541683918105842112081286280502316770991657209981438444624080823264

741743194209740350317485756837345441296691066958919722853450943951
515838010332744503365227486914725975362676940820574641100251342107
464140027253530756231628868132177425760432680731897935808452920514
846463533291983174232572243312018280358939110871847751810544619553
503355249779445714190971623928014064158438944895482151469713000755
086654506202051870993003974996583258926905005146426369672803298447
183194228346017906100641815711354594747397618922515974319480485468
489190992638918626976331277823716312228998545956385287351921555173
276672877680096934397502000041388997928775763122854644009406959841
176009914035102169833363193478446918249879814087050954595198121449
059989091779419117078065974750713375143903306512697371898935340768
436475462803549787483182117532687872119261834148913079820617867475
025202526529122997417598351749710091462207609463816038798801889222
552917427167320165785876205208419946278637216097050769943469983271
617206467544950894288695918152820795743166043145650309825179316484
431852503802985038724079449299709449742220822930869714431325749266
220436201060237027497898145290763853628124594694868322758220142272
916838541099816766602073604211514114567350186675813421256135183274
100924121856901348636671355375661203745377658229014488641668376094
301956727642479960045661165358235494009230915487236479253812785126
563157537691484892960621826513803710616016310872533217969311507723
748980152244277488728467599350589639539492207907394809331356964592
195101317477131387787967802937564370413438848684584400505701437491
566846239766097239463284005882934957781138585941613698571752789205
304865526491172343528270639314076776728650254974863708567897966690
250574427147301850383840729037627384193850108217056317368511035708
949724658214921393444330123298268002934874355026686120518372397496
066122495409379475476654228669578114134837923055224152563428131345
604752885343173218623234807816215327483445076660517322549932226769
464604522498497056799045976607189519428040494860155302832640255153
405559170447290415356911799278110827928394550454938398492003846947
014420749203525046388656549931911712759507989933298100859123207033
094118374066027593722418931786118914204339015967091674432854481283
255974271414623912603077109555545571035682970845936078660428746659
038437296552993194123374437704245119023012031568515262126507928110
198030800231671814987869201786291510019988552025314504297421330711
137554462393026666762868444291663298638951670675545771144349281942
378899354806275671684962786916768363585793360555124482703590037001
636458615343350672558171763745169753524892228354194981466553340885
343535779368582940052647015157714357315490189545387569780292368865
735178987048409463259172883475968405561351260466434173589782932818
111021005340942309077672017351401053631317992808496889119343008137
888873668946836286584776344670387172602028805640840373439287481595
288837118119974002639166746687396646857586383236858664406258904824
240483999566711428173440214307328594227355573023898851741678308920
994341889548591823482713048069358501489450866432053623158737620643
878960031783890670618999310840726415971360608594306863958455143713
112750785489185200237622703315926953648424496426326878764549101116
614689951408198530230740544323052550698232387013546377887234233284
272063148898645777422442002272290938761234544460030410087108020382
541202344516515826825944227947201533053325336931008752150010263203
142829519120790148374291421587041121392227643250188995835302912587
497658160054253937660622764930651949519053141152328319006958261432
569128163912472851077793408007286420366966629693435676047905971898
020528896946070111085427919852972258361502048669243588694039021056
541358182799716288216311529531606310481140534016646290447585885092
648444376491776901552823945855684763124437909648136319127438244157
814039409645161396332369152675130703269986105713248884775447153597

833225939979577855549849019483035107078284514725562522183635767263
012905223327179640506437894207162168973244765875358900520840620956
169617004487755450305746879919628405613082123791292666008139183019
703686654794789546418236512787497680063495643830533991878869889906
597861817609788867432441648914662682511097671596978249500006372845
138429108848999041983455945950230452655476045887190981101983614627
850364356821524456733500603883243136063495824741245399122435381819
511213063285764803789709262896279129078931184286848795016414357966
936636421143324628651885826061565693799136401761795698240494045226
604211941465593419242029446683677934069811681027832022355241268268
515801107676543116987872095208838371448993718467628060610754336802
465211466328021798100228556902699553599149807121342476106900244587
861880282783926280865519069150520262344787018605105041204197712397
288786033747109010762398861359803761397092907294272616728764615358
663863752154466966551679634680781362671445821389704110554437542943
467278819844050790920009504425646688000472446304143366438761199615
621567807165742105569745260253357478961992843655927131855754737850
953187802772558942420213722069126730972184499080972987768458898949
431010898795154329705840562992010847312472197039121771546970627718
725543525416577818681387969242531669232447202511201375544231711264
233985133755933030448468494945874993329571264882945060123958474658
265361488995512537241555337521874967555792464429554806811233742563
209598049523267569068024903512569671406898488109420636739961857378
211427680560111988561685022389188903765633186626041191400973258862
982242407104508358479893801324784458336311760487068376016247008028
713822268262816532680578832427734407760719832556915126850291262000
875052439577594863241547739885410409270374953337749269674840481747
597277129656402997833841925679665077956551058501385290789971131739
739747468811248426782415382531869822077398022554708148057010790567
459498461846704269028878317795963495956198710391356752140455743239
773250674430050501803953162538100475516595961112492715082870677917
946563663571636489623231275113799750852628699737820582602972969257
527002234122480078526363281377303078016452664702337237634051033028
584255614403257622164324171379856712582225208693169655595951343610
955261852931697272676534776186591756757449740644226092929112159184
905153469878314431099250750458658182737160121936767119626458373609
383793904354864770319397078415171463133534451601289371169059358361
500887992728641213335359819334223170268497135583931042596582970452
161199819704409582448334254410374285086509835402288779175531333385
310168595277334980410561672798047205616588628475368510690768331173
950661209147753291141593733710072110459409881891055436625760842343
653477781798346036511376161481721896715411624404657890322995740366
823295452120307471979278655730747042882956622929029010462041581230
825127064454572313653316299498412040237264991825414313154128572859
474132100842052188301324357275100117379636166809309254200276961633
098621640393302500728205930410892366979455716369291855164374966662
826077973264676571658021497997570189266516257472470932031255409651
381129734942263863285321304143396797265301600131241623651049042765
204456470241472883140545056251061136261615929012113054153688003369
734288203772487898542352349417808917725003503757695049359912733294
487680847717953666809623277586004921817439009207147214335950531848
251663582668941649961761664094028221926671524839755598714399276474
749894067492224963335403314880422910094263008599737030527604001994
257588385538784610913507966459412443516564179879319840692457652308
748890758640800342948623302609852546144900189864289512529768103111
166016499579190279125706508916892498700104223711738060707277811843
657987002916449990953352967504701046263773088657199923813041965437
242290637328481530964946581190247591539614924203114415323962942467

621171196585082238575940113144645873618555165696433969198082894238
330946416568243176796819822916582524513904306423904492759902158056
965753030160191671873979703029796728163628468319143515815087221152
756455319722566767918421783007672211076274603860849998938972975548
031853106505307580137969802672532035401725519100612688220698870887
629654255255122575556103318041400163866436435599572380066374785831
665869897060844736295241215897363621056712392143746280664827678386
902844701576566592331024134822865711088734395065254980845302747529
674992840558607906616695043457729500389082335720523406819758482202
540868403853450996376540007631542098397184968809633331195339274517
734865406699585391983712884416753538293654987086047503704204757498
648866683860340249959347609068418699749994795034663064849641348406
810767503390976931437716107464009324699743299658503124853723564665
455332431549474683666453205790809808441396336184708292571572032578
168759705112139493034108124042066077046248390938323701501603615229
507586206356835854647957352228632857442084811997836472257312106358
995064936898248150994385624012639193478684282677068191209065256724
685750755666714965691059056993447830040162078140433273332674139287
194345763653905194453671599606731274054704356222129597069585812110
735676779969706560838575359580509001208034433000110865874170064076
362601172601557031916635419013468355180180345625506207574407994050
574636184101049844268087908490027528303739464513427204340081396765
342408018320849450808991002199627840052933862153212772517665849137
763447745655358258505778714539023457168143764390853975186507022592
073764640310414010475503531031151253662394962847873794570738580186
739537544644439406763782805108792124716423496737462151628494930497
487069745474579150082882061024890842545951686991936916140227278071
046032800974876392734127914689249181688358333559860581860139209433
290728152838051935624458806565861141311211984997993622694591863723
860587860124592811122870764741677797429483865618650607415205229575
425114546701054435422335873482323835115359908700546719038926164543
805770773953637754059050632649118195354197503309963561606148267545
427837152377620352304967319481724051928471523208154188504909291067
185504398883916857366706729422676681127948811235006600794587542442
440773532553848911709893954031292792573887199618749546123026289771
822704777006744471482182405166612348933737046015486909987475441674
730808251126041678501761840424180747991574286895345786509211845912
153792493866720991204053709513488950713585701533137929340202924397
722423271136677446447020730295331820999432832197313643346253726620
894569931113585042770549490474601429445346341199504961356949901756
354360565097997964822587712154254055486560459500411769193600428171
838698681202261054972013512749447589201820024257598183604541146522
758061498999103380028726013453380179878917911647127458000013281201
587856074935139529600328397424738536793764251639188884827537870730
926943931602022694672117814861587167503604880095025030874413970272
208210307061948559905705894452054135401434857376997450733458952453
227676394714678008016231001262665746289135258384911992644989734712
902982715091999273508444603616594706574863127691751770100676923144
210508350059592916844167662666797114055666845434036298514172722861
557655512891512583138428013193180211880451305997550846420267464038
933548551347630927978394947698565764912972364346070685034969455008
298740953372788239558928081805656762977581550032669677936200788389
173397363119825790869574625494476299079551194120807213987411176053
317119752730609304200953968999435012774153229787614893022040190204
679097286739594330056588464975738342769849339402731083772151598248
544460562438556347800185305783196460178466011618445201451064174215
635016536159313780533241651932463828230639546333049398392421565627
568262550449199467580694981420441457103021345635170295547952277931

163964795105581608927219645818710032683416592665688793409106462088
884463496976904755689768353322885838847947673243005728908462808991
200341697074392367655163388376608006056057939144440068230981445150
012054702934005599392364733265519676297943102409926877542785308974
367956696697925360664204985609456366267266044998353041362828289553
758177699073856420715005947463745138787392553131579663374674587231
037636248694699191742779153647513085005977435155686331605828316295
632904062749866677148145408025513782759787120600126583481940909322
854484293926834410551975660359196057277046162895399873802463085706
803522843254343792273682738580226793045223005170633732829686280089
675750115262065090156278060904423082303455225609497152965804379144
800994008394020172092810978230918984923054581501960404409932278575
148372336424391304329867378856575585730434769152550643860946127098
310092020890042742032182106231469950347905746452345235478806531276
169381607205927083499303608182846872584505856415807281360834660505
720326487875258020411920850875190171697056853522548956528218398639
952784724192290703330287453087658953224241451009489766124035977045
424446389086657179084814418458535221566501165582677796701298128508
131399385297447260323846331152873167739075035632832955914256452600
883015274984547437956266071100865068767887570135405512694759662669
491386879466300866664871713792885535762991143957524318136435509487
078928607592444703108729733296851710249704609572123628333951154262
777767026049187018510592240418697199673237507542673392184075132471
187086788327896739083064208669840108074066705809357631786308539884
399561803410270072023975568838719509228217496669709889501354621182
668985244129870470630301351441323920996407117896205313013153476494
939502700922940159108970658251268760568488551752396322109376129447
502867802300511135501373205591986544378847299431122595585137887912
703476833445554103762541561843448648776232942201326664898423807068
034619428364399292990055615906406050425339801003578029751590872230
990166304654567047207045681438807234593046999712536897418195369153
139317029017732226923195438659713513321521008634573250038304587445
582099608510795740556100397570407322578188773151260411107474424103
099496540517465116323674233896271930404357862702465125630943252748
027277412074105685767216376832694502127745339133422312606503586158
343176131658226664915392528669374637568666333017139751676462933519
364834915869670180526009674649892936040945936229127507873669059199
319510529061733219600014493942639172370245534761802885537436039092
388663041303182976851222611736382268674943592254572718414857033104
083067411969335977876788556256606725619538199541252468479839149235
409111839898982383016270076377932400102101997521240846820124504365
754025786407241742479156953990097425254788468188621433420774640580
708170593145900323432861043653563426545386690201809399463839483282
738734955056160974974988512820865892417221847767360751390744795663
397036975611512903926000770792115518826910801716989663944727937531
919878409471470470473890385738786217721261544020985062942814456492
258548073067731357096191798942881731707979430491261339439117613541
400793713802813563857869190853141607689955866344916708490336437038
395756367574245270072283748832613921430643787570785084221731815205
819958872938372555955815656002017394734141801417687146375805726022
305039513396162133674583359480923419510132651606806337288363602557
600460668785895033405417343197624934069384431946835026913639505125
716172046561358022949636928056205751530897791585875650037342673937
745141193325583404426864110356337980384520607476376177818618187339
548093821696666935706042561205439161859995592914938579263062612642
530162095663431993686766329028931957221693597111837180719267221890
303360531023509057577196029802186435208756972972432798423530320750
860830203824155867381665099368851220342629713378786796862572698868

634889551634924283519515999454151903351694270840061746591537353680
0958180723237221741449309099349065906861268041891564695080001890089
313558904892716086611907470124994546674945379004076999663587118937
064183024516715626131885522875396041967028601929205059232080102805
403725553719542635206594323782953172677221865481366448717370465031
673909546618279812151709004004899021271794038244361566539099229541
081336540774225483930538021782295663641746431359570234829336290386
463429651578142353663007739952996966078878244061605904356856423816
036152229268559260253043331259793924855021640961799459534479361373
961119281508848535948954208171255597202541544047685559939884150960
072203692092683744954713416265544869043056182732788219289326739974
775035672893188880888935134123156339912938583043582349861574007542
260914140449735336801655911540098590936138789554092141540536160954
775985639966366965455535983475147709683331370825672556313416014681
142579938036137943280514192546536373647741648502802606007521536016
944659110959502032575418663900908346168111628958799982064121950231
179704945849981294678305475704738464937647877123940876692585831908
456539816378683796532053014632013098695889927768174265775291497451
580800873723201921051737349737147642088503386894063814599460016642
138905037707505478099326103372359902000994188916995622033559371939
842818386769781492226022407812107388946629102432889664755931188133
260714253657266015824448045615171201682226740908692409336836316450
454965244113605190045338595991881508461709045449734556439470176738
031708849779805450842099863053070301077755219153495537500066469356
604100165065363626995554949920285212281431853529615692495878464573
934313159208769865067072445782576876506493459878416153058643912183
249874869825066143969330589412755873127534291431523063823064487563
161436366523279795330355199845390909994502746636210770857269855533
591463124776332965451673721150709683768901973450846861867848212288
3288900057582689089582899999999951748586339827633108980378518588505
851838300607407634767505774145907510187699224287279864370399095413
145344470585039224686140010901163975778399395311132614227519188589
924983720938997371171648329713971623669556072622986627807985017367
693681279308552223490005093270924217075773082256430719781484836664
158365782047666094480675723599484677825591806687185510229300958496
383643113563610742863593755724030804425461400563370360025058145208
657317678486193086283880133826269739065288654681171188014909161166
103586112668116397281370823947347458443824640514060074356570651810
066207852042128067778504290763714364646014333765609699929383407167
122880706194999624287942403641556385824560887691420945426628151472
643053879160463246513413424434169181487396374200602244764511904683
737016574198054686253933814859758067771201538384690004802417261746
832551960927617957546081536063449917670907995962521100817168653495
295605824096562652389296291299549171833463822079894052521704393743
288937738755514488603533263857408863172076018843887793266241738913
026065601864411976362050455603710189883154254495107262731448212618
194634191575222751034211045878527537082154819028670636242102181214
779614954947471085863483922067551697805077664221447830231554206648
832235332873493146288621644233212931204776397918661564108766208067
452099398673682685510606979214650826301449805586161184723693371090
794882267332093160741119213529071279485329742930672233748250552529
545502986305510375558043828770759125949466103021877053942247591553
832496057278474059965627743987502811166999575551317817077268020868
963442297195830909996627322329715227408662818181730977145840482724
295145778993494554692535956592491797854062896434416111023136824924
363411566208211922760415741960596996721977501406954460165121877072
897218031266728848869594440751617891872646930062514553872557934434
598388550708429996864576351510094764592451562453124190398373294599

265632703631847859050943393063447969191344145822053695999297840439
709895151997318023127043644975882446856497727435231849886359490413
754379764324937128976736552585461619498650364456524318470848429513
971965032873416053293899905317730367157089187148232677383454337076
367564863954986788077643721744393675208830923511830003135661751335
743992271284165252695811771224337531426997946243207610607250298834
273699981040771584223098050464475169321918352447703425724261410721
548175534855752384994597343927069767003463209363035212434012645223
870327914228057611450988118896704900812132040300505152745390761567
061560098224170087994973781571518427672519217382926273712218252386
004161912804366375782343638694120831473051338818213324166710435979
924450944382540404392748984985153029985853009033813409872305451677
445255174594859372782389743247494656535145784729470337978677882392
183763142133704422654037402376718375009053522400126029778511098275
127675639608498696597869693946617102672335043753613332720390922491
745688786837384316814850438497658535177752015124833563623252423915
354169034185534374382689961197046935722489891026597302878350897546
504968360475479440106697307695734677028869129194948167027715105145
277514897476149479292336973484741060715541389686227149150313624364
674989876800566987177177130974927950661128639094868054490245243313
653428034243561443137392787511742846999477624636151777181201345633
540624636896775093269217128122887053890905267036808451339124079577
066299250335603402102431668237914115752452582712401104662976582699
181978904277910112885519674192072189859633561235069972435183725414
783269175689343208121673321280807292748634349221252668858456221128
080211894053591218607657755203001276042065883777719813691032428239
610758135095548750223700747853900595314105524028970553818397212433
586257300293284760839841866754070168728785714585928469775451654138
915441300176244995703597509815377549599892101005994169240102373457
695404473229969693207296017537492970801910902114531866173539988793
689962703841727529271349938674997004106327531395024753562593838161
328054303892340379590108284863079322862157098165662256660013038460
159583665608144630220596805543122265104472512295467532843547900847
037219911316920043686907391105394003352921689072772037937323587882
008815269179361429124808989549631064989791689632310253513737578848
553651940986194834167638766595111433606291247779694081087412186017
016108627950970208190177400120358321552465390847591300222093358105
084719181093414749621447993439221725022074505605691667118404631471
883001778286965212727274743252857117427045311915777531534715230259
585360243580809046501730654912001957828826908754754692495664806738
190836216599488254289716574148888427633496421698695306986918314248
921533011645938802843945181327449889632314825489045551743271925085
084585341516131931255812482707060270942150164182136361484611435699
785626822101740707355914066137663981673227343726439435277975700885
540576014413150675227252281855749512596899211115191678738100934549
278078071275882602936699138517431839473927617385458566920888244106
035581585874434053090625227645821094549033565104522907314309198023
054127904177629228305788341640646675814725153958324422208431114234
461974996987470103524401312553254250034869472606027176812277418806
663634147767260091956621791627969920130645780993060705660921061640
265072693296540320366955388382285469071840872417185767808195225474
938457717065701833896409557099994332107407676525174561752629141686
288325462784984814584433355350998228127625921177711625367747600993
738010064300412125227816992834056899161803194878939326609900151195
412878922605425460033127723360652677977356798537111946363849442645
640280671129836151041181475712179797255649404211763872494594141083
694964991999953155274481736416964540528940935191164690069056614141
739601282745347954504153227566664184766873222255478978315443858042

584412633028877031195788372632462074780424542636772652985382165008
467736831248548267332818576575636376490374022534459411828151494902
805671054518860245940920589918073665543499658355937709254334769531
304196236796137699720192541708387506764823510315249033476275586320
133960470125957303739759561947345032998578706687270587366411695492
408416519654529748760553730907720432351978184098787328328785822710
512715650223940789085001239105266524505493091572728123455514612350
181492796146064389660947138275520457108118819800240905525008688487
050213006698652206696083149912784898878145487042821989956934551705
3052005114499220089370600048455005025869397718022306740004438820711
188732903580251318748721078971653436391847130965600486283239814112
271587305804494527732139713048457731722626479217363328827823723940
354324112327713583196147021113069322188551028811446800841238384379
535455083394900425727934144508154982407866606525911797641885441890
150872861519490048150734850554561928824186990115329847838528664247
861714247270026869518247264377696245343003933846809424901439709617
216588812471056566027679061210780569674989281399266258279502098998
428623644276591895908505760998718269997479698185207573751024643122
221434110995819434107425648021309245488955727737741166336734486029
574945362047971671929553308994939577051962291711478536243488458099
875324316103074183897876213171330645889603518219839161569902204894
566116486532396910221685834151849009891334040740763651059751385793
413512538298435462860386325111383511743066591333404045597681898734
960047796641276937252165648633619711022349867599199765247426699938
573319380986159901735119677354098828450408635992971935504215971458
119623036785152534487871740367745668525440151609561303757195869066
751692350890849019440115219573983290359095041535917514969196887214
714674306879281127477039333798913827694263368109875857351412242936
954952552150246022142590935348324102111096440211355014523807369408
394923043017530492558581825923715698275179052438928644727479462739
052971878979571167010756528400238227886696098000714727449639152577
705802767190672846578853247950681462215505775534096030626352778773
048830864138702793381607037095900317206904363476474242317213373027
759877375408122821016591698429333575955238576129877160770743622699
640630638143400597410024743326194363751771989637617273246369178321
759399118057778152399047139311763750381395977391974475339313423300
547961929584025101244665020676615342948902671396934242957218297799
287918821383372992130490432442798144816898090872407416801153470003
793422825225329084523708661007087244130974799152970441524906328573
181383638721841363670636730643397001822598567046065921774845062148
866385653898264254507210649487772852978407393664469100300186190025
943590263118652050561429246349998881217981607902784925666024909176
830113466245467590031282279067778696944603865544205979536953463513
997603347280948564382067812076936566585836644293723142675070583490
458272501038483414679474017989321637710631379185357508604622859525
829191525003118464519482036128310377490287380600081525579034715228
968411640723235628888594424452563904283866894817705654249533760009
298120545239382260502305332274445293079079281071719376665571147375
138900193829588150702018152089120935146718851099507795541014622663
843101206764289009071236351782799552100797212963095084156455810981
223067555021287485507028541011418505331176204383282229732164602703
721015970491387581592511081045356379320053855075843257670824759639
827868278428168133826433691673350421451201864690758033029371567327
008375335357927479269210942473843789196233733185491826920740222257
387421749365765681196498344091901487628974659854538779748538249365
853813636482898681453293924153175926764553127675007574009446998344
847128387730256252031735420363143080253573656329290147957159260206
253772336617519384972461635869443155649080212773574245712906788199

988342538324060573254640553801487032873826327506787549429649902260
689362824780526531274566680433166715274607162696697550006760883413
042767103470418432866287788372744524404303569894680394985971553991
165523204032825032840579722226095984265939235821457720796722175610
224524793357457332045401189565388593272003059347076122181528601459
673679218307373213714484442544107969535154405487884095350330321557
526482676181061923236247188328608350290990168207187802978689850917
098179330287460058558228275507546264589895380589334815590715515960
892625117844031819949886669973077341088257881099910426990190809754
503177416235336512927878457359108756211789742814847172323279407915
348810123943854473830045968891120532677652684311456403555267878786
072023853508153328135076703283563128046978657960758663266236959728
919812955477719881853661433491540342227159391761801526797555198573
068637399993876712946908493733452458118104344938292107347936287209
869424029811963836417145232142589523673080817529427326891845259222
487267975473095030424339215257686936071947393937347581155828206399
184277939604638221275736949593399735763348232278139153941091330610
406445337464089160705116862662478738683394782512342006567443995547
514250403262915875890317520208587941361750121662445319271724469277
599833346842926638762687487547947133308030915901623572662607122586
174623716905009694621808190890643442757327213419102024193789393827
826307805568697206020975097357539975924697902363733263502192404786
110169952839851004694896373794191934721714562447012509501769358720
643542159070623548286262967576306787462091554786523915669141168939
136220520023620083174600863065617675852151396474566780949841009489
116322903420290572730753144141820211616499106159738754275191215047
256214151032054927931901522694220639991126401311592164589680022051
692999576120894863345287789566153840580312391982857002450239630439
577943501314913945062398019550260107792793721846097922583050947037
012817036302968569770904364453979484103205692400053590576770391329
528476111724243729724776583826189188230260179665576425285270735259
871594595058133054762070635907664626145609700026936067467665449098
234972736759358730047640573893100667217613928526566338374777350439
284531291857530539139505159392166325438432309541773599399588999644
669405548984982141605398065838928422437519808924844437357970777043
251988245911254136718766238580147789167133349520926343087044950296
513333144964530653795669476007315837734978277924115784618666710510
229490653365547809185848333216271533832717930113430840479098097681
551912035735330893979173568982385465797291408817471114815767153950
812594635860715586415036484027179026544723058086399696558877827748
108049667849505455068924699093324445306444611106977027196987128560
755902842868039574486897269873685508256157793841322945792607643305
928704733220058500937163689895957493459575784356748163584242706480
729150651180225730405158116619478691051756390124667428367337375820
012508719769012537417451309804052192944514803659749062154560110378
098065622412865024000546886642842379571843135538277002730739821977
905146597245944896748597818994468289319996712564283075713226281516
270364980920882933394805854101668184598177029831956726956658746299
096857820218965251537117601898081478119692051481905438690960187656
882440419080049124195339848070987256987386409362639567074287583832
320019322344467326194537078304646680401796585080660260597144525579
722943627284219538156019099833812623922883872562915348607910929343
500832831005935908642473800063625391215155463919514447689124243480
627678101983545128509627695141948420514757076563265377995090681231
869186137437438876014193944363879234720716253190742240789972646042
807054621134201638581780041254867984874308298453594698611298359201
514373080617023591321323195835225097105785681810900068134909088085
966863932309819020745015438441170366951293312838738924729645216269

869310546082849138767206904647225521819508279459622271378563813290
973844138885916261787155094970949972032447660706874162335987862225
424826753924501972278924244284663838316194987519383498106810243008
379096136375375490248408454740473036516301826335734630287619723410
425620902886182262561514101659881895582342555412216497851197522960
358850880910860128628955344768217561355236212557610246845216788934
814540026160900923303484678627965570635315094277046861439162080662
025285985669318364226669946794946269487946420205197455634182946916
524499416813495480471118819562493463975668111480582595086079357814
496601166895051409936017597179123073991804551922348774875894348540
061474771348598524138153067332691260882855882093484807308347110100
292491113795849718905967401513864450622622653539075097253726966982
492721142771334364949239711180252449175886070841186488138110405203
539949813102085252820746570652140432486587819563198415663956526211
678706108545408526819013691934333017349448802836934567641075659605
284233176175879997299770641987231725859958423568413231396164445614
219872532472164599135585014016732263776127097731567881463381292890
397458941652260180578683724169418516436975983956930639706605212406
549037081586067557397970853800289629656815481073281199982400649266
475340428567392089238162174512072840726350793708863877643907804484
762842302120157290987717513513807829374969428460280059354673282799
809181123008529747211862471303963961501251274032365019140146079020
264310893532801314769076266870328675407238787268047382762938052088
330094601756631631128885583763164557793810486829365171505671658791
720502105971476913864105834722218388940849704482788265032484743839
344710439889016170206299843959476496400734892685282676268235151634
469179191915428646052695383509269256643578721909075388914020605781
080656919153014249780587448700654415534626421371840494953959557906
650797486110362205806732519059418482764350652794859022093448884790
220267311875731637505864729491121506251166531790907841169407185407
786665768097174847866427795434521966705669747536814228740753715724
596976249821320985730755384795226909253424604012586057779524277636
420364690423149573371242469471720840249639530116972424129957378656
272074016018925900810876239525609067347266470259415548521488904513
862918261723664697550853350604885110122463067811480847542068397547
667322198573762481921917614119840483324472124926328288786454158169
870909651171980200663730353200216276451329654516414327929090009534
232166565284971153836334360001213884853789042843666879442224424084
850689840531304390359219727743152559981420409673710265581259647912
732299639293605066269388970760308045467287030932729840502594766824
060107557801685077474140849124907759460429036704746634970491039186
580141654022836035060657488384509432633782432517686027459283387774
508499630231990881526884599653266197078672770447180997442393497932
648197888003546889255231847789662874725849719458539212116127476900
897967288205878486481417076795265177696074273929528067061256045781
763197710887154025939020295749051032549002520215930919057450534945
572793156090650570640228260750537842499037982308890698990138065144
624295915113634276606571162774236646418838109184117336250376126568
671835667252829101438257537078824895060825466770629567505909966007
642204665994421854967983531198006736076004811046585709826613196730
054009892201644943240774913230782323554002897297233445459601892727
501214029883641535625272939403901036275158150528050711158733924726
707866442793437941726120250250628760906958540765328004155208609778
759751837725693398639363576139572875718105734951904710873022118361
910054244751484893066995312685371931555201115626020616737026889924
814526607165531813667057340009783912469671401016197237364430252064
479520024245488319124192290573952438087977512233476291604174867191
873254519808963403068989347506011322014310989187372802085322358021

889339597056159905180386950310465464834469313003282886652921164030
087338695186855628040004877545900358059397720947339148001883250648
435329231594961982024379517928161177567794423377565530686166466619
838753769511678980128231692676245113169952111371359366673336636078
623809717986764950375043744324288432123807470123063375856218799983
622053050823342222920014560521907242651887826605907506003621808163
711002169031693230385875757889826841378146148614185226878305477181
086888089722035074251579256887217437409930844688716588616238382465
447670545574046931614579697239550934020197452391010395798752686263
846985120573144906010851520438794090478485529677495095780174966589
492850568459810414172382590544818178995482512710376825935989597631
094855059214570902700483112018260368101567959294338712846219865052
664935001089414099518825884179127528975022678051111955776949060764
599751308764780900332154041189844471892335164143805170759937104237
944406227118525176293824113828368135754178138449645993052415115511
749721248549774022480814871173203738709137252930246644528812804232
696051163965623976443325896791954491281448207789185988328055878512
563445892343853489552015061276778533323403224406742964066979383090
613313529586461690807387140025601438543800816375771579830849356792
568085415343900286258113544076948304493792565494814681576318879672
415422741953915633907509424935363511756363251751072421049688543604
208601236716378391821588181834759742236788325716430863220300446686
446953031461397150531792365939889216261679037375928228845155525735
830650298386252403134639008855444657110864834440780160415817709205
178544858591763945801884333061919957219555471193824578533269680380
640201457104139652330529024086806527040026259536642146004048554240
072103831748032492389246398444438987570347514514107050711514663062
242038115810047624093556362211909242164839775267547468882229007760
543474369588567716648828839348820953582834660728389817133519605777
663433138078296322932109546363198430436890981019110906461835279350
115893356169161721843667659058692652916285911602779890780375607024
143172720677954918520193050257754245992081513770500338525311100441
578624942881834487768072332111465385119509534106667196664203298342
888273521878042152927653941116002943944312785600695494082574459016
346109254803373273875000390445802194393571666621673181254107729147
054069185915701793122506235228478350186681337684718062729553727866
054707576464441868852850898872843614406380791603838796876625601114
728169970816066825210115507704914688747392662121866166119379447514
691036243766637370516264577205365378749959976055381484849824095761
925620789891760753721855649873751623096412318889922866476607728890
272971468400499447294088495018361431188581976152178184879445669017
848851928017738471294000763347339368038519812434419411255267334032
517154649469747621400718008136032030763271873113609882971680615359
266536615227564473470436399865125780391325789033622435127280865430
801059096893002094226760728936256372101858729789035465663774305775
767023692438291823166653222367534562611102394943888600055406880259
589459631604660907439972368511331642730097373313694903734869619175
761978198575091734984249132153799505401748150715049732544708557700
426562953649279892383751198722641299000517924221773064653855465145
174473191015831452961464558194433668835146764802847968292169286109
372254323021178455464925280756133507138874343969834906561432389655
090478903198673688046221657768655971698413488265986299067625293607
890710830296100457074714264380994203301978689044352159484809202223
700144708609741830751045815615471259589328918803254601697199900568
109140754664081472486167832666348386051361206632630335616229636778
374982056464228196955640268870456174623066198442942444239726043289
190220923337002764645915528217457735468740654562127402422310182740
568545360673703173279669660014675792103309042754697713396863546787

4524000067804164831467766170349637253415380120468482441720517900013
8899491739000238984589526948643687625147102724619247367095414696 96
4774105751918261756904766019131445005673602039875084198797492209 37
9991092789928375550977242225441394189296686902387581231661974993 65
2705676597504244377268776401936620537813342924128560947610243857 29
8825909805287921619283520614493444886818164644876801807090361615 19
5461946632507642843110355699548526043341724958877881582575886918 93
1024975473308573261006782892130718393300241351715987073010737610 46
6499064806231478580195541569051841252449900546597287672105813397 55
0204741190672655844836531778836562466038854778696270104301633443 41
8557515383316572613362738145357469684738652074465140891533390268 16
0987943996570044823922293051553293746726483732147702735954676834 29
8410077237192627614084816820023561590573176010653615538149028946 96
2849976637993548562318092221003371547366712350894575436285715021 40
0388724869655131942930625767517252987192436655161784641606801854 02
9185928753409815903830466944679206599324659387619823617299628962 72
2574883668462476943465978372963147114699221960476210944998947177 35
6695943393118481068758784334112081320532960150105853869350284304 44
1611387732677746813629826506607736678848790369658637188904185617 06
3899604483078821984095529003578395537461257697513204448557142628 64
8284642805311244122875350948949440002577282487227021546096492124 16
6515185962998219306297880924854476463990618034147469068601048517 45
9037875572870674168335148199184502687531026218835540347470511082 43
9158437807217285176116444209116013180452777639396409024501418975 96
5227975620917388252690599689808069566860715377139155112271741964 48
3420891105737862374544591066003853033890321857028699017914302020 57
9260977175041539410805274001864656556134994835946377453484057826 48
3839326567774548945891026925336126115847433583978491609861153738 15
0348534190904718998252345770304963259843273074403094327727236467 25
6820789301001070072509859536875139833098272646460742755897816356 05
9661140060381306505032741694355037696396093479678914478716749879 61
6563406065681292425496542179085385637390398086258644161150933331 28
3475439114333135819140255857017891748374231218472852593911591682 14
1871107501959715020898979456508278001673382613586462232223193416 78
7681815968579296639581914497688912581375536347850001051599997330 84
3844650839798652771189357892474092285293622795426892363817400180 62
6035944081737979348617784293684877428369391079122290220802340520 16
4844535402330057676700398855083899104735371859794495738588622385 22
7819711335206020393042985932179116791873416656482930179114913056 23
5834857187914935301277394214603835176246994164288158037566175256 46
6674303098093190333854757403365344198213190597086646764416798167 82
4915236630778896849064169679425017757578081012040771373613061855 51
4079773726336600869276852444001236895828857576798827002993575088 62
6599844267914826832042143937638269749645311891373527162859006574 74
1798368356198895520098313314386362008407325787641879828187264532 89
2283843835356654017894431376281051578907517927638788797850555960 22
7825775207085230718484026766490035821668020639355524816797136663 82
7888313335015767608413955527087221977411339653081113876928560703 20
2934217330782238904165922854612503111986182693827539962371243985 02
1416552481592381334098563638668844040750252957865255305954350600 31
8015031654558309895912043092514443216828531827791146910493980074 71
4970081032080709512317993783480754147987608107459205202365303974 99
4365679834719665274204818796930809358156212895034235461295132160 24
5152138286131785366307181501852560449540986263275258478057537394 70
1457886639612398608681208562441657764345279639833790613532219895 15
2763734130816228387471730588129505285313363647195136547571416258 55
7370406865884417004242377975702085357891522532962776386558880681 41
5776289106695055975569832456578822420535184688348544506450599438 80

284796130557816898501548022627444084618012957998072701124272956812
541803438826361101618425656079231857920864727395665198357918763584
276494850684311942745961381631214328865514877445603550062702889146
356782150074547882750930527835948383740622284757033575314342261408
022713504031712499604643820009221037711586665713702724447287265692
321116216111505350214782704275559018909139520873593670625154583348
467042939150017820776939277657884020201858245542123790871724522569
844756251034104886809671068411068319135492418397539837653050230883
819086471307541938044870331407088079391011423648208362209878475400
776072532005085813377339264214599695651795868340518511179500835175
464161160440995474398291022013461441587735683000662850590131294357
541372112186112901814589036881538296289996397238616197431024536046
515640694957281024410805159528904214800849257994351167660518769409
174822551918890361370766766741188952621786054543357989383939972631
576160003855906594777141275310848356263679013858684855602973953169
009356135246004766804838718266256204534008316739295057086205791919
047392489331344184983031726171351513555631614385523850353148374191
162820086480697165673484488006124233509742491218172161966905923894
805037520385937453188860514643934246730638937982386671913094120145
979170603231620984907055335585643167593363650365776142198062551330
615772482018693269957564023714140573610767876586695009254171128472
441949922413310072185874428780637703643069122146307977015421469765
649142264048876329266504043797625468329298598825091317361767259583
753515056519175118211589319307734534110137498602790704704980658177
942660262478542119852354626305062591591538016752331026865008782168
857335238354686933582311515286499405992864379121174855669149617589
758173213786462421253847130277422559478238732255031695228375086352
376083892366731144388809658395664817909451709591255505367861361392
128777328508824304341628277746943067857690329905391192341698140851
871805270685165142150751868739264962196403367631892198702217380037
550388092442095120898517482559780820634037607693974130202200256856
524193173425646456058886967870564669964821955712266386491883289448
558080118217634090013746844286156358170305559810380030483166595848
304282649572957686246281853791865619330550664372152537532586838925
910680008816845172648772617702451130571008245287629904025452617667
415172165909804647217584018821793973551820245462671596733937936380
165093064248495087173452912022942331133154572489006207159775133313
965927243681689351231747889657023861411756025662267804012573894106
207271182817245823035980793466684816160079743738748969163370357657
790468727782202336115698511853608173437005440267659977322294825596
571057552282469986493497549451348580345585436396671428878302836279
492168825616675223711324616932907500920655818532037629681505571667
586638133041916240788329980452490010021073296693455520439693994577
252245434866511642483213967862758834438144983446461635746719889294
616064402969437051054454258162056170949190302375523148508830409391
680142041678765403071478224677923689489046683643026673562087118547
004918790213351973767672726858914057230220078462877507692161530780
524424549909529657639606805055410818573668294427643865827739637907
531025704943405554154705167998872810581423204443859873144128313493
139493530047143767944833880427071246912301210582312535508836988153
121052681818117585751952550106566298941153096485505832883184705046
326095719882545420276349764360251617503182440172145920356352459864
801087556094161622617743853641400625313263125026119548184691901448
288985732496268919833423872800829076188599221683729925349995487245
411693924158865204649522303053788315202675029520933439247767308616
273979268688619439900694807518970263826011067321303468735843541825
686264458733423172574418353393000813890743654923263191588625303747
404048016426696047940393662078008868862663411991731421361017396521

946075080711819610097536352651463396555798097224373819784879377269
206210836256026689718209903281372908004349773095631125476571543446
199138670251962781423095263615458733539174997734684219098531712822
658323145337272496121854796040751919325045261209521664602108203125
086552462162543232855370392213521575645056213966531920760645868902
461553833598930785187536158380271669920881375280798501678405993224
765611603266973174363620886029338291234415755143531668453585170849
807693531940458266239609776545288020310051673259739067573555516118
263223056785969935087116045791051428156554453332585844687907832483
568524502726900481931006228552216994292546131802397468543540993580
752606200950333872642028645089591256105265386938946042824130348623
334780102010286615959326939252902872714903228820865430466826654832
237439517384596000649468466117362541317588080509952053934453879852
743674697441014710267521046624265823079723807749687198067143809600
799147512498449879309506780938034112835312129260529694517477402745
957247259415110653889023287342864003351480050727424023994975655281
836717188778871817014209735393836306908711039191583148208052044403
038971564864717279054665580034787873738421743311381894867429473617
477670079874615359063343161138568979295097282677619788177130842952
333272861296664809622234823247880220966168287988684851301365647595
102731652587770586012000823305706982183152921300870450988001060533
101040183293526802100786357984412639664547063455285613153563490476
998554609559213914836765667279019944154028575115707606229416160142
165195646225737848213456415983514400711969182891347757349701376671
130529038817638530849563443476887839411430773877452408721093580891
638627822757963535116457765336135278728803788342025968235995343898
686828944565114426251627680616252511719184842653107224330718720353
110637429006405156569100311901839735570074840952729390009579268997
229606016693499629931467470444428317843417135134924420955031869310
869219043016023598641608322159134323707215361796410629180210923871
901390398242927975444414865264099215291824265594872726985869153939
168814314355128124718690353072031314476811587383792040650182963184
758462746132875430516439613022979001028457714116349305296058945522
063284079160257236611260324530489204826036690531135449113144484361
520248730968284733606060655790140019080376921588710314361536983618
213351745091745586598321611862755166046400166233251535650312510047
681565733132660442677209435736821080439931738257593296921586250026
862303139135940237852890047702436936762772753679914421865543090655
287255081672697484296197572570841095372967529699334245565898385021
613604745522285390016073546105373212457089932157351828216836727886
204534750060782265807553374860483259063174015000921852998321327024
485974722191037727582646076890029657969287949506561799127797228792
296436681129534503409164286104331703645140805530100259437268794845
700269300480419734228334741488303535893272309213603762184590036769
832738811903597304542279585889639118806007665121716008431468337121
238604987898623067326043254701642682132372640793402420649286455591
289198241707316431758282274482385352357238311704985509952174617054
968776004390669992352946874720938859014339342191932245836856406813
363400776173551473212860326885303323636068230014059328894367430727
430053678408702008066602685211616138176663078009452986614729950428
576646707600980475784764257163004296243350863155616895669483550710
263480777547111608915305225288291259277363056402735197491660153294
464415168273674701288156092989915916514735618622953949620948567089
611090490487149632566990618440586045072934878175611409514609862409
416529217524841785459233032566350867020331787449710029614894674990
811974430606025163159460654925827770093982089855438275661631921541
194089368934525686253093412523907525823543329143303366202439447171
75265606163605357171863488600000893798651859296543398722880247373

8699302778856924587586456051552059362093815546411107229800231131136
9544394992933345294433224568112740656171264838471792188505388290433
185056096962113133594870070216197234188986845231229144610804626019
534080482673930410815811684235569634947528476058543775121565571438
058676996912773506630500062296420712377606111649937149056295722918
787032264306167423645267515472999125480150070536780567643221812985
708242233621636578693047955849853181710561310533004245465308750499
758929498221889005320106993262213485651920049300277278065528642599
169348539815950475197754843082592402499001022546290492329225975903
047823393392591353332488643017063010285239718921413720371463899472
693751649445406159923039753169181303937621519456706976208122373886
377379917343411687758966030221272102798792065475969254976736316751
437669069231939241323981668414938863041611800796258675942262604469
984339551817473600757943721228586635269027138303780095975688558024
239260875681585718690068422478083579234345991335521794284721168202
098520588730626924552813259519468593451074719360836040858472916827
504267453547951001981052973113630773844433799894536802020828792143
522346517362232568596948111159852112160417229431105521094933713178
379473673054967567052114904509179296148690101525193228519326457917
290420932881439949576783862700314087851520751211120117969229732639
312819892883224779440090185229915229927782176819190137974413019433
295441713880273469532003530608595051735713797533102224233845118555
481426917958016998895019454854023600096626844109774002095228303117
617975869320006756566295742498376221685127215441243961320162598045
306277134202000591930069116493043386037092717414583263275662565440
665307445536547337005405547682448159900939561552409626118697224230
690727528656394651621537824334688339087247213518308561624270228065
729552541259719287464079632004929446528422522499439329800488377167
608288051010258991280674741106721620392952224669377962050436241911
083929505899905759639161844501716376177221992310544931179663321976
235335997018164244355652906512000993480595454754368701827501216924
745733765527644418471612356937426626391237245870842655343057257367
336660926999231127542450998094149902015838554855576406927097439488
260734477449450786048531800755062225907360016913179747646364212857
916330992422456214599962618889025297634989086947463066336472220435
759002734968091630641706533269866750817775027517099577539704013388
162630114362399652217399969174649793385201418924350948611705209980
411713917714950073361383098791491502454900151869722406024787600972
364590154439389385286257959523164449598637450734073748733479161018
538546350664621108547105213308129789964411632298490191319308182616
607778389237885885661042535900020220779639025423235606416343100963
767648439457948357210420105021717323041902233739018497352904398259
273164725759746293055153252789393724227732147550769018867646428291
147514225245608150601561049634700555861360611926571193771844855449
692575399981276190755658709768516997343899971316635092562571919723
723936609236826329695167346035523382569223807443283885054028378546
501674674680224039072320762481276286652020913943901437997081308938
863295719180758791190876486949018177835258006097809384724246117964
772815210026673017414976021969769212913174835209515369895026108161
876528775399156779032773926705739525899699366676971141669859998765
033271017195224646752821997751459332683473230269397761319790450653
243981398526376541097858628389649377087407893536055553520024257483
123303871342029711738859902249829163479279159621313759871351184699
147929837241884015563005604738044304416834822931081176498238723433
950991316920128850185711998993847667900405103935719916379994121908
862392584943398556372853127336778645295327092685060507474936128237
186329605254491845517190943158228659712404896290571544564911477971
339517341143098123329899463170445823376930300805929268887635057041

7303203365361454551681371191367985779535913273246586697651483885671181234562559249128209718913635184656744216000764617582322954676985660468557461440903057514528793416111775036894382647182658782529723412778874589849375854703989616524239645489051989495318408304016199540242287199449442492898511475430836736942787613875783639969833176859909106822635681915689341676904029787922753387624870781657063255865319637952262841578995386895241802950739207434625483260406947889764973147051453941496488930373800847747602674752278033654969912448060327777637516216013354325587592896285256650764023575142156519550769364834863761787909163619479290311447194243556797870793183309977182992934448737589275336495647767614032056628344383322161063052618984588774314050306050435879861050193140038521535944921329782877245496614064968482680481719428289570285053531817774010829075830357164014471119424885924929207080181613846579134506369850443051146713949250218356999175063446470747923095569783048075117291535207470793065562218388456119489965202953999385894164671493524702835498613412552335549086260821122215385600098572951784977248272927512317565704421474029775663956549241996630844254031329132994061124375076577102398319638105590089090913161957702615960761704143096066114176294518753822283479863403106109922276399193263872518276072959340692814480742810803266051012158341091619883804909160251739308642494584488614229360851807453244867413905560128650906025608390510286380510368665228990595100644151128583679312079626959743347938135055893979532409724893204790417751983478441752918277907328678587208335507025852338009493790071020305844652659991905809577202787232555816198076324426050811932964026521926790820886772175984453528738678364615844896780113247354385232269833448265169776041758027761954753036621079207395727198903747531230285008252968716425984229891283633677768862031688711050228924818295743479672314099163245846665181192653121645592460375087784374607237806825427555353908099014409857171809583208326962605825083600003370561969493940673663599802967712221328619645675529653608945241827565407125845454389585696937930098527246515451792593713862374858566182373566246448762619631156992777149558354837796841583099668478895192283128375368693852866348214445698289484701709984102393842348998329210956292098184034269791092295246814225853338633712411402654180201622919336413833589874813538153978657082454203350171366896288624792615884586835089062165552230905854944538001385600329877319748094727624817642147743635676838210281115137468828516487102099240277638581932683641755594664787541623330495718077039328054655593377874605270414614201712243863377380043535155725020162809367945863473006155149772307786428811710884526828152509138996954579082939488157148446008732194483528235595177012377025115164384264532783486488673375531808774820510926602343483484394779881087198691460761128625467724663490624809917365392914107128792213717443245025110983820088557722915755825027379433654667556217867731114761242179749970454960562705366661589723582306348080336932177096475523904903182598505766697439534851199272848802755831106391555802978293482111162670650002511948417828598773702462591207654240517166560243401644836491807630176213007300839233621168769993908994145346194686434383138467678800381345833376568376966662400191051653973797403868106408749686287781799877244409068334234166827438352475918759491005646565688080938773332994898438099667047891665533243994293782303144467009350669805348458121413717934008035847962709013616551226608523989713696694759098905860559805658096453044823483299216065172041766395388893797206025420271546345759163906147440775019712790612625166669118867736346799849314560512988805719101937398039941112950971630406154269309755386732255162536693823586466002140842122049668751178812615896067932997678747925095578182025241915012404580869914107495193189994283083

809581569441880179915204617389325723799354811994351209759858496130
612313550097499574428151265956521858048035811518005032128099038111
450428029524745650647516134898649907795978457033923469274763534996
434394740243560593554584350816524778599325748393553560270062130789
564365006096298652085947580996433721269521498958960274673783721610
898891852909176859134442223268889065633094650780851392149421242423
987648459688249205984348028953601686165018824619501009295828039660
954788305876181406804280398062795616827598498584443328670640489411
554743193034855263445758489661236660365929222805239194894310337351
315745714262658002666231801142258252187791935811503262170008735644
425390029766835020984823537291068377830424792297897721750451604788
867581898179563017046814204985750282084935276703037017932723187695
438262173363642062637698446711007281993666900842969256636558974416
625619102189983539156718435095887093904479744685699412672163965361
420014679656348971946846851486669771564415662580426287722949049180
724088366500482862987639082134535168075150786619319387420698588199
793361801980993856518558803812928752247800979218591174446177870288
335736656324240766011179793226576282452218539813678896211618138138
923868244320393416037587815009860347609637299696263575768904458323
859413803669034788495187421224727971983382670824511281997746094368
541128811981981165300212873461146132393798269382165544995117359140
774651242922263469618143409908192629537717374845380240412451032092
061703514499627162177606601975817150878044270238236453811493406214
442775359974481391755047146906200002034760948989105206669391117397
620100691736322032851792211435202563898839209811992542415779754497
782218486105980476823489126153781523858963206089333541969487225471
458431326020613063047943887062008329158173689474569844462271664653
360198769141816848336551826308954284084340605091279048969957169284
066376004315164540669549612977668263444239737116528099233567445685
903876967731602704141946046348022442174977824209642641226426473271
829740612159231574786672369739552930275762839275593562211940895758
789208346268086436818138209521905102131682642985221874480585891299
873885780708640049038154938592097266767666751533443699179440607880
184627592798131344405166265591033961595872353514593662056077577323
961533694515374954394178802484251707379285510815234563816140319048
046463853968415998009219106352706347303552922177100345889868708231
096349088073755787144222327695930672102494055713142042668274165155
339390137942993117414449945449709227111973924730491413925185591265
360385213551546803470360701964096162186903135541619131522035828796
020096097502174005568820248879516352736078755573032834668721445453
890011257878589619812539622425552829642369406152450311589996064102
465052082350428218479583112744101614972195537263303884691402925583
855996059765852094310995016809009184471801510785693719286106218217
866929050828098432467672291379706845378156979529845406950582907165
062300735767126274601812900033017015017972897315933191936516545127
697220817274907965663348087608577666235528750592092337591124242540
746586481810054840744786687663149054430075534984229267011430228460
330246759723832695160091798684231266858794050213204178837371127984
637088989877704832393839395290691998039878108019664326813368319620
297202084005253378846869159317667571691075286271476824783998748611
863233091976289502692237882127601626123466649862064632404106150943
061330689438170298876837282068903306122842875575034810394459071192
952052041203943128661399361971695082985114057117890962955172438395
676761861366276835651519934492674540643816657293867173608053200267
850731503191944641229522222539613410004157948825110885259947764452
883934473366614797636434305444578072216275344778106036750347934746
467541071165056536797562924933849085489259455850613269653119394971
373118536651220189915646282269118060925844674350924981174152739556

3025802371252974225574427252980139609615107441348873255901598223631
1697724324956736797641676607247575308454214271787444403855518820031
513939940127942180157432761334742140147911367201390669268537358300
088208689860184428231773573681684548371689083037696716299866077920
551707723183416210391212873504552382716518165968918711082057691495
440309632164913833616606422226532639927498968817420314664135646161
275389384641289425147341412408891406889162814032358763105643304785
711712355486674646914165800839492767069813009329978992316293557642
241627638517716520429427237882115511327320594803668147082749620353
237506933665426257188179307900321570026633316018947149770209100143
213059953747722450394279445465219692074164469542251597225266596905
684606642077726532254887825910362771424345475145341645602977128745
660668233502951438076079529549578901168680259992219177955344758978
433755168040061979269868084809276180564086384354107557216135670014
967645225657368969127843329057377048271183531446936012364699706339
118060438879300519744023275726544790752807832040702386255202257974
369995919626772548989261649660050282661613149219207576342509518701
438837985573886161294644190658496120461793442872847012557419865810
292326407753482526491054135547963459493810977437074399062754777765
148712058035975662233906500818506355863593718343503136183762724867
375962825807503323087848824849067587306173552468756016401300616538
656170912823823591038209341792088084608061336486194063073654517173
728967467909823415375026470899142368196842855104254437671786377584
217607702417265218556879666620141441233840506656488756248717540071
875943227459339596502306355096518493250995477797271452492034005344
621437925329250813318908136726278276421901426284743770704159244587
337175051848400340645510589072250306751068676569538561506289869130
083348606751647150439846680397822082496489687741331394669016872258
917046534758534717889336594314914299654919724655935684832863287400
648307662043353330442353212254573052439375049150220639747918616942
504118321565508004865489809657653806004176588304464517387763600735
906992272062409612976379739558715837850386801767107314350493068835
956924444317506687795551491696501382574041013602668646669475819254
092214647410023484995951106404873644689728636587150996032013000226
366524084154434374574959079028237387206656097458580277273534231829
166512658242676094515596738643969856166640248577960475698450145737
621012721748325750655747050837841905541889730165795872522299807499
332591295390776746649586545764292221674593421196680628568245783769
655870537361592617433213478639377011762081236318134560958726652678
727140133477808211445077964779333161958691083307869804611960652366
442412692180441647803654733397179536668234758658009031893310227196
589137437510562890359373051408595155520153098361606535577047184962
888840175131901920251172966091863705809416839372950283931536134545
568519316479451995356587918203209241231013741026996198040273987114
356920288939075502042981125205564605855946962168723085105419589923
143257119015819324078175928150003007027120436749098800939804712309
399850340595605087750538867255639692792483184545154698623029771042
651459682892911957456335789139928123941449931461978404553879812841
255974777878450090340083801435292178132614651873986503235754010361 6
030404154310276215502614225922822809506416098382857187433278423494
737156354962552133118274972550415251920846674868964868677962598304
431324204489274220799758364977264583171397002443370786625945717528
733702942370690533284383066019137392604085650561491353806416484489
820874594595703041082588242711828208874856198355276071150961027641
019899904712374376015036518642972532410159506155825090039849404997
675092267382796069831942989545620138542703796134565905391272312165
015837514661494612821374186991191768876737798454027453333459613253
999411549534319514788280807046474875072487496229631992041481607556

757624490123635641832355391398761509870917273291824395378316078458
935417579499576906054199324232766944484770839444201765224813932073
609821603407028425483795119606192326014985944559662116946328555771
397809829900054624886481691787699925396950849889642331383649842570
692056247741525668955615076498607703020479462211989730194966254102
262414987217288097699310871117617489271417905073782778840460390797
973672262380744489883314237778340820800939531293611368243036395666
870612602302721572003700607553402978150322864338179467094970228938
404436926712652805821850794280525532096812746907343086097822826434
944736014875247777217615313828063578789032433206509099271583639667
149979034061433118316614489268311958891556904774958159626673554943
548939082510323323124899797115559105693254385166440305474804562328
458021681241520809496907837749169586459471800079237277750927639135
655080070933874085687173070445789130825117645523306609729633938387
889857546566588541960236794030304722828288586271148946009226050892
160605527950227910859731566894013215424406349999185978911894875844
780715311113271954143716751224949856396320193616118018432603900907
767433615828346378607096080027586229608624280749521549689782767874
115580360537112098462247185296788125072053620748583625770197423907
987495329695285338381970844587681701218937009898170689388772713406
680365428781196010141739754842454117030645141809358672488774516353
891408083115865513992268348284056923142968499535116559289403399603
966458092780680969226403690334635783332677298283145649915895825099
000156336483032534604590867541602151213883985272432205357926218956
573447343279618082064937023923767561307384568598845476778702513222
649915826167087608746449079663249035060839967193907011802502536612
102356841253261320299304510579101877154096175726504593838400373631
700906105757598495178590832888899140348059289147591150039686147996
583976880128541781424678479758905245408688006329745931113941207502
270119844683381300677806748308805299568952321200028851752686426509
554066665806488289086134317877117119541135908446468947774565060945
392152504761969363728313728107248603776781173030582659330390401417
7927872080006585181733320070211449125196922607832283170249761950250
001050217497022067330484202757487937032189008341256010538105108044
091923831664910541309345528346538796045489235369535961474102238969
418197167468527472916002066190538576215167005270015110431657610566
298758441398366182738723102675021775442573901865749396417244432420
420747223253858086644996196314157008709522357715617800812580992181
632022412138880470740907740507972237337397092801082911993210590904
631802454473460932712494376855586705817544352617968949152599221888
240809052951644795957603856772427033425452655795660460980231413200
895604650721291548863922967313414277054184452899750501504424112894
340850396485485093694546391744466360682665701167138357592369376536
744236576673874076526317075992430920372835648812121152019317721159
915236100323654508863291949888508827162696635349544569786260150723
912267917095394065417445996079685857330953269478958983896126054130
963429538123089419670676406713338203535841202342463975286856310883
358663524231663898874203835018935981806216558380581960886651504224
658467137682895608320410910853840060671316020305953758585355041595
369096910811162181274918198445855953537198953186391528051523754372
975665552907104692197110598329610712017063508686000596645775072048
475090776457318815716201351040281556556850120169617239206080816965
730968369544139633492845001802922710424133922928410165139656009757
018168475686314381081754847880106870518429995113881462867560804645
360828213034084593265791594362431298725971978287154002892802024196
560862079926290557214699982544255046392423222825667152000337231087
653906982097534084283261214708287086555616765925199557894429709132
029488908512557349580920107877195226122989423256396131119039121191

828180412624794346559190752328713059587843994055246336730709951825
738744394615315721656931078998164674412650773968185749132433568493
488284910377464261068348536030304585021493362399961540985382333181
211187843452844525258530291754722829410934848887711462884030798598
389135926541914375566014575934927063321331492702208591170161681340
772330628002048701495200669580575070830163327302951447140569631477
669399840397373113365338989484489681090718232696616969662013017706
949693753987853599494758740887751332221351392440169880161773148322
841887561763430451473642133776734272047466602119951143301197688797
219537432948282399935993320613723014806060537363310655284215336431
448103821439623830259094401419326829975851958239207351306320423117
616227359090218324318564525841922758008116104536092152773916941632
080560165287827504490577591657260493883476121229758537331029922589
936541976323997325389295927877686596449036561031314313042510915131
203127945910351826470783957978694145035285903243179167983630730363
809187026627108928268656777508953289938350659517135847252564713070
277502188747008511351870472987394890156558057752078090265875235156
717595965661714422490332675064773907787888544987219396613715353027
172054736266382639605573226936226626318110622060983053498361628614
819680611471959606868044863265149946995643137838326136817168159209
533482833364840949009201259430465886809060671233549055250393477277
743371642636367476126805047984170993176029516508386270832433684602
830865365814886768653020519333214950837694991247147691587619710015
089630388573581682203584864676290786683982371567253450840774066406
484335171092930788201596061869933154583211571865729794760205188671
294888049349214670386508177395316630771946013442338799109530118665
249679019804876958547868018364189917205424383786130535423217456480
111174506390544969128414764402968055520101932541391941289761371360
302877588559980845964455131270658306810446900499082426976397304012
960586691810872721607164271197740548387128349667662246861043097018
902661903922194026780440613791440935392016253735451132131172725874
328344816517121918574837986104550829088434389045019999725862457576
570790458394741582854054673259099903432123870260626348134099450603
938734250465434274253864963674026892310308659726346156429869099210
782892458973064526555248185414670685896938070754262457581117499555
834240640050060093917845819669008974070443552606892517254879989740
623635005929818837501183624442686659071015602222017342071828516323
126274333189407350015097429618798393758044429185248934597329379921
629212045496442712378362397365952185768718447350591286811892569880
664597991133886023363448885653952272503237107514189265166525735137
517835530149605491392739013858761667931333867878970064093670613757
808160836964427178076022146190472439677824740419881315152080980970
943609724039845149373189376985149874446290060045254260812075947265
442688200435242989521908512244335568357998754466263438540892089706
574725030803831366960870579056452727841445482743694092558184164389
597058711783961173707598343493109773266243517562826573699948248776
506574375393145485324084350299680682119703012114668107037689217596
795423976271754061702701394094082899716309105800263271376774319410
798043635307037762141343646263345396259047509588051688520809588783
177654364018803984130163872191339106572846892072096056223829967839
035282338112230045471124025260326359406336568787876096718123656660
259821096094172802389909273342672379331789521515891591283951170315
410591212037618690855614716480672699642673318547538684198549358253
920725186917356488126156143114969750996350316555203602393286824110
806245929703853223360777076977653655758971356699588290045764161324
501733250318233062767878978029868138953759719531129994095859406444
347791974590108556088876023144711402628085734729835102447243465662
031474813104318978324959329084416471223813775948632640651071527569

101902080114115944631299900745897460903097920292448718663233674256
007384790687053971336918939485756635216776481197618491229880876288
477738505741957353595985478944982495471057774719786580265460646710
220262530084060451105891208978476816386643214588798128707133990174
468547712700701893011144449553892844067998462761918643300524263369
786593507587224301873816184532316282359108232915741261370640690150
479642927678295362819130770953319745146154905690080793888914746143
860663337810522105879691211106949677565605876573801772154520346167
438157239715453133692186601454554288462606949726702835908923930803
003523387152904173277171615234359331074735873721957814310010871532
664369925704676851853100650006457677796077086986049765998326747027
377037633050064253506070656613089302390814260513783353968159648264
403499225972436561120686302564417846797958574926465450741721266664
155481072891885243838674824313283685270105452645260860151968015864
289994722847349327283357297938471032443800625112319038359900346346
451397707268408815885460398764608392601401564779568857746431155510
265998276557023359759761159850611963850107334011073380985871399500
232581855791676025038551375680708590240487862317885310838644959243
367122145887310880687289096161150960502687533208076491788640451775
869731068353952023242688639487444933274574532638860151155762280159
270890694736835093462658646280836739477398471930217688379102855845
067827471112350186697724460484143193459672756543146612205032593160
839131997491473701331894664241353191689004293477108342976179569730
386798966385306026747037647672339463901142908705357346812468781332
620989136181211487919625898375529354139837649171556568285891466832
218436641609145850392688774938504765243439869364691335321265517415
208760522907867609368515482195554186782274666768218012527951090296
633555807598121912693515203298727039631883029995772544220073205903
936506314946572259709408370585542628134275533080806239681574153727
949844846773959652706367807714228158025814044335760170906180979723
086425416247646480465741200464010460843520791133184755053209970569
679792173821201474836107649366982263658899225152416392639355025436
123116673720847248759255326563189659994999507301378360142315763443
354343596747829917892072683056404935277766600283563147226564835002
843248978409451710991584292183251657825590855826995443465109998527
942697743519298583470700457072182051369293707565902088841104056217
052236086986576472082818732529273847954267090576487302660397625199
734474576195860719327807929968293513860724996620123829205061304471
672616515648673854249728614374587029703949356314502254984879057636
416738201685448608976829487008548937404910531748837055104437088292
786341023050940938560067630104135193447239412393008614912928797006
890372874792398181484742209896912264925968896354981232821514749109
546652334448807455065502103039262254023530364689680266229762906169
299976395642365878591618012988197864295706438216490072769530687233
487571111657949201034065016223949675813289263467821870680810851335
582095254447117282459070281145743228475235783545207985268650237095
407560485947091441315227636023007569874193177590462204589846981775
605102430953204673254522277756925350938851897963864516368496515315
334071609494823595371706248726133787071065003773962685053341287337
080737519367741989304623317368287309138824907225130394068479954343
635796185990379364979912656216585061100923413251069535245613943974
758149458939855068777885681459692295418174396155915560694795102504
655575097786770731372900793991915630675850222269112464419864528029
647596779896187573564652618068605798375331564919438227230908321887
482597027762973277655483798649827343414730875630328021206650141086
443140433158442937959129841957715045936851894077079983514842762946
246583098640301567173722242763814280220248417757515200115615326186
808729638104972781193212146226964013027678975525616079595080584272

795673035416421444271511782036622951226464007642395719845955003458
370928595739750582404344022159047949289757555862001483680351829652
104243111965115756953708819373461727422473531638341320973719873882
374969651688443831204534114604031697938632458712700121721010410249
454709659349944157719128303528551394428579485051943069439592559101
093081341719085496120361549738803632870373545325187963230628454644
192942419939095417264393064598769815782529967460925257583366932130
576210945267462724144463118886690185998943300266305432387167552978
212353704350400559396617482205126987216600156051436559622881411239
764353523826823254678715421264199091044816606301551762851962353206
820030158647129288304103077990824038460244168238423504825927412695
985907977797302955362297485963183494074560247985686796225001154708
961728190484964558786320058168105533950538850115702399257301224238
557190242719930954478076861984460565778809165202562839122528366560
713021945565963640530793257855773581934540740811493120909876545125
621047387146515475143087787510774071988009316778556518072818794895
264575236922054981690947747259605574588693565721221970084622366580
814135266085901575927462089917861363674510396128381503622530430727
711813062348935029246087314800439113777160289885457739049963623079
886348689783229660205520816733557753086479314084009851120117775487
931076630479087916575753750445489273473449283236794544850054110991
780575289989929471592507534033531214102459537021494319129517070289
400738766470096743776954798864815676257469775043639136357351323388
598007691490614525473232404480396184199187708630164340730789818024
977062050988583469035384805966885962523006257802996882751133537320
513893672000240588946373320988643562944351790861544750253470245685
273171038005532197740837338930195684754600041756085913618652329051
058738896773145177736728317459137942949430405643011324187407770127
993064565519276493495868156488730873458353114300284092261249341676
920380775970977097950973366180787745753470966572641969580852769906
834176806572518958718214120609442637680805273266274359693552067415
663581691457156116792192450563109255230823665216240347724416820798
346029282482992939824960830658672276117887040235344812525543371412
476086282943068629562883743785985947955542419734429009719409579707
606100363497460443288395865471635344403250513086158607258626028522
411937531799628988311047526503132149231253866525895193159559001721
576113746045442297653604060484228010324639097418994837489447749249
640503306364800426734581920989761200376757301113111808114534633137
473016697144144977413258565170631056141702488038005303335926821962
735711050538526103599860278158830878583146280417974622188520354215
998217611543615023749869874003454758270658330622238138193343790685
484441092661091789359537269908549426446287445917824236626739407349
701405448922434410580576293142371232278998750048423109184705558247
923339364123826988257249338996801387533865457370736150014453899191
336404843790624526214500283125102161120688165097129340660167361526
777565212062165233851016142839244975124718072149459948203753120897
199241417325066275850295004120305049585589729429810615822567073768
100195481304204699337784646574337734515450935274842396743044779879
672838922717575059510512270682935785286349530795125975289037626648
560752776433597293524808798925954563306291665263117267993409560300
527969385387271681525327580075885770336857623812888386206549424939
383931822123244960254623251567298205114374055847926094224703837355
605900442691137307746165542528263893743760327821315454833520812274
455135823408291143473689446907477631607437609740973742078755905355
317610731253342158099794363708049276958221659786403286558661128113
329653464687216085556797498768516032267527526794791363417898140287
149452524500330655466846883049438942168298129479332342804735832079
877817385419761603310421258725550216437487134655826381201533527978

049864489060262199757978518632532338605579715990872503795084470206
398114644376140461305949276279106016778584935825343832508145272006
938759153445802889403002636425591403948243057768757806731251249384
537189877469957004116097707881258725768861295322363144365600461609
429100667535717595927514523030136801647820587057066839970577984940
351536852072105455303654898516070907566406748886615379788473421647
257905026842858713077817301184655969804336242761496762272731033068
751012781820113917899287747324651805080030087109970582639305608742
745918977894333919248440969361882947654027235666667930929257743003
825236896649867186629992958204580360212022886686345777775918843345
120048282507364578423011536437110149737390053773904015078343612314
822716439102242864491747319731053776144004702304944117573633631929
404288417144903861342936206226093335679127640984694533794058471654
123066381163046962759010134448522126495346138995128106348612525465
201639313229508122325843578868786809053906843791237720094941367871
287451800424795854560852306833524112875738734945077482384758320407
537307065330954710326891968066087828249097866369457949806013350488
514453114558651617565141661324876014317232944319388680220457038980
061545478961941373424631145876137891765912880810238430628675272112
766424249213043046119281116203147945670245596337213594819270683871
585205735616625294736002755569633885404317272096252118687954797071
517089296108354493167123478921750735271865939075389672114937347104
194201595249545258435977802353153655927128880158837170458544393287
791069350930488324804129558253074336740938814858612711974874458164
138476033737935341223117506131731537536601723328644432586971368535
816565100616531637065542723783913593582684885615205853174421179416
140233489773725636624923452574310073955643776192754232547427866775
045154334119895998176090700278511139013639651067494427171716930769
565747846140150501330952030399821259395812530090427257225143542344
433660386142944066262013520099995203449630505966568107152544687642
621451670241653337431437463036455318832056261308279203651522949711
474557617049377223371598763417712738672474401327050252635096343041
029450501273581105282455500029963370601962300981502478380907715880
286960961884766514011979589788730964041322666802900336487594062158
358199328902845888751296442771327078456194958476595658136300361179
503886422226650300717953920384416920235428569676579311927192714863
354968003844343625679399649403103431421396100168485128446531046331
513942730414277258085332610837391951036741481292930571404816231067
102186912705916582173349173955962300022360778374816109683861278711
562228182565138206383611514894844023821377829085973416787952247906
135033947896708088549994190878179416875867023390604766533971401928
401446375006880367075609921047396430553738635999411332228300305646
877516554716785875003642469969017195930471375698929638537338017974
863938195034167512787405334546399594047135487193007873369191336895
131813945729510827119398120258440145898155960662590300553017971713
176630030278990151960959200369032583275521931328891480963542854056
619638941246879073714099735405060023516638627065326707684346235423
135027071825229251253931320053075179199955749508226681260556378790
732064977683558577088434497964330720365141662725222943082665292239
327490327962996757436023625223265474683745115349001603100825032153
093704300930811639208646372983924884459805465060516570117073412974
113825342149308465261988387512455197333412365398656114941432892285
621669336067825803253600704543357082895669886665508237377530658127
304628421024548451457159994923957100740288244375677689621506444602
601788116872825554415937471804154250539380437607613822697242703948
171670334646398436526414947387786611804896572258646470024934044305
221454267733181428134864794026115612385740737698772068036105082448
602602439481971187826847873924946280008816100805811612949141526123

381640234942491253937289517369453802622941362891511203090786016711
736985852342830657337803529313350246009600814301841381626530568264
377637718088625455431544974078041060344228839625700542045536223141
142755003049623033546654101650322750247400459145848564495685503231
498708513115960734066504895349236788473709336683019233076677206482
614439218962266578278058022335982866155036632987845655417372084450
962112854585989554793331623020615358715093918960562085842847627858
667814462766741761537727018259578206465878522519286606659016999759
251184112984646732184205877808715023575594943289788398594871937430
714605405884024396747739122910853945374711621093858168740000001507
873970115223072525448418686482493066658880782670158962269730320173
376195474294321494490551460984669482257650020787740075273325883739
871360602914883461480072729681541120398655754106288114612714738223
949643023863618745873121039728234326461833896103070080437451009412
647729767088017431370368233695466186265361450480311324427993417592
392289186930317425345801245874886257628306519324825381277135467464
608538165408260582712090644927591028660932530764068250497163075498
406421773313577132805480428649591413012518739120269645932617007652
014403103186270097612442554721074545817681319696453374494212411355
333038709734216443378201389530769852583547538564145737322816531713
150176123069254764937516737532833899054687668920153891651674956035
752086604873988767781722104401083231360198001888834080395420396178
172339902802558895389610421206675484358009795800632920234020139479
289725030502824720976579712971536450677114788643225322486322302804
594903434723389052882313312248738690772081252698140781388574634347
804784179200030199129346241995123828445254956693305420786785891512
239524706809355116877764956908974382219589104495242694502334113353
757617450777789169824302983016676829648736966596601939413036375641
838193607312736004260470012987907239520255028075512169230207436604
576700566400136015680731417121103438070291573159108494766453990789
856254796076446944627405298662527460724125520822634454222349184553
703497231890227314994041999046806467165460360925551798605084864813
872495081947090391885712904599077393604034259228320986316691707721
042436635973287459095309163324479524697940333213503439403236863716
264810654538572947811840801991786750339486745855207042505127052284
661047666856070608021455163483979901943681136304281709626601526941
282562275967584214358240998912926625524517820775523420903907442410
563195392980893221780836124279267963057965213789650517093272008052
028910071232844778602636642548306380288648850087186170621109168634
631406032828388579830074393462223888748217438271336007741969077524
312918536086820778776073097507321712574122424330637944083937413164
981850590760109638028521656241000138829977809113770954166321076885
026316606845276897083362838456792792347177220147544931035665453372
168645080500330743931035413079755714666867016619951334768844287472
439701951226843928256981209141357240435094925333962764000217083569
433177024888698818436691317120560653967112094134449250450782873760
606944168123917092424372486698717363604813464505242159523798324093
732926680541234719377921697885442999907428097453089808495810801382
373198823735327914907094992560652650106855539330931289946548578272
927615346152547952219934898476468864663597877965410360425330246187
559419491771138220354445689493872311902665821450291005637233467982
273077040550764774475541110820711534298820033697529918496258755277
478835090090108516313324159205637221118907554289691574394973092586
102993367462549317399734331944653445106822497403893184032397713215
341915973557749495072014224585895574700104803304340586353154533704
280288676916891960217515711399593267984884581767974322343372310693
519924451571959530844489411017939623964187398210821995069065843529
536817004887316604499285270391872855982662209215132638017355871800

557481964863403227582829415716052187255325288275344947400687155203
631640967258173963779557068865929034318753560880202183162059546542
239638539491328221342783300665015800345582755941400288716915531214
023730913473230728274654824269470099002272410561222826209360404653
290569638400824941722897658538378420051817030585878621338466811853
509477612987821420184981021368481824238545971205274741208631269648
664302740391202851742606185718369649845202308330118185184881585813
770052204120307490404480678908601050967577709488196290379337176706
956101751597706480810093599229476598542725137590104449047477843313
071837020789926175752956936723380839525070364400704676953104432427
697281878465155967245821310224974858589269143343709519500972282947
775889336424181566591249544915236464234870055658914447205466510415
907081209244753709860668704034492489548662715649899457717233022572
741974330438741870620257622659464433940346965903076106993597478130
954980234631569284856898462840858681925211300382382318391155049667
665399796518146074538969463980151470120503473678895672312708132693
539213972593579793396286763414698799355624590230767538425384913319
765441555387764777594850261478003947212269180225770916082444827360
555808092871851542578634064721517933436632657896970178095679054658
825425194609408041802812474475432683423135447833418568653650481472
608749118147875344048099726489397434645243119712525337223382552499
672599598770721514910520580186840493337426713532682482607611132612
319740385504172164049235172297914585852368319479786195502997238732
720635414302403585397232840848887955759226747607498029861161874890
660600474414112279383194452999561825569505748560303983516620888364
097759888269933991039286676767353964803035776752679679916104110372
796681465724554286562119253891332483831070327191279845612995330600
349922650862819696938014011384162123520135043114673797134253107579
176977305961987853259559065756028524482761195625378117219210470704
678167683214594939673737915645734488536802826358342337021615382574
191187564759374027953331337750587787814264466802652657716414043948
940716624482999589115282891848771446877964939607462623001806406493
093503469028474045034982546734027750411398665561160394571594228349
878262286685539163698730046838928221616286418655442167429421593089
550106631766994640332268550955755684232172072395519209722421332014
597146423144232155256776956549802734474018311193248426569766261499
531747524765631092574920186486050741942858384534833602254546796679
494516301326940669409204077339073119138581571498917627607829799927
101735489958614665998097955931104227849967486328877147215857048036
529686360917383892434370656318902435034354169231316014349945230783
170253442163047566259385784045734982037408811701901980768176500775
747125833474889186846065033636424532018276730671800096426685559723
238705659928334627752740139143454463386833767572071000901973128991
244400291063323102853205112420734297371554329710704459222515905805
937092363893832304371375725852622966406657572023311242234890640280
977811835493743946865092588401827210799385717738697716303963696258
739148378744968966870502241926159166970977517297131059860586188064
457543529094403395698527717608067853987362720785711082625349714591
994942615672851478397401388898952531679120180351576843548167697433
008558335818375226258511265316575079394283641784304472367219727408
004410425196497238641238258686407651289191070000069758631008488536
163602732380009932829859254109108463274493304087056072701607499468
477211227469685214453910608194467374668920460184541022903383915367
750611717584287483653045497440116465084722304193075869040246569632
869467811987119407222640154142132026299430920386233134516390755460
263505161191192316537311880348953266377274255759179631318625096748
230456891752384297071365789908490449852909286565074363798621469063
612603585370672396727189582976683356188355099320042469182346235143

588469407874831979368119811907569608078925972314916019432239525196
231612189259577337905481465301926356774652954798515162726695764273
398568576734485351693036950638030425425027333973414045749188716323
683794511010195683700079163631570973918939742651878191779814709587
403614550427781996716202181953660693345192806254163232120455640498
352093124404230991240470235766344726310905223525468098784636569159
219666194143552319637204232424363670908807750734751968933583101771
865020182613997800105702348660968048301437822119189662114416368661
007009629093717921153536451548320980615252712950800854492780622984
167937162593760969482080306372778029954713629176940431189359774704
654248193019017846304545187085289753429248625135254336051633619861
937855290299331130117974052470625876059680301706146734354835229113
741642529328610971028254229058855882884038456201222172301154076677
238750975223145107323647645697834295723030200394847894744088191707
131839205922410366697412421278620369853504373763156679623449758786
536431934883675988646417416323415224365271409874028197676175290715
111526679099559409471094580070347832197703054183181285612821269421
824287992331810504582589320001383839749300317772832173599414549681
176405450611244267556924546446975821508263188877278591658401084025
305772369789156723515264783560603520911980110657156101119719434122
664053658500423882741066675128275477908034226916459503016311157709
492337000541794591302944527211035782250920834334732850572703577834
386167975213996872328204653073129734347930484234214195385406202538
628386138380217657359800785509293819676214960695888133126834631613
247505624438317663672717894426711392318546295022455255063796527280
168172575102072824291499215858768068311309880241884008020771998800
098341706505243022542067837031724381645015247027306831231772713952
139626927692703821412646599884049969336598080243654281192867574082
918353085949183632156911382409573760532128552232558852841155429191
902277378559886229192821348946827313686571719555658484647214971376
436248883184363322605240857895372528154370954455666891429290367010
880701255245348795781774957009605929326396336855345400988972881421
277406916400506867812511784268539627505234677285680274090087470198
952243172512290038828865900370586420171012105455595742817870693522
786264780612861551440603129673837469296067164126595881952171466457
007561137144090003283175828367295067036383531839199845729069888690
870303410206284292998770802477678563854301710593880842406185688111
132901393173700921537514434437003758514295878891915889770711034200
274746405120431421278842156101628474548702763295843021713731440897
747016753842199431544264192039360394651643131339127121189004306533
300091948602289753956872658400735263892054746298314468513035514654
436108521384374313981668316334359436296883913696144979696266153694
496019225101637892945336813724234116464805990430695954465035009119
775578858742456332614620097132370931372153134824851892216641981040
052646351664037797992561286834817257622168738334679107894356582562
522255386097647816450525653392294990685453178057090689667729933829
792660796490553290125683052085384222933993462749088669575886909026
470887907882247481342702683019921899216904121037588836124958149071
815279263418759910572726854154615255177010327861527824339777047717
083913308050826588841848436636050608067902566023333941702965840164
230230889263317606075080891039177267039667243935542241091592094187
600750678479369583458985676872132501262159180869338652446172451341
860930508457849012629175529604609585636097054373924879804784312674
943069660528693036803978943009053912100377435109706543163849196906
760320646616058754779169787986108525915865525128953053395130411570
772244893453299302564966966245922790844081895639754376961035998116
529026528706448787285829873637363624683519987125707312988879327233
362020473911009904700660165238082155477263013022051016137350854542

889744595012715795317212743024918205785874486801189674952359524917
073545679342152026504627793619969167333354336402177051271282282596
361037413842875091927965516920601857809093782883441621481277757915
737322004815691373377919929500901221687419017423851612088840413111
509003055975096878550141046168420231713252362643241062036595566291
954855081333118174814721429157091108786999903109642569488274530390
372442071196033833094944849054840103418993794514475825935135857958
748143310031343914418208024021603646870638904296028353444851593538
392970992922951753991467733970766906379781192135075101006219756582
743682985262338605773732968350464833359127004775705963840756601692
850620085986269262868045089997357111107179170521247077608197883363
228654542487038650245930465772522484804943540756611432843341274584
534437741682654962677986603416531758103430129439894602656137929709
109138223098576259075492133454245227831194115944115679363793611168
971319746506810348625145949465023022173113389697960297091595405306
741934444507657928944504218682802913493698095076883667251928167381
196558920830735927936059434707851124573432364472775067322259911750
341472642863032708137767107700915314561279192105795269360283147484
224747274714438729282490729934376432563147534434559936192795440351
547283859591342706397714577406697720504590294353795889889353915251
274839166677435122481617318197985073126229560617163829950662796960
125343040869360626309126213055717719543023846299625860349341992398
059547791439495238199157152456508005832290490831093369845861135098
475651916542933861034026464287244248170811358518070369290569287081
065149717261048443371816784176427040728587304993121929182728400731
937086867437957618425814457393717889335186710636425234228897026256
606235409280280673261005352480370320286551120716492844926835577543
863231451065638362511642064323991416783240037409171381556398453658
836755558977552068662539105147367310201554655267061382999777568626
785448359296365183379743761115713289242929981783599454812979012343
662604468713504080762576839462534650418927255886208974362680366790
657737412659404905633221394065640335605838006522329572337736846897
411643410291816537865646815484808914036036982821938683457195327429
363028430717671821913450351129698653949254175045134115783273110644
976792686239106165106081757236837321804191173802679662873895101628
625745559061146709550420943840502926135088622818300841301032662590
917098269415939930075611427686689641052044735394102601466484225341
006753794806065256607937263007519088977668503201623584446304602847
710489187777320838576299846222174481091405955971953287782535303728
949322760111517721246276597224104610482447094243187211015838394935
404386047014530846454157352302731852949258985478240986849825173836
912958842074323065630834299092066463118884656763688230441717817686
159217680175421160577564382501492312480464578591361188702366372262
230000775288234327205650861559528990257850563312951412398695197632
481952103813435808221228898973393006007044216993687797078341404827
256402922683107399628038254784262208660313522369896599837533735627
058339430771701109708320913335194736578596081039533908326183690505
049402524799549742739026485703482547513746200555811184483942901177
978482263516242089693726709213082217483627354724378959002868286194
358236732992812432382607474616179130003866657142959870954715232120
293488951487273984585148083823838054537385530446295809671464007299
506941936454656693550090657339864007008969048657465670791743313818
330845189851961588832892238531695032579078548548775375838884833386
430492575857954963931338033550960473904187624769628137053665119407
657889759113623944600764327654185700476855053839603436458028252766
745560266721057743651005580615171361604915538041745833394905170390
176636103489239359953736464727592539253862783777756718612572656969
470169778436696352419036498906447806058230486353023002665613169634

038462755688876503084991748939240262414384133076607561114306142187
625578025111882953151126411576086816708261154923240157566408815392
043807791056770127438817277197093253052539152152334105391102440248
351418291725570740021598859748887929268773822415916624837871083516
258472468992774479951528255986036613121430894274427619842793307742
659599871133197852619499563941009520513703386903828582482054712059
502817109904997862238999444661996408000709388301592889846317690169
841806650082502089267285316863994024613036632990679485410608913448
947282611600106606797754581879853367855466639563816764082128519939
457025203824372008558519113743949635639880779190715704867082177608
241690552822073717480576655917713428369416859319765397989391619990
918873709172919730302132428870787430506638755665988975120282163958
462862687901954087980153126880372393053903122020899925582492012688
466913094830541916622523887638966012375627287132989836296987505956
424632458738644601553384250442105025216365231920909017879438459168
580373105175467529476477538858995267762960841220035832778950805736
950811363555829917960284937324583566564356051347076634599804506044
687012847088374515451814857551799529375668223113568758866934382273
845699475748546263705564519513686364685782290115110870138492263389
527971340892942184512149895535824088071045871724246824752198106455
032900281730896221612455720266440743334680425487045007724269995082
692069271687236861799995194643554924291776375534986681623763617132
184227779414907227545783572396628729889017192305960308009932693281
566295596483049993413973152001607608172580125561923845049868028678
247109000968744470618424562746879115633668223730734516882660071668
562898627235350348529459811078406871717831132234460318884335180768
171897107195866524571163356165338951555282039530036183534813053761
023907494463163816943326613545005510969649282207304491386590257728
337674928403906124910281483573223708895516430107261833118264712715
266467883055195379117657980620895688413446077629083736069259644834
390582661216766355513804837863405808580209262170850901947522843981
9229217716096267997521163241175916466639595771148771575143650705894
708787284381371945934079283608700204407791323520751941717237621430
860230094467987590950435165764140499122252982443324420697043779500
901817290069891193532971490783854662995974547786261415087061147941
002848577792254592993030276078787887964896735185108162612064136604
554471399253539064524168411258777524089866345110990472941812839121
995969691505358459295602657237497131186174766842959439563560483205
909694716070326726394269603669800332492256839493406287701174751414
284310259256002083064614020735743399205835636313643888256024067902
598896687191381739941110220308750794755971288117632553595845275588
359698714478965125092844173433961684939804341393505276657017016849
167575931608381956366629836097326022431537477761016728784483489984
178356592582722165991914798689193744534037860928176166441259021876
096462558344717981876378216175527964329221810393873731625806282810
725210589682593562913787223632485239178952160792600198487200199822
031098099617916168866473547729133688918720130312891530923100550459
194535742407312192485627401121295426691168682935892985321500228390
460150972331632108498008669249178143852968676582719535830931156117
912717311646597747399478481756888947209689144765329101585001473253
745485160884441974536584683014101082828198284772907857621294044640
846314912158664378270095299887867327764193439293455310701490265648
464633980836834416924416586622660338282224494056622853075936155143
419772169731816483496899909163219248405836584959555635160417721812
353919684635087451466603332227752657133887087451940896966390158788
101940316273452394947070012068704111672446111855695806089147486930
464047985753453535747364124515555017806154949188274292650906948569
346269992887010313179500536394283102714084060468561192836277150020

2401470612828677838025307950084913727916653420453565240380717385104286572764789277475503812906854279251298911664830729760217187125070688508460299871730320112569150196705722951116230800410051682607539889403231836267945214299230734970759250185537819350052542457496095328236704240923163790740461985285647952399618006447311814388128994334002416195553441304529341897404056281988382840061058799352206732680972684048130871291749524481133233370168836644629689889810914200257661301486315509523461229973665026111090816424561781545727808035252033602452670630295252466100653797566822488687164927337166473122824848503601386926715590955608840668671678756179848007339906854451814860902047894367245606865536564949352982646880920608289970053742654098371220062664823438242897995676570639520100645697057251917997059499915783621492155604682477203914542820562882991581385059076047963178565577047796369762152648136707909840867406550436465719333782774617458168153872116819614000430979316365856597462317251681894795927009372385612565914738013707903920338355363417825517563369249616704694111606764719677758519779570645957068630962145070001732719630008420225969912804582687131583055434729952845374174493885275813981332771192080080747774526158024664787559377222695087412873529149027379425567552683699534733824622600647790135142082307222386372766294620096183404729253948445057286777131366547985976734445841169588987265492107740232590730755772337340859688308335713167417220428130926337989884963595981525317771428598559843058356867513785057080340994659429160487302674704965412915757671203370015305879272845165855829679186703584616853102509690169915483236100653819494379477560416950345293547695466082177205162807386086341737473279717281173040537515448137013622072652765324519448782306514870113366970766938403707604155855044674821811473821852011412721649353006586384742925510252487760612738468603630410343005184545977690111727636169410589859618266487815808659612255161195081733580008542040039817716289974627794140263712738197405671522358187800491402105932645715223542767520282134605630149082592927641199031614176999554475571708712011842458429563340160461986109705484779946909410045647200125921152974941720661646417264281460648026392623596577000984096239459944686322632848965269765298277673252840374755646497039770475351160725696145963442581990729688123521651396144756671998041948798964655635331212851190808555392033154070017784376008601076012311692437026197047966829759059360836249799230106528782735830731541334697572643259680847432905881855169947234468984522845209600213002213449788343086938325311819145197182194838444012721510444728281954497402580654930951878372814334979478175841367610354186896824210856778808544895832574879602073217333206334021145419224700221849024182874245835986648214175533846941663922224330924916763131202824479899237571192379089547336987435865625088310544205803503442908549284607957299534693535797113224563458041794142335802442354107291351904496249850766085675688987686182512829351689334672336985199812850983729642273069478416976508487391859714675211935275443116148698704520605539025054875245229838565402931877519912917652771464535465664789878796146727522447268728207558192273803559809677357556370121968673778548738488812329341033767865390179713946348877336285396983680606043011937651183597630949509809732629458692262139568827822231690050518873153725496872761075895112768036940973486786394937375157923761040223704645858897344714875024081423561498777440883868626961780333583024426851026310211892336615916692494060113514064826980118020480683335089711386523388984414471678527013496434811085983934968313992652050869284835688880585707742804422679259941748586429698499446647441933711645622923028477655501805606312074661977310499494528011242521597510690321378039008652869553078289429733596345837630963609084209479729407556282859224467645097629

654747359639674361908307843202654406803898577294475747064001995050
465162422586122333678370538823267679012204126488264383886265784851
477857129609930442435186417122988998180671717628800277743128980586
643910431417470602877565952780008698431868748717178293551656267891
718466010341704058981164069162392981953555451657101531686625792821
410369878414065454235514144629787853800281368632681190723890649821
258930719173707689746960014126510709624351311282489181737183913508
414667529949555826005653364066705244592465661345264186891560892200
707085484245100266723007336643140974471497476726746580237585317011
873190974673976071927882903532765750968227654530217089376633265301
677334952538273791495797564787946796270911013682744869456974684178
208877710967483307875153644450298479832620211542406259150862903263
925757300334178562494475022587417161690325784639026192989427195909
788742276449330161620650549624356233006849374198682141690662006342
617680909760785293916520093304908950485094877125266736610335386034
195470948185482120458452048111025479231607200646097446724840283813
931796633375586330771977581146325684068206918274827724766703643190
891709487011443941976202426665873861259469900924172488946416828248
546730206990457641900492474985817323323369308313297764840257640446
462630653774839405645588926933275929846031339392801955291150206953
767076364732701392316822475970506235499470708227742133260305746792
412667047111382626348342834542752725398515029057466196949022560777
930472142634311713191906746292756060648215722756073318757259993851
712965995015625181210728338350255645680373828214581963231757215343
666054957952913399871948142564580899147752289626595369643083354016
521477542008697122020194736606845047963288364975660925777782841760
312733978167612647935491696381586265781330964267040104960744216367
114601247844475045710600773028867011701000223934104407727575683083
687435776609595116731313618477615578024880215135805994684495097571
231886851676644181976724788488390085703740654746647619759335004701
617696363943075902785596619680166769976671841955562192470234316751
082308359382199040024062225933583679373557498257449672632344476441
255558860206090074336936819078497191922646819681043609901360308485
919334950326918841690043835103043129743225834254383858966941578918
444129048558735592072156561424975366096282223231465234806325528648
879275885236746698053053140452493875055524402288959187099386984260
152192996564198635660401016027258429052972555256230969117234767647 7
719138952105443718381635222107148554470465432398330013377091844440
952186236149978256503375725075261131035837523903867195700317892885
997248089285297799567205423379998441338611607227766848227410278046
543350375389123102891101326743948947273135143781463589705114660622
789562539480833188585980250645726047393601397560860011700506655736
863244398944638704844695080494503623721839794791298092552599986385
575475768797097469756401124901857866988347112591840598664900357046
159061397888108602989230522010862740298911091364466433075963833028
864002222071035326489854604021330453243027614447118509011013359878
218518361259634688023134265369694678779346588850704980271429843950
557343558738263222171848700530070646650542653208432998442054559799
120839764056346331336079538408100566312790853399716613156076100414
264328477423320344198470353963635008118863368392810088175792764165
713853656164859683691857747822929006735738420496570134571892894906
856561714157237651376001470010244336529689516023917354672230257702
176478598973390511628634945399101965319092957906666319187187646689
634913955905641082784411337979945188917729631544860069143892462104
841470797866167642332274686136936904348288578086572259864727367971
258918095975735946516867728685438228412894190778443211901682073316
964337398773004605437011275055806088516516247587597517303639134160
606400797635263810934674079268574434990108853682520789550541214223

480957047138025134018718267082767727895418878617435714766503672093
857843509437524573104343346760851813821232920255517661399032170676
396611056776725730974476832114436397363823071911746923105455914554
165201918590831682206367695420846195281143631793779658587862877694
008404763042887012746732421972647149750803804396301193320208560286
092134471281206627769352161255711947759503064047547381394078573754
814428437768277593992849786257602777092830457192324164589354973528
538835104185362994220370893256784093612137684068425395116696698851
186208288993856073570845812257614578323319578582638954174402564814
754111579475413659361759970201269414200372488679751892689139541597
364510271051993902177345015306516021937371946346897814087012811118
173159458796634205890602387701992271790425205322938132167703414867
738824107424886013744466906974831101529454806322919049829243471971
907256139309371872287354644681134754750422105669729868465377607343
376453565838519768819124403621176948744773656864426840067802130118
569202161057650923891768872666205639187937153857184352767404815868
517007165740136870087418130420249242782836242996478176583649100978
496465194095712280230002221558356196943909039109308291020926320023
396940482741304118242782119011073621206386432679470050894895007174
746367978405305770424333295430607027627394961881122523865605214835
603243527410060512153942377104913792996120745136235280143764333887
693222938332427396653823315097058763829222068083032052486494771707
538293303688497927729554162634135985299087074401913169052642195045
393059755470159767771643340985022735789653178790413086154858039978
488988605195164117857931684392321781430306592120301373881643841878
488099387427193270074136905827594604097664861803527675994565084412
079644387171836144492229358903842077502409190385769330738034252364
052610758197011213321824840557602098416052626127398082237289412984
376590822467254673983836744119945707102969117499683616541011465363
495756311704901825491018044356047656522689594010720856323727749305
175657910536840809569114966736563960082095911946996564926659146823
014112246814898252110343701080365799039252013833593056983254905032
182812677151358380452219816107429650294847982120243602769327345018
842967701108419935417439780343427786694070610136802453780849311440
263320535915339691520339279851082115696328227278367289213882526625
668989919926747094338789847281520767450485194895100340852492443177
570421865248493433061270457447910153031727983471890442712504662353
492013952426193541276636635527102462004092383646257707837004886153
499680537259801526733956281669531543816324919528135067276293406187
502117132434055495487107709377891018295279482100993293665133369388
570867065259954305385401548126648311298599865222949888969792551443
501081317301739210504964385450557582239666128525689791512702682367
531448343180470060489672651011237365085101453957692120732134223276
744267073421353594823574583029166290456866706731306838558844296859
062695429900252232867265073294079616968709456081390502819914988989
329068894391035874948169355643934748303722329411201290008361469716
023242064738668241252001604658984556741723126139014599364240450593
275600287030491669350788324878690291546905107854565627033237260621
054597437253527664259137808819791428516177828010445114831204267525
509073670729610753626720982153001724666171303122808093902035639051
568349399987115484042193188198645260333760244761384431883321870916
807260529011457942385727418200086677978918260563716986962084412420
865666008770627720846473724907207646022658377736489701232999289650
370458026599075981156121250374764354245605759169957903743966632458
351276311673696927412219966879123740733899503270115331567691023323
264819043038527471160002338834817400188823067904692947110560010758
942212171201375969284373179302491442388504956433403864230237420545
727557754975245190324862491564709684242032765848306099017311933788

435064612337066232692699290166676276795804984233058353155961056712
295009815426143061592912323062666572407291745872910981395666656070
564933597482381917707910639957558268206593714948691664675850102581
457539250481519510018198108389213512612847109222254575957754009153
913656260132108498040095395929149347939953901130318152048942301501
298652250481521469753778422754254859398794915675943163818975618325
835773709540456832140971531099393687002835351608905276957083395159
791342589297483757205960594396174788405732121312956802895043111418
567054386716124536231669584635590890013122263220131365243980251453
534288870924140110899764993837682925298944739776532377620676646116
250927782983058968003183382159819094815099144848649188121716228529
802061501160831469781078749531398885112076311960643427520086502410
023192950886002504060672528649860936698928898729871814096091442686
907523109937300180771009956731032277132336521326846727049252188007
401371057857935069365142217884996522151523509335852290779116365584
801875268296778032259001900700476328752287723118447404519009127356
060201511098075815312698862772453121334191129188349020788117482994
630978397193741094670281486364640310431337470718987828286426278758
501482847866949668588795294372697343352683081343306355229713080354
670958479198687521547577417935953072063403878990581877997297398301
289302108355204844193850966502525195942545219441757772681501970101
532386098577766911356437273611040819113552641366783245329173183538
988069499541278922053940042913161440617729753190433333116477084627
719577369938662062840045925114924975910165929631385931428375311434
024872695639508377093505734908914082799201306592018422478085045464
844944699154747360896330826412191196820323884428012223841552189613
241176130565127943048376899294637400630118142513493718985758835121
629478083148783293960842088846463232886871085540705130816213172207
073038544054696286171202724353556642781041000237037847633051559847
594814666595448459906059518670651855987429395023749990458674682356
814721380304300541140328194565194068277648090081935208845266529710
374971405082123086725271197062620777604120632624205336073254469217
991691516656923893171359432528608860588845278375338283201563215944
198696983971675964138130754270994585339870299590552094750504560706
051108622067933277678313210544014376923572377661449516454313502736
608310101432151429204849259709853872136222725000173198778833576651
459609475135609524054112022731219792287808190883843503704711830287
403020426176070114563465608549569485013335153797944002987208156023
384269226084230257093098906965586800424161848263884024774959091459
283178074471305952767135620858336478231227937721686253751964621121
152429764061193754226590859069987899220953192449518939116319390151
926610062811929170671580563762637189987273933278304814967257748081
068412345242178492791421294893651789051867554389817597507886358236
911948777932429720101001759955383968423129035948348376209053012953
281167778164115695228604063490856139206969059994140705906403795448
932265985936845302310959819742442235993951910819690241755345651773
624732768763960751820848721267816597059322263986037835474307122757
413835795240213185539216277786948672522366447020217528267988378775
116102679954384938153213789041006024824143000340666572620153318398
126374900499371117658730657296197479221795153305069487267545624327
834344589136128301821936473754991544269643080596078411297361793900
730553870411068701510461661976980495022718552946901473206373754048
279243211194695274231136212879534523854624046666583594952131974900
267241908964495178228276768173758230026821794229771491417547474819
827401384978681178402830812214128675582714482096524998660398165287
654595429056618741446538978174431234040804565322485810548114455578
644781807701027229640013703505246348535121320076921019043030981044
358984149109483887334631594604624558809523062558140535375852894842

6901229107781686237113796179568354153091044427724338006279613228212
8802638656779304597465699192731371490679480543027502726800504439402
1636202658342850453030143339385460724972494019279237288354444787183
2964404600553566862957218920318725116070552490923619557307919583154
8322422244877685472879450945247150946310306017527374886101819705245
4732862188514763342963647658967889163362927295127343779222170876496
5291670973422126399468223182771819002617279351631786851965734649987
3818692905315688781443489148505952414366333875472764495653555873688
0795451296203823866261944237229234033713918524479944681481454954659
8777994503814429931169055940864085454133355488468708230643622787861
0005389143321378205609349252536885318276289377449182232466624311571
6912053532536497308982766253113953760914733370372079999543668881891
6578710491436780160193514318325807402250740977305815580639261863521
9244665142716569576499682014026734239917589919978142153595332541291
5532754280315972736253474163159029112064222551801566210512584765651
2540323800158108052588899398853017836206022109804467159871935396291
9150057282336030008453203288349152251892986662993554696015527169821
1913290837408884243192583744025759723247308733310611283492860970771
3832840133002486764393071573154395221802889767563590832652819842081
4572172954755403630222886415441448129381003688691916585136082180321
9659276359025593738418784387162789506677543740516722809234722258171
5514203586446177213595013316568447576750790644476072590887503936281
1232864679931398021922531141129073675603951613893228850430409816271
2725783114343991542395537905825651979093653920510160699377369235161
1127634387304507541620619532698986431790404687202361264059008758321
0341599025712971929653920128638206451891920396328979517626485561291
8660596191454845936491927277420827758686435551206052839538804743521
7939577005618264995763098216880050050669060323913813519653609232701
4040271580049045827624018736009140754259456254963119707254943340001
0354384138711612294340286490665285383337431841954592400418001626521
4357549034632928417117124239223056866961601293097101915821548666671
3416530885302907699926029689557404410088600276537141489122440610111
2037994321058266331423171148197584511546922275339151125985204681461
9799502178749309345668077508893005760198088789148314554934092768991
3929447951968778399885127386068005388047783025649890208915869904641
4869064193005206140695984879541187081776488876669906136361568192331
1159677097600397163186197853049205333802464769369495454168741711601
9957420238589898811357942787122833855937889127607807649720607302631
0199087423295422844856439097452571130463421978489554720173705872521
7446318173453302398546605308918316567151947991804436768529240658801
2127486753714388997994081559617382461898921640230680855910066288891
6062412472596181632370725458615482977251545226152025969443452488171
2442056410631744421548618107957406390403328984759184862919280453811
0725499788266502632555474756104246743558169747101270203311642091421
1175814074911733320384894431976886101837277879838099622944335321161
9764026262617614756347027027746811557855348611158447406352816675151
9620310459196252041264674022404357052122017273711744370026677119351
1346111776539544114648377279145050681392343301819001261644345530731
4217739486774399894238991281136011142371478447552809055802844052961
1254439485501059504211845329551021258070680066526832411984279182861
2897584101967111102557719266578400644084019623900971893542552892801
4916828492457473680030442129466573200971536804277595848542679203101
3548690065558677552329858464950440687936287018140815685372962628171
6421529694795995235328000629379045747222165478421941340542202294251
3189556541176128520514839500476375054438050458050479689394891419241
6856135230445065943463911453457654256003077621001906362509989499221
1801370586344419061542074177334414684587387747645152150383908398931
2169294602483928585027720305554860719734309783017246521458930581851

2952175863622975739050394868162755190753760716739734639192469879 77
8506864920894459313781298772214576576433207059912246668829273731 44
6001996355536008039238225632393154684645163831758658198698022380 31
8382442711996627121341731349000087760821154264286101810944470300 45
0362142010257927910861908889768935549302994934023163885045039840 76
9641186604065868805958132989873448377459559295045296141130490019 21
0723352913779382371233042230430093817684852369290220217882713321 27
8813266401696511632003727914217729081089518153712977873196522570 39
9825360156311208135036809350548505080855457497432855908097309545 37
1676124921616601240964299303054168034244711201506611521019824446 67
6336459862925257376553601249083239451111805769770765542175386934 02
2225553143245850935613999346438829908254934027830378035384308487 46
1149120243273458231161698317062775317838260362038585028961893753 28
1359622251933549299269572435840495158626355359495535785904675642 79
0908631230559541396709800726143200594373519953089002768799510984 80
2486843241322826629117528439217082684364183924175277000820185134 56
5668021248011099573395237855290558262445455224282974048567008137 85
6987423900041348446806247609106828508003404013995242394146895807 26
4329479574608579321922052221391200367997096812463212404284661925 88
3142330352858256345292970653889377407168104437047373247774761976 84
1977527665579773959653696578789450374068924426449059867963219477 69
0402526033266159080205328999916391051368439112576568102673355521 81
8756751625463434605802337121297436594003515459664864625305667753 03
7901535040299723459179740901042546136840411410275187439498754484 09
6199194186501192331588828019897368676935916460783091056271178802 16
1446727150672897594334991590692516299363128572160628489807193054 78
8495364500885222626833893872563202956393440155892597806763250585 05
1035116210158715300259636672484030670496296789083911950952455669 94
2815114180730634799975263042726900030423019763021898136564599877 99
1858933344418514314085009017526580405461540847749184240984844167 94
9730417234117997983148354492220364774410126405622599690881922692 91
6159167472712049255698256499249663726744447314074155156870821045 24
9420735742699882216918073214294583770046149510026909541654533568 04
4608763286575276526132187608970925871284454690709157851488391361 41
0188189600690023987138769506415751762436863969348465867953562719 24
4368265069282525774579417174478396454042399912192692420155314807 44
5248900668110658013063569063084341650471976378904644247270157838 74
3065159767679952694822054037907474889186040414181364894004304910 38
5999155612556409043676761282070648437866255992148042144390025232 41
1068779541171005155244662495910803408380516059452973015268259856 69
9634039806931820484908039854316315066947683830903483556542152124 73
1905355180826945287339994652088116344694812088428911068131589001 56
6325078306172175988162513257872317716602430984116050401908809354 38
1211195507084569417318644064420899284638441024428675652723106565 25
5109492602584427496401603077946264452367202350565365159595496795 62
6926260031711343129856823979081457440954956319901717830204074190 87
3139260649591863249279480872073478024846659517872786302640708663 26
5403454597079748103393476764319031572956685034676293260551722966 27
1884204529072890618386205496887944439968006217292577939772925959 08
0528067747707475099907300213975723715737813016386449705710153656 92
9384503886972443529393284996656048153547603665527592422230803611 57
0131293989642793434829391657382218073257274738972713251353087881 78
3124736446417050035043475223233372420921554597681568170307926410 78
3409806829982111990629865802952922645882221506072143587046562288 82
4147294761112969152948970530344627657205957652909246431148435214 97
0895840041075158255729714941932673757901419294735660756164988165 05
0863468770328946077016422774120582287852333373961585968991248418 81
0295960493768549438031226580333115688545333684692083966432106171 98

9536407994068335548156062847803525186442464495073366776325237727762
267509941966578729484916564953567734013975439567196659053710121410
145445657088973205577254684774541142779292904736281590512172143787
050650679701018540522690112877151209163475064013734760345935244334
219667227813450944195986605851191847521244525569877370807580699148
483296684471574954731255010354680479637517025397669807367624853421
848899388378891015153087673772192951454423468544786949731947681680
459562763075962772879810807063344474657863757143639673261819513516
396290553996230232848884752443737184815401524703754147935159457218 0
802236969313164191390377652453495294492409337591482397188404051079
657944512634928713943194099110874971458717080261716698113720324360
074267841368048801851673591000492147627990217849980653955950990975
898134095100420778011172722002025962143317064878043400540237757073
489711131633519050059819373448696000993844519422698827323909454622
105259904954365300843719122876453762755452452900616947537049083863
906162514709428228952048067569935966223082276147426051860737051917
961491029914923316931786412269903972598315594522901028577996457356
674798376330530601628042156883116088723634413618848961706123248859
175157300603545322130094028343414030952528004411975861502045475058
523597264732602230697607503985941762487561551647681538844367708883
656533725719409897207159573152752258138283144792887707136012912469
120771000963775753904143703284595562956125698127137745065328647035
409565283217709590312081857284748590728420400431275881158800692461
768233796446336143770551689690336307416806951027857305648049277705
422709775507085342193060553043329098710326355914107891823681878732
869246019702817745070008964668658374259443867666816711851269461688
479829172606737554649822035295537823577844721780873341365583140358
825315092853372284190568264450072970203727842244070903997176210888
258359500513506282516817228369510915352897260595285684211884502143
593119186142453105053264729036843419642255721338844868992530754005
671821913719397066206903161673559829810179907276897119833557569361
788870852736433608227553318104546893752744270328675736900170911941
453981141034549001465863198654687976470622910366353892898605370372
253596691765165041884613085569987860236859003992332882883994022900
169492454492791767988569853686225618137805651621457856247600744469
777527304859241014926775743083843322371247495692884992122626329118
255355328131507291848666019620939487957240348819160343169754435218
260329528259686505391915757209414388577837633326549821803674062609
912514072129365350544491393139570426204573793222116513906470049897
757593805390605208123812170137620108408174462427101892514610672701
700076700202573337438092949765551923235342237735037852474208612155
104617295343083531561769157168553217275269468825428792548661668468
689103745089403891412401285624080606298785157040404113591142617415
157933604997125419317994976864802763424027033250129406081279369721
882138344068776448546650950795450281146256203346406257733800340489
953273736968495260271504901634892186919901211721979922168040403667
989660222880224441375028482321076811792406665694468751008426905434
040663357920951559400035970336601028467044385240937720413930723336
102756354857486322524411327417363503430556910814968843694891267254
044398308391267707758255990392497307192177677248401704321696932098
647470550854865749374910621894593501106041518995555340589946309197
523923007218250250546494946176150704476668820234887435251873089213
662756162363175748307121891341477697366705296859293093418509621999
123442973992783993944905184127012733029366277412010984379268865986
547704693177950833638519275480166568153082328153721284449125110214
015923272480502892979909845192848019670069074904710968269204181039
841072958332105061820688297502873539695553436542171985510112159938
624689311979914208715077148367888120162719210425441014436519677228

364216766281454727814361808392641257750605078609791348209860705751
434906873301958613891572265109841608809193422338830677677607095265
379517266850655037760547822920766946765563546389747658246549202598
607792729116458267032307875194267935679688968752557354607789233177
089495728656878080868819555711243508924999675203803899053532883853
118498183195184520821799482427432291730707986512391771674484415251
457296991688250883146589850738187987251661895792322344069945053407
137621457358303689054456585676795612544111166535048144298575517179
850516300498439765909532048057422115047791139976308650191714293858
607815641100126820337538606949992450925211697486658129081190093168
172191698060979644539027976620215236411951598194160472607113530841
863650604873984505956549009252932835102126356663208751395739096893
671274654500547018323894300299949266368660492749945541026277244494
028308640927384153610032325829066756203911014540365935172731873731
772339780123869901315705787970105272317082349622617635582869408391
892791490076793916528636418146626626131676062807757499445112493217
822695394883228384917827038239113743721022659384588033177829331176
565785840179563279536526740113824062196066848076876570351757661315
819700690584776339541242060880314855322430108985863311798465232869
906294478586803397186151404848732328294581954746501393914221349409
348177258482394616292048282589130630296700059617222688907968589082
984511124832910410504594517780192047125140497343434769274464967614
168423256071165485847854581902003905396466751473080883487369697083
624833875114616032780295059047260816579551593538183603843705037846
952714243747513008677191596371801928994723234930705099796480724409
976798918029814287228761076478725937722464983091656628857549044258
678569818029088484787273544188714528687907281249709501407189603026
485304366360060347774944865330918063449060222568610705509720985915
825969583915972997537946470727536410884132187868991207796957225241
860760124195636413944964258181831299493141779684677247768387430917
434488035483752403465589007833365306193294333328914688727283133677
339160682457723224790061771397906145602161459080050470947448902502
555083105351047887648955656540885149836183578465070260471438563597
041102122623525598028275201346112827213114825621421803126337397389
278506287211624425864850143446910047534756723343500069629472804287
835824207315256809354679745731285764234399613032670002836478915194
537253295782963092732531480967604933663693784184270651675109314934
232706191976388296730571463357944268221232362040957864575349217684
823970040315715899972886215522206363353629658899433151923448402066
014745769956989511840961772941703493335900189011213405407649909570
958357560373956137155255370386278915504278046884362937249649878772
450493639563270414761687213012664366779882148613589792884526685579
717154958389438529828746709062232902549554732296846294737311686198
901652377582763347559665692040287399944804657598275350225585866355
825843853626766550312805459246364741627635359885089983834096177209
446440915496244346731549480429460307917880054524309592771877512316
517194823683191325417276214782597961487063001262039201093519103354
720429855615087020970397710391856140176300594478681286505606465889
894252808694377036369798575546045880512286316950031997145204168502
312949585257508718221213821611835602108868274151237927876195256250
963062603650903659082085938694942332335486002094515894796247629126
071928688198124743965666474100287211371263753905360413209336380902
142646483576225914364947693579090342068182051796376254388637525892
477880901815101338732646179129140038148557325446767757639598311665
787293467499071416083751310061261917567849796879113255507918067206
304860705614040387455245376303756906617592628116676469836100491025
072433846656918419450953910799326107517693560053980371863665849316
383925640395415927256020458188487520757108232364754203810308934406

1340052198090995035811843390499529209463812941294791215844722401316
6409372036381998085880772838735110024222622946290314552373727897266
8537314990226118797033867688350440471027054762984949628545195311488
7748957932589216819997425136856563594716293855810066710506365998754
0111340115999627748903615053656118032879390110155202187423645727411
0541947614149414213726218581363357305199976123397749946776950164522
7528436050640129475596598048598347578309013496934662444672217288588
5628017484364211622970624164461058660427949176320060333598411573777
2282390057179311646397498163702340694901132634126359742049069244799
2224125665603788395048716612604562278181103797900373652800123198655
3757359716958095722839487670501784990427729013528542364594002762788
0678773547699388963748136057426107527366564967460691063187706730288
1440942121492464702898949987860882281928603687195652758599217790244
4532318336630189038744430154390022689592784206895881076011760507788
9947712696591703370102965836919226549931351341675429553458141806088
6591381235070729161116419886441479297648389637880506735714894980288
0083864038860382903876443107174750385865041213636438310804433624288
4133396231515835846053489220475962562808160044939722395838863146755
6117051253637600940957757101940674075396722649646603145084477382700
9041680414260585337479076279154662500575446450109045556376585276300
4185021291793276315802744746599423353643625119373371823403924074322
5857861993453717830383246543967144445676268124551817715521249678711
9341140994738818655636969951391259070750546948534645347530605210844
9669106281708304651996484003391399956614162038539734733298649722233
1936399832136607187242701358466139092876517297352282087621964590244
1362643603179420772424979148895806889071331820389048340852821883444
6114014793220873447856788694995358063773214540517034135564049795555
1805399219818155109007900550714872863341826881219608250609110675033
8522719813087203130429123466602978649925415516172300604059087602266
6115005605880577190878890623119433303857898843035455342372613859122
3826752657421779786582829113492201047739623998134245823112174744733
7661975074696728670666655243398737543953248586415365690522277212277
9183077776259144494125904850778751675923822171948355681358614521888
3494221403849033124411529027611658466511322233720618888170964713666
6189287746705235590718431169568656262215705560524782905799393362055
3234906882995708207875297234372330007284671205505190994394538387944
2291692920625687003948184113822694034149294854439859964270070297411
2480421157573472487432986365508346142203014420918678984325977250199
0834397857516890293784498846628878007457148780587870330404771657611
0412069656727559493326502754449586110663301569299787129897483769277
9332110881392944565500362659291803130336864281719386764987660614399
2090120845159541531201532655659402082099892751088303426979112232499
6120216346368971889858127000199118357309801530707705053003011707977
6400708472888054780511259133321081254935129647700033235650496246611
8702547633249617661003624433357706248877700390836681553433361684755
7988108663561575888688538384597361975834254074504009534409610621677
2957853090022560890784293935996255448888655836619308276286559327822
3589025337821158988708041732924735015795094496538245100934488048522
6828316202578970954822690798194540422754664649599863694701618500022
2763091737882764732379694922252621848016290155529750567766540792033
3157218191339779332182436537095136213881050194890113172359084074277
9829990059082406049354104036541335745606707048145386441402139810422
8656456665307396206037225225158676175393024610894899246385634606300
1496984836827751929136548543257959421353847349089505542151775845855
2238170901133066382284456235972526296343285737030442986351112679422
9772711578545688606460695647319663987030217373111147982731256024811
5566165459208516826805170724052617672631677090516530758062590659933
5590333011618173371181568944904695878539158500646569209463849043800

905321618878293956400827246717872003829892713702098842678822197036
699223021792833854140588549114780551799175952079740678692104387831
398146558857184072774018025584760218965185823595366175850263620239
381677269433717985248428369211066747954669371741767803429742655544
7053778860724082091552522259945154453797349733431927661505887006018
385916878200589245291121466940635850982257466296556407737632117241
124957421034352797086152907525526603535568641843108782597963108595
145793824531658379551039833603353799231276265937417258422436600508
442415579448807340826643357895364860954567123698081691795854152423
689346339277953152973368332195867043892015440190364575227732100249
964420911880475603912610976885666922778656110254206926245021119234
415903583712635980482367194221939917928476385470444979503179792496
752555460020415023752383569582224495854540213130886282387009403266
930865272955625362572631820175632985105490644521720460613086509939
254843998669276683897699458765190089138587802598990472201820095364
782618983047269321045449173318733897573601122334635626409641931254
286635248000790134407532245799578329042936165271026504803730451470
557546341294036345509418153768849190842066517165165837254549811251
104096811851931309918170987021981250651096911363006768841750214915
261291854131902303902930479249650519647831804466326190676521898155
166194510704759133576184740231563108841246569246379341825326115146
424069736112665418962866973848605712472409407257941607367931096590
543257048368750691819816223444505648777411712804315755609758960826
675838284949060746123682833299225045918519471713692180638445140242
614168162707838353347517169507088789133767675746581455330643257317
010057447904458046535773156137420414434557988661316855963913487894
533493117767746119606570055250887154322709597475023029165404644953
930834853147682919454364936726363854067205432451554750837713984993
154990990221601779739642312869591333555020240976727507199191202676
283806439193089373284260149533017230794131214800163667003464337361
872577448784876167614312125859124067686831862498245315838151891637
911166729959522579259040506243803486748793536392674787426822605759
761116080063772724884409145067963174393205260987437725723151710003
574915268284377444860182693323287952099290220052928236580756544354
730915042691839512668476382467037442648006202500865045460024054366
115701406629278158769931542054086010484391565830383030128684741970
036339198593178618718566222040979085601490075605744707814322437754
311147310998696560746211441662790379416023272398359868603354420873
543044093353839299347411135633188353135470210179391502010132358503
463763309232116774368549549499685661338086268574067482585711946668
356048883366747749272770290653305474780079685688065566997939683890
373385624432838677441632233931529932925359527062655074674093464582
647630168308160085574476307003061092169949362846422654011653870045
176496953780947085935018002271381798685460726972592550044039072190
552534023744709913352726841917515188775955219805868888961993537134
370112813795949799413747147791428794930895205617900080261545954963
769586340843894118784989913764959913268711631218681573509885589747
470621115101972137470580947885875240793273756116869472243620644794
196582657375140521712469233574173821225269153111508664809011362837
758640405742234260056639112265977135671780156739095491629133341160
251412170211721761504919453879348074811109998083726067818134756891
056375055284357592861249719924956639878043287333840425758476809543
272427238686996322551997741530304247322772780572047198629963641252
040786310649450124689684792791704026270212481692040086783670740855
221085013159602006228075226950279221048840743949805237768277245406
484489143797998361717942067867397449435657932641623927033799450450
425361845678212091447549615111264907706063043157864749377323408585
293987880366978712808581947790307903886070566629423951899453929979

637587720855718011321572274726814489316314662176578406629991595653
550016468857565911968064394530477234669847941249876256460875501162
606988086423260265484424623718436256504998310595574591831112471672
902082476374332393360116546572153408703965389409218893958309870961
897038532353051901969568164169915552404113636199867045354573525351
674417314478884222557451082511123324931075235238338854375708900156
133721297431103220588374676470953408861883547801231853224047577040
837385976000265985796658629019389130971440581008849673622669218226
126699285268356646487011960983820922717049748913665490067996175222
774348922836905501900829298416359830548431442845760268036303099338
312265716743823126009042747278434733270556234763146408775788384123
464520215876420334681170546127947545908153238485860004626863442296
617580433217036162707484939859097433838289905168256106775302944865
283673531929263668737238371474240284609054890229977741301489713947
420745195423377102440042513896160560859458557041469809872321487582
679507495561147910525277870054121256795094431024228242898187720641
834009613072112748433658796467389685195016948334146778291207754970
381684838172720379743941936827104781854692736933666319489707092264
615664365854779647531564487104462273304033359909896602399448783530
276734947474213417568795624756483877289811282522808544557821734026
418338676534190251527700555426794013704420911691690220987635315975
629430738258130846361419293528198471951266858358535179121469398233
155637121439075458272518379420384975989151352106814796879191410916
674497694879125900333558538881062417772048585009390468702045487419
639241716086901472203955984488895362297496354640522755585892442110
505065138522176978347196287670172437544554153524277223096763542501
942430322583929053214677730432091732584254976044865092398927806563
403909472971304742914190190924094677282172287569725030036871910901
228969395826640637319832105345607647530733280488119980267559735182
430202219707800525277623145953244561735600267491524247108198623538
750551074048384047919581156174209965206070069882289716938503987396
459694687395432236258602802629996244205153492567710347487967801489
895650761218691883867507386883085608169103504613623122647043891707
696229037373433862742204411185991294074379642321906047139396957280
665760924514680821044548697979852622096325869057977170061028520370
449738991265027201013722257452232402171568278744969907238228678628
890887960727608495796549747679156002729514235447926365686526398590
640103448206251460476844904352081840118384209623354797166877316821
380650794237276658033016912426510441776570281033288176889458122029
140967316183354103377471467890559145116751860307479304625107070573
914651764593311260352078386858717231114705646127194469901889805025
761810461551221616827336174660611840253746785092808417976007248505
324486757471742874933914160563983082557052869837919302706203349799
733982882401280290036612177681383363727735478004881907216524810095
098351491255406056512776215948796328593163863393937426414543358491
995075434162498185681321039380259336886385265553504559786928166722
930023141835286421343496482319661964257484924913952731509074166410
113098824454420738423235322296981796583890421894024276075444655 29
368594979342721483554300435380523886610286363840547558051083399312
244033461905692017869124386664625035508211811349183534387054964573
080303110330471951920938466326864427421588715418373202509620986670
902015665792495014749672001427232260367886235380315340880398731145
751397476551728107853590343696066116101272172434479830624830041373
061250709845783755436233515186407011044722640920446559335701334675
480885881188942859683766264363875492623957379152924960505265265308
108854027715330601475146876757905554950776195505435947541254538393
052883048017254040847171931374221846483900654889947203990990767349
850952457093149429919329395200607756226768997153970001083769119585

8391838089983042312199464965742332913604974723071228522203802003755
5543381291130039177698564250435151633388685828892496855552549197566
621264964901530559179743390564842050841989882668012376062175753087
652405336033780613914066870292688083923331567489138404360051865196
872905356348584995359612544933957131199708968925373196677464161667
675240400952728172097544247885192152817796607593357630963235293434
850229521812210352669160159204410841656224287798971362340850452537
884940415916370722973426004194179834819822001992555977076192047183
361730576894338779771006638952826132857053031145886583951386487252
892750463673568644047472036548946680879069868025303642387713620024
821255275073172074523295896917459228665841223632774851343978297457
549613713649240515750189361304597959794182639946783559146929711026
278228779225566399938297278057656647702451216572825573093404229993
478996859215878167716460627704612331322031107457372309893482601169
350953024775164610793710831548767183858256450098779057650538557874
740909139778159745373476541253145856492745711883843312312286614217
247691485557155228241500983610782862355337605363853839046036910682
811318447627200848728524684289670443784995439144634607286128140106
505823844056447096372393523281505120657555946951207121865913156053
768668421586894258436214391082254181470737258163694320317522326305
917696900296088404238982226781752835750342256179345537249297776052
027363464642250468664536945821187258514573343992453795278167643204
479741060063418129540946468380614086480107456413003166853853308541
888392638292335157557641502690022890503541639654209391305244322507
538441428493967117465456706371997713790967914840911925836348446315
864388284336259079828036164039703587023817627188992024080061351926
632792747016681659316007865490179900256016482270330237414896412883
306107966523441748466041811779463915990243286136453795074625324372
471673711824160769835551517786071318763693611414325179673539458114
881437781533642220258833211957455960097648121120682351277919160987
794788364865224217843755972687136120848140691631977611492330527381
484817509787151742989750674611274207202924275962586785276084078175
533174410535298672857557314284694596177202966167074105133164793549
650118837350472614504689683510351294892429495019788899266446056240
018778400836044680290270561382913990458763396658858205017492071375
303779462163129124612519840660267053220482768356575624913741512914
255628140661362198253791326395738278832172970432572550390520400933
168303978278030054942156913602909282855807601981818078102526787497
384663676972620749778909022625051336626776831584241873927506051009
126034527087868257938028504493819418421914405867656542270121190916
699082093690563411631941825681143869085372885037021074270124717949
364445120879446185882469572491960112853995201634458303511710224748
337623252699430091399552688750842417785489717142874063561012852384
435614452396842619393118094329020170812480779205475903122568428855
371379232998138653736214658221755131577210642854325482714436073898
059461245134703296313409779948182310362507048465051683535704460942
339372087784493092850705355242369156359334411637956769166051318265
712438540400466706687624889708524071018575429685839654848621210047
158158697659653584599648357489060347837971718155821406512420297704
722676134330397640389576117647594153234482147359504004067221660937
777839063037585007355987314151860154872093614860299348391536120226
167939373195621009909075205315322140756519279799014013069751267446
432817009436368677810255108110270005281159791986804875318462250698
384155215991677542931191162649833952603018056039873883233896971237
866166509328861743658385293543292177991810148227936154167288414153
299252637215480876911235178353721568889147140346182698926713446658
996415486086029193138693155413122307438687822326421760017158563851
337781456771522249682817207937152575654338578053513389615530370382

6255911413264538237023137034455199459180761821929311001157933669OO
1747646810955285096947491920714004085497018392784246724058109948 23
918741074229521559930335934853569945041881603975047440795556825922
693539241340987923278601930149254575873045855352552158096202622487
285147552123083186788055803964371779432877529857587005435381278991
599649144621546424349001751143727733267067761852655701949124742263
953323213533467520313694944521587892480470885134858780645486000867
726038129235433601125439638357285677922139656824408035974237658680
525795489775001990542446559056027747364573708774518257109683614810
895511562536306860098836448529900917162914391853762985845199284704
967686940869775974685429092528267572157609356994377422766273703570
009386935387568638468800310504999640503846284174212097516791947687
438378412825778811567227485689297594545710852935333784830990767371
841558162204318516366718476792036920009668569182275470067356484501
098475735215669503122225520356381630302114249176167516453061674311
858253987093933567285362945403102803417772102490943447425889841121
545698232944564679403141953961929574461610680091188387410588879569
262904245065329435598671585487206271047863442927175768128038779692
855018304923212936893252608074081571991418365543166671042672182100
691518493627396227338535203674148360158276568285486780878196510918
879880026415951352015911573133678037328019740943498634814439212816
773250877941330602999139639622291531191439638234051841114703630908
118179511102066897723535544743907508626982117248464588264828474225
378201788795723588716921887794100021749107461566590198183393035563
756947629618959979250712123811053554305626004815868313929353720182
206525222770064551934121577323040704109087692974856482922467820628
647097610343745051246805522261868479794666675800460385973499186903
556550698964144866451673255744988729066222368272219322262814677093
892138169423388959489516230343563323122779060221514253055374336488
664095755536895057106024698987000379917441896539798088503200935256
619440254193160793664108562638913123941714265624970345030857555347
434980921378657646826213058937426870772450853057003511811972432690
727222555646637718026092717432701755332004444782861391531049833225
232287996570546070200891268213493030394942230881815189467444644239
198621124977593357442991467176564732473725515407061553299015844103
367093411681845429272115720909510569358219306428976048646106510847
928212711125780113579257645591067348768436431955324079457399683912
739809710071930195856795376398561284287081846058537168222726539641
930818446526967568418716960049507104269511758437816232551495574665
760752765490873235037806390303708092373195295103845837452098818591
795631023912341281499950018720277538908101344057945444693071900199
715059289536044774535018409752089400056839129760223751455252108179
441536025596692328814326793384606863878512981304494810795082698170
862639239734438807455953617072730909524175519209731979212953466212
344596908763450952252847135061489632289868805686993091283692243646
796693735166340527647671832976949424168438724779057246902862895490
916566732150267633254739835831268256333394129155078853603869889863
149205858942828824009141933206842938864488902461721288666169264561
066584412626896512902006533752914678441742276072357520872894436801
787204409981345717279409579690586575314750279297908618564708927699
286571824238684987396603640903336905210367503531417819375402242291
093028998579733469536866048895012489173606142999921981316257289515
361428773102547294338520680998765966855973129011131461956328517130
985107960287151662063288242160149267562260809448610388325236936136
445754007979902725693904695389174362652725397738137045659083727282
234963232920596409043133873482785413557291369518042805036190106372
854341757111127210557136365674939600586415464662131445917351727631
276842564957704528277045267043713030719994593149652406366243942579

1526174546724257858332558426668220451315171781711136561007163879760187828972026824924643761534540980849067523295732945695522987881112250124009342739216702785108172836629916925656383743510080945429442765124334226977129799486899204248934615588566153214851978896586605944463224645779495822677219578732881206001952629584714668468768608599581918564722174477458820323100402394106844135218338528785246493169255793663360068592968582946667859036044769640749373774192500282136033205680538912770827933594896341439199355504198390006154911595681388334434641180755328367033953646457102614601912722543535347079049097515299092292213178207054215514021836989603596353342874534268006285315350053447470419456265705472495331622592426014387750027920194369040241438405568479700970191903218889353123348019201951789122004912080213310092844142562890189845409281466031247985871401169452282202998355008202333238707942610277871090014053756381437904441921707650553138334836755284070008185921969211408478426472720771297572099465249909211770027937209046905392036995604680829010718829839873103120282785864325536262810214351864967224370646456487192211586992745205081783859748763265456585561484956769841352514197703320679815099131812791754479118140781186960086856379504505788794591353458272373241058502499048382209128859702927587695538443476199158181524474259960755944024216460074811000701260937986133332971403383789845789374105368368672222651560759188610745498567931092421196273754987707014544132418488210134162672973304005253397067240135856560598794160953437552779673104355240587824702547608970988094377880972429982840808790334416647149155803965880691945100270355341881626485691401083054891236306546929033842037183573466035639903369970397723402168115327929831813458064309022028218841440966287172522843513843144525787165343835069919339099570618372711211545565180178702247568679723286730228201954270339688600465989015095862830851396145961460066609179688705161409908083829201765755221081940083074972179924899417815583698894829322040000988511190247190943821345170332571441457694425281678848453866968448004842434289122929312192841109983076805487318544003825923086904701376051468374589274278203438421427085736662301575287381391259704006917202487666363375571025913361778856984952279393387432986236811328248416367338975001500142482549694900206404905308649938868215124626460231356719411547474900923449002950826151374934735410326720396976042846884179874057792927010598344918238183333433907177051774437750049953684921613724985120807074416639728577587833258306078142420125671884185515892468435329329320717686772270525689341581702774508187268161412608507766923563858218498189202416555816296994443655835576087356670598686007982260481594667868045789093155501487905570483638270732614049035078498994780820333029160394857213559108127619509801385274018489087745287803314434070221982475472862987672621083395707210010874898135884783453611282662408610268827376458108980367422992631183410719818486136290039420596294164896228110630919639975649025547390217828493194135159980372031135293479602725267293634293239477979774201962880534411244088692977753470364625205594848236900306976316577060437903873002402888959494249310720943951024806499034724428045250041774716718404635155049409459678627578725311303534431531927577118657630699304255486529307666529638936708295386752135468121952175127598361342800087423533396539813849925578566492694988357273269186227198107034907871017665523827508960083511553407454509388035965587302954957302697682287416977757077615674774028198125345678561449488951562380606975565353792547845152958480144717731081470538162358813620153668551646946370262629165401675227587028420967548862765729749553826776178459703341982111206313706958962012110608843067325786615540474109509735316416711645220708382653665378519840091077100695694094777639532914495969267872402204529142893084

003809554593839992922667791174916304049381720457227685377295073326
719475659546716752398423821817839538807935969734766059500791289002
170040354706244097102793679084585081444753515381842365283250836022
119284803740624410019517471665453592050381163480775933422927064523
925923855847966398604852656463376464648180765417963901404088377255
390833165426855639897245219420440714752309012286637427288855373821
355645185748942717719589180750060130178152888709344875020535615327
804915644374464280497693206973068522879726902652650201272336347176
467455079224644818595892304422411649984218989746955688876196058100
763759219000806541085361024268304174875157634657692676428379803291
466252808805836839113691775110570841816509316577799334284152930625
543529236430119974065351430205053192877170101212159543114606448230
843634170002487683019969592523174628588194035562686887740626034952
945159186291019725568768993377364866826409506884574766210823015850
691107369397696187537246571023379439294624250098512361039196307963
597201828089108215208356804253007824107546756058151242969500616275
361581347044629150102485442560484913601703158482613619133441138719
789986247325905337192166551537278257259526784619717256222008283658
030566012864993362061618729917081625996914238973825894043097137349
129447120413276526624300183275322304469234212280764028517709050240
436137133882861226137064641881838714447699965170840294319723220531
427174502070598077065028251592676457195381001684401748794216220300
318774294567429187740194841500710632627854092416280113330218115218
070009698415565825831642881899700737702685318087984795329198595930
167187965362139246028535297871209903071276676658600554670090877139
576516501032798307237717237414105871079994054602839641276320093903
087137446322109917158167405178043257103004452838217130366484004682
677315920329155730630118548622827894935622831126662251094838549078
116455603619821086892768250328457336071819851687357985199429932081
072066597029875235337723234229386809615044543432252070895631586813
764308418294750840705873656112634231078123922693850241643633359352
228837787678387178580533113762907962805076386074333035564281223018
659515511713016419292297668635657950628833802977174145002460453971
573323119252164977528485921883519248089529650832117297110651594448
651230884681255744604766476900937902168355258216721931139148270714
522414804557984718792307023347375362257901327975575663662591711341
867986172309508034491415723506815419289445725905610728078144648992
468444922812366666232247086249432102315855740508273170146833246664
348027038753069029108281578750157995722327461956571177716845919754
804959485547665411888449620347136562099582556953415790609372905073
680631918823272514794971826404332472276698451458642978702401521131
027842436891477748227745287288730966915092480660789517848257217710
304927053663979714604082301026928546333475111573252433951030423138
435004335657776047987904173557804917358376164637115215013724542606
828831728350463494484741808475285866399274412797463543957910627959
180422332940086291556350994504104665820248758672065758725448345619
616956516724192339336859803601256806832908132551964722197658639625
968402213258549055616152809630262756534432170589254205923856688015
786527095581566832249178454438466315081345388875943242672100995727
101842962558399865362259031845778789881261569350863851373338157578
406849105999473064401551377634737932352676283404504776045441634404
886620574896761457660913586386554335270289734608997090528911978379
396632619439166415054347041213951341929747327586493626008226831880
589278380847303479964110291368673676394981209154858203328511344861
557172650814589096714494412972179647180444525780747108727322634736
819994672516595899302473747181296683840032798926382788516550747828
106209375302296655944975586459414647278771919930947664913939275244
762496696630972825474310142703461805089912447232790085070922853126

337287114780097976749044299381463191008877995753851499042564799968
611898510761774224573556792338547543097035344360205121256802897777
477066272301634604035575972771184557426955642540898717324694540251
143676402793449116694165147269012568576397894409584357491562923826
634834524966351867458216683251985791506639905075619689663587944167
632401926241919830985679384697836923709238191859746824685130246112
406662313097944326331128291888458622133850773371596101670920401137
243294871088554644595181331899104444903939164148049667438059381959
670642242290332667052285504928949926240216715269500706295008804135
522882372815637512333840127579918061998139686019627442246360494144
597341087208840081279384558144535907586680496092899811624594483549
612062943386621224536625432418686749912043109777446879284110062767
651468218854275472264842854531268787437666044137820516318790192682
761449225538109715645149391789804537384800078234746587202439235960
171393384263889394177848415113818931336831172668743066998263128872
499786038757838444606328030133274124769824728576383981129070238775
979201363346340485800662708460067592817780949071877288614986459380
967355610724210062042165109548896911864026071234789272823192995914
142758314205005207028760120182229540179445864267059748116239770720
069933224378201110107408645937044779354644266428587936881400408393
479032080632595903924141310537076898041923409739586135966262972675
502735886467440444945304964301556580586300993019693672710137711771
531047039153650008890178064552217272903372278411603952913041079398
279704754191993241851019859964319368441133983133964536731474006555
729188844755467827967950657967725980465856310498875344599543851772
174879951346427634065926594291637731749660430602358268499570328286
648930559424089659998010622265846270484392413386873797576692800535
559113336044727562103012814519823966960372051750563781059452352342
362301495580611878723151697144503778223520114579549641764271262217
992922462136517601413748034718720099253227441997406395005957924001
307482520941010832825943239230098573599042891624775636826412623486
367438763211514057123189858455345961932456629419364815632182548575
699648936904038158030741014842218594380052196196748040683239433345
632267632764667379839004332150498726515576730690968901145139464108
523304680005244921423142374442983479528317093752720547476921174539
168766699542908167707202990625670876925613394095613569528545359798
851424467107709093288177657351210254648966356229576073292949257123
083677735153654045475600371348188835908754726632888522989221862838
879196041882295085628752238992814150752142570817142139055776868235
644897052400235252413674998195222608168217743569840275391818895470
056298954884563305932982857747488100934456194685173015832417493360
444111057140587936491460667130084230235223835024087216724058166518
567843000858253716396342607360965432171448724081719954455383021200
981578373795067891853225772654394454714046062336680536442170442147
884852604275631177763044322074385687536589621619576447213372980558
047354142242981227355250712520519816230130004340874067794014029626
914304636825148225193905134935622453996062999737366045874087748273
540205029997309772503211820344446067794442335261280296590504234648
171676033803685363269178290315881013878365789405651709713240227796
228415474740244724984571735763107844084153719363587995871218851112
221474119699576613475440950705567418018019870033841110085271400009
489866091733696994649353073290102605876882559983791083598076584902
819991243688193294413466336532249177071014510707012933273113475304
902685492827313435702466170502257070061912372961782775615938837406
143195410189793728996122063629584363369248460796577052469306555484
433636133670734644176593527559818919069427142541307809379251539124
914163877685287631527467912325223461080688567303639079823154848214
970848235899365499151572763319170736350793620592465820757415227794

704086200466562253601258609125249806627371057769205598387015196798
011903814794716864178397745910078933166659773021557590484399628889
855512741169782578396015996277928125282149863020904006774594680573
147424992533959787873196172247716616984015198341229277532034235386
593664700595928456392505484025449129876237601842025969957353813338
508909686870175496252717931838235384180229282274511391431115814396
119445381346848021492093126824769186127065326391347693679378604874
773414472675093857230823168962869227513390416030476375160147233938
820023686228456503498709520381410792865441206559453747757192963642
264422250568532637175316162855300482677637189157903854490517750148
236915278845129559954215464088472602467757040280887047945118394830
342616609690613351055863403219786293873287591319301965350938545593
140357433160928028111685239309728637488425097713134163455841216435
733765282288458826402078386757213067306292629495213661890495464710
247460282007670078228257604670559030255236682540268494615265163970
283395630826186435142592176148058862895563056446356120887728971181
846159865030181683908913192566756921342827872711392845315895769071
562251769998022711518111889135947922227583897268057634916532777913
435423660076062245066879182420267275295567391837351520892113405745
133865207606055534566903044884481199325387333493523135416537109571
779844057697135483195439194642729861954539666024426689691373458850
452468647297328095709223365945934505102121155425597495263293130837
064319985052824856242329351808384591022282240222752280296840849873
856881368679576168871500188085133069034760798979272252448877743994
501876898756612803066907297940904794425339794174059865829893953197
643327416390735823983161981215863094851285094736986891034695786640
510561958942757130228570309446541074238991660400622131262029187698
423798245327933211869404395772134469838072432745776548344034102610
682763494192065109510711944374917756445333198898322006613388674578
664896542986371929541446472384347242217661507958854459346085651258
442811286191750609934444990536735823980210693245843810987061308227
479739840404349588100889291478238753513979209867482994060392323716
445007521077498267386665642916120635749322286594653000935585639793
473757403392609317217712070922297640753899667081291012971405482420
252568011088424457283909286947355359640205537484817568444583392372
417784216874134925852482347859781294077289525669606176063853252711
740501908166821304246233586136247904046429307261346559345981948212
227969914036551448769444346272192084542074311124349104991219910417
701688413324689866565475376151996585669280551793680806046794385380
751302664356397845365515210291167144589593511467872036252109467409
435106706286347022967770935533292020816434444964765023378900681643
292932120953145965032256552549853583963643835251020516185961560987
515719137241829552227998252643384410853548009610283037462242352153
535493243372832365675773722519164157209765182366673839650486553588
720535450310951560769254075367190649677923463307088008870420381599
318712393874790273053659741666966446716343249985545687933376323122
502541203708573350621711406944595167164290630061445948355574707762
047846172969769922881936303227374967631939844962631566350199646741
354627568183476019468479973338465921468574178857736039583496233659
384926308473696603296751607310656712096372848868048051906240862086
841523739105555661526132293846362650375895853696067671078201852643
952640009883296887428459121317410425939192922190522820051975371708
563715346690327257215827425124775614782928099346457651955993383852
680811633785684317686712760653947753677607650935360472239082360727
438889523657986072191576782617690418254951973406658308169811259415
099971795993370847389351609646205875353875441030499401854803094210
314786362433139413820270640226200507642369649066993641826327225583
658635946881075434316814944123302972311661013740533918152223390008

181111272037272845605332944333714757569154652501071282111915859317
287269602038142163289685723472054270964598765076953182262275658890
381697272806141556460472135576778000251886528886251802062461869051
289617957094538397304496473131456131529171043377576435565253488383
490007593804025486129738297068404256502256625822022930251004509903
347101018562580559672104831037541802797704900365677654716616438895
221338942817487470893923806126750981503145602555888333983349240339
116922811953447918763597374745443563246976230976255312268894576758
261045615388976945280661639623234139145685020414925106798573302030
679644949478104563294697924838986366011586598746058744972045002570
250540515168575061663490085645368741700223731671606000987481314221
751791340138243892797889858067782238931335197392500943132746969396
221890411804905811265397660491981935060904168894685645543711582325
332705184421303013920691363398834533655978354163382581108900170649
121249260080300753119422029249926565748357379639641836767077285518
186558940762395491936593559552954911832192829488751515872799446345
453185963296959775131325220993712875109625230744866671909142567620
290997272579735056211956877157586380996163130787752858606595025393
676341218787408950732028049092476701006201572487212886307624321044
710721136788859959647094441521516469077302537369021687920587240594
283605997367241667848713830919347055582107322168150108943903414637
103789367065699255776106118369845519640344449065187896361154636914
966139595294355310642852427663097752794762203023861044693301185676
556847066524840922019132404968917494056548083320687149205069877820
667524014804967911387734513199545948530480235414086606631381443024
978932798923104442455761821634355031367807217870537079357756332214
471171506239351338392684421668204619709741001926040872036771399935
965730510089492069492549920401938215114497996707398345660632102443
347274156123764370642260332649305274125916360715539590891484087397
400924261705031564082447006804296517102964959143277229939774781441
293435069265177396029840822188626709941978518240131901966782088664
588517542942383946072697559605547359216312419986013944535176675410
781367121611444291584921890246187199906991718367438508648130986362
722477115793095981837900131619744042760190745051662024882668930358
471738043161674781219942932933009444299577673153969192006148065094
766375505287269302783978050699242238840949657657848230612117612776
819781079930131133766055351976116637278050322649884707349537811761
232819841174869759201013047480933084685344053869982282385043223110
475220690932378130227953903512850861328802773085970426448796892076
252762584693677461982125294609092026742505826239858959543606554986
279364397172647740988438356363782607175566480491508089940063372347
324668613345112408227114073162704523345164378960158100236263077510
396834416521341284988485709989565323180435258115813476645698865430
147466495514311127138073818722935063133751441773077964387203419825
863206009893999404050815994475952913101458557517655536629379621146
155717088898250679943516283438643001424198858690416480290762161411
289392703384683138249568609560938866708003643803617114045411904998
207312165226504341593443473313497865250491192094563647712219177081
614406783800810726886553166918536764843755360299404753319949707163
868914479545003459602524346777559306183066463315938079833422759470
306265109257963315712962564389429496086689827914953921132031724281
350285563103724295336799482916964051128729336137881340001840722465
933971193801429960602733767181502453122817903520112695549672609196
551414773852863203661918170579471474181051236288812323212976925790
976526579524371157911196333212732496607624019546554957934370999915
215470061533574389454418458438042410842023680275037283286646410819
250492019272267803563434119854738611740660826430472903487669875115
213140111459959542378264416043754553259025446642910679190291610272

377825681079809228553571661417644930076215818381310902215160201398
619543773353847155233987394684489795686785408338500409521903517154
555590620624633649419563386318394659832235193884293719386223273957
412644134358224633278735985617395757092860772005968347895890662996
214921400465017840512387228808921961945345694007792181977598172358
982535889742670362562813780634060164781953445431402363040851485084
059906516477801188533505421189943154862866848010329482637294848078
843068974560737977452602789101834720207302006726926656736275479972
968517463056604134844861188151196027271736053239474048362809371857
797779423206981385111697495018549808916610753261941735680424135197
285797453495407767810812990042514685091581379586026172811693230473
132949690274610072102579957247742517985633649835485606291173786280
776246727823694148065353734133598497497092693351407057193566663253
316414400898587770133048321466931702690362785663751169159478412676
096424433236351028511675031472799716542172078272764557280752480635
164201126027153993907350893744729651355093815547307227989195770398
389014161505966977133176701505697951526548357763230399350585555523
705474076826455259255227298826225199210737573539772698917243182487
871774260966746505780833100046025073529120773869255423497895464105
743527538556654556688475932837248452361646704855117574991797881325
853159693961646266556578176464167722403608491476844007155599124757
017181676963899442012144668905273562699945836674406584265165834521
644001104365695595843376395999657975287130393950457255232454187568
258345865702731669802036322273215277578037697081432554487282588408
739224597583750479857235859049658342683189908143425634602121468987
595401299338809013268941093336758568865506198121284863435230131153
509448888809885971449071808359783839051622772226168461635457070251
754268023119470374099700682791781022503205320628316274534525114458
612736270930143304590401388854036807251922170812643517301203853212
018733000731436038584262601283398722786356018903815550611477840970
518242299706546629071301309451042910770628471633769453589741921290
697073603514260974629347656708213137864223113841226878188024963128
022331841843899548879018692072360705318838770157404946618172783162
249136355445489766037667597306356195087069745308781457974012774138
933033879058933098844111378755303246266525301335501269522956198036
224773738319352623563906292871004190202433251093165798532003858229
187129276810981191490139376135844056040454235225763148900983628215
226127423237935787171915181261233333412390691856062303598737699437
752277581992005103051292986325540566587703145699017808245396641863
845405867173850111126982237050267770330991577050603551603421281256
210458337838550528927990670979576201161106267055744623987532766407
774212598726749661809537798817390799475407242855468144591494096260
439634887140073680809686131837358172149239725795388291184312029472
894540848322074096536264211483818817519586133042922317375665261351
330494061894555020370693603778179412964325440361867794304257193892
092034016923535163378921160156541016109524362223475468454404531541
675026731294808913433385570238309917594930802300608582542276170402
611963381658579808822770243368874111747516882130054004471671920896
034516419646472278029556563154923044042013510134230733794109442241
214250212619597009787544704397884757264575637275969301097592837752
123314190125337823962918937243934445355714255136884773180719791230
266056129487504445184378485171018209155465195381521776060776718723
151690147043048811964838512081251034274065559088969033978146420900
993094245754193867317571048012747345571131467262328682076557307270
439302521593639695105493810817024593620382550038367551539815787271
899641880392201655011936123212957888058278590254762608492509959917
348861236541665045752886614408211195073371144871305852564749050427
939084608307754951826623047457650047824733836535564983721778998046

738716380132109317785329179173734565552556877636817398690064185280
549224237931703246965108017385429682291765942999046300655697504973
296348124254232874021349885629819874276580287626147702757453994721
508992182145810910650657686394060313319385182143426505915349439039
867401456221345355074464298236086207203723984167899882069515503772
642703441881103341562640999282808031465160940023780833213353476374
854694052967831838129038690959242466403946647951516068140672165462
277752857335880383131203409321789573994180686305130347532607920238
971836854736087094998699384500791593456227344374809996705334290430
885020515300334635699314713063410070208393126221957018793451437763
440719973941161347489607111323390286012423380064276287403153567220
987415496721455563405882189582921507116681443214637457347046113552
633068752056353931975257257085770214131702534513148187893248299441
046529791168178430432236457807742858589524705620389616665149463241
098247099408189616391732445231752200261280289334183643477373798484
297036770048532209980763440198871997034030468533677785111508912443
072735370737697681547249209747637820094148430678817841160649575708
261708992750842269893717215388395734070173193754266744803952555759
919172517078538488524149854438742561321183203292138851525249314196
780920242452711181525114708851954426189071146399601750578063843310
646348257679967502647934386826112807276090866485220315488594741059
720733865329385446259629468777224266967564497805610497651431561958
832199120264144864017409495499424381825197661518861415360106449637
528060910126318426410619486481865168811110977183564341881914228579
898261605503753667930921317441610795806763286958274181293698902472
978058728851459507367419442724917301545496684765587608525025217998
714850735615881653951714439540345726064040304877465483311177276773
655283800531695815922107011271424772104797535744414699075120311258
652135210877344882279921598139592323554798951778258590269938132916
909758192346718806013844202226950270084125807399554461792539923570
995816447887410910393666813117522267013876754381359587148498683498
622810011913077003339505782001340745957473450657148766215078958899
131893303606105972132872804691400061659106348954637494912870576280
130462682669519084853331796223524705233176445158778866143599932504
726112285576283200870433405968421967897208281893247842334806596883
669461042708016442154534070393319318941520480700162849211463597365
263892681690429520484178018803239807073201317984507470972520857363
851338439009791438279260665439950956542133699995047299561990320876
095061705486603205084824376031636507727126258888885580376249463682
139582627773387666548812885836489037810560378653670597466961518306
891780980264207839514549528647112405961360593966311156084398538273
414234273708780495910614125144101927601664049779119451335042447564
780833132374727889356875352089353189133938040965596354470639628474
720511573174281610939929106301162462286331823552606422345221385406
992363584514354459340113767967406417833843994483367183572346160213
987317399633333976058987073873129040005155649808411898013599315185
263475904284944943037746200494587786747802269536958848848258105486
706911625677076862425537130373634360761147500912904033480308576062
911723945718609695643578784097343022002173094861425243091859366184
288927288371919280815959580714820832882028398929039581116324222163
321123872095778646346472163283517549431858269722646554662134213696
997331953707006109728166779171147875242573566483127881156416846536
335976777893151468704297345712328281925117550804161095205921828962
108196639109202738682654624334209142818495441333818857318854724701
381756591785398012427095813849767326752532195016671896205556547391
845800612492552282636556413593134461146559461719758153419862164179
276482486935035122367208733945720084121040036256521933522967904780
968743520500351356944706547984706081855906458390227942656879411752

259744093622592783669991247913943762341375948982863270862851989621
261038314662118975856944758652809071320925371684155130642025055605
560274271913377047906206302709712454224500288996836709514141790801
180571299820306127703044815810866876885504519757069367160868040689
371494975656652917668955782898351247972298655218547251451983185881
402710475322757440581792557498434253262508048416544928067107700228
891991525551241137832072598945839078774307786673827113384901721249
954343917973499951259511055404858273277726027819941535119159485159
561889781337509633122407861964953246523840407780321205213744511346
49960383766954643777616737030078579331597307816473498926940452592
876325988896127457369686470645635232132513183916049714758570484106
755580004042231199876645180260799978539388737255608685673099513925
317148025189651229650235208546230412842476746810125453089059131608
473681358894834305897840695981193785178035604447793376110624411440
768881650683183769091443184444611153670698843227515287331342724624
285157958317664139580216980316040012624200443493453979238426005999
375506175649104415273342279125295817028793812345585316373983077247
653258313697879749181458680667888203697723986605420490542378291608
955225574718509164052820206762538707462912861965831438697086446191
601887877022327603331630270768866693272187050745960933670891303012
801638595478050084719177019074816661265568180862381688070551558017
609284349493666930834833067501399905281168757570196900042082819510
421358034830569780571865677567673730876592757039290351078781807634
605566897674900521607645312314665645556980627860148409843398729521
385576626492206681327670280725141935857671778277976017829523846220
406107795096016918625809347549839833465297641942978110667322655078
013975746078065139438984182234987821102219539435214488596026042867
814930619812854062973984568551956140295204334681312216642137199745
059891739306221974381747649461480702066260099716099962497778277723
285167114030016860143671901759561391882417778514457763115657662449
015154074869134870965203026444975610240971449941569968316867739665
850652597335124496606783531224612750510368271967499548437383734605
458261176285142837302755736694159741880942500724893672699434033321
875890201817683184068104594579171557117064511098078879111221027848
175434178246823503050013297783021026932348402702554676607337867953
080215690685815969080023048979036107520257303568815115633446854957
416790178511622559936762850158560425851312927979692862671902304949
234973769476867957366333353474922020360710723248677170391020344644
020996196718933808982931428298900840180665712154313030312250464128
478736860351722404831575527130420775640634925523752174225698949648
032609751740401584972816235825675902833812029593962031777516493844
895254804967673445976691612468390255632899371088130117903685185550
609691474109876534547045379399226362687916379749972292769089458066
610550739448646088345414798373082256134908552967969257841377035843
277579799838523338412507942532313497498374611198957013471209801957
480582010167513275632260768279469386246172476646745439754603292816
080594524117056023934813346152280931957074536499075222850094497886
287188515981349361533741687505742220471664988704000763872030098735
327558515523373621183148760404862562470138582902405507764975436882
324429688841633757878562276073579439746800659105835401148513416641
242903847371822472755556523829451413884121287022566785224854547958
353474074179596364432546094275276740388663155600768756251706858169
880717762220466006778437628208634890983508416853384616597413246964
699641812513233500625700108185728026019591821678499735892502635313
319662416605217072718727682583933483677951006556622301496032872830
535308951316360177279286144645006704786558302195436242108359773225
179413481802202670572182329033503178002419620005594127488610318234
724282768562833302450150639350847427326856551941509098413992877304

7221260943470313309561065445220511091721020653543290176435198834814219563259814188748303108050500615207760185893548507163639370289736449056110777342755412180269568231334531889882949586454095987919782006445796208408693201670630339007488993682647133344034241457797485960335575538397176247046947643161287269880804426487584768432237277982395789184516237758096413002333277646216724494095286446851716941852455215032404448136670915189459457780020577467641699957371482480522252411769093386674705864480873578483564865072285868937431002678775756066335226887118068203797712767879650688998675430931718358165627418844422329808339095661737843395421715728924810250397323686220617401168306304870149650985478000238956560204672641652145704037754840492451016919962443878336982536742171685016509431408678945549680684544212717623702633505963137864068376755744031520989624618165683686658249272169626029007003157526610707518257985753559109283428127940274904674887303916883732267898318755568350855716827696029353697836784233891493039429560391880960604175109802785446427924959945580178360180215154821282890861650699597323527570586932320589773338538083987634362332656750864637980427029492276750075287225838218383724792401893099288264844266377340482218511943798289850810658300082436104931670693791487049081714548088623441055506331665516838174129350481789672327828326915185743009149445023102518891113861140409570371995466473795267418268699538879271457576974419754491717901542058886799636672857859801200627414487982888244240876238240433386502197482902253569645230670088275201827400966804122906473653614092200146228202217957030204432495532554833353581551974608548727102749701828140746348169261363395488668237344952762757240524442413938248923271401801341499457128602317798613730828041574393838612993522046204239158175420047712945529602020671209260785168387960042396084936668477407132781452906915226878193008628320704630386224250938613089080433977743660058800320449677254141704227507617375237496521671861372198017566613904514291969172329655873321388223944239135735856387010313502161728373650604681493852561884585967500491094366602156849245883846444861608940583942138982118041303151617767517310988721721652644271568361924882549519068018944179194160505835665769257849314967965700017946192350379148297675195854464035151363097287274202237018172765727350381084630398132045086742317821968214336923186554035350876017038823311385247830018216458045427046563975497706132906076471027855284951283776445768211041931791182906574541293723491137109156118608770018056951859613174412038853287200952608434393841778917372923698433327115027732136130322608831764604914113417379943892410551114154133987245206257021490968402081962049091593596632060224589864445964878127094461346833374526625533218809066208191235512599760521837081816569685673914626093135536532950596858455438120481711735106955490886906533476171521571356081314226314214624681165203812589614573254138823064337986700993497762909074320378406636261514079354121658733628636512679380359608567611751875800267841197133871841997930338608475878645953728255969795320120993580810222527788910743922768039770977662208224412312298778075843355938065317686854861777853311021579476519080087250933912882760322956001024466648315297997966805007558397120000635682798842201099503269865059487166768826336236671303154363556762894476362976918391469564800931925815072077561608044425895095457380676210306139116980947799872511962622602545351322209595625588036453123162809494999181544275829677910621961735162009538872973694507830881058086650675461588393734072423238735983499902320975713108369699712065295442167911709369352578455532559881387819752988435944274812350984616269870650173542569481695388203657477853742146677054078476585851365754770880191654774015822872078735078130299294705005973041713461088057246188976686045311129220528743108849977455659

550080532507724512575266227567259635384297116638388470868740721566
941707820146479979490276395292579898256238067390279820795701638217
447860907093500604787039724970268218690710957304643151490336168007
714042771778573402293832060963745912150654190584148238343244111931
718971642686185010752627149658374380873088382023949001201193231527
822250464366193817850623734122520017443041664530177458751444399147
769061626068576105073873926969479157543151437208486793186989245218
623756346623706963172231119661204851577607433137435227701630001553
038341126400044397404324626500169243507356389964184854777877911206
339168393865887385977441496495623842051023940860700365457273590332
824389852704532564978696585290015262840461996760702946972821738395
344561136588700933112902986154410527408322951959369356179578686437
334335183453881291144600765172112179633290800906383013883628972457
322803641032616714383921917804381716656862730499202930569989646619
949987282256514242910248567524276905476890533947713144771417358191
124056605361921460275983814029404035300853734120964460681872984076
737445845196342635015618305187749680062965753809904939060143776831
739079781172165005027557155900897379667596057678916701267001219312
043078106069167427834517352531886446545476521916898789934247248022
463202249349666376152577156753481936350688118119148692332642056505
979246005817235870268714223402914551789514252363494603074061985409
558712952353580171447537029893431040374014132438623816405052606883
086086624108448939215065701919418698987203134982161379892907347487
352567839473333706764224457259930153731224959655856232979983578847
155467857615099791677302681259987299132951834804961003226405602869
410917100322829101690349745611878479018196901543979121108461395719
106629649935457946692302809168870284402569264294697662732514280242
063986991548503589466383754562254196217723919704233814238643386906
855364639758592632695429400433450157242069679203753085899248166936
862255847697779257919498815153310680233791545916469076214020645116
854051872304156255014515363521058400557800043954275372793111030680
862496712932892478291947732645688764143729354010729583430570041203
745005072544974633055660132465695262987140293921101151927878270522
241360857729946850997330691233425724681779529975302055974100175355
022846125368541253043227695412503865163868003127278063833286508133
041400313252019348767264299270480792911065710257172374849387835419
119282265013270231448041347463377937874088666297377066956868328390
652807179921807974094147807810288212162853629540938047531508526529
320571231640514928258272381948427729608675772890521708463522581474
556903180354458870624052519151799622255783473620112077407997526738
991798663577575536238588642554426792740974183955828405937316055359
278990167766647870506400665670350497799972898220465387725041187549
674515203832268910104186844887207551012757397470938040556044704449
904070125343953555167772852802657563961263383539194349782141966789
354709409794156080224524933771403775530191974615353846623997033230
576491046145476033036993543584128365420239998117962410384980844873
686359592829545926413705782429286347185115680289358628138719803143
905060527642600853066747727659005549713136970728772694203536973254
518561280216302012788716996641566710306214691470769613544826599609
931078075462743921695039302869431431152569659541475079209404615905
385382511666035499054387927446475719696603520541606765536710610794
418535151713095510053146128408966019109357844108796541142092010371
716920141601642310341882034207460159478152919911447795945236716181
998799156117647129252248416770106604218033635571132762971229633156
937543940921678217470237272926171252847302961475576227138054059307
307506998408720290986718519327283975809153081755173915539343125176
397798744748896967187848152456350551559475947150940676444332411595
947145811278587501294885731952596325433473867968835162891235007152

485086518810114039464238057353130076551600812996496600989554625790
296822075634540918099439567461889413221558004059270366498026551647
041968453486986685122165098392827714937541870300041100231465505943
906024474229258792696879582354279897869589229165152116268636322872
619484681966930326465708476290516283629309942768625507010236623420
596014548287649545703625646923523236319427388330035172197696230561
607248467695569662344860863868092171106524202746028239262177393449
995357086724541370247509147041851156701716983974412345830815246572
084210902972906337445723549084489300205689493388271492018694645726
241859572753516351440971671919826424260679553466018625459728845134
493434895834102750806467551098294981650142886550345797800314355161
937543332833860938274930970520070371725867772058675276189620805969
039388691979346237129155379450969335846787268186253019085739109861
521522909898372728205592387241876514887078956193917026953312871550
292789071471764986579346670922174756457439408233238667306149243190
729349337291848800532600977108211221665507130894170285127381153566
267126831560521851979164471757517495121274586781299201584394373346
563116977891192822958746694548083738224913349673362633054090960440
147028382028118850667951294696531327724635601136669874640333457346
448076636107831621262160633822805671120653556384040830694184545473
288370929342547486189794626239687678156528699254630334695666136903
093169565397224464037669208519888218286147212477372120279255203715
485132366549217644245294602873280045745962944856740118695461756805
077787386334682709717688440343140175055085306474203941280587267013
140832819460730245439183799187853641087345628780534704630140295983
511500883191891399614778483002697220285376133012975653595835577308
310437848386949367284843596439675035513851774287469155227660901411
623218938211729919325154768568986346543342256361260897095984883405
952369047663493698674429220793759962780277140673480557169425662978
262736462809161951547281112002604857336078362573091730481979473222
275104648977260750231419223004240923525309305151159544341262226544
465923244409256358072854241247724047287765071848063263010432847774
445055969464440488235895789426814056046221076765317210427452874580
475210126521186746144672048832382896254112263219832959128992151964
195127060163378521918895001897486099980569643288112632481290490059
229419262736619194761735504306089147745494450488463554639964884361
621454088020442435134329116157112623296965136049367674667428845815
894785361165328124418782384626315646169492156600253755835886432112
580456872611023190961723028092527725124920817786209277283005346661
558401293292156687611343916741590009689621360212037506733412290630
439064604441389435611829214217826235004195837114954468692753947155
032467332090557729697023795560516957998865352339683241853041288932
397683057451580435955824807262276307360725590146083639257925018995
087259509076581796638375789652811913808836000113874816703306882077
852705927541395439968192833044610949256639067589211000808993231058
361385770683339961989124642947656406661093954683154584194655676298
484554878586098586024592924000557580457783093652581858673639745291
152345367689905380733709368582487341417816083353308579983677239089
409636322222916620414294013059708577122735964520252539436985165599
417898109760230850696805012445800667343106536115704528441124267414
539920387690815538387611894695399702925258042583570739410890986377
507282652568709775739707245214995664306172665511842694132761169222
953047870892276728976830099769104516048827483307215918489186640485
091537850173546803834545590844790860221424583665687259447824646703
919495208033905535683635926032428380685581188486001154569365709480
674560179503301392321061794034890228663274506845402188304889911606
960521081475918594583674094224482274115120790767331680213009574649
044295422885885202438955385328035323472387498195172623287743116795

728689577745391635285514570185803942846805837440713596629900148338
738943440844541448238274731409208390076076452239295927604383625569
177984933997455724500648670124696386596839966884970502142788156583
410992177265724530336218923945413972783556859121227760115424137948
328110737424463652804250843160592689033510321101885568354699150744
282596582837330827924387912501156544834321403998265392844441548620
241428550041836575682781990814595836875487522061454244128870836771
510237374176166314612733823910282811676500732430817626414404847993
636393664089142516464553762517896436101095998252502250026883975335
007082686891736067739978444209773161846918505326294699284749125579
228160753275082966655599537995448225951239232301987360618659397955
871722697963201484115456350505830736683191609242706725087347380306
175887708426222418521506615463747114424119156150585706549975338578
249635926035740698653907000521169794394414820915681311158340019093
091535858663809288727059828316459963268754507411696282908350530435
181966421169707370734813716004576704086925501674784401599210223847
866267080720046436165485236028825020815674440261356234801438105246
016006390176018089022742425796374082402126976568858803758457207851
054841980996742104239028629166700245904999205479259673676612327025
907101570490318782659135118791677888533906698110124978433621214461
224277107734628670734899184346449748492340033742627925630170137086
231481081026438915353407695702795614377075640341268542290682175253
859209072023818090832452450740011727786865116972015722752521205046
399643860175191108684220193846607769745199113319984820840837101733
711494871010944368959058726279719517042653389537294330044630289734
644825019796584787672071774790256096182725344898317848154322331739
479681325171756538730122180343164525419018994365390039223548498773
801384793411751451481475846818819793578783706227549521475156818645
641783390024828937121609666111740004631210032366530280506891220405
341618580987979789514933632075148796291613682865852447524796277654
526207776112026443998051224005378425120875069495788390604352624664
638458425674335591044663601335201826246284728456248324222059449445
603378814413809567184378957052578829325755147606512114851365794393
651540856565585551442949907901905377546643642244254150602894465427
635910375518146707627199590282460549177886196127607551232768903128
815608200151326344060477378470571183200754122505913940427505427698
819641245735245483178933327595205342303195385182450872279634931371
080961792693634226250772199448944477008969847495743443415242945451
032082668937108200373214704153600762393850937027550904996328287129
669017493581806660664629456690109845711978753661526424035925237936
505616868175031249802597523423045073838765615277852813927406318396
780769803197576622354178226388281582978126452658603235250493230656
013905403606020354420120797663236364638439849342405719890091342986
800237330497958970142345818212869151924577218431279604052565723082
250660368493077565229523882422007000358578551187595211873633355614
576180172650125043728936304315059933280740646322301128849530056402
431540445114300974563554499190046848990621962524567330352837584219
970720161775099645332295935134161346165245821606467896274037352125
974567437974569754369757822371975085925494320201929633030784870416
696352710592833516242754333100708824189184049311301943402528443865
507942923523883700735183210131861605821088831917443048686044072197
641827297361755578839328637677566469098041922927194806653872954086
502804566194314082697104165188006890229728566942318058911970283852
240023869934296484342389296436307469579012560920183836074073397786
822749045579754250142687727599176342407752873984263359194061483220
435855513090917718186786500233653217494245408340173005275672425451
135006777918934953337475678544471351829141259292472696018492360276
316188956330915542147609689830499551115049946744225901638604706246

8487201003167046507334964812681328018781047227136342046135921299058417498159743474407358909510779963379882827371779709917715842413720605643027479435366658305554290206658897355884051010675488228976170470393587135301166556013587042825683814888657160837708637618486700875665328133772634493816983387773463382328598644002376341792221479597063556967094223501340885671039732809940366144163691166993697485446968693661558117429402781750727705779039459155083289121406001642574028083407775652251028412650402409675390642089002789328169966741179812819027463754578737903038930125757054848780997441986552919481682327272213354867032883737472240364572728693303568743010300142055958062755526422542311672817776492027387543891214501728393138687005971804749600761354744459989363267457162507907845585388326052661290504562362139857555618235127065715465670773869969620145148920816459013773839210936448366655170674045202219692732218707772155007832879879849281337907924263777304955506634150958706810224579311492906034965869591830939453862449239567879632014025248507950317097976193429454558274843387994842477616821752873850846426519702426809091128471156942587044554239494084941620643261539412594372664969662689858070026850820955315828711203009446837638479039576623552504717509473450639876678924013057859194410137282743178599060412133421480419521656462043898741418501498361193183649716648681345662037612846224713509052254197352589262157345841818278604427336777079381652305782538335016610137629278973848530706922381334084202878577539433421163374762187329133150071779509460172672116139617700395154096011363665398379667136425671863181567250974607225700105790549359306364122262786907084986371275108050206926085106001233994391527518030100913003451320374770559055173923072151876655829971470706150874242944218881713709623145548414118096293796607496479415142078553568254481692906817225136039693381848287546567524039970243229327314335735003372325643733752567457366567598676380399243840223658348165935972106576338037896574058288156646294898369443984471493175562334374312298125339730257919205814406772158909902978897718862084630332574717869235085661800257625427860067092418366161776204013058732281466255213727038198654011565149044030510486674323916984463533616448932030301702251269631538332038512422628828001026460959102936543142285248668601578316171348107128671558616626630329754033926821779601870296676028642522559569227872513377142033256565289961660886126507226929574904896193468744434380772357005606956933085605873251000330001482227208782367710749757425589890993509983260691503156735792374168688664184873238596044562757054778381261145164709488909888839341303434352192343760739906225380621923283787843621888938977016486448389085750928510154031472316470200316939787303800225218270067327403136328848015113918068897585796980923102331508186703468402569255777185810318455339238043355993541365800958817954273551003794229422503866707544286913152105273251387382755864600132317249733620058406221159547117439907961661698240802003870258421470669661364363239800351802918891810735488479053210384379968600206599829592218878058724290202473544791789301509521247284317599454236218848242501231573022919458162357157928154281983514202936909089477824113524822411407969284815728681238423019271033240802564022149594232912644099847165523049210012115090195162064792672075371273941651492884497703113147086294446008383950703980808269474526128913041697253112991680023112445443943020428697321647814296937165063005426600591665437000200970153383136473140247612280664751042921385499478211097065128861396645504135335313085174835190564597373817780387494008969857806789311266048624367872325371451924773354156245210888575961929595115166088316462794143289647428997877911708252959459436107519256953887968224239336600919522645170437688832208396604778747232507860501173513790662207636035345039676429374960

897813253659005534329044610795676690746953065688396176571492636455
067873986989749387849792485604721136581309319337405479336375551952
185389388424362859920348487700527437205034471771625135929587690396
074891327269916367035880964570929357282573872786881612132915859495
764048005055002422537338624111056690016648967641616686979461916854
070523375757434932078601534127029099750277201982171647025010399755
209539165478394245883579398799239171563567850551890125557270063812
483886584474738205261857692392366682854713126322576265362362084917
358810355145097106069898949163989758524586862421446080630333507702
239409157436885187952412944389191614978313217355519031983135447652
686294058052858002574744037833763636204324923056068316264998603297
279570478196698747181093285419231002564731338877143031894011058149
045812177872024580336074014857014553850910756797677970875237721614
428299805812876665006438834491938405988077962387802239054019516327
587308241883527897421640356729042310072991451149107536998715607832
053379478372359079377722587473594676131376883402250294737568077325
463223675023696075669046678970139474295529166758876692319917118188
453288619128412567268397255057493755227764824787033061424598367769
552389821752262941427674621717766133201913867362860166940778056722
633133396353464009610670692371029910660961758677365316027141148994
725436436404048840647371585169481434720830282700777602621020914365
319049404727789972594681736171194213354968845395769503980744717032
219809615215311721594842506551670259240687431133839137050120398943
850815436354715644215668822616448852739480148466766217593612053120
719377758493588289175325770077802867059220634896201589729711391246
752951247059828122808575392067325881186513405721886365754665034333
099831085080737002485029988640626499545050796409227490288136742961
651834789600850345866346893327241826691531988838067195357016431360
156583000316468528583154070303492613255413832110394815103633302609
282049595547409009742439783936760145640939692693321639172476933864
807546477112989747922389074468406399036609408477974328897734273015
687647983697772796705198150901170905871899311259261452243130970903
936217990666636774559850066220019402259911269590908509423252214239
862224900192390311523556445258400743327302754304279156510949849947
453048946437786968088618546885290869127858327799233891761472414343
682421698670219637427323807105349511693888837820975667041297629201
213581962716532002853729505768629857662381428016302798940760971230
449544063631782740895526318165300826191867463685677425830802347471
106476903980441783852016265077290147922392739248966792333758570792
809461692229470035375316196748404855921315080637640759105544208370
614774375134605441566247970508135269663765929804040690795366788216
974251797548634760606535142050127613800781287109253018963012387192
901454275237771821384509827506869526584911514803160144225380846459
871738968285978691181702421311150399648830793586176024248393012355
256496877892962439292164119634595410194633934421701474392314004137
472059563939632066242203159055411612595404736128022925228981948375
896564773514430811375816900217371443469588659140389305934886417771
287160998460640193571713009632493305808142912083613184093812657571
467337288037225398629021937206466506756718280415862148360899184459
811811983224847784140581798378149015268323250168455290441808631433
530064780848815317931896307696519881492490066284929144866284878627
173490315380597267242444283912495050913704779813868987135714044144 8
501156509375694856286188401142278249444589851419616201591385897806
989682594562265624635304442956921791564463208766097973296572697917
028047046995060367865556717661951088810606591072122833102601802126
463187841272732745553446743383267713339948115946071895774759905830
427385110421881381946009256994120397688648202566276146651751098862
404537089962439181062336087997548391746178849911375084108173510655

529485571924601996946611590265962128147894890019860366683349002433
071419675935610992896469872815903453628752155667708013979488596075
671991288362146437878716587945832670402642174740626767599655740572
444184934948458540179633286967744849364416777707849463118035519427
451401642772234295846574378697534425529661928990868643334358412656
858665438888643851424711773741124886816781958444254660553457616383
454042073026131485795273069203120743388322210504284401107273572963
442703230660983673332752719811749505967332841377306204185375255049
240458163486560691051411299432747009547738810608550595620207404123
042922747435509956690215236970514723239954583511216709694278507898
064176797205205181520472698242600345432836494038797142463142803013
265101711745159495333664183679677735916739772920020803310038068422
481392525422045499115257994904050584464172762507524557080547466727
992816501295009606181327680798766249075759919462936246611514204578
922845167618713872220106520285871108722142768105050891029478473686
042794820420946523514528156269662663644037496466831839166986389994
231542394949684931468334084083518043258178428550044296334933409854
829325362493325360638936620064870125920306137702106879257075164897
942573867794511025861619052834404618660882568564245840312342917345
843052659527810390454212902506388212281997800564401377364313224327
521078538334141531461469189561074802988193689178744942715781631592
959166476960722528450684607945155131501772580766071866342324830708
715044575569654630876898249303692989859870009927809592165647298662
980514603990099404279507047584244526414065153117542919972420302915
856448034452771941380308328467415982016789645224179587064159077623
196549036774552055266418621552245255890193341818844197781788796775
686586283611875439174442471530586534864868145883132075473913681779
682737139274215990490573444460341541132152433731689027607153144103
375794494489049791863709150314352815495393193818899164571063096199
917225037111665563090049512157151451029555494809618786156894567355
471628614583925531526619413878303832103686753871489268215822840405
394370412080143483647222141346775447387914313373610899207952846121
125818840006554360030265104470883974948248391154836398639851225071
640066974370962322169358813116984524659893807900241125590794517561
909424648869708144358211010405071749717644375802917093889397259072
303761522120847115727152033369814481561037837295151988433028194450
662921180639048018876514861346389149366040214035441592905203462027
757409162120131591242654647859681589008295298319202401367040953224
149813707311989462176431963149999760614306197042575060224545100513
971018785922357723864371711869882078933297380959287518283560193150
186205193473212709777377159944682647711357024408059908208740103822
801697107863787216264185641252920731766534589162998691562378134844
670459724567484382265227766601605982981956035331110799914197401413
342019420025406234811757871676650424835811839464178101121490034553
437326999440883390538079221675200063374125502380477300801458110852
157989650022627249047742911070344253288657075992676566205486595702
308764565741580676552333802092466429725995229816125802446245399818
478550018926429441487536508441735634438838116109599547844994483938
207864216402038031471909668762193290067018992038980017926049561616
520624909140586589214604477506815442915736511094495904587237060846
470114694067207656137391459664527043615441733520198265084737531937
623009514208641036764927237910869530943028462245813470982896943875
255783675199285769039409270012774761736627572669695908421653325746
000682668417898489781874017530936311982141360512324814812916786208
651496693032615904669690046596394775982528232752471453080130988916
189043087868351192161956444973726182590064001363809607121010618345
754936942399112337881762278325485863157410789475101534348726214945
229855504994161513471411422252312498333206231902792258203850091 64

9930056437164381592514637928207316633622382323175472986308806926730302278739540579019829037287852681464745905648215507907518056698449871514934556318476522963789533884583619486823513931851961237984703843101577678831136574014580472666156022131507814432076922705215582784244026326136433838106489195952829847192996535200075578926531128146723724706564037355955314349914314836764652960016130235176778913025104458778240239716157290881068441781644585615455108750118357622345841903310127796459409953913107016751005952954133114922776242197796746032081088036670454707428440148985118570611026834229396053426126690912380328349276425991623744535367979901652226692988115992957201465106735619339944695894748287554723234226764555273912886545461218719555022620965895017568895461257372072003507607149729588898264167043394953687337820777809419788707584427665138700926124149977636984336108857647088067790761698256616307281088915031366579533797266056072501781997537809989727763029944606973518286119262468206771175824575789572870449772490636472508771720962046145631110038519505529073850547952233486670858889158342450300583593622287016756813965966649579938998101485292637439530243647855798219872996162078082961888132144397406567358413167055602343510441856592491850105421000892761172509669797989555889190725162509905758205902545451779023466974211803800301208477613518479944757896175200704595414727317978759310694528251491759405128655762134182632447112612459172327637322031229860236046245846061867954230028319093359886060606128437548270850718454401088654014723288817409665783044991627882932613101079942655136330679062594987036677089615322072632029085082697355377695649146638787583213289069980806211541873528619961190542758238590085444955368993649647373775330805278933912910595263489106005540302485121719601675946227503929801289892578244418249575449271028597406127161625427033100670765427525902108999337480661482075092479417233203736200269242791449394110537632270646112110208028392724857468412178249565985053927100164974270959885884693347204104355221666941541086016618673411993885696266522942422926088413561259351638472538492987758309811249067409940483788167891060274080745569576623553918194246888444580458540314825019655981070142336533345065886311190716251089858528281542873862393900972697345624305822225825467354717193118814946890257793981647039702714095644659483588763683526722280428063078222321757818996832958511438256433896606629155506137400835783814491882628128344720391264208395153737578795028821311868866262282010624746763594367623685198676841751957270282153731904073151264944849817573765105813387396638197675290760037726843040033711113739975478199541573210519729154418808058990209165363913256440754236126885365418811891758342503335863900448927489566357745968622349844361629006431370741788729454580487846386015042188860416428124838576691705792183190016260270663626684215942332461101367980077764467281369838001736007851714672482419924453943704414218198102411421694313482524994726653691041296504252357115641827620130091530938393917921695406856495975491477824286565970674172136333568604403524126606809742723982755480690266809220640168995060431395382494744580493808233074262378345114409556391833947896344799129949052525497041942660060073438827114854359978727754128416535761742093605129075014998737732978738070517619440102699644321707731379395769588504229711866009266047940645676610576757285007917499411024458276132386918728084139025174008710362026605913031550255289046982881319065703185217184455261630536425798028863661784575434960895022151469558312427358132128925019800011760296353571954825989520330497955192977138391365989248319596329789174301774973846252958983178219010173614812942169357851095595797177198398898613062821089068081163937358704958076380656109670883432838731512691280577382084526563955463244778853429397724726886253322003745826244209870

868496970977956911683314185688283505787603526890880930966589743297
929158146235999183413231996524974675815932293088961408720988586596
654931963717003670851635781961561053805380234235100473749224689226
230979379744444935701548708321670263239697765974034869231374673078
943838560389208497463181770674052656268201184284774436196591685420
796717602993695441384510658326416842130624981181517449680874686329
765588913006815971944806848130802647903721071965677982763253218842
880916453602227310525253114137861821835101656100008730179674288176
536352583963002175525745178115639725847509624638781609156559580852
929630759869027153240122119461239030711850861555177128711005279087
963249941379333551996303205802084029471223282502472777547978493437
250081626482333175404626452565804762944362632361782036801206659240
370100905969971213088617800384073312056161705279508265633830788182
435719048463612002113945934402785713385365321745519308221074378125
796022130378127026525796751193470602465802467108774820637212695715
510383163657346767184421157240383266450539051006389015296959404649
710571786948493608643303790744083374409192109552766550848478522170
491270856909372433235288722067474244024756873843282319258819240624
984847178514503874914217734270488458832872380678812199830887328124
007016923744898716686907117552514287333534792494239797996149373704
785846190351266852482099829958087381422191986298154028600947163478
160235367395811730351475290259870092591405325147453718906004179084
427629975765465610287353887859855748847265457846004944135708707048
343158789212900435470471416454438415837382113990527729899886290253
999912247613203570234293603747963480447320239844022787013930663868
179471992574706159936469525748284758307499710654811968810101943800
164308388409135376751699087433168904589330596615005417901070432610
157232073611501431872498187840853008869924885867839422495857502008
823483775382107668933358205024702650503957286246723173144139039089
405824574685572963623126160280713954079311551048589198195146109204
113019223182943203774788897578114547168856602394262191043703282879
410440401869499959243357613910309517625398241459770859712737202790
467638069671546946669717359588149121265904754425910740300120279235
893379906339987747492247945224627209657290555540435178749340183504
721443282179715373894422156342467632925058984472759407230735249645
843012307130253616234772268843063738017462261712050467478041349377
618330916681429712564007332223173465477757444145025083687563780984
648934035504161311465408872613245052482304246039787156636513284786
843963794129573141503143954727011768032219060094955842756874017271
238455732168728763995010909050661850306326905740194554718553011053
783433763185484982692236051577148250515442515597083415831014391907
967178458515860868655985220908183314931481808055369554624254387380
344256361552421146098194930416334492210158192778341798373048685535
636377525626686690202532628232922248724231025770745403586253101925
125136364132063989787903986723878314135581048303255685286085241506
175147625673915134477489388917234098280373786733795696783680821960
538808245386845655202787175075758909268941985104947408826635725556
292795922658605335679498977868141552824337327402663912571860469041
568952108890000536605805280065271387952311882243796147409182974110
769125995613427605325658644288696334544745877052397149770754668618
814662814939839238152417000886083549848887407505372909361974265473
029976508368765161282708239023985237321106792669420523052224141175
381970539771257220681280544517920501544813018389359535476599149983
585317681219602152348315411196279195400833178231448030886536804073
159245244283768729310720296331899669156742242012733440451782156550
295015362125598948851291006718125763821610708103514973953609341065
527545340480044921481281760680063119274270659273058564022014839140
050104331221534245134149900240296791812257026076198389144541513161

341346477487147953083267177367035373392625375925505168563295680570
388766760669810214405280967189153557491717288475923122290398898912
992948618561406545979938356242701654217763415393265017203496871345
862668249398272232042367826973036859865338454805190701975703961767
964479391274418148842723764103438905621803495729983949154415701701
393244811794061556142825898804041308994509265741155964641574278295
036804761347047617762978185159940006998604875177280647545758994270
188337628748358807191844567080179256190073540413538212629167341594
728636549879330325935262355558656057541279758903604552392461749717
548351126833885090826141782928627586349691629788234604656395004658
333013889443603307737268421871073761306903288611115525486291927889
663368338330482093050910219041396382469080056963616141290445492756
950491239362412788613850364111157799318553324039090543986463039815
660422903839492509608154099805194731338645798429477359031476009401
995018989378293256818311703103366391646115208346333594918205550225
892015211148491655499884428106705309986405390650283255344876686439
476919997827815453802520602019583657690554262430035270388124177826
132098590626297366059131908126832214913732906943228388247257200321
077620994356214983646515538410740645171930610679222418918852957326
296667829977668611118527892732932697059439574604018644807464010417
619470798913162143379088810095799529696133758231804761420228657912
181563761659076263269695163892673774536619163746514367285945044690
701197897598027940178533919341963698788628103561148395960423124107
971434238084691026936673885268892388338080814876178372612235401831
949397449034309601608921744495722805452618478021447713614873599810
831664159439838710604930164919608715771188565088342773136255628032
234778970164740451589032822264493041036322417785131784629948180667
873806880215428541487204455313190016431411466916395932547229404543
899333612164071128173574524687613424460589263336894238964980121063
150011505719268941683699560965516434901733104372946053217995771936
271267450042392578683863170302935269478454199459677059660109916579
461293217687995345975753679392224613373946338713189146176306382249
720343058804869960626012880935772988880551274233396862961887429 78
400030094056251767179835641046130071770129668254810840280658182261
711993095025444864787832478440920947647857726058278372164873619978
593562624471351472953583552002510476449459393280728876404951918259
208465955578407477593046148703177706615419640394631667246976329833
294205862071080350874489610998399098192851315285869249329881626512
882986272331785991055067153485171334573480914566109888228456220637
176658210224259188987998536102190839171878115598614664499038964710
092271039189803544786035190221261648726056220877879631787089204610
508156315733245263672702963001306037446115200972225172548651094695
518677773030432599838259698429566930525849056054030054415797267509
764755619071267840066029531450414280624206320252170454212713339540
213069539901151326343691953142615328987131532960292751534339646129
684876128267469101596425981193957131304677172954812469264289256478
691865751709224430771751675702636697063288252552873812080415747066
705980579684352478739979974055076550913462215077758766865347422051
999103191473886748773636692964123065217409278317269612895120735350
100929452526170552592458800921431588376333497579466479633218501249
150341909693852912537962337468437955393913879325103846122754001354
082767456712537776808676966404131480036709658598388265857915298923
480055225144606874204290011723465713871899879402136474484202142219
142049391277343877599771517721233297328302659703487759100260390554
004042387384310829876183857090563950744274585180071480959010755232
731756664407138012044036015225647806962203922821356619533327967073
263332698160573837407150597003637976355567662152179046234168048990
120850955062388710672938624469071560148534938329551417981316943587

267993987170645175066122834502419917468584942924577199829502979774296039357410299787121014880323115160763990090534241538238564520306891242070705749240715767346130099259300109336325462123896991684259250960562473972953628763067192607363722982350497948561709533558317013627222064884974615352669905303372448985960592601843645986377117663235919749430633081395762639656684878378229133262203746413185374568943322272660232975792826915199521061875541417001831296885489749712654810112063113992593469526982884510214299003913192898655625862261872548621762328248393111468166314407679037980640637230067176646350964181597849273355477899084688006763120459312886252118509442687147832233122293371189147496722728549902008945221168445354487679154310395920474113318035224606971412619910423229818501774844197232546435626093429770175329332910210536937816148930763324709215488564317455978830506982411981159612915735940045969467460140024073925160038604661517102465124855713853428361112830824334177371324546119001558437947057137077576423726479869571468457896933229961386700663921088864359627312497794331302629575102256434948000092544398097073830217859699883692730632490002347720208336145469987194738036594864522631808819567126653239241424379986489230511913099961569239122663001459503492960902090042022231167945889977736219945858374034217538602032539619986952367953034725351889707595543977341062754097998852153771216219138089244200956908874002104862686132532282620318820772306979676633867545953753632382055362614911482152625999935719004819308516436961682917725424790380135826421023442922474767613509909144576849031427636683622132836093705431646780675141492354136579936982970324212849114787507092458060578220902540461529555324010102224866354292974755007511061810079767172934777340925727412171304909680077187296364875985005943972932428930000219879716455265690084627129065408965286976905628707864606303725045319185480570083096548357653432771387870572209737452169704181992175939184486833403516967735956484349657375933409883102306994907001825468218791971957759136469903342258618233634341847644604887961922960059168629609083856367755049497518075757731401213695476834218812451531067385341236902199555857621176952810069891537334646116321456164879381559655775240692881173223921518821186612251172613954686523966491992773320768154684184767658648357351273761942669922942602373162151445579874858933562938920341192377238800408819322989852281803866533723505997736044090187956423588488969298097668001153803868597377430467348924893594418646970958351182472521225839563879598055103865064130465389330004425735650175518842914868325320200174108819039442375542566551050388418040323738894293282564905847463451952268871440027784019309246123999428900697195849754603979653449101877800185637012515410903966674876697583187400108151804545976488783259778098340242653979059509189760533030192619149690744172569528786385344992573245281681701358899470076943267197208213464264632038556673837606110021347968256795508063173291091674987607057555405041247922580913405562946294863594593645762543737610906176062418980938248645658620099533089093869733443254906280623773789943183456758732600842549319000981472316941148949222281359109168160381373638296726040128525160629219446618682947480032066133489598991988326759454624678225303514748601252125320723740183747942954994442664031631913659297119296634078830788740226189738807850018665417832900292630651067842390259330983666630213768207171417848774357311486664430204870403144430435799036583207661564818855331456456296209822356571154359624231626792617181673690713611078938661824887210239436479790436196656977354796324057609149527879092913707332517853347980808689047427364306487111455385203647960938090535878304788035727677528532234394069107063328375048740645879961092196203663188525826479615600424952599001306503429527533874539854095400451175019396688564

395146663709847518544421582686444655419812203193039773111752964162
607573163140397270187905335503098030937901187566944687117192747311
232101494816749046355530853531201377755638233641706189030993326519
554517997533742042060028842158903876775563086673970342053267210677
605335507574466670380302645472655648081701698558645800093248725289
681021935613162474461640109206934138949818361308947753330857794010
018665766726058357519437344751668612918305004925817170078035464292
041779091445851897728979830819202786358153661323072526664526925757
641788044616649971393242906909333024304617753390106179106182187052
236080665467306218740710977765874106820132333600335623729948021885
958402206691047124732960197197234854676829889909092293867723065440
070215273596647611685271542842638123758685912197067413258958584348
721066097134773465911228073205906029426597084303180917587304255058
461208404749840352379347121447942598541565077286404744640136741957
777471887839230886129088954987705469229800885467441199326294912305
705047638717527951432591130004269711474822128495820882934530408112
887632021346762811138896572190274007382172946437162647081600642701
401692284489135685123143475870278493495171452233760351643499415314
741141846868822423886094800639246924430306876271754634302478472560
361654620558277701889280165504361107861239686506930921935943903464
768921338309677388392390446607094711407359470490019836654729533170
346538357938732560395497394489823022348818033091404296861228264657
538290918088439329073409253193697884952042473271776449837312319166
359919087020645191165468314119843859105389446319841018527647442861
316924301695489811261018885384744804001340681659795428777278448257
370056483358602403681976378047360060949152900473859126307946776611
425748527213359257299884969433952867783396373078053312779024435229
031059876603434068321058984730864168534456259593965288617776234826
543086319315677239556222984730506546055752541140668635273536989932
925157012097185325544046403154151922004719489987618395160682570053
022585918414477676913770826774298184267379662315687663169951902419
063741993755900756039345732712864919736646810535968989758354015627
263229801752887728507043440893061261436404394423570583224326769619
621219411049119764026766582827930512765364010765808267044953396404
511079806470661177323526184599441517519195426546884064144000547256
039913749005822111525324967938878620106359627873488172673070098847
460925176494033087980447850735322473525192132494494499595790599933
755946155280728515833925525394390863355331939015742239770652037084
178431988412885021660810346345959698951360987829951702584494278393
464380568210486386986098393963170818907959805847456198882598805552
909381045896322030782179080580690750643084249594134054717455479942
218174753730074431168041219908274115156025731468749037629809374346
699606912001069888202020602616455244704880348524417319336919975688
340248457874426126795851096062688547997903750672737765279275058372
239965763472792149564221515446073448955900569156936772266726036869
267415477453512172060178860323602492741601451940985457006890439654
301466083651104412325166162702998711998228037546467450452882290537
106982282115535962009570295178673990075178167252508170256580926761
572661817578495870535190851000690541758567995610879578054414358299
332214952370170794666212787266218526436484918275892068152802945915
453098603596611216532933433697316679017345687640958284823194858230
194007573748941912606337875464627363301045332830486943719111406250
267533887313036424443306404476462517121314935372785171239897891321
668639408154725593922440484504327911395038117570841430602275788983
946292301395655894245253699457497694061405331481288001144264833122
505269149450191979547783212668883114679853328416668431695712416929
099372848699225724661341501854262965360759547221384653598376089730
667830849552997345829243051890109121950252965086843968480403038393

8500823443848151923490810136293359629842885305388754107378201093
2705116105329874518972008592098482989007057236609897098483264665
1569275863054821880213537478987870214316591928163263001190058660
2661765038453399709840804209122811770671841838695156767145721269
6731758471764824235637356619179895293753912614689328883882521464
0137503634092109034251897688247701794363740138046473471932364619
2094584900121128916049530744375513578966179418640150766092812113
3170817521881135813476753504376456738397984550610525514714057849
3903526682761084956837802214824726926863498540738878834852958014
1789559941855094238670520197778785178422206403000296133668620952
9525452120575648103388696390606084344021040723564042344767516828
7512247004380944190572763356792891817883717998651615691403582536
7155992438125946967898246078337353555498092455471960298239874133
6627795100871028511074429992443494180247052171554686080971659841
6931277250843250949215917780243429129146359076043385079068460918
5708084367054188032869542923963919799833709564505195483619768756
9013877447324626904697123906811797456411877133749934515017924908
3810707672341256610078739334309846159288035873435878546638303996
7419426983909208363944842201990035328956527590635982408863774645
8856690908171675919200425219028743038660921700082702231614012215
7152078933740088475810181557723354833998443000418805548570424987
2392382378144896030130790858466716135426570024568811083852358354
4947136587410428812644060626034784907646519837567660997508324283
4884469175907443712722832354920149574373861372707729549484552655
4018192829940030529865182483549364082393636053525449683891154520
6784724108277220070391497217265510930892405576355610055578566636
2521975130561577191910212607757592762210210897554476030242691624
3959644915673638434340604345658634848069122587034217257265762147
9983124128786487232776651757313002332838783777638485323823406527
7854965479194544931179780946919513949155336608729672583050252406
2233556204858180315145272794798664996121636501601961545262272568
9594167103135050433631324923496713494236772229162295289597377586
5694630083941857271267612613631708404047864230544046088133451477
6703024076842208457930805210203893680718571455437727927142936336
4571419145354102000553723092658239386912288962894961455372215142
1541503908975698277406788573223759213221096762693329034522090272
2634734672382793242689489962736048878370905302728350177725420035
0414880099445894551550762518702817831711380875144971539734418568
4428534387112260008598343188805854387556527928167505791379034920
5662140859180009293019376594633709793977073112630076462487976545
3132704394640854001229803255886704865535841364961883659835918793
0765823391270505084190043809973944281937784113927873884174065919
8628977653351184459364250701573201265270917652911115765121209296
8022049106939704021501500567626319851827003223372798615854912128
4163874964675073992226020913411769837699560503931203731993267406
9474551275821893254159288940815451363459131191377282658278599731
2124362626907916563043574837656357699867472408291606461282074481
2077277682684902860587848198572379292026682242426121374991134261
2671152270102997147558662155307720563967937359838523238779324831
2463640949021126733615839720560517984364064940717548061430997473
6984482774558798254908359925767666092149732404746078088560250360
2217735727449440598606730608559089763530821711944306567855175657
1184458506135032904764424831108513742417253662146550084969788848
3016120608697576813757739357532072154469916561786442030284916296
0608065948931306697246873090290766638143826721594787952259385027
3530829028966426285932279318562660515776529189152576939370577411
6300379681180777662558182298706915476650907221606851991578692348
7250699239353059576540600592658241867940579789214531837282815646

0131043923229729433129186278390217566178044010594905029495836342O2
288385042338737819783040572270050025773472430678832651270289700160
786091062820854311915978825893397734590739097282338648225610212851
258343843028410361403989021001686676663424423156103925629472770138
099511564765801654348216661908488918514590365345843837968422083797
881908063573693867956311704688654144912771810607248722624937708553
075602480148946493652140704000242495442081135951456977102485467483
447844786019539050855459962217105710388241512646136800000077468336
930998646410642797664883305938678060519530345919299269549604666551
109859954870629207358050013967999653756221011777626114073490432426
013491171572382322982352660585019831578248284649883575476517504967
572915547216476264341273672040218391801331760508180903388068154412
451023278595802631609687135485463351768106368420015970686786517735
484375921437627926363538438068297929049454954130069607776310214186
469800741191465862347997905948783341251361917695848561257646197397
644066941057378530850277680383970247900804428533250547382498123052
388150344794200761195069830202102877593538218827595860887692786488
983987362457897766757999745877129126394639636287497650145942381046
407964203247333513221804503126167362273535592046938808331071826503
492774769623869993793953209880930674477405047757815441979281495347
962825151878860206177771304516515138226448216507484065258791399526
321428573545693470428651991241965271966382868320228306276922122246
962755529195841846334600880830350607445978909935836738909470134581
582280655314588258523295076998193461854928523081284816471561919472
279818394616587603420354242288423852632119386907478165907153607515
270464726343465091943243734476012080036168369042494038687667561899
051423833268760692363240847890564772505458608720093936556691309854
481286236555209927683026604740446980155293375629686436033312050966
622415105195743108584063317169410247347933646660324490683947747815
700659093917717538877685690394885965358421205883866579221307314339
184806993591110681592561027855635269044018728354512449785271150044
645296152222665019139567338262302036436140876897532246165358101185
087681286572298041738792716327503147288325617216560008914659939202
057364621436410505233281719275818020423264949958477229367539256350
170824578318399464075178718214357950927522617919704745877733975859
148058076230128237719216151617538897235494459886213375705411276676
807148450487198371209694513813172300728475629709456897070025605295
637941877745053165684932107983035342747126562347718674629088130667
197773636705187961017818514009948873110625931902219576725900528661
756960105081820452391037812024761517749447642612260651286971048176
111361766276251420129104142730838882734769234769521774655755054326
686147567832454546887792614235706332732358460591248723197744772764
564873214095512542387987437515292936493577327175490219849754447588
872983013741793936257912558988397198692906196774352437528496516119
238629026332227606615786739558016096137926833169833932808672599528
270729398948229146465127321217409751100887989864109220291437797524
817274809176323479752268536444443738298951342078406103268593202575
251925194527363066718622222807953623208809716123232791555209503625
337225477125789653205443317241702442821680149967055870730998536582
272232962244520826194434669622811095334993255916774787165495336480
118432288275590356152086402022853841390216161802169958964633100832
853142196008979214500816483600852729137074741754573755255990433041
780903921542097362012830693850556636038344488492509114518441257128
551655053144842122365534781690322023856484381245086433190385710861
234928204800642775338821612117076411694855915101283541851683612224
033368774662802929004493916915379489803502264197675847850696528140
998845587774359606776621761773951386473739131351188377216248472727
976273674569743042273570534987642555845520000699364481240783799117

825824986321505912219621959030135424918146844973460838927121011866
658284931500814048812074125011955305135352110805497992624423642982
218141827396446337769230110355982714240898610884252843473930810168
026951078301761911241159597581979556338712520707876836631319114912
602750933334992410550300761756908424499553056310436700368762107569
354180974880188471000160326032150148856532976181450643326564803964
241784027228244240036541449553291812897610411886521788153268544392
746341599273527201204371586326225371326679305116473263282448822348
128647180698159194743322485898202489406675302708521915609374459480
031388258152340990833171394330371362004001642296075299305419702062
194180940963338812652560202739372755625739138437545675288243269679
189803482970309849124047768625406466061359486090646007687875600948
270177510616662597529024273817293495138979280004657078465259413572
604584025503541358322123610805900732026198719379451173261983029254
335675729593095791052164500889402068872995441953527900223594658781
897524781726548644762159295094748465952734466906281472356232252598
140376943076769458666903063124576051876535486657664821550032385094
249632299790689127231460458721128328683284217646219534043655482055
327711877439032426242383137834024040477137937090235526112064873560
267589104579371432189498500968979787515652678451258453791155551462
383269690855011296177663119494040370570214572448390830849839034222
796374148758285232455183876867075817821600147107953529319465102354
186030430519883980262188095749647243972192589581265175674513662729
496960819583348990848522044942597876770893321764541916883582265406
985126494316189007794570039079973038993230986745846299709203290072
487442229004947485076946558380629276050638462847774911135726656947
601121713712238640087562110155400040716004929212368544552256181217
690409336905852635191790467959241404001225530265138678157276513503
188684522463470944559949377313954010131285559339714627275600165622
953642153132987780675911120663723311036599835870545161922095731819
864817576746449113439431627437138518219577242332025916197055583117
687404663035921952235039399981222248920418735602961532287463368404
310360124308670580570872466676690696010007528085587377316492744521
103693422341861545763172993419783096479273792078784085875740222003
582404649650151586852898653762859904851676246806574093547750198485
919697394006774280401914961807078196582984941007269895389436964700
013176737030692935295820711888699249952906644314697710764277977797
499421001109579960001336893335416371712003751110079867032003310410
793923510329452577367266687056278432805960655261782131058468023940
267680304958677614794275115246479660852194412661563547879903781180
028874899697921530265422251850115211641012910936794299503450379199
755178821805390649752083131650265573516811964502151973003702767217
332438586138091178856234878838193843262093790262893315006244811074
362099374172922691439390284619711722761983713777785173243076117830
863617597081749607669053159323618863797169593664232340325323370521
031633206653491153707606328456251016659430963998794329270522578720
606407672280625974834361464358441212353742179863933031292110247628
344837330732618083338694112533323119194186280752150458654979747498
261254328249075518447505783283997286458925264274634915874267488432
845241758870383572105604893454863552474487632447006265228286761517
123778395735709821717924326833574336022554215746365487990201996594
413962540664781492248074454062935090274310611397032445912423268859
256571595921996803619674362721306160131572001779896626180307523134
343381616801230562237043354447519722654550320143881421119805431623
794412922214490134024544942722820477763923175100785688527576531913
993663950166848951738335729870763125935038307303937857579399939623
859379294738156001966452508258605247649422408130096002801157083353
384023254827168447493459607421550286435713210182490089556263977058

977004618815377107202816531764397002198794716941909876021501917856
053588047887047425160330659290532304717277675866913059902971975076
303607074851151533384269541697647743513891873415127178351178849188
659736242817865408307341102259449922896032843623139598581485271383
385556500467596620596977765502320662924253405009472115075069572281
779821763628935752868557553000634142151309622929758186644604553317
542192793708000174022886838195253585712557525153419245920431707073
212968342904523035080960245859035288116787353254044776279226498856
577134719314467803979484587663533322544710868487539064417741698428
576931491087395530448440244070051520026495806949027959195039316424
956062482925512619734274793913389436742917644571578734676738972426
832397032988520888818884758402785422765177831101584847554995477148
211008057251926482934381210709525985295215978169310342410325554198
500739372742488560120107409464018122000493582960891799949869716450
517168167528077036927667559590944810654420749252084063038517200796
820038242580472389750531064765122628624210682324169936854950862627
009991675869839956433362222774321992648917646749279969935291511654
479764445830405369254734916274747726282970824341042272447079339814
219947421786280956586276688753747629697021835660650173918876495266
937823649293384601981312233899441179351513441989795162509465956983
310405341041248142375685543139032627994721236660904553421045216749
992259594037871158564461696024697174465825733271619096102869947044
184425479246499879317400853457873229776892333248842267217743627903
250692197526856971857502599499185086259095771146839496658674086205
6860077719475385303154444406957420886564131719334857351816434262846
586192156769619648717613806536233410478722039172681644768023805623
027298712859774003603607000802136438008271991207949013983723191444
695591459244365893427066381121727464674169218309921841352931976701
004383879492502655356456484363241503856248950944381752340237545377
017593112316859664232686796973194377971295678758834198639053608917
571348880016271553519329036479714882171068929273056676342753450030
009527780718390797135823899575516784658465581103045401870321115490
047889645774115882014866872590858991115522945256803897972902846101
089176781930421130615186929378050902700730619525978955323472628331
815998094594582844989903246851000918720905355832122538943998094913
972650835148021630279273055714006615918530191989758411646936800504
974404207282612427718547148144228012747466120263004629831131337044
198110352237061399236595728142516664324645126588778450424927293723
167077141848976391090443140926437091564424339533127199916876858120
529968031141633901671239937913426886045114727585709270942402871130
869622452034420096017590473075094691894226294557308670602623871124
594107934981814755464002811788199423196122387128431273823719249906
858353463687429835597206058698369675315073905951537269947487581695
368427170785396718563036584403196554577209872413962225042626540974
58613188824942989503849438891889199764329425053529782123359516455
434818042368182475632042228606080593589824202305845618405935649063
696794563144711122796567200144759232689195527225895375771705237915
011374991853767499114314322424445112916123774441504852224012549963
706679331000664153909746181428023563533817270423691977589859027865
713810240401692786981053941659644104310400213785717593643991682916
588186134930409659125605758774393638259138795972112115431482422078
892787922287714752573935415504465902419401339490668064556586014380
684639988296301382660515951509902107019712292080569227239531418005
619483026831604961717091001823785195760059261191241949490813678551
747968812218637790855253415052124479102763128942187861244696517831
440627592272134223305150202202341505141988065680896114056590268512
853274375105928778948576862413307941400609258720861354715604388566
706678164955149842068199426107646229069627356418746937543558365252

131621111720162872903616916146834575963617480290481624526828858607
678593036317076224299740654142491709172093663721691822638283501826
657556762366627998006289405241598777854381868546748748646346903033
182986867244063113357731817305958035540288679540520251228387297666
468296728862238043203107769540871482066594040664387281240154538904
790613005386264256791744122212779357657199936225666716571427457881
949040834159213474715852649323408411261416417751957843962924569355
510810305680284456948162396435404751831201086232203867410830085042
932956537612649668076687445805623706208919093427292205441670366547
205184415004404802345936258701441893699111072155789661936092264443
095997910665710761232611451451746261856085061456821540782936775840
428070478505412133491604175625991907557348433555738177251821285577
037202643477324022917880368595080912437660941146625924747903435052
504701316743281985720573683669724883618671915247974094870912991418
112523565971659204692942624314630084696278825537016417646320813277
306174028607939338463613846372194518854183779586353726129195241939
101883567794256587268191301864039822226671643087296729992714021683
634478760624194512832003610781019486869522917748477114776779961943
272662910893849161458081121759894599914674153376864845391810119781
752275781608259428301800943895619582292039803131668691592250348910
349184394895261128013554186286567651348053337837602222775216320587
984014585472069787144028252387710010500888081507681664210302083410
452841880119730958639269671985959151588111697158123267436654152951
526209869351573612585583953726828162243566830711146491204963344950
260187882583966094003808829640523361609852475929004007233631593354
670476506584683488100721655373858419293788273207335773636253460530
955823797326534733750014613524673947814789586762534866299373147211
792851692489515667280531759125392440123519035854912049513179392404
660244248477916528733386831553580069722364878786652398102471793128
399614156849644164812965056970039564622684160115028759652904838050
391539585954653183424911266986273068884679585903204763603762747502
144160537641644363843502921743690920628309694599656359989564120757
061490243142853884171046478117194687468421694885653926715100828813
010282060342393368668413109369640533434890722077354767510443279415
418800635931023504626305782581093704007637117628231065457677404024
593313528968737995127089894176877848628156499378429919601334041276
704739095907494261104613465813998993272349139154670460506483212482
482708317961804315387809462823891983757542934365594075948157504847
662739321619650581414908104714650742131453388815247490677257006233
301455783041876795510610341596861011606247033125580120895631216612
773527679904062866516763464815175790746614076222559680226071933512
700610144332421229243294753573672466867058071721712930198286285359
643676809688848127494946303611942140199537453987834001177155996628
718734306967734485154552383769716580935271811794872552409482203287
991188938318832827222849276245159293552390711735081431946451325931
196071804999385189339696630957488997274163809996710188931761442670
454345614684542021744924757022210545358803391659788516346462370775
490645110538228815763872015941871815492640380901038429986278546959
130694860473347941567204289032533574611807304447486129874006473479
118077417888483719502154902834938070454147347155752350529454618312
449577532412966849459562892093224594357145775316872387582612332175
623801556281117060083890946042089787682024738445560825880519903955
438758791734353899389451723083044001151542524708116398929620893951
915803778871655956212589054400058059121725721931651618039491232014
142141427853875075911858422968486586670952262612859685724589101222
852443045642543521606335902691408286897494682972082670453890522185
985427412229365886029998102816721664751927559110851656369131636138
393258882185098953602865454076231471858343940649916747914188524841

881243770511512588708928536577478775204608316740677887826208137401
345165127046718383079678602772012286546021444888889187593809877122
268775315807281968453609573358807300253762606345557373174672663671
229099769528990260946734851664280307614073001971991947931834151774
728822191693737347536314036154971649835298204141961583088339993599
381979888916124632702355431351836953211048097487651124421590852623
334879862717352033075218725845881005923032671151513823270864759866
539658999222356273822050958557375961650688188199874779950023499234
971051870532953718696948955955710071084369009692016057832055107068
225462594129505969267346481977385784352377312942538334748835071822
960456780774706952891713627804014964951767904215119643885210454752
407537603799565619675271959893802562660734869074961003162265638840
585636673820937933923837548123282332696470653554863029636660167892
324626449005290195042888219149155005364526773333511702389912150394
753704137465257049412661219795839776450475733534978830739940700227
236361228846058389686585329844964353762252584801767658633081308162
816378059331695970913521914701681388943465968056327667394320613327
449063434093493619588626039799153615020210529655843236805617371454
532744535132409587048483545375297897294421549803806532233391332927
452706373253965430537346728594933978098962498241672988288808045150
851752101213878086614756379574930602591322185176938597622752922731
459869378002877280275000152627039066275468331954146547245777589111
349077790870283709923979402564333817540558129333298625720076637657
790376860475781238555073541318906004950509232215335198406266152633
322475863070268752502465220191404323341457405718506296650569503204
183922538679080981098604252936154299139613356192794904694680296184
279098147595787198296753959664493448409736200622383230615341256649
950845345245734088925988320923303420554878140195675585661844829454
279951210327792821709761980365232129040805097034876012969989204429
877567776994305677416394330258694347561803407326494218589439821578
963409815637782937414361503770795517437685763896647169264934087558
240252039408153376081434922692991798045332027922061415435672779196
669576194192313880319738712096086156248206172727639603626537999801
248405804152224845490726951397956955072021805439977599391635987661
471508465905422340966281083519244562528938694025902366117845445329
992362585515812151856674267260318434734224876810023004570287231840
566319843934725295716834157204687945217118906947405333482761029662
122442354882349121336001620331310911617461584233084989427092836879
890390156323941891156650059592092700402295851005955937508830128050
851394750434375281570794970092571728484491028084195557434547535405
659404525217578021649524061098715649866258847173596008507625450450
598331158762414970128477404171144846282902436407434452556902449483
169542259480130175003496212531514446278504869945666931623804690733
106432813276164759907004178100588356196266858584102092715123363875
842168188117255407555644393011036276373071905641499490326670444184
108851383768290201008689116631101668054224769256064309592618029293
660463995418713944867110030040704962201200621804057842910065673243
604391209550404723125501687982937639008567449697071119695435134799
304530321584264261907806170818950397916149811779703697007282182020
399018631715029883240719313939341045169634993105977315619714027057
237815552614361510705338154539864989808100795120100227749121530204
105169671966277364710351671864277413605822044385607657265978932295
395623947290283476514391084172688572707074276955295218075399123083
251764937360148443160301314688083442129935489590956871312540247751
527677704210807935741795056518887191450229167617675890135555915169
707199275064591380228165213649092833265863654858337520324497875895
209064540112160833132752110572034661021968120007540920731769106805
917555415446655985839831261297384272356221278746911370805435549285

0838662355943860320688270167823240325764756328616335446186585876921065236915401682652324291501409152879023598373844969790486514311340039221837824778752549315884052622609787087996351379850112978795006495035356234472516340962285698830882727443047771720235493237142348644064341578235278660520069976606390728638478002375425028887588592308447877583486460450270662450478521758186452252504215618684045326725680800569487905308093301305263210569438044081521293206009178231195248095586025892805093917290101060024296819756967331998292476797082406229693317954797131244779057953660153909506291328318381956911615012154117627487022993585211870381990039927272760937270049875172943812893737442686255350394349735751631690106017061980777769629833810538463567208968988742620095902500267664976631481195714888055374122423800855957729592382351669146528543312584075961863789591893511604257439732657333470817298548015031683642735704664715263147900462726978536937402727738001042711510410111628537020437590583296335217717376986183627376882214850597579997165256537450348150431433309133452956639305647534239628265682107260020116838666768790723383890786730809621217662875222771887831426338856499753166164678406357648652564994429934666280039095956524857391341006376354024958635467080828523447204777972111461284858390454257483208984872257339504640153383908576378258191701300386540834861062240871380374532281363551166896772576702793961906561184649588987747935043758753190334025069166807038744097202840105832691741223648008701883632893449322008894674478793980379240453228506618338774733767779259240431806103715168876813773518712803990679532789643661205788291376152619458014162906462835275403437649195134217286518774343633254688707132971828724328121057477814703832962473355672752937958197175466530743479972572695451590682998415525490291852278682796728068352353706330330481083403978147734091516898938308097368009554417282839391939120014351533703484264008149978141013308104785110265630203681051768413847811673083919268725036106320220791140946639446796490083986582345789799190591802155556980534058837333109897429805496744352510749690924609988937549924639437617189747311486025624536166560405559994921503427839864456820702570968172045233657434580064109881967709964064631852505890153548418484254490021087534936931865435610741209855330446434022177728796493117830638235387726536328611305220053219212234934388864395208666006793071593469548419091103219289560980069286604737674733724066595152899177750764764447640403095939479233120159051334941237554007262809647154312737147649417453508225588883806092216909303124403837716167788510844548907978332170842972634029472679387112091350095437288280759699185748723586875148136945785061384985827051740460703860389671621201845759824072154808146441478590690577267151848780493192582302617731434665389973004894057041637630630586340583490499784196163645047139971713974768930173179501459349019524142413447962718543017931260813032176122283706139611447352598655458819922799375832011986348217404394825386638895289901576618134908637508237857070159881235642814563740608132431169267202226994875485364379788850643274100819816480153620453937483191642159414497457265807464797369510141357204732267883497006947684263367910819057582335382129185139218335896582309423344394273472522949538131428352431979080088307190259479635103402337062570560854752706469343593818008703340092555184543645096043556101451985055397107252107126258561249066599488757146151143583313352259350864314786660651794575272515968309365795056801792945709025662691985378562166917887742119862670737892858372323915558517655738222246238502471601178765917129717499118677885617428073308344627520858749222588316995402288564881453340751793354632364695098752651408930434993195473908491779239788180333778862453436685344874388141825224984684163485390132075147708976961452138464821870857422002101 41

817831370228491974003101107236791786775933879401619043680714592637
745835890774667149862374162732192628480427279370444750815066857484
831200716725034435883401157235376653988966191043133855578325758335
288433688108518865476818568977087562499063616961177812088268035289
154155047264824012734171297326595788074146280161226269491644738334
796222472011863175033015466551783748855148849951921491997064713758
401729783091438500341184816625608366965529858652584852040778553747
576684985840226052244964873174823748028198649225224737272296385939
183188243581046525615026574584882047192859618924686467682929819917
446558809831837993366698411765861315647116590687126794365345254574
209847620803578388808018554344780036347179776259305234539276056316
575449183258665995182350240955277889805036702359455209710142626358
897562652121643856312673316014246422735574604576398152017258105273
455962632834789716422453051100765673845331108929667296642976326245
771426579454126812981117553194531929656695615811194783638019466787
210697179377925038394334479501290603192444051129160576054354323929
337920271258930006391366558650604438683376181993754540810327511827
436234071022659589332262792839514606825927382486706245979297246435
481492783370422279415936837675058594919541164722587006675448757053
609078048439227935002447619909702848416034547879504372416255239297
901019384056915955526247558919863753557098458123607697099150260748
618541971726421318042385271254582917922202892416913715419046385977
668510937296550631276695319120268844107178801298157400508052562722
267276797140042208290454186670098738033158384727148993608578608630
864516246324545303150893030695912254102407196041134700345935777857
326894979807825056799906868042376967884851734877371764053451681695
544865688696670464947460482066815828545880354771453889440337703013
095136931244169498269310934740732460377219771210536669490281025273
995915040119963183188404516616290392223981765520453030984717063648
343458545293818172606452257592434478227620935211185942933110540635
328357691939681184081411954292417361902660014493122914978155935131
753189042021885189527578807107291399348069715910775615447392845600
068779111133055906713747822200556656952058029034922547459051692602
523938577335292178567336553405160878041133391383329790391658057117
538533895539534343952943676837255137206833413324497027924104712174
894619056260094061885446205782685915415555255234642032833332853183
975593874399697214014490567866335026831263261210880060917810571575
100983722492444326641455122708846475407276400410667509576589729295
224673308514431196830853721994148788554184868578655930501904526121
308134254635080677208141744250744915065284832329206510592058825116
834660906073658248418187827837450687289920967792386488453056934581
901416283003498397719176650050728475585024926145898559289827374909
926396969427660394478422853802407530796445682622494996085292103927
698689185158211526915752271079495251394252221036883974750014280441
202531022979539222097161338493273689283560969835601731259827457593
058938678669719763918032341380968963928371601631746332734178181735
977114182871764624183744599715984218545226823156894833459923587253
531843191487077871732808003735299555260313128019138754517334330313
516531600565267566157265707869317016482622381368354918051731400565
870208386898312412311390197883398291002006400814499488286347364293
064241884248191852044238957545028126860796320979646267067934080666
343221280587732102326766115671476849680554045159309525500864295043
563411304013109927889000717292776325487170987465858131731288333355
776371766700447515017569769807467568034371862274141667623744550249
868281409561512964061620003236144922013006628658207499950489674090
825753240980959192652450985040072027517291894617243609867407868136
814050562356903431720011953202015664866018438094268841632492346844
138821098306134993832876267353135776520150930213420140646979929912

6515096906184686470145864597697404612345253341517754685268945722993
6539748402274816405168009499320438970732479485233738869675659624133
5129732152106174105146100154150282583831039077029325555029194403877
6693723927398111516364292644424984042412798415889465565344518345477
8672800790313507897398051725880285219596398013469832977050048289500
7350740478026948195022117317768836007055468018826979837903495258255
0363228858892114385234053211826889362265596530319144519765355481499
6480881673380063691108692631772118276688447881076442106627036021355
7103279793894052880288526219801469436989909206576283629731776281544
7645491829336267072002072057500991303118712386586601144232871572888
5420229089355375508835991950518505220864004574947917436310218523233
7403090439027494915056071497391279184454268418459712029088735657177
0323787687697487501892479752116552985099595680155072534679303281288
1696131273533800477123876378114650735513319792770996447541571476066
2734828407279727442097887246478268683978869172225373977998973820322
6431868405265292496312480931412294813933156870598020812144041852444
7200178462514083987807194668041069609144717018682126984740577576177
0931183466281709693394057787597804947399060152359320399368924434099
0448862222714629605554073655882313850376803618342479222306159973499
8340178755227179988835743761211222078496125666728071449907027508744
3976549964926666856415562229728624006171549622155739653062439111200
0790488508034172657594059209414674033428586161584088632513840483711
3989429516836293314786616339321573804491558966801000462529294277888
8858773276167994891824046069312304171238642650632441998164610880955
9534529323899532175914871602200484864461127455642976236410312132477
9080244440326166181996205012106100403570265226581780411364322865055
7260557721565609483186566566581685409780591370887135647203951054366
8248119258977542306126124805114006076227862652793079248796838860866
3714315334537053599416111154181420087419250715107454554850113685511
3035818463682265144720784351095529395148629755686067152617435901077
2599264288163985583665092074852871971778954081330868356024996220666
8075145446731843853099304187965437375651402750043037594999966938933
5871594537983303415695430218475688164580429572179925640893099691544
1134315085732997533950830893615246261576503641510222880671879682999
3214994573399814295817781866047025159763916639096662270491062359855
9306883975925733349596465625102580064683547327860703853081999954944
4920201086312911745423628885998737361713116180738641832131607136399
4799084549455961559408866865331586747102270466485193377634230339300
3474297454836838235532982170533399526655545669538668385033822319000
7702291918722542151792585454807771680517328078774263880680499842044
7275416043592530116767453448689264958170670526054929607402427115299
6425752631314408803687777458962892337421412029178514798049087178100
9060159984105528907328530903977827485807458423985174660071783661966
4938937133450050720099194578935045544839163367300534391761224218266
3477326729661467077055233894537338529016644073405918346262378617911
0600851103703251869571080447968803380532871331823710981568397129655
0823600660079091641186395264093814367770047586648612190508500363566
1681350990114438170135703902548810714053985146379087904448224959033
2332936010040738805122651211343354956008886534778258005697103955899
1927518246359832240500327534905632741937617670627663381054239718622
3207233882755814459664275230079988901874180739713852007371821664299
7721486926808755624832851566059140186795935443714096609502898159866
8004878310769132585405042665683599753717656530824512623139545587788
4625941189468923573429665218633775787771751574482079960792781608544
0941440218074715406792124723410549808219572886577609151951532832133
5687346753535127089329729501499403934362504963168270397067505746322
6759916655357251111664090198105962837815091392359141204139100918944
8638474840228149166880692755291811486141887256603926108141845304644

048004108955523025135606562761035678053234740702315495623923989568
299261210786910242470460575947760477196229257216313067396488622658
453733058382985732332842090832308775102661192584760061540076617550
476749439953953960663527058020820348844187696877397247016983377895
564099707729415315261537863236294967727730147220585082877482321014
684886818808547461491222736396430881703344067927513733814596945740
652778333795885718650756150245576025617733648587868404663568205494
344600563532085374869104639775909708195051114135493817022066144247
590430312205603466157040379603699945761514998577481344941565942990
528157971557996632386550918709218301752271340257714319443083915033
277667886241159895877816127448611647616219991007375520799505225458
511295430627180745956035439413918123119773548118672061378821654425
370154781526792761128975643970712271687651616378765124703449834262
796851369381289719239489538979328777953296162172918074147500728244
995561851139916794107144838210999385196496803267024042150771635954
323370238545485381836369968786066014445357758329997348339911201439
837419812603554680159396433391078692672113724398013358989724942900
041630966808185736123375940755592758461187633165379282141365850862
698967367761683956063701497709773990191675889021979610313199647068
911934859974373276870144507307693154630106391794745818816899802483
850979652512437210624227370932340121082673340967318372688300749167
096915349480547503031475640023758830375165677952374750827929085131
190481976208478428073438098886607545520024051331229771378204905293
646421231917902381636120131767174977121970093453665310784961384951
342263386106610568214253241521762885092809087276252123726548969894
945318996467423387512246983228181577127399144993439814411868673500
383376585270516498266690171724596017443533596859738196167385896875
867202620924867998911369827062749825160994682005705099420314614039
189546111080903883541855536995532090611673791001548208697887213680
456767778140901855572500939809817495954521345540394714171092555755
085645571077586320494459120210768374173671088594529287576604630318
717376774001763068222596503773371849898171434698958032229511015659
659823319116793720233961555282565651480369511316264839947350366001
112627545271813053546636727315487214334896120226808983667128564402
488414557447265747241404911890190495371901122601594867831242757057
369593230376265136166406627590014515623494333553124367179448158767
602257771256171742887804193052065891648091715886267421714387110683
840224264322991509544707826321298043127634467293085573979875106992
231893191764377350240728617435695771498930864085552755461391924265
302697158066806489834006581927780156197702878296262750841085272016
382060189976205705854078178284871526096526191983118484362131245300
416866264536636401899793856975856879060832746894185634951854883775
654050237429483411445172402496026782971589441255636658820521247081
814927957790816611126649950048993621094007001671857710158510759566
665218339133923072930063139385038605610665513684978773804139046349
823668949338709248951795364793038783892604235548684336580266620634
822046346740425240541070956861918994688684410065716366524333362820
335478063489527933128639150038206192957517656354858959157269236062
637359160729148176303927056845327763535251425960522727149766322428
104572121925350321864359560551894362085586361148487547436703139344
719579778711912301342608428698479376410435554016393460722054474545
619797723193883758260147920141175768898231123895862375475436148595
650756889049654059005753703798803703731784016867803701923085541898
209618955288130521368638494825802481921662951152211466537910587160
730696955285169320241708532246801297768045720240878574052825274349
499169199541178218797286836855881988687975675444482460526832929182
446677606650501719323461674192132402553223449484511025991195608779
475832574904214646030865998030371684129036193905056370953656782529

496692070828067789197191538214237899591176377678924408871614990492
965680793932967115324957931938386782120932701890408073067487045505
132306688440995133155402815833571138655225443573988754145097883790
258766608968551601076230708918539169790979757737997704279641904291
433706998700879207264641294111369435029376239404249701041583283021
272063533924814291600952201244285900748962499775008805338118876859
344521352948124904024648129361750119960097707799955666058115939236
787922160731285585492640522516000717205639616780142074603693854259
878254795107097598624023960212000424361867045284018062446685641931
535183891444326724841670741141249786462798836176928669103749069166
381674729277899767934591205895307615617561655902486029357388408271
815492643510395776409753640038551885306639613348591422211298790453
620254207438205273437913346604763520690664391204393552807212644736
414720275398911908073181870625677703240696608970747785026669516543
828616162750466541462998038189065585819362950739684363607966770499
023982066987719685845479174079506670920528491504808767007834785519
564799140173284245279468989020317129723205470123386539244866847324
855898982318226409678664947470164308259862087832226441932469998893
254136472005970105936971791872577705003618737347844899880134424615
960049593126664476561680168852546141677426272433074544365894169740
195211795952736002087981230382232426313787651311518487300575658568
282652391960627468703405541723415985883377894618309012486616277580
819413490606325362118582405730230640053128623847656951379884990120
717512944344786486330149743298534759637565818915610623629607828022
811771397899763765765836759267055097586444717146466601260923052941
250185933221937898880848149514462470305756744452274898057474899378
846207985173665109664343952531676144211411859043972359976085752910
433232504336011036033483500066425103830289022231714513412296247911
269638317651943856784142061101182900263641829751549915991298579918
146854375980914384545769492056443177655738039629176044582391330482
026929170785950669278087219363483843872663883697895829839487682773
540799481951093326685158186548406749727834234184995085485867980475
603318044693675425924488468386299024020798068263080810933362959995
092612983664888728244156375020857918184214602832905796190661275185
562727642242837861382343475666157325528870282141797041577469639006
799658251043065946926841606082752993534286921274897424971467680461
545551767957698486835200586002021103545531265954440994008131052376
450272168417002603071180294817896576605151356084395316637791457597
630291693295784403990267549713040974611614422033787734988307567070
636713544054901158286851974546191446150772816622360769300716980773
686440219362916102915753714295771421348842198604231160590366838296
452382926347116589919411069574110347603642144395286681155527417613
026450739437321906518750908340777085950717642008304351630061158439
885909719946891420823611921411175250997254994279596631158220986712
955224833276856926275786404852818967286011007032406161062285041381
661335812414146853831269251692110109057659422434071055792706769175
047976050563122360867222486841025557477982688033502677081216539847
840580430942536513000981040670207036879655377524150718239548317346
130660135692761490697747735095717944897572096885816211499464988464
012578691028911321924137128801868467221416946542302111209446438961
513442771183377217130676297526628159793151442267389180990015591778
240870969339458840326202008375012334127236596828731467346326363606
274497036306587194396466838178784214070590896510760051741537373063
128746381838963993560053823827801500131115225198677996622527493708
860107808785493899128584632341845558549518988997168954681935604467
554176559518859068243125147183285848875102218779571731818366323254
015438118108262975473353051297839191989196425784645663646945346748
454742359637329227797049352657544497762739970491535033013637120133

5779566155608663024964757456159408430514767696409393500259590716115859570460300414100893865767795061727758630592773269360623297677526502299300713310179000563181668933534218708620612145982247054272675461318559007733696443192310729986741018924382080787326266800865886878014105463490204966865471903573164597305908130732955324042045759603612704808399606763739720573347553945548731947874188515825715271964762585807830054488584382717465358899853982070071703238596844979867648955865202518613263696745337194429495481229702020272839585323164062849937905990419459398509644668756070144923943548067965905443524824247211718640168396267447916911133326289313480038273541343511542691460456236748061673242582786034458098903552796834282353997118988327272883658051239074841572795160780468798636046619834593601233520001391112800397269715637707704042780585479350948146165993984305105657903277259392459236576956438548826459104572914081150440728500060668334160718720208102649081471075435118529085511136837184252340004351498379353179005048727005286480273399762992966124188820115950004876201942542056543221722115862389632035891781324308720523011677479364475529734740020454928642333280382439284504308422256938188434889568984904063696426542509499102806101464291235050334187398277663219970988022029641914420025322433437136244383472646858907752281416721321634045252314404883246296187928916563761730951059391697953998033831166389633021606400720063000691358190345565592675152476957204888310434615561257062713738936543862990971214157411707883954002687117839086384840066485954408007486085167890138191595023270234745998778295823262543319490331299180976688563353534756925946361357170661427738714666000676272367207029503904540253173128585368842543356643414645620358094375309654765348878670877893598533826385760478979260991216033850403379692490425999676107231570707792510993670635912692587125553665768154179038789189625289343975314815356636405969278586624997049626328653265657118768542956701801765057185607823963488715097683424309691844186568065034575490046805480964627582188962402976246183205426943100337444497639941115244344717317773899183529387005171357050351150124319664078687742724269250731435354185240614073800944725863527218874743784370164622936617534345828722789801445270793825064063049138762212254342687653161671312031840161170321095007695595667080164442836496640484357709734653884258985600850233018132568120475673763065472759290121553481885916360449289096429191532031595483961476759945186045712479032591316332285903579138050648403762407352221722981303229389961743760588345835296572171008696811036422300204833940953506783331156897923205951291762335648052372600724792759195714941150338438988863713972530486898780760204977683721592278258218426352814860849858857854110227694259507672037469432581684852295554899384944977423547220443381056262580356144232898551663732992463588474883727522718014034734163512072409995433021812921735285040631436546507731303939841191716895136245176930906794075051353190937769969167941022140786926823769009485921179167454785137690410487014712346546256045263013328870766343245200373535813790238008454042477383208247239873112953395949569675064242155743755865483355659568878670267469448705393296047105259866484596020006608637875635608391285994870255078690985319874534341400808624971184165931201660953668059618009565905839473041417721259382946977689839057828324919400814460696727891642281407999630314672365535475894996513165847722751228393395963797308377298005333088707629249572588787463855837970762659629952388478106257152268570570846532671937586857716823516981258647831806185125017768135931143588068044893648552950394945115220796101784172252234749418318235023697611747852586638158853109423320112179183384865616328428369477661430270457139120822715218943493379356958078718808298079298789784407523466705657359572533131932789753342403844240

918870723968744629832120513568877192011693201554683231671579987325
471909573561944702249811642870121897776167238187973841938655685598
339166745150256368252672830367588763201121500527605887573777545815
835138631784245659134379749109085941331641564605875651815748540335
479425502278127299226305725227841989993224138464334491284974138229
939491771406664232460804446016354250654369316390223932113231799159
496337734812362076251898023635142565365841741807121895827301669915
078908301836985776849359958626699665190130733141585141986478174727
209915641994499619861563562081001818937709407260712084222487010649
162775732441531682194980368714581239129012273449026077112881920994
043714868854852812478870887721081035566159611960408306188387149150
889562728300811570083665955067279678221843862574738902905336770819
569404526836896883383920982870344341653358450557075753059171322099
451160441725925744311109472581913619036243361011995963946593113947
406144981850033707015874941893741926519122116633681680052402296425
296908467582332509738923502676429821859702387968827924713710511067
941230553863443212041785477193881039781007569980518050820987045549
040885696826246663317590992483989219643796006378045345164341406252
505978090441123591038711247669338547909797530290121107650829407032
397779895799278297470648529544281546090472823993600993488222605458
082474324956586842226720758507737236326843033868620798683406167096
858286884535251406316047783606966504901978482682279915368992824990
779744324046404079797917337301361582972286595119100176286558639813
297222678579636788480214811885133912083591650206259826272491184638
405151620211576577494844813697173006860028522298355111964316426358
173150772677200720669285710309840259334818361227576147019596032681
125584791950210589360742140066933746399877993848774005378312290156
204967936458356211611708712680323827156010138952936820459638769246
817421132042715124570180732555311525537090883383341910828083365476
423626702904745594300709773825333525850551256986743777354142664085
552613030644408413840886029690531019368693646985962610209711013871
954069274417046080323300589106158826891094095106391645241233673012
158648493271693043736947102026838028997838747206186808556365768958
884161597939708778960570314722888958369096222578113898373336590490
551406840154659483807489746949478582146193256251760655036564253623
121479167907333066071851026351840609572818139050653490742338505282
233441813581469853014740446716949301594521976062496528541316577302
747720148573987854089256808364994714654462949316650934321738091891
006361489210666468023117327893024130988201625129657596760552718619
654877619952036937919892202083077410017258601214961080222894819952
266767093032173980120619051098160705478579089839604492147171123053
784518460619636390057788205162084240507278468675873700477459900985
221387771986531537461335072269160296422323395985113604438372289728
522237710464468051528984621373251129884478160654161209730877727986
123719483138753400134720394149629033649044608665863966332917873691
780305070440565340167065299701211385458320461766293372426473190254
883050667002500349478669349653465600244391420969953263575270332196
833871470720857715202571864679417043639230147033607605744116287922
895221868486360850256992551905222449485896680792060356438570218796
356756310836977542133372571856416503035934281309113617553364065308
234028676192159171441711182687998424442581092796554240250280405379
287198924436389012432652321011071919431785908753146771271411593013
499926000307667206894764444981273906332462501498004459813270788912
550805941764104150110451533153256200346408749982452259055423504830
187973228381782450275208442374162878798314884342277052437427796059
195455080910731868313701903811724628075182490092288371146997532667
480498396231090173190564688303409066881530728475283754466068957169
546432092945432219078645165542256606379007971108187513465802425296

504028042475410076452221082999174272793211559473712528078972129425
358086415359310106478015225988343693548000352531489748816258972356
153515855350187904542066698159608041899657448017039129061407751434
377704700914820132319424995286693668900019194784625992349715603154
488888108049223016194460557350137561215607522030944812922112065194
747753144923611330389159922401990710138601909905088424803813295326
503016279097020638001832617136281406206727791783259083332213576528
037088185039039433770821945107910661681889025525121646733234413242
061628755953912860632003532604473284063559167868706488962914075216
502813792402160583681146375069343610907504849144170054985186642490
207570099364524100224588080433335575053938299646016283914465536974
922491029407725132983909745573434875861033444769839191376957994313
890606986998183624379096293184470555732160388470781367587588149477
424496880020551712441589368085706141352196992809114160505864732244
021672003866565691128292373056651562112663152065065136467844379925
963065461774419645368929542917748658576959052642562454771761487948
848365875084832511157076832270035662700298749126662886581387945544
939813812865858173189397288195708629575508820111477242239761577818
224669017549072947963137584719635970172947899266059561428666385182
779674454948928012536454978871440952578921056929141838611754472346
206039152554755493667533154584606938377799328395608390478815817705
289352731185630787541145911276123745165520390966269169899814120908
286998995087865206822708990807158552857318570657713523195071535404
708555424371816023912415746121884555959883935341914920492185449139
060336299659750342282410580480760753574993340236618254420525044110
701441088744645000336089466946431647035372052376432179265429480553
711073185397076626773174048308064532793520275119991538669757553805
975140976560749660085337076673938578210478024033717056845701693182
520447578796040741725891828607411179568665954658346780250532654977
026344164102270525261480839996977720426901268916923350652349936018
306150204467469625690555172535869877922120206424104094254928626346
666053906135607754855700071942894040583606574247018890377634440223
338321984583343167568536056939929280824874269695721815963844441078
750847837654677931715176773129985221221017339605028332788448363339
559518980544130648545707739367675428191383616791086341260448439333
975163211348373355256083622586597034409921783235012320144194018553
626080026740368597256506836846359038992847662688520447127867824632
980711136084758700027174095662718046613845730737077408613144793505
319049158618385362170585122988414248673667006852674025941420715655
052329966749885650131739517424470453531274058254487652935148163284
592917753071678494838457340159191498489154824672542289034065976070
130486058007387464849661655951041563852679482069071505662373141816
916490194803162061704898597131844313786035976202765893309751881253
286226460557536516956152915406314150195751168776034317724004389394
047792138194963817322524562369310567499376456345666416790759798935
534507869836269295822134326170432781019094486613543588257511388907
598924379499042966686989818006274485879625657911734618498066946536
209406595641917406575813479877375613190552350381718641411592049911
252523199578712777369646300130497881518019855812601087173891764205
963349248683873401157886840630758893405176590762328788783266735133
722165491976326635730698093687145674022493788908906061744581481340
327377655133777175951034409038652498057955220766971150562618862452
196404542632302379110656609009643480736848874229045009013298685192
170561706270951546110919114649262532433498704684179684103873374991
365457482186656586837015634600704695301321693189451198899185722570
196987154914711781400607956063796690311322115109018589836535579738
283673390198116123522545108814126038837088045539050720978172196879
936470908918818558200974915612910983409105877487388693889961554222

178728833070600789176047137892108588360835298968528972503799867052
396883796268631378838899912150014939608836251427859340410698868792
838992290778244638061205375627875458951143441067754418675334044579
381129499820117804158923736041982260507609978609434590762784546512
086738727753407674435962491417995111213348326868615110005250686007
839609062697528345942404995503225723339732002942195885876058323321
241116267829277738746005951590857232005602668481874583451648390067
737729262680942329559090985999939039243923962556024204429081637240
543977831141696560420140640158586842616104308740495225321886269124
545529163183192849550826207688411865570847583591277926174655407533
973408226545621710470079209616509657079647879842288740418516829147
275685163009400666255457587140932077279283532700917585432321232222
798275269487287010804271863891659114046892976191735780036325312390
781888304937584282948931047191681214081471223680488287267357651884
120517538402348972083959941473353902414577412066046876597038512442
530959405678506075561042225973129983158891333350591168078048574041
078622555696640487124634356190964076437365943250182856499407324468
513051397058059518666326250960544710606084756097696060836832082388
572685203967072024488965187901646242658399238626213342190353261152
806761182814559615383668932405780121007541015071365828532960196731
043608373991482657120715243068755090305400776503667823229896988731
414742042622963460094058783189034352470693708887923199246211813322
440517786004153058721716523190065538558234605552954721089991651965
575813030403242150237244184335349231385125832683558189867494424739
770872253422294016608438533685329526292826150808923712335366117965
387227004312897345817623703967711607847959505808278366089796131154
402093627949977256137616955718703957465116846376596517730652126729
713983119387682006106515210974067715103877489603073881676374532977
322432444019545432655168001043704363558869606740061887275376827467
336353018399423232391633419247028949329123013328966338181951452220
121368594423648466685737774523168477713824412542214176068217519460
222958252036416184207855628937115810808237347604031239754756209570
555875239370418319594348243857472044207513595527360401699534666799
093503142836154424866549141228235858137481465838833223806762966324
359677743744784222508480743224673533559292464637931331890432687941
905796939145431250988360324568483334143524363725209473664187877970
068609698174900884799450255165146652257722445351925406014304108594
518127270101037390186424666692779342116125437684317468757408527375
000103992330539641868942032325083420325396959264651749638687141213
500859971003214007449011098960340804633293992441099472073332650844
304710963883181071265767949849421608198412481676583205497510915653
754997609983652002239636339353858100354830201263379674731407185642
991712589338863713724918391186729695490172887835119048978066587058
755692380395853164295996130407282986584413894302070867909588481967
183705049929448800371087911354186623379966934902010456038457146599
517322440502461358639412444137674791435979698913987178797270040773
256336040685031251529637157443178874901105270813783893539890168522
007981958077795639328901627017987179568458253428185271961501731774
650001307958595777213817325698517971760014333032192591244225440748
598397066157712850853365268126768064497723940742812107034202621860
032816933066702590128196027112275978628623524447196010047014925059
849762520299551182119129088889239556920426368046104374982060384076
840787293502696239118306805508874435008499809366592703527100193191
037429005082870462829968750136637010910943612744272477521478240686
597040698177329462608623247687744848367648600005661549587512931654
605369993960204303360578628026525905320400072732672009450550442963
623311550288485933466797806386836715707019451632138336942845114997
068115263995628968814651342041145549558978294471803917443939871405

536135806613850113556895259531953855696577170498128577139198693339
087382968417882721978692814725460717185261732114233662586556105531
164504787114824540480856040570248002408339018880150781763539435425
555565519364244277426514424194490473231684272016139887435237398147
355390729316671833652362523993771770992678611161992593706066148216
580267474896669755871515031353305047152344312370046687401353638936
845057750235989293162484030654906572827053150223794082788625464297
929432443392820850044135098872128868555129765987887733599594986965
490807569804332809001785032571306649664154371865773966169114574186
385827262280195471803786013356863781482061871690237089997511170189
490700044871390319034419752864899551930527095373961396021801594966
150177944805916503506736354518625817804132672874679086072473133891
553020565483798965799920012918066469977831204663798539935746674900
439930175923386414446450029874173422687310889477384082609238675886
957601657015272160092880948581728621303560166065922552618424578034
829942437925320890123380601955773526702196938428657678961719476072
870527545542461666648471407690009622371550974625162015821464442902
715182461985789415793066073588642692921318325645726654900898356105
954754094451098563902053664671603323276977220281614927520102502805
901852364448167530947391800220210103464861979876539434992825011557
778072164058762445680960727997753956484175823831250687468896822512
749345702175403137587728014549097853083347042214332816981018530086
157424271074098653005701677261309035016294613267559794327629250178
813033012200605159073488613116314154239090492038340291820461294835
349002755679208585513779604359401184044180865287236772149528260192
855152563895650037823119354906495653024619441555690960884057272496
817293720087185715715704667921302684903583315581074371197237457935
847216295266699135208901819788359674952800443006573112386791228606
648463827274878047608109737606848972687310586104622061718535386063
792749695843496410346440574643529373150370536605628348233516512521
998440267339954917238754992779927594247806909089111380390318542943
229624670824567593747017496191175748228404636575814138125624631799
024103899126848942974928046656658741712702423220229494063762261083
013638703479094210661365048341679034331290474154575698874141770118
412653112258199650314868772494002814367281476488662786440414623500
610181100022994579712680678166875079341833677949762705669541037397
430073958290372735318658205215396264256735778610195326466950077743
202416785143421457441928101134101676493819799012998915173114286001
697441029183887199033048643509011107535580134824185891387796862797
171702704218434732180505579043760892425778293339090180391686316969
224192519659715791793093306288708404838592661906986742909250637549
892294549993357397522075713765659251628935266485817484168302893195
227324905008693491734488195475640054623884354164330796005006237007
838461653794455993466770064259669207551454880550071230464433976196
305392362659287582558964718757033162259538181618959091173580454866
168367340751167368839174639536497666341154920674326817020717682711
367721988254427330007079214369431262206193510291710035979369758015
399169948346724453239182718114272773661125074501074880845121572179
160696595122265625747415591110407168031247827423710480813795279550
163265961072888917302419819547315361120901762703180301618014758692
121547261482503388040821545485910514767609148562691096453301904411
855080226545867545914638326947246953169271985602802063708836615987
498472968671122943830360177521322580121610453520051701937405741661
737425246108643327868881664228074400094929582224562800967670581350
070406295890671701424732996426011887270659695053637072523181286535
689876362257235625813719311807002374184279941060554513591229844480
020218002661533136095939546863708308209834756359079921374782415103
679163245411407914683312200724428015483714093516725569202472245528

949534860108985372063737689797117920133618114465864356547631048548141868248997623641957464257789231436684485473208416407314264147154599699418985451636526023806619692475964991408299522249820053733628682634716616334210443994608429476710938857453383403343262147856051571601375483218922456936187350878527873683540465801338971965860348705834743966893942819548485956501940595946322935725651170086075596969357566574968131080465347911450691990716415718750164880278974626574512630031019117265315522963553615342994053310373132792195165611760870593525198570194740535292850348490894594825223172109011337597408407269449933268997455662762963164003129585991339989192705616157915005391617240394644202051854380561013312776676007133443085606667351558796516328841274245446829435037091709965194780654204770959937578471702738092543710114575919721328320107759745673936803507808385002845764175489927393539560849555323021549461952989472269237260886489608967554255358562923350675059388836653310982460188896417891095813351880914620167463163399369497079680721925840283244186579524655319612305067606611002091829079024576235671192637316244738859345074582164519271680345350904038899426500032989430182084395846390472836571738468942711679252354052358981582580573662473330976714929515535035623172797893070724080685605898831951785156476194616130600712920852332905554332585931767881944034492868715056087618947280554191054868209266287146459398957893244191864204776220192140769921402890642055167778984640454962645301900338875959997935992709469610090823950349496500312331893181994511257181577225357923342533240692115737905311844307935141534106313010092462569005476434050986858111921572196798958903262596371437774962444639747247611250691134568615545525826623040200265112306400805806653382431845301703916569996707368222682992460205479509272479094321155874217537882169430521478915095274447959540465931243155897503919841277638901860238319149668271069050133101468809213216262162243430941133776562305240725229792577444214682592450803372119736881252765756900130959020616757152078132011945312035303074031172172783617230382775335578743265164604779286843577429633697014832965585246781740296860943091989488607116116683329154950392908793141762529522289056502374692583249243899699719192384353470823094877307282212498985135269035970807307712835999268136697945740869558818320336371191220653928392665902518905476305193699690997281768590265822369754993542699687449687903333100728589487626590408930249547748704259037011746096257966549431065428378230188310547827940951341946839755012936828784652205059705338721589820942617361780672765699109560152004212297027827070022051552360576076610731829679800688293625479862365628996597656245076336478638626691072793269705242500781955827101537777308776500132875367918129220980931681669587067833982656601208012662862042223193306658825964730456149501941883715508274978479295094092468332227994240001235049165830533217901066924804213978615207809619483499613142549029177901527894962028556054968550009095951746944664247772616588889080917883004493707787647416503777867053012263791046949785856879802502814513048531471472948687398639634796647536245383626233412207863734713985267485811393680995168053286468757789742419256058117578503274048636900057079152149036446047732276873515545232068101529681283015653226162852880205166245825797449484952669458459066821803598010659286638785932674243456765249458339122314896318959338522958024966727981370173444645013071620231490834515527120949314984265463233450229387525714908752703436830047269108724216332708774191030176116132031169802989376193584151941826817933387685658914239413807877485954811778480911416636954059847768822455469947891947457348072202596158880686862596611887822879088027184499730912473629864144851996460622421840333754605876782021414989387927934599889905794216324744259974486336740412646626473373543181

638353094983215523721861902949708033675945790231753282107561051395
612857224636260729317566569517287589788506057564942711746168106054
226843313405417414738665928931849696787631093598149729994845983958
824038190872102517193456873022634076822589368881292289619598390384
955764527713699072582709823075371429411606941161405962842623563083
731928884151953015797021779579026183899526626977715273657773237205
460865642769965570000228767373930304727192469598784285101072695120
555019339842552965653437128122727313989538078695819027622985493602
156844895559147433307504225092218390248604252877577398967833531937
288198755367831567021203444811883475897445114986562341257885917072
120792040340135991902981344477476155121185147163056931253387989966
337671765769262238157031731707830626911320208077314209809522652393
604346460117495674947004735085153156892103652752011343952596301708
769451874666118410832905863850069428306894673225461793543954351864
769201321788583936014614831733007111187271903442483377896343126309
670623252595144008066208700610349894346022817926784764423879792453
971578586798391220842100181298934327971307148407370945509297320679
126603622731586575994262667559076313155258779347008424040027498817
955611275120489344805933506840921914983405443945855489624961858114
104188453369737977121705626456369772636768681751709082289155846402
199626038374878762040491978295516137683281268740646778941233919586
897350831846141900037042471852720458431205893698885101874809953556
275990335895629793960518115839563105007713675429177778476388040109
307464769580756605857404840014071833011491320399442261892727189895
115371173311450441420276939674080418451057449917037648381463122092
464119655551330277202432251362629183665130397967553278581151025901
001892580322491735912995932520690098821165446446376810221126622262
288437628160846850552938336360095881949111210590799368835024058661
192679323937077169682934585990653630123806696068665947758368017307
714256146931463324192746781359700905864368583538484311564826644675
905638664171396356222262431027229432913293121987650922167573085845
915164787883191930241206056470016185884118875007920774528275766822
898209910632162313414743394560991201767719406841156160170337470880
311267351446151162600140027283726112832653131515380620734443288975
877582674261409444810528081769836845460031701876683334709615980896
480057797471845482036658738227136487100881044545226097487911573767
246090801928458661934099563726805077253778649319263956724207960909
419277559771231360422038003632188240798876844255843223842558437978
530496309870934868576645714245871362953165881486870274249196214207
383688981312351104877838875735038669467237216594873583684051121143
204130930123722888184956704503120905332714085275374493536667815816
797847051943583433444079467148108492362341466801671964657939496250
482087905501364689319229733864011300405933288277359520091337031826
373646266829320247051018639210082704963266862824587990873674723444
294781765029155599128430412895717778161103110180529493625391402380
682021770234845151812301301494844136357687221482382571363963085317
193880398186652406547836469289628682885377145099385118013776104053
463343135939986312301550376827530690206834930235058112442158492791
594397130021224173763706236291968104144053855111573731697927755140
450355287107176596532492126623629250383012887456522972187134336643
436491979221282969679871752747723452628175021615473583023332815836
685896233904933942817523400334291190455651825727505954557053605727
199827201195898240812899481013324297735115842526749735811249887468
216854116326683970526723294841448043287631239697134894667012503392
621252186243385474578628844608766226349490131380954172611255475012
851871938615045090545062278647638156431346889580934265475913717845
124127403366182506915848690247803909014571613504745777625598193959
372013649747064363544295505768674994801793732033328966041253334403

861014670865524456352552270259712774812017476041170677621683016815
727680266832170991513970640197042846881577125567060478684831789220
631931450682732753626946186655724459908996878162381464510724180092
849567192183250126838372654412669498357040172581824104956672507380
233570104309943773844124069405951611877878174603992293532917960928
293124728373819063073055227686295469404451880064594460775730163419
040496806101709052793426553696902887673438441455699272245908563210
024933228826135692572284432560646534534006203021108384552408532016
601890760009148573786573278811380092714721333707542425392110681959
842659140626380954581592865394244182232288569012989082052284601868
300678556210583924009763238160911025386654382222464771892312373701
798047758866200714484299992835064839113075123507361715154607369612
173734099886909989227085340194673146145558227317983551135142033382
368034478160602408673346083216337754346336754166196514333615976586
791448778244817647623871705990055654303090887654925807783871041071
735782554588717433833106608296671913145353764848262843672167936746
012936806720116810762291888181016604833792308417399625853793746797
715406118641994105617317596522272059906579717797232805814509438908
385626243818013362401021063643828567457424492665504104528912924908
258246089403304021917845326813940085638383219049808660566822760834
953645456643639375721051273369737195169316032796946287559066346162
432113604007045820953760511376662543998557541866023873141271059221
524569680439270066393165251321896677371375063412138195876419790196
802227792546369107399182629383714977375400150757020190069634768773
657482110276456698143091328837853398983515110948008525182479139003
272047004264160215809080079940601183310323329304693179889941304969
686402079152333452130084313952641790926709517278639109107527209062
377476670111227470857116764598259502858236988891049482961263163604
145855541523830873064382976163952629743009769500455977847718406720
109531261394096247923256277078766588211448619169738029233657762201
166491396183463041285559616594456607351808832849249355597574169354
470862005355705684725979563879022648311483955364044419023173237364
403342230435941066168572960083553266880340347501068363950561258101
874377030284641290632287172819339181429182527527903700327504767650
833538934571405290654954894725914288779123685628827563049965019888
205562871431432142559603277581345524725591955346841394728860492139
422344231305653070583685143196668958512910013846015374173323252071
718649990617261172373943688458760486915667788222263584318337168894
977104028591025148709977121242751895436291300904078411596871673536
170717428727934585642286973550828828929456203601925790285590499929
607089590343783518005284540684868419039085748146544157534389408849
321275700265006522966852328575842191803707842740477437649586233759
998193954283279794494788436454880604516721105903412829867932692087
801336297757910343933276069011709195373334014241761529847061686161
821175443487081697782400111926478792730409675523741041652087111366
36739532003213019699948002179317779233018077913874258764215351416
086010169952502277280203897530441629724949075951014274179084746116
626110928080603764002015671381772541190205021188278329906170861075
477135720754939208427184345284179369895065768176037719412338238604
702740249850617071911816745253398138915947837677159023648753161644
025112365309978684811391625914457146685304704253742287858579517836
980805238027535362169859501762116805270646366061395746711873626238
857105440476980757613064053267144370845492456045589520647086682642
689203325556471635156461975757349986807170045333029458309594295296
532637645814757210697747054413979769714884698510003155349055696195
659393395654112681151864352817277100195961419784828776139951339119
389829895851386635647912321925579056401173555484239035015484518524
340245604488511234766305031727303888800924377847097441450302572783

817474440291677989468871438184387324497389852283083915630920812458
118486800494235252894769291146132479188933486737489039455823176694
928492766662385840236632994273152398746377538131173709737981938055
960757521227970110732004649476191477140896089443130637658466179873
078006097252603446819777759649783805764766682878173511157012823580
073302312299471414941216428543964626192197856552906466879810526025
726728868954826816937979066081434430782302820654698147105289082848
652650325483771551483961933579181619435256667602729174699824138431
493038564214150685439878896182044594589639753887283109934846966340
405314404702617318707420545909668881323162114604484582632361556532
491957980021800635471100439455056631927158765438469444893637646482
065597300919324473045003169627822438449985489061278051995060429785
958589837346915295674117413257434314952802990511988747075298617278
582467707852701269759024643028960259208547711764301747840274362063
237395938354369184708782895042517200514373489906069428202263528394
037161581579755574454726257591493523505093762569725921696808983465
825609455643614763396696669422922246357765024747453352399711453503
271509762593510813359392892290052255279590611814466142759576761353
737147942428780769243040117817454202686315953451390740359285209350
433485507757936515413698887907275628457826283340535963729254686803
273511970760336725671700438519706791189104894125374439325512574905
074608453954357404332460604050000945990015502928099834981827475511
058918728707543466808579229222642073268969802942815758611543981322
240804893401033206105413613355881065841581234648207686588016686359
136157148557535818113067385645262661048413434734694581800123590939
003606364932591926222622886713824712572053672555381477260848677397 9
304900027516681380159126207820727761188873801275039527923203372321
550529434950674820368589418690741746427296252877227695238213838869
498969513005141260086088863354786587690438216185781230166642624384
408377864486178700097632319622963454218610284769762828542653209970
749025523248847832534292766994036595661765770521917730587498014847
131360549477970335962211459996066343296801297571881445298810633474
508246530724717063865399419170586986341658921382296809660056934436
379533214689762049206603863931690292854005134038727246474451159000
488766348470139307744360611922221525843246543758594557475149805128
429751072532069134495501217738192962439167842667921549289823403814
409597844714241107844884944907644061510001616795398057396920586724
852555267482168843001379706647631658416971507886318672243158474476
323088342578348592507362023114892332005114366315644882566855062474
430896286892873506974632118560972768425625792951346074796979272386
272203139786212564717273672432098794694939301659419192230630084378
973615732850243875965059718802248990743656513677318487135463313796
083764317993502813439050756188302444449328433729689080695711014643
526515926055875565051948966032628784148146269432617726556488897550
780317998077200382052386943408920569349275048552682563471064892720
871562106974609480143310774386397533737022755321110169907166040393
559744313492295904794445992691482235392519540807825712213306083477
560164051797784798453264387692709478330422216534153989848754355911
884386121346165296171194919575468374131681095754919215380769294538
468883371633627329891086989697558323634964636586923490130644439146
619567637844503154357771919857820059145578926600992401127262891755
625253100169203707889168372917509123233549795493518486024917411759
072582267566203136657379845497461137485728720577235970638045389818
187758469032786199668466588086346353083108264450129276861633351733
260770708256249576355999542025853909525365929624484478291756993067
274675640475820240278584628932763478083706965672663426375333725247
194201002186875296438819799104552560998236357259987644505288738807
785092016079683569630313154067776910608904323861725856772791101701

643339591619262954081051062080282234234610437894552214460102008384
651196282418063597000346567463058403388080554980382181931787963183
345342911941294786038632929437978931806136927919853034147158635506
664285056223982059737638819392466625497682536301847541543589750480
978258791813424980750780104634339876565135751281593952117457283225
676997056472639935124352321252464199079256076979038544663133224919
470535051791036950898422616058058717849257152872273082069491700394
358349730662793217016523880658464580998607178328127294436385185314
810012857402914322217268374518485443793349756939658072783253751044
408140180962635587302131610110257803501872765043109178743227649602
364875700769270728331985892507856296181346448673368421841087521908
074575129542497671019407857484613887413713606745345300645047182154
551802291826726131480254618883568208990859607701210361863972225494
453589069552117712248288001445807044493249982495665345307825970505
657406269587075677351788320006207595513399907435046391589534889467
562506388216485522358435939927968134929036988966213377926962310251
856139781845547796232182506625930775195214277017000945840791937173
851539735979075629091972731414359013651126171375194874746823934002
819565355202899126948495327271023938001773552627313861760060134185
588963244275173385688735695093801187096652955201905094944596412549
226303433279394836758456971023525215577904987262130057175316052292
849707604818356680875243828440435251985139778694324723437569454968
580499551174713299343545053895384186632280618773132753061534193496
036816420159322287060155471431064304382252240122469424855621171945
509272394835978464568170790824284219050109484187804316058384363372
982688934160208265644202472109585544639905356629814432150739013257
683294199224894105026095472235797380542222647591068163342540391285
9498884925999065896021923730013650013533347095694672042553903960205
381789088416936046688128597863070850180502683964230420879663446245
293463032714273918381824205788983331081851131106036970216781163345
332083148004232849171831142165014927419856329890954699610581337744
129186828288400373034930910885268127519331245304013235053001067286
586464579164986375814455313082576796400327355105009798182818965340
853950183168165726152849956058950557920528583421067611473746670578
354001099766556235965150304229952273577709354548183321282679886507
635622359636991632445406528524389460036773796484723134227536980437
320653649143320253380277282445748554860031764554092437080034064123
437405882427741248353567020353933844050754627747723966469047961571
263255988350210341068415681777383662551485701861762892397481093159
650428714149105299324581408884662494481950566390569529072794654121
011918210938062851123944632705098504381226908649393440487733890208
375008511906466609567270308796028251715858651731737042845906521116
338088466630259059391394851649903686785770206514125334497983947379
292534725931063693228983695186458220674231276890365493624459458574
303648941438026419179938995792006520732300712297693172649136032864
965984804409243035224141646230562562754329157445662593317210533572
449913210058782855645021551360304213601862041166810109988934008930
999785465711235378334029383247772213529763256180525043327837297158
818909586673046887342955173637313248112523293471048031169258797843
000592852642978367818056913046128379842379249380445103307976450968
891974011572602506957530030079276457485510294784965694191265835567
890920608130343427529550915050101603288727624517420285175099030748
768935270314639197457524852724527432602023188591927763276765983338
575251904257301124636222429087353660267189840142995136227172231805
286782917127688818153713777661992528673120476976701827143716315106
872147754747327636619084905322142082832610426506342078185613278887
614602073251559890820957670116516824694622984962616229660227546985
886126537384425149500453577660029126822882371658171331796308295851

355329212328315487317760613951844137798287511678737946722674691549
545388051223915640697082652902957650163203852932630949351084411953
942084582067561833057194517831576931723904311618987486499530972997
084704244468647775359967055650541906181904141802337357100647238814
708880864891167651830519463174283590726393641667620957161432368233
906341742972872268830140753322485711837268649678000445879204075693
560280259601524994361955271517921288914996614546832163439356598510
263630250760476282646241669945713989125704519112025432503148593543
731594978793318882550407850382625680897404486251397482802056153488
339639110397886532426756734152892092279776010363837476150398051867
691260062175142905067086350020973005255577994875314523213845435528
441094079156970708936027852759824454032528855401222390330679286025
003491711128489220185934090170655970381372367090160385712973002690
207815790755885111567797720906649580144699052555656821914136055166 5
208249850300413365298214208606149826311619659372935959388747621880
276824268359728425092645774476730505613705314115753287056562917822
225410087769789955483498369734870398578992292580909861559088815449
021924106915693076746763275681810404056220078548583489209218307114
020523973348886413320110697894176486942528273106635593078950012813
915777477883068253603899635793210637665561472446462278019208655578
870370763819667437168207356798244714792345660648810700069820686640
990195640459762066351403283775985201845134450715115071709902245436
935695334328563642316591812737070682071152745254071921241769041921
373670734561713994415085544602531228894952235727843125044576347056
088530813070862369602164095161546847008393411470488602669215433502
264842472580293929357831588627047183115573541018405768775612198938
542853732626504218564584842581021367426669082394066527650926751521
347266777984813812604992605955912394317559267457423059586324525825
642545615355313266895204647084755608999545342193100950460909449064
772063815368915280319834292205060543409623395313142450792338581646
662896507481526744975308382322746296064386733632069022289936772973
974796073072413872976298609079698686268978165575074442665030581607
793243175901169596847324091828431855667474304615697462887693115063
568423400638128341421279013350873330689483379009457833227534111428
078995162733688578616259165963321864867921854450018887396086775709
450348098850910180741818903256609942703504601528884708749583540417
949647339222234830087486931687868526081828803184211526057261549625
267016967554071554880011409888093774905873917878969225672575606978
381906760754422423575700474976650467396180881973998625705675791858
157858573136289914833091521164072346013346041036744534386986198158
146631320172994800178131803391201363142157792593321683892959350990
883012286266392592428213255345471919802252781350580182537812335174
297117799879762178306412542170604560737564190770481437751708435668
415766946459283205431169390516226287694262517114822199032231134036
403886888781002445863134386398961916248890194529020631182523480828
255638005356681658754190059957671849720191626045073482773428947001
363285030969420052308473726045520457270179150120235977992315079278
355366255616505130649579521219364063191253851486394336237957766727
022069431540397953246492312895928288895700318270252572186911595175
634835641275741580463154236874257235336374106979981271913607365787
354992564562754481426830207514780896859672896766887719845299898192
217848147680300489687170826384543446594098305443221150430347283887
491271372983885277033095608898911602037918407910709828229137882464
160649459020821061233718824093827310743525180984570498820787839128
829659215743098969353206030633942336816309421004922467846066042484
709067142621190096687442017686735131473862896718009994432297221795
895155774598846062773375305314249579401153370295471864228384747920
049880156968476251460464998526463696443491519103742722548914457386

3874024361770736363998278992909499570805630428917770240367886505925
5590016632510397078025134835262709974355684711587045879694598493562
0760825311975384064592718594210317599864127002537033918493017344336
19397392761674264429864490632306908803403173846091592268096184895
45298660027394664992132004010435766126637975465730882327867719838
237315661597629224349247258601882068183398288109365663510580412451
929740848229448890951986994102756774447804476499755591218818048966
041077299657281588448669834647195069938452570129974982053019758982
430927251272370169432982715225525940758094307262815320482648859834
906803293547700017802499730068747951661896583776697443195846306797
753576288016836314585892775360847360792817609897695278526065653390
486497315894982561123102311406366957114448717908035957227350930708
623379961290600315071951315863353700831146325173054289019317618296
974598425051298193355357797884559297086003356099635115192911905303
130155008312063193942074296160886931957804896898369090384968385305
212917948579190159638160032900064067208744125783946805483552122917
776338118812837289141781140285518017142825457889814250404888520072
687160517122922759150753672032319067506500690739744676664854844819
766491111139577534909640156973308399201475819763070368192685877564
753057215260686551207741594927500805397948738255683698290343039275
067496251425791665732178441488823926580500461616086244297454841498
604288561735785669173611446480872388464174325985856108138566600307
358280032509293915011511377244902376324282409153635291113833428535
483264392943441305129015281792974667968440106667521462783856138613
706709769512900247389384285222507693140613431780055315256604817861
599770656912459580959308847990215858793420295009845292778875936893
087421497126582514534083890506358612057252293983506846699610204015
622320063498959879863334341039108840172900826519013193277819855949
933389794720906048448621568765103726844505696253093754257896332361
156804780287684219437998681680059294425657014029570891144357230674
045958522620595506620061213685231087507395006792465026337864447179
407868525404446431308798267611392579481302223599479842427835659501
559701443349810494764762292373567002250198599900005048311836292529
276154903388678744731148270364388817370576797940103394660385873571
431423275843310939188493017862308682202006288842565870592105642954
817965889996326394929166109813238104594184395106451178488475228716
189550742971532504915785789813417757623174791552525301790419959265
704184714262261128991462746952275219868549406370820212675982633382
859601225486081555006359349242103386295374713958062367931979159033
467974347602669829253092492008755822230872742191223378425111662912
837630153577290831862380294512998259186443863686101381062562790529
733554305108986722300800093549679623992845273734534943609287158516
918816080108914244464152099651909913551089480469504139692958667978
893270962587197971902353273523634326619341549470671134573297384932
670424985382108748435560874151758718649213715822043658010210243592
814843281801164097163976087314676581734071635836482128438568521218
697346497291847825623602911999365316479635693893346240817649336001
646571648666756346124315297773966610513491850847189524831160236115
189716146887404225999854198341894614429370436575296353508434057761
182545690435246201398907947984648657272347947214637104923128625546
103600488805532519849509480618983166224686568882266896301485216327
302568468270791377479640181089635192164996275347928588418638320953
261160937546361768942706503472576372271920868937233453698931823668
874086875434634168999265843479689236742636285437317576179776833117
538542344130220447014304560154585568395226150437817153536032037915
124959527405293238555753294356455218014614401198120088115957091375
525641515702620579399496497962142194659325193779487079331686092816
571441524819472749176196457996152655361887100301836608101685670842

482831531641272561869123520337458751568099127224236767092585987894
076732059642592776048340886159565412798894340885882743835565398394
078595880459236416640955437948830581977510388320568065802363591706
231531528648318347305816491257197136001770264685138175159994428405
689646638228811637676690751012132357044925255003245844860851305405
733675281810725697324094169106362912228012610266481904200300824490
284509133373186074174725052408835783886234594162472478945260882380
809657703483987199929205758324822205139366574453024691209241919698
123545203096379528468434829000814947018996815505364377913038139911
969483750261334693859047536110266873304121314948413428390601151528
729931691044970305847606399995461558011720167780999721958426041549
872455845221559951702586063931890548036788628574881736535116733783
826684884765399571003520925393617351608254181169964980638338344571
275380686953484539229165583836977616034267058611479772293595146832
799118835715647302639156293644144652301226101637141304614435379307
298287184716121605509249257812663375478969649797312421365049785807
858204264581935381255182808771589851338595906995577849790208034675
540675736331693480036585315089195264520689450038310461796548133591
214284165112069936160310908341063958090876713497918190571397318062
977590260908347710903474277313988214350402422984212872334568341124
110108143219515902939848497695829143765811344848933259196312708673
904570429423098574508116243187237229048065737244312165539619343305
248385481084544999457109476333647344771690730486230457815907328222
436152206173124975250300407044014929097239546075736700907170120799
296259702604140124599417218130636202623855532349202674440632559314
064932429075430010194727118433799395981694286460137137856471055549
717249016473351719196187563246237703896881805141033926240862878540
406720210881430145254496620872537240438656215697044793807652608461
726053887806214184932984843022079520118463033670817238226510312715
725783109713251046438570415831167592362742121285409915169190821825
992721688579518503663444768524542246175589257047628282747657378543
986550334964038786880654737058803785296086562077907127241371985917
420596012915165051296377456463982923431904910294954450379979578216
85305192340653415292226275572338200710297626242162491844483812138
920440960142871706769960639486772142744398453185638312860975358366
785008177197545131802448117894025599615418651617002619500941755645
736000720326073283866834517491495532587902259646021501989692367331
148181750673838384155254128604156187250210032465423074184999262645
484612040883938030947378188891036767436928643487023608665761999610
090169898131051430572097295536612348965528326894020868857436030433
464372999032656255840270508278852626142959290223143495001205430122
483269734961227616344130840211488480377167744770240894791504588359
340970246519198156904113601107633893680176694818379482634189456909
750538748394408722420364334916695147102306337628346363515736521109
080883665836414654884503622550927316394612814576896047587407795914
518443476108954792717258744616657640289869458581243836506567771917
415111233204681701421204475074023010762869310907869643645133374424
529654503768847985415855935278187218388632325296063502250552040923
565008549051413785704821509268532284380426807053088479441571168206
051514439948148691240886176485432931577055709564292931048052135568
133046841767234907085507306984505513284979090050019524789474683935
847323611571996907544633821363881597998277324430154210746265460300
313425950876010835896853685018069411992407836168739896347048209305
063612948197342920341886959346928412012798167709360767184950877362
958765178262874592971780814759645732706359389743284852588079104431
789565198145882505856738715622043580520421644596921540431856606783
690888532352243651960883115221522036200689209604544654520650681657
906399803895404697964471264290718861424196267116010476957503267155

596399674565151320925899032577216921446755545390092708853489722028
138898267738052103573661174033304150162484287574081482253530645174
717775274330296336370270035799365480429222678007777916183017177270
717120875558952175953196756934465269585266218458686788948568960508
770749096418830963358154774889060819616724097567153848420544845005
554339775594671501979471857177483100534258217793022761334754862837
855899584573142638799333662465831931624627382071526328895537863224
205782767352985535369880625919854216435666017224822161233277197265
655136622037914273480679466428322036824493729890106705251982219307
545435072356306853671041414535231088101646366067191773638748299917
723052775031013205210903174610434006945257666559745808143944555619
437836897858768675558198524803788772804540295904066955126207081585
191934035335049113328590132073497112450594391805489543139185640839
832759562720394808534214105104760618790608151137558077362812883217
005456662967981379443501732627252486421624111820553646097853414409
531455307892748048530980686063131189477669070232728723297631352215
380614497210483939782249198701381311539029053558743242338062951496
302693150889418241376667816792920126901558393195183851334787497797
343454312021939970631686948889544282341242937172317210134379285573
524706554724555105650775430828637550543069833754830827850589596683
329917624028223456275564151284294895661504974148347803527174699389
280929412591447795218744010757977990336291812261816266015268681774
857964151082747848453533701164741248262696699231270812079647083581
013748739973565455383677536597945925920249331198006331497116149967
127615486853610240737613282283674863430921701844090810393439691742
094042690884148168632138107500662065071772646820165929882923049740
047168470314256843915649743841578570900183260519305142903728354599
237900603287015244420013294863458226508744897766302316876592662573
366041408594833422759705436316498797057038665723605257128783912302
229660114845277670322931014315968795148303996624089635784600523788
307774969284149794238569063338111004881420679339686059462146830946
959411382737608527746543465832381176827513324656903230370185492750
945038953966409630164170764897066269997231620365487671575047087856
882815898466321006267378394379503366944239020083720314537422950824
495026599401453419722077303933241251688014786312776373631863262233
071472714079440357426173879698857787079551464667263890566254477100
565631304992599250159786690391639690193224179606513922353945879561
990388083381830864015543316559874065814768524346358288436045958629
472013782744553042999060307904938121012059690588508820003949835437
578856661612852982833869028883840081534709493897179464951846796780
700306261956570439352774520911191953847145144509715699083024464878
412892806861311074728836175999493191297584372052357980844838363775
721254550103275730422416612544023975051105766968574847550373675110
702451333859664265411595509121955208284206000271347646593443416697
495605804777601417705743918679991295545566341138640231921659606437
428204119407118353909478819103336351231463464659720152482130239722
060149301864794613276870968557067740736296664115253894810556772827
571484010344731235284350838405702606162250835816731752733024045702
825982488275697890052643233421976566523293182013597989653694898092
453102273516607661357416557444369197425941737479583023258123783880
023404684019117985838415770210360932405540552207677528007950842407
231808453885735539618340281841113473448410116068353871405046780955
756203712450886152904682036176903040693550460602443633161167024019
158281258406862373772086113215175728093691989368353940496276292271
882528577713553596788996139934004328729452537366334483371106251630
395160624849652970872164896391726154866627485101459710560950156010
388711808029168459259644904982327889743741080829148006454691889676
727804420859395834980951981384436213139043842882952418242254821873

272345466457894595700401699530446572768240351225636726541365544889
745750081921116368657627794711189722022250760933291417445649780975
115262441943304691411631024351616227570391004986307124496309103206
702344862975855224723093902934931858315883793022629156119564114173
851664590960722271217329673805174580101139675077515397074580052447
894080408620672349721679101128021725621404671995687213445791833255
494655263417547643190917812572291454320934960619271891755377112116
329865130680869486668100297071608138513725061659937995915226774094
892701955891663544938640368981795784656130579783957639506760544583
148748092039264066934974807705620571589729012812792635459515374596
533297387139453105675361732002359813863357412458926677886407117867
265990999510568018684770850797526370504022027220333002258477097016
162937280937511376808825991909168374461929799314822255780483796360
734944145659293562030255633766733546613716667221577355790680738165
294422953330919763094109247095763343859475042417185078362752367948
881767505095877877074443153917197078639811430484586457851924279140
310083785028957271551789941692584309951085998084919541826916974022
824429242631672357067999056826520260446384788507091902845642290522
622091757407619768959526461035863866642035928545016239819417715205
573746701376767553166120334016555897044137893195290871889631978658
096016316012525798292430423930810270683775970147597744902886988398
374371961254836863661288770826109804028528387950000847863669386628
686144588876106657556606778878023050962009611078846980476422107918
333394770585560411114694923840861690590843250249942966249631784631
913954873067235463729275689150180174264892222757562042183726411000
862543538233496023416652162844316698314874667381674153821304920300
680393390358514829581098782222494281304103485099738050081091829204
093653151687144640368025908887138680304133443118287813675196418808
192730327826774300503953223522717471351952646101766488796367352532
485315448990900545325416217857285307875658646217259326496531620813
409814661605620377691972649518018899140271605372472929771425478801
812885030526980184842919811835751858018960082390044705002207957407
942886884814843056748591979421144925347935816068011450764848973278
514297714052449280283333210376511081284784147773271474314923150811
086914926819936695919217039849033316058791236022534220735449826024
841687808458184869281572295132962669101399690114080497934305195125
004359002455952235874436154911437013033676316381900236916576815976
437942279462476323789671256890792195363548347006464673125506397868
196270440515946155211684703073727235710369975745339734960635968938
245661290000694948174607587469468332315091338964528724915939224620
166871683598681267907532731979187219646601115718730661985683186697
603710436346442837710462837189741911430131813825046233033175526422
675674649355705053564554383053276216673616927616319824908653849127
028312968969762107241063077142234178506824104477477187721858814628
153579405978879331338269923457779194491746230349934058713203742578
859206060933292024630270242858385087843514805032440355151262344771
404693919272547187868247789145516543242991581854350138943643918800
008770582254553464153780353658527397031574461156938577116452670711
521147716404794903107642917416750979158530875945959257276147756130
790223544831964145883820376745006853999105619506673795988539185808
182517456672600086266399600432654134561897016241925172701009087122
937192093243029991830035990959293389147571186302641957026808398643
236169822331296320039395487815083679814291105492765766145065468113
327067992211476981032144481671517215838888492195450321504586340197
513263650370696389602368425783575934971780795491596000317630857466
975745131013039457650239183254621001126929698478436271942511533053
297512983356068770218995934990687226508986907320297739485730287950
617177846131882282219223263853711287048824037877286954581367484186

013728599859302097809227981543989072730571630885258380036715870049
337197733851324442555810936261953241881425921330507364343541454825
512286558642800885132207308429405929263726182047733262746027675616
646251645960843669730994150842350011929339747964392268403838153535
735034269401998980560557530672126782320470457159749337669011246850
644476935523340039347311163790031187320317511633664494426395940353
331640831951575998299671004575866542646429986292138716482924653146
039442227836255755621767757575215651844279298234826566528831862041
947788669601789368386559252789779308669877597288649167209214047662
941014052686300475034249995667796675075636759650341171353719520310
782707434334590050550153272271433613890624844145273329508287368588
358507929761914378661974279181825892258807352556872300488294778586
384029551232402479821647066612968824062793054228148018556527263785
644594371919387637579600325185871918676644406277390692449462930257
474029556042280850613932060404268651847402035156943967804401675182
983068683067792233315916858326778166693505479416799089122634527576
265322889435497094516063054231127391262522594752659292771017648277
803114445807177050136337049516428167012599296502015035600016624834
472335748149191204978950070670199479415356680483349893405856537143
872188883818767517746449356077104454827336430918423766085180674278
455527240260302855918759680182648511765691458958944774217515721714
449751800385173872169944160375316052813791910018911568281624955187
213056887626195057930781864649288553598257012993616667009643263445
472401519100410939621865108535637217601778561112214470303344057721
567361473438730419252309182070606902854959685003052938558581671059
358314750273695059780708434634096581929393384637449339936252977213
492464567669252516966839124987718202787496237444529159554778693383
457746324448528256447648895753775168629410883551717925867644670654
046775429830684040501709226140828858755016274532473283720671043016
412446501209169572622434529739290554142724527685866079398227787290
724061291066263415367928901787160741453207124445659255120976860517
299588890438452233122062878335486427386084307375821615211274934438
511251562276775827040722891413950391933788314621427346213387206749
867271762122085636971893354691120828322246901147921572834056185860
114791427700400402044279947587484124994938897618458993606402375090
482881993256391581354974906352134387948732252035790076006424757782
281497628809988511895603845112058495294311425157934435124925906309
985844873264914303290146351803349372363370573373932295588928239090
095869466859446451673443678671811561886209343139793461883897460538
887641521628412301675243860349941801498265518916610188155524841096
664538450382219030820067778725118330911681055419251181402560506042
593658795705432575137363921979559670667563271083090413154788467264
341350970065815197915083724601164552331086375202685424287212193348
489233020888867785469577273606195875138832863622876507492088069026
326164418336450244919181534740686440097003265952894063061976825373
666261494218111753082870977315373078320764562497765882750176826212
910103992533996606223550809038705712019698933128102673450140412792
640388605955234337489414979893527485544249358490951935606076376613
781728299305456149460458484990942094041966458896370405507804404828
490489668483943834989852657145745220906192547088691690113011086454
672835094951300795630425393495426885039082421130666474160957036341
432151774399215033839422425648390729019922467383341518724443152633
130170489841021043279612008440464446503362081622757847689017158252
043305507184016946789220350155495490962763121796863666566955403736
242803753730593246374826760320215089474716874525836140106920690694
379300900041918222194509782894511186663638292755575386259830016328
465270591592881272077479501266888260450381692456523475945096386228
445484216610811093187423916783770239023520409585410609450753289811

8493723710039039072337891752520391781040633640202588146606684974873
39868163321220234577552988545065884877431939108889654505574632295O
374962138727345331595978455956389312686781051902358735188195507541
566981533465326714084347007341525664489029674240997023192731060589
237423189992049951580862598586412469244435431174987153042674303658
496581277223559240350468222369874725346987395504442078226574194082
258526998796955760773117255730460527744548050943516671595344476809
469707492999528871265873965785223338753856087315574050298354419445
496481300612566325234932296585900618890227978175669532654920059630
986347466217164763191611838081159745939968293684904673340824708201
544029076882861160661367236378473970553924822389685085373157500223
892695256072846279488076106695579078853297787036961789845934352413
499160759865246247584498115716276395753253195111414759648714722692
067408992194884349830172930736662438172317294778395684801611090759
056983040477891535656634797075871282873272188743780852171170319623
235452759720518520599107973867683473673414598301945138691659358550
037014377207652397086852274244635415849688014649623774478397494274
911893699629540341155547569058235626569242567989158762387329537519
601732130653560655313772949365110177845633067457910384967672519912
894715202445677760796320891565808737063394116656965243851910764596
293669447069154338238553283390366203714318406678203417824857422848
085884409479876695259613605242419207389829635318623332481760566363
527129377619648399067309480148793047398246542674626704225719794725
202962838070794288077912088174777857074633153622604193838192935845
049245023760988149039598555561696012103990918750807215823268746683
378440525164425199613004803308705310172644777828082708742365508200
581233220723220104916593024007283816028235791801672331637452454167
625540336708613887707844624176914881615079033858906751764876368790
747169205725171376692235517414973778940360390128580849324327577325
977291950791094874693312880052009611890653581906027994527950408171
945179618501369902038875250249853753357658298055453904490159092620
502310147917386906016005017921154830909907820479385769707960668678
339847512312194205149254753934124417261409337043350317804795699732
302569611108123445908573683064768661002778152719405470082615073594
961299427187465068187010951810812347940658877829693892997508105594
801104143258777490446271621877048048319361759637553232500972433911
679366752356535300116436546080281572434827703638462557365533661614
329499968407328950268200941534192974977804338316323609931521039247
688312838962488332467201036039332104957260375458270209985699428894
793416653604095983863642631274957119914151095376993180720852028699
918446110107357313124356631529444369801767766803521344573504512791
176804066913805830617395684314633455136868144607885356726282615884
514405727146517721099016303752894596274838697652442496737621017944
233361415439263502882172717751815235484934558890131268799898082855
603989705859330187819324200812013545907845011368875492829156987329
441480060398735171904921661885802858098495180786200205956364583740
805445663779151785653654886972466413487871522961434212834395718932
224004768531512346822605881456723331805351969597772224968651961264
238299988709700010048375331758209769446065621036854737566848638100
027116998944756887599795873151496066059415616806326337754134706244
448237314288354511205965444923012241858538208810788645506275730879
417909036481478309773518515432811186039952631695096238672552142643
927371241994160282559332335828040752038209202940970062684002072839
421780558916731746037755682554020746132722659847991198778613850351
304020445120592402658616755529210921703819040979897683029639993507
471700045985000376107768679267235129495224866043842832127413962985
526672139944248085599437034965395010087401306324083365967064289375
630212824046916338968404663524914880539968451554435363304803965857

1005131783679551993678551275395432973261139356305623340107234877773
7303140055747180649019155663518908146717111649900205139753578545 77
5222054330679058722503086636960664953865471290963012631756993928 50
1034498417606195670744288885345983056019920621983164410046543240 51
9764904937642089602410884264741281559422401564476520940997171238 28
9719866255375024847230686360593977430168852676118123864231374601 48
8442419604936895376045834730586985939632920876160523374241112506 87
9435600306735442333620648590944057226660902090567230014800010462 98
8353806395026832429415328363433207467316038528893460747470136756 47
5597766500738055903887176494562693334890402861947563424907738904 57
1529407023254246303319734804628930917193194688249286955031710235 07
8616838686393531332714981375707069742550201848364832761855534834 94
6121395161515720305710262070145603609363875615041893247669112720 02
6925740403371022862854628087306513271279282902443401481628226056 56
4408963849497650486881068326140812546371369928097403185035179642 45
1920322142803126863853924033532416322232903159544401165161599084 68
4120886161844331685083050091702897005430498940467845159013392430 77
0114088908942884335744137627895672905013441888302064960391654875 77
7395276368117544666615577634434802756782782351384887154707342067 78
3524936339685717843330476842951399310821329000221104924407886951 91
2995122532363454853934487247753293044107992105882977083523538927 45
8894724403004411987944234801032312736132421862932625721312227436 64
6407310094425384477108263335834416740960103532760333118252422397 83
2521541065083297557840285847611513823600918809219719836005646444 80
6951744664897912699142581166009494224561564691203888550504803657 41
4457841126781666866388500047639546601996165553965399721902047985 26
5707190750925002826576902195936468861534315788796352839458254842 97
4637235539276236858659422126979988233527455775963084949801869490 60
8230107337983754515621723217895814454712261224301914379594575438 12
4752972326322596228394970965422227357908375532588261079996065882 10
8020763421374096144577262997983214901281755154413092902132220291 97
0014161822418026231757464765930943182872733978260054775155634414 43
1926983703622773600572060470183783574729245912886414341523868143 26
2366318039391736612386739060145345134472654956159222491460322682 86
4359755655417342051546245032394828062291437910072888050469549595 04
2063812918764463480080644355106481200298095411614318482448573857 61
2250415253084873641495705093541169389616602137623012750426226775 31
5632916929672158575540907977308861893598095619526700554604029660 52
4557232213642174416546954702082685418057137330100480242439742101 02
0422641213521054244284484787569802501722190080105177086372706380 62
1626559765232397030298200667643005196514012297688861086027891258 16
4892054551488186175633553739758020489217199431132052265491073040 61
0006319490761489106352769361317345389435344633865603748326717153 78
9896986218873333983146590490725374235176584547655200116240263222 74
4156509031203948563442628733827435540929788371569853836558915270 60
8760291866643298552916090578633283062039753861348003767471761011 81
0598179020030811235931896035280989405665035535905014807934506496 28
2082734084338005325624785030975502117437110258628769652129502585 95
3654768281846956981153066983105297319251501808344330382294785450 13
8327722480709377442563235852949201030778711278023537007576717258 84
0360353377272707476309022409342803082310461057096734893482742329 62
9280488269716380939064877154969894675030815276236307334634893863 76
3278024342000341990241310832973438307097984458341863090383731181 52
5871524135304413890302162488478716873648030061198969393768286537 18
3750996623973418507929842771741549685469277081258941113239278614 46
1890321141103878429569792701483655404271698431150260563262829639 91
4093063743714063945783248770092866858818412562440238424328094309 82
6657393964997317174411832839091166370944441389758985303684036542 60

2962637673801960660853731588837457516332872730442913603600140780873891221531922518465270487386393492069347858391979753088544902912549317379279284853596046957530919809619948407100610055903791110947353728246855542861208787409796726329904628866852248712292677496505851550862198865629499927256102104857454160400888095073281050387356763332862242575638229750618390374471976241930986762271252219973296916671567830454167633940606226810909413372484832608197621226595216681215749043558421289172137076079534728080739039152711494318147882205144274397790552484025723090993429467841914301905438759141719849337108681773411582185213679593273351163216315616340816145526068449102351250400256202439010630831921831404547445322038249875206521125961556163089754092192256558208755588446546492118975588066496990004051928766087677804214431997579909584341930589138918807431903768670261312783417983605554038836668291588223105902681768861105776148746702446028119242109529356033470475249076750162655672886652575061562616396079742024582878656534015667872326987900279128812275046323596483702115600942103987883305863381375521959983697156186066048921575503183311205420314614200344150766999363717492175204162624550480513707798612388305968771266262009678627276440138072936322635980082867964799981031933693734470767362418324346479800093397583585818444794955090801983171077874318825495135687607084557633760748354774408476715245049276530504700168915803437451762195548681046532970954741313056254355036961610388225390424977483112975742032312253745759813145659990895497701860803318342216958088797360297205415954494706113021915045377597741521425960496164401776938740226495652786423194805430264416115384116876774282346021898055034896273341433813737936144747475841571852428626606274880989800836345320333290683679240450853052253663668788276588399800580148308843266382058122362733341007764530669326274779043428373526545582908711968723908692297128558270582026335272236239132278186863553649993900339272949445434825264132766268414322667156187274081667958655780177238424612521492484122565190155601308766466346492924323323938358334198737451274076363285460538822642408128351728938529757517014513730735035395319494265336675858074569196819588026837776300985794597032306569631329433280388855845445787020273980874718443320374604198005300615622903434957725708647484571847708464215146415716824499209742080560624331458123414142404906436751645062820200777970847962737602380172300586666105838865249131974844351644945106869171233125408436531777798308713388350444476204513737965916795404955736073179444160646087122067403074386536197244882631398008062542233956961297097864783296643096342651670442690277748042966258971267419463015898758654280504845399408322239332413918248562243260311389725199671887799924987253300670799628579385459532438288135731854250301229671795387219352143300104289356343511366574399438329110730485960456251985765306608515932595257309933379399909632030062071890046200107126244059722249672442323109948466551071004751547630166000225227038379516947395356582400109337596790785404628311991277904920057107187755678422322135044926642000034570580924839518072909585800835173649597165562124615065850437203848412170839119407074063280466412365890133451322478408766491972916657136956245200344185847919069623074587418351121007007175026889089552054415128765716582364704554594745954864403653623770900997406329750608881464925066898709908288663748731554979399722220919978749582196177816929044999321665238461319042400920351766765717604723801916752068649126825583906550283124007608288283975249499214956670494053009431041741238536542833395961316003592320321443311318723742491967000232735894663409941891253698535115707441510172906158458359872416982433663697766081732255936570160808256272135189038723296060336539703927331147312990565670575889770137553320620702561061044766955306893077998046374333

918367689996075943538823013500662893296460161668462527621525831678
235526710229245161805987874169803266762227544460428115020016194560
726004790674991939003917809972750076650951915327245312270654428517
158241248587508508894106029858078689168776497917424105523990768048
499072171074812289181637656023454342480247296685563993072517532430
397420137614675590479703598322967845880030110288494734895580819361
872114208371824407644900032824431894829087265388576557896449500136
761063341004653729318840294978110894738646669605307446587262552730
430669469471664682469976155015154582488866724117585911393080262518
356917216039562165585525392686152305196022068520001714148363934199
388571035754276197116355427171238458101195970696003089366883013643
797228126046843968793265069264177575546422344906017856469417123311
281157845370357161617815817103688327835081931633181453745566615132
354162224454434151705934954813108117013084268709038079632997101562
405064625723944859315450087467186539058201772485016951209434776610
085507709794099684090733604986623174389700501939744213499908897464
951797972086150935098573144742959342863303120087503932625534445326
700958609007953316904613340651658504514854754283266492540154521584
871199340504243113800897741016249212055318935928592094108818264179
262923284327643710049535417014908277632273468299076872277627403341
305079239795151614249142664964900371895205885209232600581592117298
369832595055775468303618151831649176780794698388723309695848143716
969353998271715917483947594734604692902087179799338998159527763231
795606670615718837126401690430721045603788397435055815708153874851
252892558094324699582792801718581966908720064557842946623555271882
468801674828550987813075877098943362543739034108088487611086058245
622901005274548277307803221170358468686284122551835203076160748006
437113656958996652432398831408238317493165318243167054982604908212
036176246806473297827178770391184443012350506570406430643702398331
854908088190158809491402862209191288975738602570751504708213915992
298328867547420217065928777471647104459453570610852277116436050243
081608887551727012401446835409721456637373745683150803768254569301
621703245462212823851558102856213595659826850387112610832306973489
222192793586756860685870741079500318724942204094143597474604630391
524603389679998873129968088282949002941837931599480166473742076511
149634070475401412460449383935221309157782196844819253401615101099
434143347681386606453359731508940077972162323383429701018312397653
059185290130804103984959048655368806475236985962787771635267231562
332811908547645234504940731235164716512399328487478024338025387172
476669090406796141888037142871237326566580283520706037172503348121
772654078907923317445849675381570333832811734310888388163100587840
104455550183513504971238621414424985671545661377617385886815679453
595115537634338531415335883605580155148394050232215738150232065453
017866859295644441455193585079154956827244201989288616998975885192
689070581214182357140160761085967110655618334983634584956646924296
987174770295226087026053380772281464162479516029000994079033858245
967736001657191247535455720266731020971122144998517531401612899180
366377164923054476660331376995627934401242850730892125608634525793
790823119038929497839569096159036134542275424213098233530416559143
562831088219833128852375657189919693513236566680442919239739107153
282350452824278498935002537069342428206612963451439790527592235117
977431317340203587262958047300722452136155465968742402490410901592
701984708672464902424905780779745633368088088589838267260967048909
126970076516848240616691449785520646287803689975581899780901146428
364183856871894431923384323557025387929257868528036043495880712371
504805654215242141893329019619665685526074934413569043855573262708
552730107681127386282712087699747926720612798180217529031780068804
673693129368051541613756353958004701721722492137265001608072743748

634294380440795222009244661434468913581803913730980179746222390594
202703410559734823031652858252378249709879241362921999587710535678
312413055863744129928733909948944836394323789417836945322934359179
279606951656859243617491439653402079361909293745943060365073487152
2228342522256574526076202646081271791224838254480137237402311156907
478770956922289450410920974484884380693726851037980777018437838908
843144949142872981608894622451011468712399489024803930203809681628
280564133676892746798967240089335043248735845956926011650449308985
869370608310862890077631429804505521511674699789833590827641468221
817950940564697549685430722611617321997347867810285780821813883968
511926046119072694778441734281936284342104035214771574500038523888
209176025952868927351693701487421143471926107415086670836903512062
876797988018223468799780586060371031824954859836346090963014170757
117205728493297213878580607944367718255528839860626999941624860596
035521722210915214390757939980860616064449070052200112269175494336
265468933686998995405482914650174175890239874104491596960775311282
307005269828413553764783327417193229533539262675382079044407324515
616051391367247579786360040678855135806770879526538263502308375508
688383168602573731444534425644075177821747471209973820210490020381
968760638996901197708395387253564332565172881638717197426293604264
429240167170850383179707734595295052745883653875703432714251692200
328453848865231320548275264963003416401151299525495857565306420182
579774821005599893071270000825509427175235179890023448893576777688
415490646117583664649629293988267837648549981446858727219993063099
087772026137921092963483708015578535414411758045289980822177950594
371553418860212099650956475379364303802911811059170004075514444579
358907349611490035803333024408096765280773800035140933320366737477
231604379893915002580761411783974758586412905243544879183017842548
210119121215983821547813440484104516588807784350860211485324999817
728416511520669544325625046501666841655168280877992885588637374775
628233672559051553958637315278435476362790500327781657759255753521
817854837640986135447607212919052879543723065124550487080930869803
413398710938482373868971150908724609964416341741837473442933012975
231904397719621564503016922211467606758400051293832468234858105793
456103817172507109813735672971988987741972118028461395862045744201
275587614357670446654294200607913181529083721728137048168621676547
439396393451863046464542227682332103316970856496579317478655710519
959386479910002426340459443717367987463592486108629693080957593215
581636998218262359373738056928933227165432746681011115968475612375
708519411811673923605795123966497561242256231324040278415622372365
366249292621026245735658331460005102735626547619054622760268935642
610788956837930632019352801258225355358468358252030063183331618109
392206864154507044046838421068044170727434242672224343146732666854
627942039293966820356112275690400580351616396980978095817093257876
226278126588461028280789738347727237920817035408083722370977255644
216398793839167227503621602359938637727130801015998488031828098769
488651234386019198563684923042810107246048027194836714064964245706
537124570917708199793022771540243922812814218067960121308052001578
164731558101721468687298740016680881018527146939854794410972889220
689639552634179266380779531356806289450205110737265091626084387457
625254478497116398525094610186125920743561894738518852537618628510
325166822044087532075629223754781949026659198359881398838693356354
672954978758654218891771051076053399304199512978507458918178007317
676065546588971414062285753510950783591304215292676638738031344723
502283884832126925752488842925805009041076809176634118109870106246
355516337175299813027551892429429802647605394386963764707100020331
836392448712835888949023349924134269316968469173358974268250551664
754627021129065642266627191311128243664144971780912322723614127701

515402924955533739907220061536439415596462876346753002049304782833
886002111487373020893711699239658201589271039335122747663523989319
786967059095292932692922140208016379143949656080986502546729314090
194407410321378087261381221479777999389121374696180338522364192626
180727856127349144022796555202998454116888482508135780556026962175
984246469190011071821747509959771298451680975062204800360798058162
571140101885614923435698569876910923943727064227001425007318053515
946932608009948944856222677324433609374029133791466068435946098978
345838001220497840925039210664867072333966424243583937456160157250
992421965662296448896485192171895240745334232772328267927751602297
232107581650717091078590051781540503384278592798125671731255581049
774262427701782029522138634683055721906642166042388133194562952930
552461234710371020636295394481657933053524735760175827198834195896
770006184121167711806272822725614993667847561233178068422438049245
648412812992235481478468533843102214512882318928928822518322830614
162680143874700179411233965161464190635158098621131159480401457723
881876859997086107645296269969920475914711088884874575409402017241
260069915880605353653730630728464576353893632558734676858988874255
287719335941039133398368396017311163535051661888809305492501585479
186422877786469280485610283054539049165536714849165433539883358215
019912801283462434797962988879376717181526344692549640221574291994
551834013297796616855984216471447852089269340773976502432213592580
784321613817941302997090177082413461540714540874784178644586936707
343621934752604125759161499558313012424630105851569355039828518056
180655353954955462539517332827931569274755369553539702591977769942
068581173552644515049642073504008645168221094291341848514526858527
757152061617085528691300279357576831319571287767874782613094694263
151397392942544631572971066813618624382236660848033296635201194447
703505572581849446617814568131100271390820082053451756025551562348
838599377649752890087787896293951664154334923357465904573741365342
814329298993066406777599181864982510284679699873317321693092146541
671295539735935545339582214376486214862801805114230832586805097510
327668655135459900313116976481078883586605996839561133885122411947
113657694513717322259312367746374543213907763884602459367323483907
723598880491823810763065018170092297726789860353298121192782111912
108450024983755865721868854031383306139659708616969735457194515790
095200478413203903737102414074530376653205366539848236030912324057
470182664683996807674878998278846558428246316807719100508911938480
249817619156957792063495892447388867270988613662803435611926981906
402505119618166893982190541003946864245437496696596651229938869621
541863011269079267040007531324746065390801860216170860479870201253
450352694747488009921072998899001225662430750100390222751637587909
296367693236540113408472787574142417650185896472110880810795994168
289705243193322878469808996324475500986237812158180476837368819697
417890643168279072496528275043242967255039992320281828805099696469
688490456072799603315617623808343831359161798421413274107402927867
996516123962387577739282315309247134583442449051828209585125725890
616885216271493816763179290353201570822202396184889862515132024254
170645534024133509988590515301168660665127098212785446853798629978
926968702262770910317450328009336172723702893729410324680115862771
629468681787507950631240943538461286715159256497909639759883814207
386653867528712559121719204901337294403377356233522486136307452372
978562698517142606498627430629864008917227622883983124002614615080
890447850699823870248355483902586618446348951493358417393830038375
402123674126761077982605253464153472697968845238903481126455235353
096601294659672675414370949403222531659748480746942192059900361300
704908823841081275092468673231225913403549326985228576000375172417
842064889648906415181381578972379957572125958221880006849668043171

972617005263706684101133124486726332966450656451146459616646709228
979158839289968345548639657251569587526799582242137515132408783681
844691285726583447503751475293679838896854081945763265467555099073
052447474902860036198791252130705265888223601806847258167163461185
415432680065757464292493153844920103062282360967303322763956350258
520600638605702284254437500497296915414925454190073827796561475922
930874572894980427433072341142279901651139022974455455587986556381
969513783157598874076644185656034635451605672576703993263090837817
827609009229244943351188513868065827490639197242089551970149561093
774501491173699727968189549344642180386832860169183852778897312065
844903869316668049503018268475349683355709545357424730131957154711
582265713585966743502616569310586213309082160977406074856305525539
155260878329374838237925048575470085523563166294185251354401412418
521931785297783300617717166734502893129224689075604282695806225063
064987431478312568587195332390066055081548956161672699439457363629
544413265110011011049941367126050986085245535591142679016883296869
956616082717649996625249678348672421473175855475118381229554021132
446969900764811979760502140155110255497096640984977952213500931193
464869913463497987735579236101799091461802957912862557627211038670
774633304929409203856801431730484417291299866204494765684533031990
842082186814437612741158081018271590961034944225361992003722475904
858248940705375843594011980872748400691058057404639012131786014070
228577339596767040409940748003557710775395948175321755977239605428
584276882374415533594711265272755189096331166104775452502596354241
556291088763750869608156956386109007608856298934685508993732020689
087304667762170402560883220730614679756022611174114842974611167820
776323500045630891454382225437137964053378338812912583640718173555
271547597907475544814100738348532876752461560848584551334975912637
160050723861751443456468536816977710792773830735834111617107906910
967484896276652777167686261562501066114212571717978348663299865698
880568568820373633155129185063199404201241420895240579120780902242
643768425492425359176019603769153456901580057589449931890748311760
970457927996324526731511642717553767145401139705645022565559029500
394014028948297335898495603969812861958400012202602855214705336398
812908359221023777851340748810515802410587250206857355139091602984
206311074066299111351817722655767607650520724095160885833886843827
809115471515308457179079302292315872649053962770158655178240753600
016431522875090659084687886250513814036248937041711011003206132473
448517157610315112084306463816769174693395714862706841506851487257
935448651298839938105679753559730506841728468372187749979422008748
178021103347474376486923571495251172178093873474560817801769714764
621301033156008369662782948326869946937146570593000322653848015322
118614113396021014153589180173779021402008459640961033654055605794
449138808308421870287149986797269824417568954440548563415994391534
113589291268397338384961090580558736698179180956990786138984826333
763100754055414149736141335004579245380722902249266375318566878183
850658494298325896268127490536064512485673251659139910648697263974
900138292943084445241515667410467078408214781800086901928621210164
670362267768497558133048907477810175014153481211438685416227517159
892712406373463741979532047736465118810929823581900528399455626548
466004594203060724759051987563140888000265446913262985331955200781
176751505859609312916255612109168806578475579235152442863038124592
424039826554161189778834172048900820240388944887532539337737568009
824353362425704390819627898660668940349552883573050091396792769435
400844197665788625674532365604495928513176408328088243726904141866
503130522017582290846406757068334573002613280450679921031564900679
828495390053560917160596992102590174335323116512863259241429236933
431788890352478026386640750774653736134788986898635110138108490036

011067192932692693402439310737982850638147370997956278675309937018
613327545884733999677025684032608599947331190357149789345751222332
828260666100302266143340809732667416624111613586511780770507794766
724126408897611373033444531194603780050548279377015241076715142238
436625804199791563342208321111670997225785309719274068842141422291
891215144358454509525354450012808970019145159119711759811948622887
325625539380172970776146014205299908286441833556626541593341418882
824921131350591343680114970576962912642235096619503234432847803910
172185055501028740777206883225097467172439025081465694662820714371
924407021416443792998856455040082157970988645469009522752761918267
274915535221059462521991839370942782941330275101164307165152555854
771401316998816115722918424586976881657053588012469387869525227266
019681967028790382612064418123982758828139939528347561861339422603
841431190049478090639710104361516930980663046091926347813908874105
370106340159154955649221617568833134567433848659049596840982851017
011388641983749668155651342012271471395732507158142662709398388870
930543757374806018998169968569259553323218056430610351906578843151
143012958161515987729521012235005987803630646431246607337612902470
532953974069339619375163088045354917572618775635810254792339754141
824582942263825701081930139936747077302130247373478313276787420658
768890835446499073683735221301260853733820763253279244757533110599
782222665372317523170428311721693333719801963891981793876278674082
670596508617915270558142674580660942334521724566454282105705590607
511208849044020942627793099977036417359789346992720053736677600518
764338077875183205674511302129789148133510904224625643292048488846
786256551613530658115541839533401757434369772856610151710707054511
828377699674328594765536744003932135507246114678288840869897937723
526760459707623046209314365321626170681901129450113190346446589960
772529397618351363144733993613258142991927423128404497749742743874
788665416395484485625919750717853942776873666786799022224384166799
605575037038360709598455683166906599215490291822805469443678709393
072432396622957326053572099071091051409732553616896205534599959588
738652865045106361085231645335356788283387205488409277372584006562
779855771292830359205284607928777184110257163573581060320665166785
986107548389994240474373837705662403511211211672684928419596272057
338896580828026212536868948387937544117592892395190996663046580601
842147842972391842310887340324188345819170916902355269131998430476
518249995879997718182369836865764205806799464910985821279899913224
426299387829634220828069867648311802629429540641527550572547690929
768818536737756349148767019271060368670097129379312012417182082421
960379622640890961266279301194380747628529542600616436949566210224
982846374668742004055312609227407368463816658708197033420475761668
665737977881643545518913764662358622724431970142907144114641700372
735449386296947641200652243207816358837046412582070041060314532648
234422396655465461638924758131615506014511700620834841151183432312
339940242452070698312852307457994746534778186709535269128588151509
633860178754077834509054440206132087181740334209918742263179008656
734799668934553164659693568920179488039113468371532194893105733166
627975690871849157336587099576631019983536425099176436163190730621
076475824616923436091386190375712831576663941256934414439880784850
783262205666401120481152008220984508062098659841004266411278298531
330908142771618996752275105594450451622758341121778154133517072765
730998407695741082362607912130797930593419658172755085888329185092
306303935653065298814073547388290128333586020912460665642921578291
762914191986907783970054100862660478180828251814584137732613752090
930831579330975035933645608987903003687329863790863731288689204815
575552234536455346628296450506893337434647865001686935121357336483
676221554959928576331451341842605612628882387836146580520308939304

9643497217585346233501684122078914901271498550301531902503639819892
268244525587805563834049885654194052990617021316481047529148249593
643443122205264905505246866331594697067638145048168766236654991908
352058105447352831373880085440677363612359211399747312951608247644
326296196296899351947204372089883640999724054874740318459422461988
348119867884374755614628824911771063442479955504611688739731412663
941435709868996145744737935880662982009093563117738089579817784138
424947028473745959467735884965705083002628646210493020119301377533
113365380579642954596429186937813110668737017487938780242167691576
945904596730873642911844462356433596186413090416033214384760512182
500670930507619648213407170139271274793239446593304621322315921089
513570593549223090358208139243258755654469570586869606740359795480
661503316042886752062916083905527690773715130817345973230188588771
854429724026440418010837596401700777684078635831555479306659950914
267674948403085220179151225302151465693252849553469677903422409508
267690483373712873856217718508779621863170270657177142058455872373
302207147090048229454860927402102609480360107756250270896666494884
091109270054109822409358531339503037251581909791923406460779804781
983665929079671416053321278946360350363543462990629289540068297632
810299834602909231168584735268370374542641826276426109875468806695
696114942617945048105368158132538226531317982363829848177490017780
873556586270187117091384819390155048197833927402125127067462485631
166604718399414219592146689604679221323856117804950549399375342860
306261475969227295785293312573376277056869809740586695851364444114
652689868558700566375233372263609046866988385683623495864694528568
773682771408795980926062458137361313995634059225208044634134615564
220081090391509108911876013575677380115100713100843894868182609669
978007481973610916544033439846270837345631970704202962347800905177
966938155917209299067966821826017303159814849457984777624616712811
322276364171092174042166087706858479811743164356350816893790576092
195872583340835680231573943240496870605980625279931306820261096404
174209357942840461977877332063930667612277018810840839287865372938
554033632162802971742864292157160856616017761727862302165767807703
276603129032243565295209970869913029297856319631567745414725748262
127752764975514709751677097301036024360216273010606218605299917554
471753235709088145551159649269569420859200085384340464440316886156
254259681843735131769903806943769849862895468761922169826626392914
595492077828146659296892417540026993264526908616480272637307831989
822784135731238882474577108301904525874511076498489038246983270940
224082471255608657953224060251363150621927574631570551882944908336
383796009335953149260742527295297992292337625834239126801479372493
582104342425861920321746821607549956803425420460192831847101678064
052132579877306406222000810545859560658510303552300463536980996183
832067106860207945613983710552529361574476602293864622334075030769
242867383132324678954772805630112860747992333826386628717471919214
122704414859343520360864850692658396801364013414596779779497902678
787115116803019055986970405356908001831933245468467829078284181355
708349041230855745845789648160670564560476839249174513457426487432
792975478884252731392672825393876944410159735113249066021271578029
095880761975024049251994383258706665953392913427339020983363113285
187503020004508476529294862788693738089953591072391325343291839186
452791815011788660396584416372951501027918631171617973574874025752
588183765392538893647158980610079686196867294209264643643258861581
348574928985753113127792284518814381880648758047100424192845896394
970130481453629932105633208848178611600935211301407339363974053848
971774278162720842129851582852568954930019217878431043704657952637
826516589073048366446932650943683132851096959683317241628486992763
236141358276742411653136999435142012263948787033405765431364268179

768837007472724285865286019639609070036986560687472048845576312344
170494069780483874514244345307859893626761874420356596498412768529
806089031295108154359379386796284994756834937845661038646970801771
680187644331874981027212607031757741658205914274926240459007956497
867512572136102616487784278804927797483964932217942646991884285407
388141409909532628938988159695526996539811557744968205080987495245
072684925813096757231594175140733617604246082167677332941150424260
206419532915497603821513596495153484552137320685852960724737012762
495698197320967050554486791120803561296742761433324331389386676865
169709274835606384922860992926012931723717708298305522411068526665
479652392018432461607030733315292964637785277429158610668946821955
665749784148794074460882761962337816413107697891328929493299041272
364712970643173487715150213607270393710705408542329890065852836981
081441909957411829105318968136136122561167483939957575820939098682
266110253237458856147131390653934349049758725272155809122620355260
309939454299638599436548372980670750673642452282301328661827534724
162862910828709775528196843346527649458065186007710154908087417144
600944906090703735028697430962861756557152016959946159221550145785
099884598782690722771351983533915579412686857044513368855763491223
525977391124432668436578055918690420274057752443687176291145301687
813033872587417641476231303712551543476490849177069311786025650756
873794690860474905969032807601683398135896538873422764120635147335
810719087075773655011854118731096334729846182635647107290800387013
454921882185406271464521167560270057358884450583130627851356342742
235178810035144539268952985900255726350356423870114644160953244623
920487896223914241321669499049031219067259070436787608703960784477
684899432868474503602948330080011727003362143560202846807608155743
605653173917847759419772990298862368628156440972257221580473777323
939274760354678326932538017793722596603959970103665320997631931717
577076717611411875064669317762137710927725045212256266698953205798
873392964049457484281244499930751721684667358045233300290446256633
032481615077452998864285575598790616661580546780182474082500204685
168647749074982140554828005914779019483024278934021502033864631677
727251712867209410665369858536020141536523681276388903653551960344
479050005847181414625492981766713049617284827499710956202393194647
156913525960335545451617322604883867555698954523534859995796618030
071761607949889789368277159802979231948825005820801009690834031312
131375528623922327764106058679230411574863399172333961952639016142
356636674322890383176715564166268771981256361495860229614808332953
918483362550896387055361721338481127142962435019575532298041657839
478576383886084696829950638427053334808953858730338184723060277821
275829399810713979505456564173577169149440665491693213129210805676
852445447392166436411283617625501591747247250889797273249322079678
147629216855544990064171931214718941338337959017190589307141341429
460846803974812221625923743137799154667256576704420889011045344215
530242629464527511628830061321011503181508020134502085074151513476
813675584876987351354941198639210420609317161942513533717942794100
877866168292919132112570504490777183456783040823478367345504829442
210662085799761466553922603259378199130309983398755272365246309320
284252202721858952786948598246173538903160254201872032602449980791
551297628395979964436102932788491942722293144319074440002892013087
713964409114080323756116052722149260092529512789854629772669376041
119791074905220034435434475460661216608422268266511948384726391185
908000777520547096509480527336149937543193752567779151289268762596
916033667060337707177481828693203261692642489826371515152206890345
891577006557570480914996647161660529018186552573014053741534210086
880987446626869798877797518819597601481361053701467083549444504280
852089711716499466809406261733188414448548311311060950774282838094

7166800158080509297316245475392246161193942560174625246890327989390
0591198666707650883233093057732530025338106810250277220333628843600
2005453098601440663145760351000699141259694073384661894875813291430
4471344066136067151889004685844684874078251654898794438796106498080
4124728510055344235600053089459821122887726548392861106904728667100
0702898200474553693835561873235806194794340862881663683412306781990
3304004773930652023424273210345205037527940016907634722008817583480
8343170122589957658331010521790894479888091049796903007620192637310
8093559043902417416883183082318617125823762594227014414624938098690
8516001458642724924327905718392165373495149122835178489046360829120
2808307827673346488129947792649814027083426842382842751945196960940
2523208754399121486869371739802400580826011195488308637386694200870
4013239899750229653144854434301815011860691403168360761771478640850
3454642404529847400295755539095942750022010326694904498566866833720
8391682463329152630231363969545327933900222226974008721877845564800
3818836773394193774217651648992117896068110654865348016286344251570
4746435021164157985757098629660121814310423187354025906102878083400
0579969987503389750821453351102371875967727355576004090727118061840
1511293296777109632102184297551547947239479954388775364604997500620
0592029389246745786168085986524436231896505433753300130918928686820
4991024670175958764534336125170309458662716999766562736474857308780
7523235403791649733468927456350393411886568992333900296209384508780
2150534798683901500122007824610320657055680615906919731701000544600
0644497612090980813600315306207501951804099885943880249554626546030
8172412509246831106411773226813243225858173148206464247059179786330
8168179482893275743902790741327243411498262612266676959340150298410
4467810667061263890575286988599514978615093842930235790444906641080
4442696174730069859976029267054811087300895865259253982031588232540
0866076595928818240834517364242232998272153991328530517387283887180
5140796811043886654017042855701629191757287011992020673926812444200
1791267431923445663406260217596138661592566339891849151851129505310
5577509459002720608593092277092698262680227257594505074905702737530
6346477558590594976418291495819625084809090989676640102685651041350
4119254692814806919024238038324447298835234024967624454142116638800
4609556325476382131886757372855251034559402666115890608520922382850
1370318300901113140748329904609547309356832061166371861158590747170
2702455509852883172982608417603025829270642899168668954363666802150
3998882786181118340255076308817527351368018576870308889112061547919
5785468976933472801943292208065649191983542399505979406513809400420
7348135243106800414877495188818812321076139711647055436775940342460
0490834076266051890227206920918546718074606875333710648143395346960
2025606280957023892511316886570022355991819814760262051768929906280
9736512710365417288454624400662349822946233535894472005123204430180
5819752480851803822835559932563727999335766072755973664436893393560
4459684080691504580905245888982609887090277862624085167925727055040
3741247576796172323580185309036190525026724538589764373588308197240
6522633589881480016433144895479325696370300878059957578150169709560
8196268221591861489622053228122906978420427857498327525193488100840
2339090431642140360910784447099641150196776818371292645779179080440
1982570565673409376234781922588155402106448265641807460938297146950
5809917063993412425064860966899532177096380696532734578723343158360
7932149916285818754108566634934319774668222181213980186672069001260
4173084696075986934510387059050008379418734489742546786536315853560
5299948712066037242722292180911891071093005388128869643662699916030
0746088972736918998750009375383184497355121602645563261930918404850
8081719111222073045202467913193187887632741220037457042840971021980
8026184742907090167580890848215732416770857777483111932159159164000
8295406724462505233482416913126097194571895490458256983271554270320

912698321159924573121246351957831768521379242397284106215054166603
938292966401589645372911322845178655786970712248055053846191767222
783672652223627617955783709024961629466779963265716332232328577409
258928901658133717545961953820983097892076763334402870584655899047
183343005679791380563271013514142810564051672496204265726251657944
085734574660946683804201214363805984358492031366534235478643499165
852842871355810805415318443308620596945582162277255228586073604038
628105923103422078851712450290849262844079506983288155484114120043
068567410537001751760172399309925619159187073216589236840320950142
613467985192591023627337449355948663218822318244209943219704127139
320143494352778492291044888857982787505428451122910090540884858571
807501421867939654666702021627594744878667558262783890575784306643
547772024891297047711319994885224454551092680355892557865376555696
772994549782962765807044434481407104061470727862092024226088808048
185249033894831949188538730471435264226508597222937688493188293171
804871062117777243887060020630963137947443016202644347633308810083
081147311125484534088252248236589147651979699208759065375219244610
085886013681788995132141387315862956140706536112056722964098797950
975688348097449522746665533903202202996672086143913780891863019927
548354862677252615131178526093110358327059453761854389713068160758
974244580860515328033879481020503691091710032379197739154868748909
674227019066409120758259071158229470821658395324263443919892324775
237690423105563693427810403256841595637816566953599337291118116790
545800640900306909546807331421345704121505932790466814942695014459
112728508631400717694284495361270430424270040297298925853567848795
521586396164050321366694316003726355779771809765794481639978827299
664386848036163883275467144908780069425743418298102396140484155836
798041735271109157265476400749774677877537696388825636978686280424
351556557121164763657733683906634311736393136212094491700590411187
892656262196537430977382452436091741636976683543942093860510535305
454925771916001111194987470499673772276787742684206261290206327065
900109499506704536283985346194343216567222404338295595875652126157
579696029670391259493857218586983610659428495854117136393509399242
527068492838136808249072275974203897561348458549915937314390307221
767271622181710312458458552217336358752179663684948297679796933436
027442794062534045488916017715361995614308811734690214667230385251
503936262827561624595550072133764904277103768335294574047681810376
979182994758396798428133994206601318255025023278704122589235188877
461178144310895885732924059267662116083465516102728216364724879617
030903241189250990082117076916172472425836797990308136637955039075
008070236502701357604935863097957700344676874847462080725328763584
037966659550807857874696822203930126590923358612661846895723918102
572798177793595828310093900036834485721118608002116226442178907381
657207851580455182509515292611026927092464488415125432919612115779
979317146908958127261743483701491555636324403817497242022927729727
692638471653897823728443361627363994527946667199763105934700568970
725829104410770837543785720999357335400974425068057333421410220934
457180233931834452563167070579881334558596803125560591742381391845
448914424965274080052413939819638546895403372119172546587768548405
997756583763880836630904221693004524850717607255941187751515675886
614504293975068039270477777238040836284211364650153620704231638586
206542562534542549288638606953623776175868721228853816519633117391
232927970459459694125864712342413780345367638426107021373020826467
626545164187445290214516320870370946361987970550278219516240646797
379835115857255488982024997061062343424919254123573880531947556727
631266664172549419204379430197790826094011241764157979207835961332
400456847468824406329647052904720320765178005484199751609795864496
988345900609658358478703795050233937396690032199680431652510176833

```
801695130084813845757941020921259456929551173913335446023194912374
128583562735296635533929767974728368389206397458026033661445091568
051119206575389325738152857428250906768316640059968702965081330202
059641051682451393702855471038324177563871860942644622418146652416
313743653627691453474067082605875052691608956977592431166750427315
207720584410324783389932139645222010574957479844680314626324342 48
049745157149495558750238017658250017865691782959290737139052527685
639229152575836468902137888161142513708769921654643010844241246985
505958658645780874824105619295343732425744753132608398431951141 54
398847575259223222333165043626027409162247508670858186022044940 35
105321646161250325667668478883409338648915261289904904233605122763
071857115268697588949109588052537859520220376155036334013175501163
762036364767493445388005136891914139458660049950915020078006224023
740786532236928478706297664808405124775697684056672342171355619658
721173340209683995845601396597658012459947392431552609305078756757
373699478625686509292412184353932768143156824779612799020417231932
602946285498031819677030078007941220527478264691673475838079220 18
463919117478815018000492053987537998441700918977082238900846533288
618897184059634379891755724568135042343689778577848095718846876275
480260733271834829876564469492606934789403154465835484266872456981
399201900228130811600207219293861200498758905232492697903496548678
532191286432697716045406585726130298266535142567502859733461066479
539807733789520847757479141239975456211259586363249505204083968 40
819047648175879466288374041492976271206706126055786571190394929749
705813112789913325558886707628496769413932852122541858803617993964
885777742166104744554815590173898272397028427066831968100645421471
859521306021228147007928785886371585008629256401993579220890435176
418158494258816588732514974817432330257394142266141191679164636201
726853389926311996257914973809257609484986217734340585797322021775
010212144549185665313505185690274947630167592873489467979222231733
745790575251685718135569901097679300818159806318644867293542602328
891691859096237114647576910247210258616006899513396107935005392079
966102129731397188930051696444961715310020056033401170454145266953
645592189557525074495928971905442128166527731888201336861250725186
841014685242557267951027026785868557272118509171850969701110723254 1
277736760062143653864178869197224034514335889942050001667987909495
682725443479423205940081292604497730502605409805244163960867986302
855235864655907546659584116150463673240638072536891146271344017136 7
053567735027531779719603529159219551144473866018987459757939019156
645389761159109782588191836283631400462058188236600354616075811533
993864995605108187178417067307518359061209789912010081850488130089
300620919148954422706481165198451321399053877244433823292355512093
158131394094824220373024693842981387624151556125015307650819063511
697938642059743800149325300092742944964193624032203483326442034670
609352297027583691494818499898171609489882490600957625620125269451
301325019482433746464644887816799716254186851237034649985330514484
070033568215345990316666983176876980013056909226184982905183157348
368713882204716012142413921438020203394884396333717549604284005406
616435636826750839279525624897477900901265986674997952803160086027
583551049359418937903756213322676766341442080757914944660989896683
669860607759913927007916835624963263780700205252832082818914234239
056948355910224478271778328014663182197520847575630671721646406792
596353295985765028448127445016766362602715119842446275482141982062
731524443417583418513658213300041191779364939371140676296297002200
747809882160501593430900111220831188336835268032311810785261295883
053448597218284148906319975724443513079136447633825665526489154540
353504321754608473074981851266461288062676318288449443797975509906
```

0829828090628406294758820006748238246001544631354680825338777553396
5933429776859586459822811801288065641083432661641205320765088485 4
9849205558353834007685260026359337176862142404304996950336370671 78
1201614026270730124139604363773638732406642242726604387979549784 87
5502860125700428504659586170675792765206874135982728601485361984 11
4087856357186443669081960577851655555372658365266913563572740779 11
6794349931400409981111650464530370512025712150209670198019109731 42
5725981497236118328084122587070262991001200368159910054965612178 52
7654119891811915995740918725760208994169378432687260278546556954 21
5863942783058237198364498978490365642998439684932670959028755029 0
5559526669468619649417406780435987505788384036085667909684474410 46
4988596106201234002628506202079903918485911808550116040643470027 91
3234665432939021932168510636182452960610610577016148734115558144 67
2981789415964276348139296129116511474007132122440814661496380511 70
1404856119423889514038015297758001614158034283268522543643104949 11
0572645559408136468183443145675007915654955109736618837386392403 00
5433993658633500118367369257483655505741659816026375389911191000 99
4318009534733199368262204684905984558609354118044955238457395181 51
7824289300314748054527958104987241967279128004480913571301688733 83
7420281720526248578881105016910237142290621390926469246927775827 76
5779399232966355385174717134660664327070658705547117368966649604 57
6610631025969296446011410728980246325449619940490930314304112024 73
0357968882512834925370634745619435659896404710422740793553370491 83
3830552847021973233487379727503200915865457275020068779990980295 37
0351758880853059054880209762896900484365435930302127690889017187 54
0486137050249759990405190585533004660181314312021527744525597606 6
9653565372819947391377673910140563365408203020437026000926015536 67
7170428290620382408940590009293485895213447331273190621987514917 71
6727889055829397246818594536882047879743719998337424968593765211 10
4500610082834808106642305066779335903652367097858387995242480145 86
8463600704240523438441825841484778300709491222623182413164333637 27
0592310440912901620155455872119204333582944294134947393543615516 60
1681354245328157064369041994869129199960741473012255655079061168 57
0284124474972824038670381174053716142366834869197934445449137285 25
1710286591044565777939246029655052078251936928026157270258473 57
4465563313483698884886330805354224631416127603057948064958850382 30
9526659590488348105055979389001736894694188740566188026333107098 8
3608780206034441991845240963426152764458107740359936680583907082 07
3564398391712317763916226045352201180940535970756733095121684208 33
3455089334216403117029145564416931138467437774845973790429549177 51
3762749661656444632431003503494004696697337028164571710664116117 08
2730975323282732983774720451561955632601999888092816484812007959 45
6185351191752941369839191157959770319353162528641654242782153154 74
8633160702771384552535649142534042670714132874847989041740471546 19
3715275429542738505673381129752533168533638368710123229084384991 026
3580242739579465490927282566249173868587372827398743465013915244 44
0302831769019172567703887242280962261945745618859939241162317452 51
5303303885773832266932201692370046248956348883326514122686899369 90
4371209230565951743679009272830229947998007351260231522134775867 16
0623550116697231519296207041425258227413931519708898986841260976 17
7882696197932147676053514846354807985218081753834528226387529627 00
1375035198845870873479844087910507787808002984811097802554444458 97
2281065685220572448974298912653930024574857472294613946816959201 06
9939685376412080364303238456287106731575894568995120314297105043 68
9944524615423370847227518526721716792023801598278614679522124128 97
2219981856141206987032798903088473761468506887586166587479806882 73

986159267834785098879093793524676418280736024984221768447559528411
624501714937395399814039469285415079581065398032668284937517163375
509545963264424267042288006466164531034340600197947510756721892253
358745937556854987147763243806906783276572836522826430257037543844
453153891713710277737696795601335441958778168151996623024293635330
647185202898526508866756557603669389631526951305124015735854182661
929570537775577781463326609634062075298755420538413174946288105254
647006698231517291554496908249682339102039549592345107157535128497
896836338154713937197775968651754441402057010021937138498636473599
744013517494987606505925285374308015704049496334064858117411787070
314973771872382139155618374978687621883384034632928450414700703552
179054645048992833188233879778965130713174615641498497813076706734
541601115178273786138950436250602896824716583344064122874059776320
570187595261199943944786068812103408166616155877545613593146359064
247890375421071571397164327946873877841389124821020389471139117157
134635952874300239297368094572699902209581502541310706692065734786
441900289548475719713133982967195827796476224117336585291299335364
061221065379353206054356859453166815362540518237971766745139852060
203757414700724755271515408926934517227151493846492278573314071302
502285267409579825618038703732182226205930832539981459472643497545
952605117039418828384673133156206969583009230892373001637475543261
862623000114085906789794133788985066118037224925657935045222187729
678365980540073675228592580773106889257510030114978653092227031850
530005126713782673209348993232934434167237945795024636815613814503
802688534646360855257687874322197919895284234057770620133849031746
447930134440415679519821750799149856489027821073760481933224211168
762133249176819652920632552202470731873400883514870269921628548619
596844690155855386997947502900340481534474622170918662457549227940
454074224537698158336633838563051592028906862629668051375109138989
526197115845361272476447620457775952736192714841985853005441857199
927665575119287336618206429762195818860902041603255900328589793251
917803207867172114288633633965572588397331232957469260828636213868
119519002383686108027115433152905132758403260606531425963285312113
128260047100574988927030535848428253164760478350971437300293235842
939719403719104227742471966046031629702498527556611258309875383212
905207858914918662544642281383008480465626878779465404654461450899
313635293551505885144072874621363601149184189849516859791375739039
489893787453872448926491882332372469136508714556446979136183549682
162733553236276703129387663637702869021862177994781206290415101937
298945264975739828777740297841751055746395561524834733783274368269
072553393908132691785212921131813696844479766060224107154554362862
347835483292959325733071335940948605742778002390252327147125500505
825629983874479979161330079500033872587295344598666805185850875793
382156771187422738145623637858062406194951072726711283429955683283
779030000325890150190900593483228519771531219687162527151397893693
317404421716666197015640777603609615792521189926589541515062304878
024841795669194815046414664511866863114512980824987394397187244370
870345182493422926930758123247487140443419900091818219082128374080
051101458338430905839492945982024672938416528494389344438653174913
161424126861540372367157277338799009612392378170333965051804357292
298517527381517175900498750058704314069203192124991833851759351818
455942760832946669092754884101318244259282802950031978560646880925
637806381166640475182538583642811421059843076180700712414063807781
092599757839949922249381856747647707519589348157954432107919513750
304222412302283334840696889569412735062712456705274437047978458705
384638572061029639628643696266059053103622308347622244741856768890
215046242474094536110919355407604652437482325368144535412757451269
674667794705526806645075020571161754916403591051353079270530399735

5819036834656486108991909557119953198312755675230798793484549133352
8203884185570891085128635889480286128395098307068242512100935948 54
5520781655879908226178814888100838756077442197539909015486236 98061
9369895482092264078648153449212889503901735174595407102613695 84291
6719233265004746489915299401651449987790481656206450089280034 83927
1085072004702524982247525541252362684654306964984713420178247 17629
1914468063861757147292071678973462060583684108452372792860532 52019
2900371446460921564085376325852842227063797145317128301361112 71878
8426882568794629317508084077451892127520795506051445037761181 75067
2345508520214123452800531731175601477030580196185493520792474 77794
4888931198940830297134057550396187626364562130985492669192703 28350
9008814428511807796385883089898675260101739626712960102546884 80239
1583525855981038030759706338787508998079452725957359797205895 93204
3610579304965059999668285201093675138057736048118616593832442 82488
7642788547365074390320616429708869441258818499860693282413597 36367
5234452980551678181171762526384475907528302151817111931873812 64316
8259938617988144391784387768237049226860418317030987726325035 34550
1512070374391664762413848399558258085448110562366012775241197 24166
8228427107537500945995647915333315566968165387895758029614829 79730
3704743817499541185538517159121442851412780137947888890409240 83344
7570451111885223456282333441856453359392852310614032512879261 600331
9770733368852205392614239464531928765636596639116571502786962 38078
2881349163569436081395585149476725775015342391733694371335986 83583
5013125258151431643486243824156564742175787669472317741773197 74296
4152921474636969073842926364360670637502134777206632549318037 05920
7989835778439291995929075329855675813658617078365597248517390 01057
7221834138139447121770595419000795094606533107686258515173843 74361
0107833036260467546190582879125086247856601543763097454192814 56002
3156162821962217051748500112275602069935547287533096518625766 48375
2916354380763406190772733163831926308112093064480392430978851 32555
3200292929362733792946184061696008789995057871157422857615193 94653
5667248641467951985715303859976240391384263351251830657544945 45134
8755585001251909495641114831534921622669634675530735237482583 30031
6012047249416879065734097100253340618394121244054925123781390 94876
0233772847457875097959411073820927811991095868154846751986229 08325
0462026399312562850415532790389638532518282917284481339643979 85048
8021644795571291499798706409265345183965504884043483547016431 8997
8894143633169448608853016337593831896550488404348354701643313 997
5385904135968048055964062716467566562904867649000825244020266 60468
1802963521609409442786468061841047790939207519373743993880880 20587
0973321987909513720587407767905288123403954417738323130128137 85674
5615250906887670132908917735295928883787217339134314941263006 54558
4771695371930857758345222600741042175507841378755661484880742 5147
9337321247584379382471872258229622062181286338569205204328100 92846
1869782219857025399276952335342658634784097194714932537049555 1040
5351016394824914179417746438801730152574757876338942949848004 52498
7927665944316885816036217639566969627130940180926111731150492 65573
1003745709616710044941221028312564394088525016496668141459139 13546
3073289924379208475951070839732931325139900656027933682827189 1452
4385499869500098847214299283996286489483798021335980758844033 80967
4116609276754126100156446366787739841653817867773470090928917 498961
6143654405601762449540480810810445707449815440625651822444419 7094
1515700074725968227003925437037559927426498553328470887446806 80854
1909159824853380327608793853512664351638101058627901239938054 02739
9938282100476285511077733369520460480421496933756071012179836 91037
9243533637786019027952122919259060725525898556161124289609690 38597
5101712026107454612458724605325263296061879536437982621031232 12234

4646343976104080867622931873700682078786671406677327143960219896602557712022913155644066213754246882763589520271689639097276321923172068817732185017313000225362318153943062772883714518504368615127203068195159363533394457780481451131847826238019241324912403312261443137647099884050913199040205890787749201256433394167143135679278028073263235816910139790541552897401557528923573178294490721900479364107398904730912461539728958404086069386598480454661232200127984230976089839816861669101413843098522588323501812262431339340721614875371061694271846271678230052780089354907081289065620840367364448829343721993746047068825629187723328063147643619084022629991813831257158749936566875208597367929326354657452073628638012311041213277322250571927526265570862972301368111478284158975246923269351752433256727094390222858766013955396337712262962013373379616291189326282068012136035117950960861967088507374594438536422648192751500593934971601758885318841210961133429834837907384025812186472883690619400619217560509820240142383528024247854042437539094235954769302359893768381434974133122293117913729396200065192108993319242883165423771507627112499909357932415110433803542261934184373099328244827811781359848526824080928824149493111174897381987860069599464880156450812539611835460615300449362121813490805476048084807331066760878530830584552712226343299407201205901386632632534091456659084713829510073978637322192445845054721273241588106754371139574391875698663188406733098426782889069753719679567441459337972451473750309490320584298171758809363219803379122919155739253913341776649181178619785261245031148159586201867664497299493656568060021536288285913230864696072117013046402872948034210616990564439082752045179763743043921839752000598954268009577618617216947464312250130290277346782511910847576478781561385982533525914834643419292998727325527889522373833012080466507975220753763816296948269711539963241518353684829080824407274184254175717768735653010982120345030500313969558530063252735985614722194299319066459702776205756957565938836274046411924650496232330924899325716214778296453533116710556022748229371348341041258382797879203405185406539407981036007637424563681382351841193357615155987361540685429381389668732157369907575109313678805294457622713208300619377017636627597285307970047107304965481999767224778923482605770348495413831131998749497377521334899247294376921875968014940011272496331114056242357781307544267916356213962237641660709693998896530907224997539876682846901018246826639637609608351422973486961712315610078047138280141011924946215737910015378187398342997849368039180953684591654706736028871101025562647956101782078330703216493934483479997025907179529151453992190427480875819078022787824771232852755810796269286533158868272861546899743841695293659138665530072615439136773728332832321515194072804140110803746126461185327558848414903342829223307326630046066098067265693683071035254062361576945291682249847411413328603085059970797693224861849692851675929931896679588552970089333519305205692507382735387710825506778229498980184194067048648793062861731529120061720349590731407748787769830894784981101821474488111075995300510677522627748886308760052234021571954937829942645434144169832158201150626290687925557809805247612028250856927896149924198548402977123652570945663668410653053542128317932563597746841360395346256528445347796085773397204616180182197992428583442614348998871970247849972472325837058067454881180169364163194408302625614354826237467061175876018843515722027476044852822149245704957295820612588038494218050411393598989890490761240318747655299448648262039038814470463330486393810514710924421627485201623849847338649819105246672913059536289639277975929308283962302801698142378730832872740440037752557029665485628606800750717457125529471164415028168208232694990205029191960000921578526942251767375891401402409597593600

648459107896180978569197447561617273575979605248712767584271365929
738828066384561198774541733171994369644023702452899909579078014866
925222091336859753280885274787975539541170812301443082365914852739
323349920441648753193886771368537277542202070351663869447923165403
183942452702480109336382905097844865670364561708564691584949422556
166559234050093384161974447057128413449885122144987521048683119046
463532912240234644021433273832046055720356645775451150470428048565
905848461020693374249444519846664769361040435355025101582270075413
256204131159739741154607712701342629897201457121838165432442069752
700982047469135026051079042788463074610449748807076135950369524115
169890762216860769198389633023578811706300205375754282834577908377
313687142628114390765231178295310536098925658514998591624167323871
375714853617802475744790624282688909737494358322526356648977536221
287370137247875288460219655057817702718617603810430600838116895853
956874701609846214318178954649352544070796365743130017509168573616
537734498124445919729328356068972170897715207508181817463985722920
875564240792791717040165308356985340610082860864382346812831990722
995868992360587542439129462783222239496974312869612634524979969924
735127362660242015587146881129497061978839251058246610693043868911
696935316285511078451741385838287391805745742513251052711851382159
789392317583592752798274290929594123952580456695215235869112773663
062304443283493714714429077644048691276589987599072335984107472420
977422585071868606643218139499253310663037832002457621531498782606
040227367459345710075737762217658774735272532729772850289931110552
288644534494933750243564534755859389105906739073875907916133070648
268785978912417708695798311476528960006282405224492294331673231238
648366038990013822233856343997440627608106520862896406189317317653
010387452495544185900891742831168356104391093012212671181721737297
337433106416230289652734759141596917491624456179588178394196569827
381638453898444327004041218089846194873454992084950955785820202487
095920750698195698310539889452656303260944179101100553706257383927
059104036483618733656082555659475152704490070328419706515868229010
176498820653575738138065860549510241206087481884219021453351506681
716077229101666086988855805551893533310730993778041946666901006789
058200228246709860512320941809888687598035174071911987607571594204
928177676945477560780946319201688890710732040273128745200916848615
791091377962578273809753832637206714523759703523907795306124093703
778079324981127225040633404651582865693737221694992745336130479623
880039492772412724413520021654379710214493486966081448780697028058
952887302271480422967654083723046590365516388435663148273597257562
909731558369156004927402557079489683315974425223487746805123578684
568094605631646599905093324727473322291987906115981152925230753082
146762577202025574534492447611236016752398978950127907780482440131
017162723044082079445915563435624386019361715157909470033453009441
955322177780072543196339424112233489957931247762056614039614269987
628231780207231218342702984849100346994197786179691268201758559302
704150187061707878415735035028251630714092714776863136560393351364
056871137728675084127507825727688457446571917564937082130002037977
377902174057603071969861440496236535765279259967535659260038456279
307988825266678192463190133705296606684509452066193200352481001023
567850512424668521023884151893252649732944835760336055337960468545
936852073566172075590140681180858255523335061638691064934218060240
673546790442911073960997430748151886539961943835926135189988986827
901342345359072139031196880000927539517594570305212858203596237503
079403427840078622383280276289324081481065787778133974209732507394
141437951237902128544609606474321104535671565152736016533732182428
445863702830089298762000782764061717797774674249095029138705095586
431280532151741554415005538559700309089934927986990903418905614681

222210580203132866413860406180810278581595559747514373735548292694
545535134537257708354565548260501308266005474362508951047591623247
273866330698068428728457127092642360665550306237033419965276745684
825195704241609500463324338959950479538670187191519916262719329806
664056269565152365093584553470591755440959709661812615857077390497
716237285561576680465874733874293836121314068615939845842630941373
831469964496591385556426156324550248717514888718380573801965258101
528926203899113824625539191978636446401252480964338037362881623162
011093797100758715062263243795017031102446999802982661979939655013
662553217441119356187829294404881794358843274452025598300769314836
269585295942028262690972709814017425685356938338147749568134429034
014506467364859919645461283661856340162139234811810832357068976502
265461586972158844786982586575490186882700957987707730068363722969
346262336785898941408718916212934958331066329468746560746547931915
892744350154860537960585545121274424860883757636194160793586964463
627835684411195678879455606305133470537240031795214679646066515071
497309643139782091645319565691576396229827820123568591169085182194
146271500176660973825823941370730552366881621024901255007696042943
463969737461190103465086768796966650931681206647743123521385745015
329740349417774680733714901798188306861738009327820598708830293569
261453560641656078721387203040349103680177912691178131593193591566
011976308157789772928301328369778168468292629777136756188128891711
864902337053246555229157858160855753795314448905753896619797150351
474226568728363543587905744750308554733835823711762091213951654605
788607738581985977627361248205033835488719713087298679511937699696
960887536420892119546026489595844209152867561810897879838313684071
314152170989255448705449880999519605731227204403923031655903347332
216697063127686473112945091510486664277687049983762078384845429363
947269496526738922041286240477877381246034680720524633054317597127
787906665031665347137259215418225685256576088599706981920746642847
702111197134387971204568841502486809722780505511596894972439136906
962859305585273951324860351617513394527510070900901971682395840961
109078738302153495197028921883180776057708718275159983438537181965
314618291612168406922421143956281550253768211479886833412980107996
232983290143847421548625832931411139171234428701111885509396073356
790011194168354638253722324017794963583520382763252128172043769408
716622395632653373364566909376818059346238087050193320116914460171
615952197996818560317702136168080756057972562843213542458658730181
697081614467247306166944810592733810659393535714578551247178919157
184102734319250660207167820524768589371957790503017984877327947813
918915917931745558241651718726345022841446833819829692268681464841
930434807592382883090702635978512789873099803173242951955827706949
87736590149892173339947592569408228979738769769154747673596072981
033249646990689008251502120513344029351523551917527124113082159461
397726722536588202548676861706921449141933218016352545006756698763
415125204737354342178048364791594537139237080068740753808464587423
756992047263893689681081998107501924305931097662145501546586199822
902821854859657706916388830865043750972356877502896880119311125536
829926809025725976952976006948462009623541997203061201547377653388
362434057549048302281807465772140665421158338655076706558449296136
527656527449294487121400306534360984799312855257361951656688555881
363882470659047102345327384169857165910763326513880070516029203735
024461731160303553323573901271703642005294073035945932400209562976
534739484076255743389960615476121883297419054213591535737433772629
796272537604538895195330934981598460238909732514598888968201487288
968555330250107573709557013820754572866895318263496584628938546917
374976493748918287351212244534606078343587870690435256377653661983
524713036456074058486436334852859570128201918437812213892485894407

5559032158047882674113543390570761823259741751591085652590570622231
8707273391204459191388888153641925514273887958430532516611985298669
3066139558201660379709379773737326661621214314016834920713688618815
4668659967837741232130583111865460084215612460532321099459774971121
0259959692454081182462792312168194777939026338045474665695126137725
6230739320100569656030355453609552965321204311856021755613436605504
3324900537184942081345362330595282707988541168929296646646422711150
9457615358959669739879575435356797791860368475214864300783668398842
8439343424456418688329564891725960920190331447804417774636431300086
6863989707896343669381884485663347412814919884438818272752531021113
8845290771812997683384305018467578424877148950997254659194856066678
4793271603861154791149328943043075790471694199197540868763934747717
5905557807908920133605338720909281252944680441011087601859098559905
9390529207709601780471267042451696165808551057939216133278696523343
5782090212361813490032970426933881001177369555192867649382508916654
7023926884387211536288482640133258057187161283491636096978041666553
9526781568099122670234365342716260071801285966999283960716162943321
7746220471148713281586921520950810230044230820988016040325509446608
2454296323007719589677236831501573516588503514747480144497665748898
3907382038324958960162400875230042927305734848524345116565218778822
5778403300338700971421028244207305010431485280174357940821665815526
2516716001281176126173787251533004290027698829011736753288086318846
4286009950758787337767218525602440049219933928859100709840731064435
7188381646928214313994079244967912654535402522929727733521194942224
3925041174136570143220207589154116140667584970711332494793833232269
0758006003504552751043569275968491018391039537035550972333525447781
1565387336583124064297272880465068828445432124076060396022283618894
4646006501234264840617180584256962272585297661814955415482388776631
8911009153001511614825449855023780540644314091300027555301601005505
8299737698170399439159534001712190700584039950192847712964626826629
3363383158526772140345353219607240158955576182661628811293616053376
9328495303424059487353114711239137418764531955778441304434572877772
8812462508484561683823842311699428730467594217178788429910648846678
8404631170497403658258115711277194975871384955790360417372439397777
5095087795737453201590533523065928137271695564146160067796616933321
4381082332761721640780810016854628173147426256205832161786368289917
7622457347471381550877156281000822460016928365135941956680062738836
2591342360497420594995841380286696094688777537685716421352960804407
5007226683794410860349219373527603635872657207492946460922009694400
8082265192470048732667002105378871868867829023807131461604909452279
7505783856302035683340537676459773281162799654760042348425967549927
4095218310349329176755251764008397752131521691807247820985592591117
2375230952311207995279484673150113199227774642505463747057852283381
2051668393638939759849588498868188606533636167844542898051937711144
1362009258558671234462318366923735471165365174002893632956099543347
0542242440940075909505271850524153191507111532850414513124794804438
9882593518681312405795269497253780286787115251141472555932711643399
7336101765893932087293390494110235700591779881836824240376835699961
7248030118418250698646216704502377606489297885717242375549599605500
1206684103229538116284478255854308481743503554167835056027600354487
6027043588824108049760715445353835351412482579155684141166534566695
6061818282758153342980228901250406536195922932261872355561241828884
1319727561589683954931158318282169283382115787989294358034765616690
6721526911802955230309242921402020629372279865237220538690064051149
0091794305410400954937485311092783253684512680725218612899340532203
3101050137932944981021922546326912770895669623078513253111508665561
2644931423079401516211530604089447259709567998932957809985200309960
6060304016182862089636757110138286219339365771291022547331948633353

809992077971558563492575693824098717739050622701056493432230568758
792751117252071016816270321390107409539580528064396722573711981437
011805521913614338924928006773186733267269070284569093769882018091
433610746673217194687954916235949725628122987233778159406897263932
115827505026797846987074990912534037641086319686330232640472548757
543563602691250196504493089031009961330974125211194112351514733051
515266837471445981342904334116836980979200736887837123484283663391
105671614825427513059550768108936378007356516950437794113940129359
812679198100775487325605296645903722175748364002399789140116013334
418268512703253769866535658217394023241765262877282777075076124298
920879109643031193656659444388066445794100453231597809092472060829
433717259526867021293913845936135835886234885623895579184157806484
317224054922580631827919983604074499639347451750657177582354931045
486084680528989307961915880153034691401831870830266962167307137106
969024095245367693998190823819778095255266416629627544141185759994
356295975668868005875936576900008135098140674020883032871595703568
779969460630098259428489150042016315341877428546851955309184435835
342528570410102317364703141653373195345971303212023005832224625166
458740487869449033262607557375477628943003119167773908521333751678
001643743679460390495625083259963588837898005268662480233975946520
591913836676106173326574425542999496849877564214800588543843229746
773860579838816577684933714226855891023724649211877243680851308734
733301033043361095732574132617238550139812257713817074357829278815
253347014063578088868611925696310320700645919707056419645522949107
916358423771242271591404236886724444499532374455717755156166335987
675684762521171103287135108253703843364427421388618085696760492089
954551680985752520389560582376417233859511366797221156321975869572
362473409039906845419656919434889981113773738959729404552755106498
481017685756971110996760507810593848296308607828961257211416134604
508376069239831848274508788496082398346116895387102862069153748151
282645306470383239385392406364971468641573099519103010496459230232
432023455537542140895484772376956431611945530383776516024475994094
844847606398353253364176170290837423347080482722306454716662565546
543278184275548909045040093961408058123376265556905110294933190619
158701871255888676944916201111363739512931749937931156017683884658
342590502425704485369535577837709533056087358072587351536673936759
435971285214896769284209643825148106899278197972789034059868644576
987986528504728983797484178387063722560860753013118689885872402528
816168924153623878773870328265508849003126317153649245612290409941
804937581528718548809120224864892332519223370228433428608134649622
491172585646917924224967683895308621670358947640553058697541701413
310691601385038348390163035540632515417578396048159746985136636499
587664325893377536411891580165953413853926649714692298304078211894
180059688702912007112422354064491635972654377931570770731431379014
036583080071607234653481044789791651467047052459959210553975387489
522763516573919569957869924070043535905136518774562234026808077863
995445974917310955916068696221398050057666255309200129807665032545
845992899813357456985064956719284817740119300591053778186412820271
331692172708719285356185190853586816615047719297388430335611158934
525519412735402463822782390647647834143767692717662930913094812344
817454388479112579863362997720566685074378174895776647560283195182
785394445915570522012000442946383342308106113489399457462271738425
704051624285395215604424689341404650066697820813100492330714799906
498044632181677462250271416159167326280616073254590526893087319308
016408910781412101074647528758713339380071326586700920423827608186
633704773860731697221570178478611671969334898681312545705528326856
399603170572125446647870570171797417238617377599414238322148507880
052998826771603717660444814008959084272081561731691318278827724495

624241896535362488811726934212169565354675048128889024380430804686
894858103625442702453389624447176401986227321805033205817813101921
015283654359044176164004194256861287139718864283637709268233427742
950281392168867794353205310981805435647780070689787078041418932489
487652227765868514811967902564561812602964649255309616997571183109
919265224715115768116431614568387694508989482934760356411288704411
766232206860573730182490723306882803036616690726976491891331094721
661624720662250823574482638983917550617826556052611446992854342419
642607994778459752104213335070941013135928608055487084583617678270
589244242085035544282186723544404648294973139796602467056254947031
230374107221032241678639095333213291815661901127087276031969760408
181228442404283812414197432068434893234391481430162117477131727430
728563111678223833459329390395906939733764761246499931809266230534
356512702208992834831574348767552684930999247999684680191225817416
134148629491594307953061870989816739123050966576771979750714746258
047370333627053855953225882522840078923546732910727940194935156114
240529297956014440557393755084277720307407173496756593502577877674
079219168979019586177567747674479327440084588546476399483516179755
855912269684447878293172122470646867320413499628955448350324390931
799595909749349395041975346017080348759244441381243738808400365026
655205732017241164768697494378945657063620845906820232945094342956
229330119859115927111061486773943481261399168946482714553621295589
272447583377123991894216359591096939188137332935480519376395656356
379127980106474217159887411320857560508896694790693370243732585204
234072605923845043821455614405045995375502913404240654526485290130
610277072704885982180279889624330292528964815911508439494868450197
444280541040085028544790728255111412650721385258248839903514184967
811136672745574847756540324628674986124262190667390442250293726414
717075644713507068781033179893443214055025080484552346469428847223
113266821057193431713914982661117508712136688985891626192746906607
401473817382231460250550937183417510214544475336631463512132050487
448480067162552016021098152190289365450513709458626962134571673718
187231068726787854169144178422222044673093470769161882218934314797
255620390215704717567760097373564160696166696133947362395066178469
295094711805158878633858873118872167041623454137689347617049217681
237762971175888092181759542887824119391216442427934712578232719075
805055918153283222095200661867828565632873398429450040456864609773
591628694055757412579542854159414326192545328198369384912090092800
551780737288641769515216452382542474310554406696467260930894500445
215184150339927182299779144558432762447252463903617571617800478472
096596755181310313250905267473009914048981042091586720125595980722
161116954401500376809895415559965110981432630798622872708601521369
291502478571806050941205856906412850729697305175890472161076121489
414895220315772871346134302291709336896965145060887834186310672046
600212660271939763269125205949801756905519994930668832808712010625
261889056170445809503441534007520602751455586985867735109551585624
771710130359629358774025624748806302470860920158029097061960781959
947388773485678165536871909034519157494048815682520132401075132709
445546251439415777898557561483553232384531936295937427876153289688
689091594635666109016840093467436640763239580605787933538638295958
827917955741265690733667315552422112519215985166049485734069447924
122287677351954308219730797962920753913196881542418751241579676777
837755890113914758432736585963997242837394526698333762676750850491
746592065410293413292916941089986020511561706929651140929109343380
019994576394403447751468421449855343369286631007563294243836850386
659820234111776250094604263629625154582363113617191236385742692730
486788991391628220695509047538856689368570507595175538016763661044
381767022084547156103389086545715949121993994051367123751302154130

717172111302241332526028106941892265612232145829549717267566059891
055193545293816937467636913967516816892816491250522523551337200594
296516844536387261964014546067716601460167389580466517849583726753
465229055631967063055138253083302952239495786758678645359603117137
094315570631989625783848757980540882364069191122768232218567370157
831274877966771985331234058937080913072111250101983634598159868474
108410317120973771332577411046796163569330778296389665008393399519
316697512473660309817171951921949708149027528179314386808865093328
521754039397155568883291204667456363973917957080846212143749397697
434963455810838625936122638971593839203592785800442350296106910904
829427926053875119207932939716015259633720276901667891916704885174
145630163117049638310754619102306313578850828323024241233599312500
259018456775757828075947846558547184782988300801820824150085564001
010633626413935900309836637799669549066178855947048440218879474833
627589634155037188173320064038479622317650061923978009785436163678
456601530239423517348848492284073445477085483503966731211581208433
584790325266017346863737980056709785982280945353781332031887482636
302748282841509847012700825468176524030037391049077470414342922226
350950269065066078935317063699096997543368393409738310316994497449
525239502402850243929497779485021047952178093155629241486162693641
012352878352301200431782535339513561797952736661007553962642334246
661449536007617330429588325480926875318994728025407829921318482045
047873770499044437487947347499917939665792807567075965890265853279
231841155453958602091034630314105442507825658384234149729748383914
990384737673594238122964401400594818656362990662609873768852529334
904168743595123482236779033277076128437357835451962650292819239327
411876998386400645211741488515024235605862280934921957261387540727
133241661228940733135403053116854469800247224426420261419674362662
136768077577826360009892355453502517174152481203588063743267780616
918305254553569180741445742119770240013429675321232172742645302338
286302887450066980662715572047599626841097213953623917015142205700
450643115566475158471460144161336879665877033208674302842289101913
682457962818984308331884759087549452299086925883154825943775630414
143322909096941856732958550150607386843579333136657090299141280564
518087107561201575897607631222686771336348791616450235390998418053
757464837292100646449783524439543777670234929366465068611843936571
785191374615704391249929642250358005579340216182143100118593992490
476128275460876933423784396096170832236562227407414327373405449814
530631168900287585202839459111304200351922532360307668665363225137
077904277480930824457650351374491579875653455106982933446870189449
508911510613351512908161556654482252662112467631646621809065432629
957787611539412532615755054927373215369632496457706464585986520754
876432133735601284438297149589782001426495631863936530739368132680
985981417718486934900925134011499612025391984173726048868882188533
746497303510958452172016907527974444942217408448852194737041355501
684404609812675842122124880682354562298010400554102083860824999412
493027928212777596917995485535038261886465483178634540225589866345
063133983586777884337287529220249089388323425642727706981287791692
506908874193822982023519529159283071167645027331060924767163813503
985072793042998898794578440990853116246628509640573677616945149541
025543239382048999196150493124126926243216806203697088652186833931
002394463863977740905230228520720817633140318384761135455746523077
515032968066813282873783470387414217967845869270302663944958066203
770345544448301628067529061232552092766482227623182148893083035748
242072577640089355513952677119393677444408010983325576613312939218
983175946027730685171057880606181280771791258100426848403908006784
278047060326465917941232968764239957036720175429291971082156010053
765749487901057666982884721337148287698931762379349568539930121500

482183493240146182890324161227907697574593903666511268619079620787
917273573901383172933228222267043211732948125342445344947097737744
289407408696317125914818518922780899172962674843719349443657577682
541716944313304251283202816944734040309480252039959762276995617526
557066571772813351129996371117991730289894326554061236360952876473
206171977616739119620238865118919100822829456117914328744796862327
718075161687197762458389111985522269675033777173030632526340332416
829894295664782800219518470003912499281353483381922196093409549867
463563941709551512045197843668223481167903655045537883350909578109
994094778617754382561625417682344381275353705191130088909964970909
247132152536194636376478221078796933053670540619136266891274792799
967975211427151224381700772513488451202311337889803892855880631914
045498302148509196703447535546314712353116983941822087690436017188
094527353107017302929514499166105024881868235136613088277241557838
275567571875139790079702668433721472246269484743145320169378820916
461348704570223454091253529133167197516226411379136777098723544345
097540324745299130160336112880526250107382620246193340766120356840
155629036926613477202864097021096049780470013070047008761782754611
949813658010415878715992659230352817764549000234621215159892747604
789031616604805415950170928526468519382827630423840424817251323351
842008062644126229937509298897710558457851841229402227684063843220
839945723834503785122268266815886659265365480968294273165174123181
170086230224169760722514850152209035991167063069386866392619501327
214326893070921639629063549146050818225731536874669965691068021049
679424728191772569844695630393003868042407045674365251801672177508
920118855761940296827938228590639450725800083290753709254067366051
927172265545294011069306440772367341787838848054525365474755988840
978596653655509340602815210060162475111734903532330179637567331709
351919331132329834557659707117923012696815563051745163749626045453
499992135940882452739321559543505922165486309293763591859871874284
621019302562158844668112681843828931713972333199810864793531008772
895552554701987779110377392367713063274916945017801953501720688980
674631252897377035564564146573626252051094168632368843957695303812
785681048216466117670369644970653438069348419252978175190261544397
599980777058392644837771910064159847958618022834119416839670363811
285817744168574775563106668311666376424641078994314971065571491611
245385959772553595874933539052836326828555649050400176513606408509
049594170172437491378941957521007413328779664732425509765466276862
206480392614233040429778264653324382741107753114781706080961110574
234002884855974389991764323130082269866894760675157119598187075199
894021557264792871198446468779962432074067344301191284672207819938
468515204170910549993197716398988071255377140644945595761480073299
739811562752640538540086055295343522557141093588531332156586806503
897733067857020603426575793257064958557017107483142517250803124186
606693120091917668709637483568683472093313145642636560800704103706
533813424129025176254928487753233605156762145545872044349520529990
064545131256547209120338896910328250274727874306561312579768119604
606478888582619394742872469407388814557768274464626363779462976055
181529613484170459285516479455611837521633329249956073939766713889
956318952650359181485930744683061477279040941125958029203196326283
655730651098281685709587255784508440473587785865321157927284672357
778825406881763096533357374936327367960756575238689768498177339086
770411794773074131874895284731289014986064659777708646847297431697
713492742260730279742606259989645719144117039174046748067469377448
603349575222829551945512663424296492162183247959059971520139391615
027723746664836729231800490522221391920184289269632192589729874847
368114617622684000175013961869286957658317492656093122201739904185
751341456322985446079992218623523825302848248958589994901908683866

616421769205726619871199588626077643446287160100599750985995237251
456073494398366709097774461397717689663940934782850390537066194109
970072209515432878104635648706148941455619524917986277651807136099
596874327300195305001003008367100762958987800298263316313514633295
070648318104081423050722094524781742147367101317097383343296919312
462282534020905589786558961444330634563659053980086426498530196824
827744254045083138449811950666343805769476123212214830291149295757
967209551254528558940042819336163400688557658401213172555615915492
058479911295976235034390487373879269454525945891844482329786762073
505271028195434692723024673104029807359657131075536030168551492091
987059883093976826573489075316325674704635662492461456948364147473
863095198609574208037050523967339870698887979785889815947192230985
910433381311399837925428903161605470518343914429991695749700753359
436920436631738059811316362949344128215936567114898451146428964555
087704314857414949793659070626230637128273641886247297223263447808
511556485189520488575879792641523302089610875055149896747418520079
353824079309959342431274772446400861040308702402231533237813786587
004619670327938297251740236630617016583074397679027179534466435156
880409331547493029215462227354403886087500922239071299477415242339
177246705584220713774724909561341431676001471247888866794032765761
992983386140865632723218727318357604554329656473389147955966103086
179748693724329102964143532658844049566356165757328542151176950641
203718106997023896369257794875100491020649693308793732412026941107
294857346304436027800594838325872803947066534983943049200041062179
815835563125200543102679260506106011839817813518042634676806788845
479233265530861999375397211266260548168705651747745877138882511361
946504624079213461516278987292408815671275837098480135368825930047
401467155859765479397761956106259157374348054875922962566324880783
895402070153303295359608099180096700588020718065782239919225082334
199003654429426581286508537178547896038858495964337635723778026034
062487444595274712422900259246190863451404118470294958253209297646
228835010173203397158957838439647170298348363228501338377100585306
688724032130773132411848500300498354896189161962907563416509800303
926509836845721975478303500259026562097486978020147274934184955469
138954879202636452150112110749962398073910668504673700517149822343
265245104823013031594566733510879471291114958182578702908747215032
227681742938372477386364297816116297673844451895601342983474727333
807077794737754144569795438562203579709338837575598245951270575891
461832532290283199530239608392492005471559849559712919877842867387
936861784968386940686254534104650734597068583415705494999204491224
813679841348875452727769969004965386760637723685744920391271558684
291268661994041451333150707024871000282876352863498907491301011460
061838101419523206955618455985622915287793750120892689324512937600
970078174673169515928351208263370292790079278135343263569261736872
655451474262658673455686275876343522090962212560517759480868146472
459202992683545587604329217625773089120541766172351312403103621742
185593054164621849274804229488393311082042845257453997850283233300
133646202803500706560002584447245072809523143768698877984808378660
092157516314489971519304276939115094606737353420934511821842899054
659970861072337436959714214599381449198358663815152524356122619770
268901306857195139087704906671831625475908142246073702800669540936
807727370140166439768296269074146380396633063710731785674008987963
298532604871540642665630366340605034633005256607776578037154989881
138112249046281799495074844338567988213578554632673617538431696032
360521675806389569363329671526115613086056192276676529754033048625
899085478954552753154212529423122612224613017854975916728340739299
888193417878913610677383011004427171610520215105340361693007875140
704520632084041710902210089426164416386476481198349933286041773084

7089569567434473763666946276958285580081602578409052758632288282757
2392339896716272652610568348231887118216154823497533889231417578881
827821135814882920176343518529730915977524229686170609501049738023
497689281681305301485035243166562746809409096431388823421152899510
394905712440439115288620023291221204236541078728178928227494725994
944076780802504457193347646259527847570679316238640388483517212314
017451458239813701065880745503357685666296668519561645593900383929
673150316621206978084861944187224394641136115969392234476074738038
753555035756715451055916375387500368049745930655542285528805109457
134624715990364559746516249523044674896003241076991209260422089470
216740896451386192265187881856056608218188185132572453397665441028
014302997576894559699065816972032414362517083858870219579770368817
760568327492275482741833578671055226053922657259408224268830858074
033120560153873006230226413780906692973541554116916472730559304409
893987845866315564395767439983654847498305608505047662943439593803
022172080395431264279099631259214110633458994157042962757974371846
217419222967185089796364973580987734325139776012111589797061559175
826080320918666383538742750104165363299956688817342293643179467285
451882729452438310079856541198742515071149273298342813670895128440
895798233527366328637781080238284872625262213678719727705634810913
113728339563848819319842518105322794040114429648869151229743585867
486390404399753803333379954071760556916587492378355359115318779862
534667711572050384388712795223646476709957861033089966149933797481
724293858820886757752631234888663872218921848568359808502777941522
263471903228432974509146499132586796300528614959955322979284004941
120193089010823178886090674132623104519665176236810284497116354991
509341889091041182605776394689834651761084240102875960925457596746
012167844262519248120006154967708896619663842484425562079269662998
417220282405654145782469588850239526721526432706248138032226423147
891026649008484393101232448574959025033392318360988676868289377411
824521671769643639497114544481660872765495856805670379505599680206
132490567038978541755954728924821104549521823075052419563791045435
030984698117644621527005837855804353373572251371548092125510476660
024262475375517832500190617836708680808334454051994462049621549038
212772253269906604394834932737729315496378121281214558766197472372
165267364980666165482252921221537960837744559699745098645257424238
994806172002839098019618998401348710191732197810510428605561411855
905893918414812468015365188991061000614373354428150424083959074640
047836407458111403139651313553217787119692800911478671313332163473
375553608406715272440061637159515328778687659321311136261638010618
332565325628305555449285903672154429447587926182736953749490643052
238407640319998082694999538379557661041354784769008049260372159949
765216389987553440852930934468390682393353597921288882711609096583
042725512522772311264934325287267429177525586099906209423705256992
756239690644028121654351579460376360435254555359075452731490104974
838345409901216055635655606311906502101537730842263098255956411773
651514676249553388237610127140062906588079087080767577172432350873
060415117672919897663409793803007069423756236534249302583772898206
787092013042681726414445576253780105810126077736491922623462369626
641227080506617606956734478912466816425963474335445082322323046553
415243087107706439856046516478951230482583993356233237132834774096
352709434637584690672595533718406809206089684928210530118412843716
891105467684191735080071551386260124131188137301820463757219348446
219118854326563079279592334921110485424246155656577257863711278512
869361190460207605436548841491765586880692457657148503695297690044
412849269819932917099649985586225635218458306195773879071202421703
753501590723824848297881621517665417403033913029667906845033134344
308051005109777428705543131962633490640985416719798209112133217534

825891701990578726855538553515979325232516040268522494612073697133
322042977333243166056514638517275138718924323862656285900717010563
367395261389646577555169643799865886891404073757168168523453634577
823304898700923891246795105070757966048951547779101666571884794002
452483733482415230202998846815663991313980826681559395547218192316
425446758808911020742614760049792255309940586742356981684309849314
128318835723632799104711154591349748140474715720750162420437340123
297504803912813700353806744979674022131560246799434660502830406390
079275846525746329144027014178070621328026614761607423964603512625
418643051518599724561945459387840063956958743392287844262768518026
648110087150592602683622168101908512610761964141313934895359197854
642514154497248511571883949098220421063411273891721637112777035369
186397928467707606359376054680874641625853441866809445443963395358
430115682321830193290956774193440930125396377117798073942913073913
396176405316888623913845531885680870873391531110130244782551506042
304996170367876208398568137503226082736028810152918394541009292254
101463358952751068466121088173449632453391921414604244799690979829
500060815765987786298847451548243763391688907736695275936760001481
046576460283058733780595686519390504452645475398616246501429737532
881266274753963468404795627101222107212977433240732892927914146164
827697139902465144816021118811045939750255451433523865934042437636
751761169659013836612348750576785718771590269221017902879823168649
065484989203842179726277773469361408268837673779122383331892449427
492030453194524042414757550526187290484577045180158052462178607593
922901675812704343969554814581110481713049218658202941488687965386
096923378404729182070788046762368292995635720613723008215048967417
161413658060994155393927345608334339459939645635436774925589309094
983111195084565629607804403603249654728411312510937090938575102281
803876517015219239028850207289395145973197125604090909785346763337
211731252476783549806170687674898542888696892596893966579685398682
302252083098501780286489169265146026291277259476411458194089967953
645636055520164246231687078806442126427781247105040107092224351748
712911219688060203544008114962514337642893120536763881686808336062
956917960663652911212160045573546350749230929771378559514742825162
355203793918700910257614949899324429159425391943534169490249805962
672970759425164703189009083322614369079202277127646057966771948699
575803254957020779180520925987632100830054587263632353352508525123
490053721447924599411169703702530009971636471562233114083860403187
913123766894837308181986473187043979562567213301949514360614307890
356257416884616861304806097446475561210027356711404994232976489832
194387293237556120924072126425941304533258890261964424514795631915
646514412280901323396252605849747575161138693164196493305739746302
279612291837618650794468343162811172703366015055212024680946541104
847878475471373150243024740306489871925549851889251675782648767123
585728081227699565534352806186916876266421901820363200986737868887
710393255263580880303234900748789192689226350204585012937701912198
599057104498121462535236705041824674590130822518975601164884432513
109010768729929195747660928218220760687703327628589913686396845348
813759412510420701807952865637065012275156926631111535162719479799
399282700361440726684321066053259934249125259782604233775926184521
476973735058953810935673215650050815473335104519077144675822028776
674874948934663958361112166804483944617849005975082010452208653110
878076817462815183006268057247412646710932536980896646654768878634
804752510608848462000838477581693170529818004763444102574430938749
967136592560469036869934201552352938303812370792620831046367654894
764250658138625467218963766092722851132815526147920786776217643613
546990156771832585201432542961739450751514058287118705580889901515
645635602245440871554497553659014547710330767829372726918201204444

686574921958958451023746076930886573792237911628869662705737451148
835451367610150050598056702303502953509694217188293537354261337056
945039315358784531130620829427042291501941332498909687334973097889
297304878176638605145574508142608411331085980886461265413954315448
795154523162490658735280891873935193880378741667622179028084610140
394848464723667206661486618994177730076980823877346628709474350317
041261260415978894412573621434432221005596223235288642188733067485
423304721040057893906803482271218248978835914677330307384942568387
257925682723531713178936998998788184761286778676889869086831151494
359909287903746753841573192133390160666934083329103578931977582678
699138748617401686987806024229106348845012385196938170942843368933
596671945727760641640787627189336080191817276202933201525476395783
304132076582483731155028213635045863956878401685225871977405753466
673503179073757405930394874719327578173946150033812652929798071400
976433343864385946875410346939938272913078975875065636987601892310
198912191314772805484694343988275605245346120357066333963953608627
746862470290547661089201796816981722939034032241158784762754549357
881507437551517023736977975059901838380145044270825882525964829608
191108456410143282961045795562650624012271242165106536524762423014
888295217493308578252496796802645322529685907937910480395182708505
542048151160155253854085887788266367930364185529737919214036856268
277997824502970832980301897065157848035426231024948662845872495529
488571245625990093599538618158176715825086219366434825980530700535
748527451239755243204001113595379669563709181063449298513077998039
905285309900565328015541599535013003228337778260686981692482376535
471389757116702814918032438017047939652954436849166311488453134551
963377710937379666172761754353187681617274854429148083430088020059
671107120858369598338671805407242426537452092248985854360546607879
073247481727079223786560351440350879988622003493603261313590471855
220000142933598670470532043243412352387005212840483010717131858833
360483002842941457652032595045672300611164435336004056899013272921
860853796812772049696534855513875109631476652136453986692567100705
196590599972428329031843537755304560010634221698991341730562236384
555947102024290209868116299650410507307784604841321734871604498524
483573059297449963648908634586138496072474307286089053883045629846
920968759322865857673323813313750118878029242967015177606765658940
261283809433984002046199328692408274423660087890950302725477780434
921271487431484355151003852876696042452765328466989028541872407180
355988361433976692700760606134581873493245487186406876069540408901
006144890548594118778467433943167499340332670257964998693697522130
497542616133128724533538590983319009904959079899943912262983098751
176143661375665369146463281761481293456147228140373761936502106641
181399985745430012060833007015103971844248286446440079869716033330
610148030153190695992496521200821483704769097494722629692696525506
417284792509034279947269811608002769329476954220839359730068691659
323254865296068285263064718569882906917129295828309227308070415037
716736359522709731536601171441865693769804991621423389792693312380
403220409959991207019401813015293421631311058848485741193406220919
166481460116146936505314404693638113203225498600515631054669232712
634588280542452393050869159390449200553572695761952255144292011531
225314703036574490371389925587899383416163512279825136549695270695
116027466109114379312549222552773279174920969788988691144512031670
931336027793992247545911612117040321986264200123064754527045803841
010036501790712390838052213551175950146354455908425956925879056750
649646873764070613824463506165887998913779483337761016508754966575
919900071872710329854397147786372591557959762324049511387553144918
145038908386964560344284751271246196315227103999455575943321451047
831067201119420590393707615838170789658463805358223282301794732941

017971433277519070346226383380151365489405636775661448880194844704
117341925113871720059475928717346305886052328369167309400425407350
477494122807085344684649205636612165853730568542388154837902923260
578592663903538235576190705744819641875005984639652770657958627227
881169920069939997680927937098542961470265551918884602227022313994
322245437244950327656926455864217282308269220170757708476701336388
115294876984427121907308578602883258911888109074152401707600348122
456642449372984199588517097934976858527757799935700344057224690183
469805347397824667096400774726735586466223913573993929523264201343
476587739257110302100036121355267187518083973423100976896236849957
314501405403648632340893044945712741326159122928394889691926017898
275386628528079372289447624358988204724451084255449612956651816929
540615322972194257656943457743504777450789605587331614538653746753
279688342517368808995842738866984157386510048015699260037564137611
913401754721124622176235030808174726203969848229802579141730792270
996239234915985670171595769739737949381456018662855092632778220514
382288957344153463357596787716912482533015084288937874826838907777
313242504024315840821664296445329487376804070891938211105789722674
032147336961941731821330397990311325243742032969389347324445236506
416021975991759956774698012334629915404947253882967497980277998105
979624178300418951832190561093448404823394004578358228039420295879
608194167940091118414446196465411517660102146794205604030998874219
761115407550857232107908620965533506703069811502737024653142242664
667182257205064379572448802200913677297026187985449690061488438665
064903511650185131104109508221833609625419248161488761538742778209
362206130004226967668804886668893036004255556626038366757778784000
404814799677113849085617053543439919186702498820317868538641705487
033008877390002508676613040701486652771961075951793934708798592060
521336671547735268718861985770241731653802908068330951205398263458
460320718055395901939156805960602091846058894115760000285068814436
809243174841058100504351614010468393355338332861466488352973810988
869576774117321197767965927615350421073890120697139772622073263971
788688854160221922699277158638950825863547282420001280703151295374
311174811656420479959220342723105425149204979442816090708727476283
307077213850679953011863034020804903055587503806894287556518696357
108176665362748025496238205143526347263350093040705253621337190641
569807333086867208381166161544470457890442324263455233974271279527
371287476060664584666689472814249701383461600105839085553379467783
337875245576827494548509511294742712016827256426128107154503879157
291333033180098488338758892738436047279208707595920310161868273481
669014668159893199806042828372434278122920026057330597670868621760
942572447916025069955739599818405063730278518134022434680916621242
138800065099751570171707325573572820951265601740681126858018265422
505778921442776856487294607580817433280933476986186928829549304391
410069705129744328582252976462586355357500895148288883245358991598
521694088145351674176320274523246523796055219573328706227741759817
067057007861218949638754748208654261624306506474225851986317307185
087872233608313796650948083363926341578647402378460506058094583213
289580782471846180031304391789931062664533164360170244319541723207
571305507290109734733036441683258571711307521356038805039820414409
982238461693926222930496257553987682152516893388190887946720526918
031637287582793798784506791335754536934865756387652261524971496419
799313716243780000811021909337404305461751261228556601231441993890
145091060568979097375985842352123362398390032841942287860705193476
286714538135150554464268354749685479759062303135492944108653130789
047973692526116415504389968196829239297278295439804114027496770786
045314299593365146188381635511717311233878753137810904863891613450
670743067836958431334103108818649024154476529279531187172688118505

019551639070013934816603863532907905705860454054416664617289149752
709148628981837666617928816518749269882266983245711159476016492563
126691732711373621142840026300979241632552577710080181238222565227
076403835768457594204451330433201130269351567195780811137642020877
083384331209796245416421772305919476086065686568026102777542486824
627395171389735880148647343691870367127853834594140863315689883130
343649478450300122061083353924607942017297554504671701595588774296
510467162529609926557918045292519886365749042821342648937622784962
666229627430858166226515408773137048481151384744982266112963008112
666865679769347374354256489567989086861647368794335918721058031196
192035926840856992451685677819652011265596562830773504109094542429
011295824262354447452246707818638301856493794749889461773455143462
241874177916719838690957971334737289112794729651108912390587276500
905355899448162116560403045983936755760469246263041973269699997402
291999143472616522067189619190782034767314674772383738969027155759
861669296481634847417068096700813826132583539975878277434632409092
112312762389276641799733318749473018588560702947452815651302447867
271345286709165069668266282594702301835897712831251170836984814095
985416724339580434746167888154163552000212077995567860008074626335
275804047094127830540133923619565241115248406020325995694690374757
419933790634305445591413041972956764418136881978063523227394959782
912362760249875348267469220128796810164057007321155005799391874596
382929249142439034397939921595903841264870814663780598386491645665
929354537602987800359095712910019717468458636073815036265319434210
408039659046576337441166498695600194667665965064620132133322125737
582291683213030063133966787682840409643524577794455737923904589401
000057930665171954965558332333918174081513467730262675715024096184
462524514024673016348109468635520639456395665089638933313154758360
525033139605141651701270309360875569963670382883867463423404272470
365212606624172652424127650311925356845921189692544555394316063220
038904675146083622177184333980189754909304921909860780776438168982
065048892486983273075607179208831720989366031462482740265069069935
070644534713494895121796869943119200466037996818863643613345015203
190628219764699640975252161293525989317669886122282628845845323076
424340913669980447779251263790681774681381096449731988453597674871
326788075856744556125063522155406265544232768916753529230768313263
977781777486951731159967568357690777760578375862861424892010019005
372961705640183251650710051163228093250949727357306333102512304273
058618645339800283588040423877666492199352609508401454089083503146
788384653241593216574585830700113217112113525558953263724080049611
835024400606547353145004987106053306187667494315890344138930297592
573529581015578400445829718032444571129819953652098888386131136521
364645826883566327846189518912184810430364806305915157805854410867
758055713684316541692974653623933720694863273371660500893275326774
131480498914007218499648060956812834929579380987810292482101903801
944576117982538661768216381942188447073503929532678039544153196255
072370198294325919625523000282562254596097548687141837060996904461
274972834881298323089318829386177871806522441450350602716515907684
755244784126749789181811689731049429887721784834803540595796509505
090589397116944658898784010583555674641723333266693284388335019280
900458885983405126724021670622919598938719567206327800030792902396
963711068301676605366617138116033942795191456084972136494021882397
942838356511200133821812717515955498244854507558271692786026962160
062248306345853875553464559494149323488585186778099289756409748949
970077094179797480937628185631439754535806659814255526159976852150
473147923348264750084766094762072376538972386971837997919727229204
347499490122028550489517063443256579866248156334942047169365928040
492493814740316468053935830644079154526969797487735601780600236784

785010695194465916063470950141450864710015028054573378730291956169
241023097580606463858324417221997691298969030485068992683889988006
570951721362043520930636902524654413470381339589048705180450653294
265445913447258956557799337418478042603600982509807288010230208118
077592274169099211565702085504614902784288665091111581175303331090
130363195705268103813428987214226983022870681359024379868867892290
592884481919482519297340121401838496598631311879065830488178270291
215529398481628480845294768282557615722096356123394400764299509810
790060461364862154563086627076383047858505668049064909690739451258
730688625306443212411925652776799721886571732590734351885260376824
700069968459330106901625038772967993089318506117436055696362971251
572111567654954697981232420547766738869350313380395911207103565822
932662427818582223393405129244599169707936642804454453815404644036
226520577084209336176225962746472811185179582536163146305374896782
015627827832434155037861624257103484536000423809981642229089790555
694237985979444447820323631454254132614382305062759945621863521604
168622824070714450072033609239776714555906339898357619238675986942
619253631918211030835533632835625760573954313825080801864756736816
160439304485127721038508566395151263094298513094203440604882139958
740103994657405328323693612838799817934572367491666098555413701771
270366693599663303085358230039391265704659337485595765319176841454
375436197237542188102403747040257809322177353385544170426428716428
335308012946849558321196306808316905076727716390241823491563234910
025631876114540026076290538902431440261250873006914278129597077254
927872040272692461381722637237365683299686557095626205511982023610
489664602715318966613210057777365469391928222301791476173001687343
446135166118460236660958987373335384123720223178218120575726749786
384845409698986701433587569643720868380967472235173181722569195644
460565760623740130905143173057962042590839341800866368332409827866
087023457232199880783836341942974946007555185420633250576440240686
307541334080118878066052077189596870837989712964468677000285451447
089925334872059584641052020044256783677998812429519085450771280630
305685845926704990490436371018043737536649805320216740011674287548
548793686923756410635319827770540024287480987140416612518827183993
680844017705909582462452289213678503664258548960093475851619649566
482460781663871482952509699085786127104059698195687944814177850364
036563172413754663973031768839901234944209021834321073459074978671
006390801134686617978506685665430560291948084897920750465311861653
696832452270622701716453267395582610161513233672471451041784866276
366319951769523605756980561006256011575893269592016912319374614291
827607072208276056645080398518734425318451727821455989151493228042
618972916766998621493553408555251303439823275612384483230358528293
315868780754273424367441668213513040408602256275539330391724086795
186916599211820998279692031876153057287678099809568695565812933836
718284495153419890865466272115020126192734683615029357370098004136
990431726347571468887446944257684620120453582155445362571337418475
472387466142378867006775256664575460697205283916215493479586390627
934763745405191134448018554936998964043967256229310988631515021457
500947236185454991328249396065511211112237119515466698771116288006
107991743679284145101624245669721125129918343107368266287544128563
455744646457719166411026472867462084311636759181264463304197380350
277260862342608449153087750803914364039538714018773620392161386375
582058285414572421585418809691510373504668116360417775665810853250
407653084724372449788888431484448531946443074470347243612421868969
045273819637180542084838002647021286216466062739776826097521958955
221147357403149301328967913636268212042262966984579789837486804058
673138936935936934178228692764402320164299919738704267601464013750
852041413539763692963359871974261711451294892741385120647775293149

657181643569641942120537552343328832234037403941849390990782208226
407688736978062201217007535687082975832534971903964844420739990155
746306135003515448786147089176552614404500175343467292066068155089
579824297881477970220460317366307494569413362346854344246964508856
951221833808861250630397642701223041612612995652977218856743093389
550755745795174325316447106315922122933355484370210905920202698387
664771797173500076252001071870829075418779211342195268173316649847
193530654560174596413907172745577552434008869790944591246185789463
120146412690713287361449341515225985533479826084304747504180360567
253727119215586662493673582188426589508697616692222359771723377684
978037865129757156608068921709984369004265551652491818912339144758
475141089356457769035556046682570766248231255666265847507635476392
703567396282496042105026633949162728821979597451778327609873603814
023427488295289430236176088193442563011078382679468813886776982030
665358187037632455911130427666362011004899997856321845468111027267
621625857939866198562441835289595857237084701567147688801296940186
365617305542548870240176984535884194109595109283109462116475822124
227202576207309199082380920982064916526110716968529884403714196225
330614493500661480885650300049693573075677096946625491581238458624
428111308341488293983554033328866079117154937720918557939382011938
019932050791487154558164372210791143108078659391735823795510186325
291769707939558065843443675581025497911507701342848676763228562643
082438996137186156792752465180036367335353719078186186154077174721
894379539813621602232809298685009171958058157664109386209804076649
744527602133546665208323368154971354311528422844068922350582375918
343877840339458956685800215109174200758498768860429141126547987616
570091586863692334834447060577888322156096657807440606198200039385
307434830874042447825090388786706355529912759313850387597678204548
825806870546838062972791138123759086328136996157086802548995810741
840532581800590249676345335783898561318789435118185792374829873322
568791683814686463040289010156493162450202623605482893527532677035
227732648755114662451914666578600205201311223315232792697262294767
579088328573349306491536611349566899500299299767271514891190898668
284021248889015417348835070730075493827907272221409248009598297153
879663903131764590403562814379790917576773424461479624604061577228
403977894020256151811825445516325100082071037811409613359873106600
429528212110156660838430322250172810004814161387020177339282694509
243295982357482112200457944740275311755192750812399036631440365144
802656866296774742582743524958237088779012587737616721371949976574
636274859831247740341677628407952026931942682780285498555618641898
260332650750788285198369683714003391965487765079761503626374409961
188015636018460819668837074580711511332893791045663848711403442799
193198570026760589815261463046121720896977777357994182474494151353
693502010704035281950225686161116762579701895578571608118006804999
702211614073695856127425867872126130827340668196415801083757076625
895218960063257356596547238542893788788991790128195477275251164290
535803987658863621103631631522931131588582255387927732746699709519
382867048516856154633107997710826056714866670702612625954048767861
709055464325318107630151398689961405607959550752154172015353688705
051735735267669873259514194014246879964124305045216471471384006696
291705470735707884481495353978059414331409843943306702710697014320
050476438607421457408765845285193310939878960137695841747047755345
696116222893921728722356244976730571801366190829590568620879073056
733292001646323363425035424518955299217306832265207227585496409457
929109304713629724538664790782235776809005551161562921068859380686
710641556541547533943450735533842566759726364249699801792672686659
054038750828536690506695662715082645402258149335504469932589486094
260724084209402888644957074097130475754861900676581895005263047516

0473818381037186672465565926822812898440070341842080050541596919948832076805878340780614671646078259317221099917476849378079085620985743203770930404690718118832269248408642592781189186010808119860826406239320164150639570713779438265310328826393750582694945764327523164793647550724306052401230652537019848253999645468848206429835673364202012294306554851240735018786552873771150405617833039593849792349455947408241587012732769154930767122626249408709499249232952639245785010406182133854246908915750225293889124571644284465344162885312311764185366976562157757950157379926188845007727336086997260729650925769807164503099792787436263834022634092372354394252566190641713551414318068229517000440608539815922070425727379270808653713195500389026019950957504828620511932172056980764211443286778081734979492040753138899549876828960240520336959022217813379753442808492539405824457553765338010150812882132822517166002705452469512193673579208395818127183313328717302242887664333887863583669412982082749148327060072221237827578988905213498144542779759602994917937240044818733918693731930761568942734751134100130979458361314219279943211291651284475547817061721258097598608428513550958517320310767388067604905407414717726630491047796106175562573931888196516430225376265090002970871785751644501241936942163244360286702058045493005776732379678163432399132257340586466764217740989904825661294585053580499128503913289750154903808750962894826319936308782480300788700110231644720394268513349766000284691919194111910665505063798452308167847174635854463377466234246503868466786063037314181980342587625443523804596719116530793064293601646105370768784771592609747646551642348599176195860728475335231115625533944724264028373622162569376287117703437816447563895057758104982470703648122762689358492537159254577410975051986300035071926351956434156181610902949141831323857273055806431739073086570483954402487069126830955932830662888171454533698920244547555202652774196268988627853294926691579091215881181591755777312175986133567133593544674953162492609157550965769110755616389365088764809110729288315591555767842839559620673127937576267067541617059307671511152742552480191516882791528803678363496223183587208392869425507131874494269104236911183788315231822712141463641038128826354316642488790391989194306895393676378436061693151578440027456372407689285971191857929391518438383077755817210994376890356503815213503343743969942089249521497711428140346886565979006749780854833828416273289877743632104743767605834448573665170354942431116585425413688089864972177515653635328181945138645992511822608863559132774919217582638521979079629769827447056675235133903446232663390789260513624461128357014307800436491447971204525740370423155714794117954292027083895881011703347949260224075095383724157110724852350503624486774375655541185238396475993648094776288880110134285220958086215972481213890560364451742019661632429979029882983912371726487363252751058266678192007387997682885494646558767766739487274321401670964328898959807296807019547057010572087690537690356935562567448960073563371362152744969281998505670007875497072948989118200660779160720165086883818179773425411904710113334767403409734635986187560848892909825142077901117848592341429015352948021399313697636114705287074176569982667924372109477299619553748661219473714759491512827824841230406546167061705194039624137122606132186512072947551000684687611672472005552474121062939506067494772960392701483473159691989809217097883761241712834533311473909611332175943111724302288089948218365624970022138225265807553288718642141398833186082511225747003138436226421477659159887897136468123356140056904429907615012778573069473413620811035076254421917856056166823196964600127738123916366899929078478199221104204099558785234974982273367262328434501657343075158513182550023558444097103639905479339209149790935153071314068466959333

328428010182677528035557573946539271543050268255813239060703473244
982944822200247784246510496838391022266728272447218250315391161003
912993779074882486970791377003800315495349431952889800506010069529
700575632318020981339384151227834300503573910752288596963690004425
214005838758012982740537366151619103843859947442487151710127559959
468408977001290385163275316090658451756735888596380609637314532010
246008588147830490662030085633891268588855728106551435758686124939
654069769492604675051707092284837954335846070805646208498428842880
588385445736709745493047712334565840858348982048317994169731190366
393258326827902040067265388176326312695078012755415466789919807881
828219517289132190197739469174623124888538267931385337536361359394
023173326363400957317540233905000488690776914217372188203723738102
178522170666384097177962613392021426563172222681279930178347831621
208415761372070093534800897405936688712898507549626215373240366435
114350307075926039361625716089201104091094836323402012747941184886
231351971804478385665131619784590819106534687626403704966245573288
032044556850776176302001041735175792723860804406534190336821393976
707959738296347830663032969602607706491145823349980971825773368949
910604209927055877275353028372998103709363420218200849162773232347
215942861925412556058396252323874234342345788961933331766425349998
732922667057590089305747860128199325582156872192446150607155443664
012797533754844527147052399032964951991196794083849031138070523367
104375902064073122051495679898448730175005944078619549007837782461
733577218450335382718581699875694602270537296373870930026818618686
857579277861777910630421029168074194551215270548540496761272751218
995433790314518546182813092564411482798944314221902900578369711248
455492158329660551972790241318757132533145947638512654499621624691
264714917860928377959979697776122429442344547777730791978760239327
054212389667267915960736845984558091130597870100859856838906778749
112125818094261302383974933528946181210908969053752417563999095346
583920120225699908306402083070332451154298376006967495170512092438
080751428253611188437318914025632044645898752997737289001172429753
568299305686243033983411384685479630639836592157448436195141637953
239275551556572208260014174866496915584760746571424771737797656059
798180433400652132697240312973295341679687803197779876992384330793
915436092367610644338557213220987366771769853243297992976359794211
400330612956445391787372752365337569776554694226927687542569153710
149611567764975396327069857257129056456085450739263254107654893984
106709357126288043473068358707393623377907448560665771856783006590
723724558013530815265595998775842527023483407928714862195402558323
180712292605712603915770055452256962082736994011163222094419003358
208726924912209596160635544730301188218828014232187510382465613964
758765525309547549503223540255851489674237250487497605564422774756
678483561079371637933516020904451505116196776891926101375419880133
138214434959754865960508251541714612659654209590833243614496200498
092101235634118795617385783796222792746112921669992343244303417889
089547804327702803289793893812833968279915287728364726575784072091
232705262074311958167751427779072354319173259472060202952599565101
164893923884816839246631736187361124347449830897371747029475661649
328170636727993998356574744760838067319868459200810010973818800948
443944271790741201755532107278101693490964877564418275442848133387
526813204512026009858642946955499418418689453498620902275246631742
229556988739621755020587096551722648631726436076197066126558734901
780029103808805324842716884151883291582026317232389735934317659084
583132913932727379991947874636529521042412261193685143258896651817
585898378018050785190187514835118305557955208827953593244590752108
958082045551074115326108600551725884231918706899516107788903500222
304780815890966656216062528913033292551029469005324906677822625251

043359642491080878978442032454681552339917125025096554066514608660
851837294881947473579183112662813579667238764195929807452352661556
173045041819313007496659370430765193601973480774053385299599334382
982531155980861485381869442406640721984109756192274708559705399707
143884911769479924834722812270593879707577648850079354019778377561
247478834357480983263443952872886241319443310706914559371024059247
857289067314513795661801466410664477185953227387478189904079327633
284656629355731242657653991660487931950727916991808150976871107964
848315357666975040077677338254498567029843520477774197525474660751
529297390946614383953247942989345359442669380965863682327062871278
915058005888731401497241536788930425619174784605424103595505371968
266822880503492634721919124000464625502574447930938145528759863643
382468636756483994214930680915317839429562119387936295416284471435
077106514693206463295377833859638801052405516664527856984471791873
742630663530333148974772600634048887496198947186687871632698505450
153107407795407807463454984231596391152346135085122663599082640435
214707789435995005256694648637866787267852430422655991665125681270
364204135236021244195437361147641434453345249698306734095169439083
980750378865947600824008328442661125167497359119221595528610815179
856200394512197066534001448995884556686460062746416759969387920559
618044516455695890542074083139465408935568830439100996486286769986
967987437273468504265953239784179559229494350333594782807751362856
996573096562667734353907186775583799162426170125053132306313109849
538526117204442374437820454144219749855548986365786211851020108060
410914227496995767287576815549217189813163278042813431201934939416
092443243908459219153163151935768553022637724065369883909761422102
770373329885430726907389719272444279433435391202927357569261358679
386490111480078256733497226422229921688139337931924606947361478381
749116662431558271962416157495684774809563476317767940963921644654
193147602850469357831981817389395734103715219359942041311045882626
738171782688575825380178633143652070532078394191680100524477030894
313932290869379012281140811903114603035328539778263229178921936169
742610342389020717690428335964787178542018059987870743009239584438
493917183228818677117885970807006810618401000757679443168711353261
449350427611683483848193096270266303783901129079538786850222160791
351797432971933411259811184854428251974327338038328009976560978960
706797874995020527785649092115840395190884869230319307319369113426
510581760568001524094930358676859452439297456953459488156131247191
663525998422219077426720163853920172843123266299365863363142665987
323320481430658000758874488679113936236871203594908887587298287397
835122265790845944154652551416546866620307119069888023562795494724
963303677033545983848628223528248233116337644671493422872178587050
483059870233659964938669441888348834571816441898334914744560702569
452764207536363516799270336092783132265358547223926843497922922085
320945046100518480325057210917781931445726233237238018433470136570
481357326584755109756637678464625899717549858818737063364179672367
505588864606081319662091523521450404554637312145500564998334036018
779277605949653239961043861340802898899419219260467010930680652620
975877386822007851272835460329805457635353876679999682196801383172
326360175410069482992691005043476144549404324132251267931374677664
399416654825632390109819427170058751022264547861328093910012749576
361748372348532794043103188638039252686485629531294221012368877610
196752104027185274806563029431557627884623370024584310427493943060
077589413086401878594294337175766319847855740925730701674888506896
813336375575333595031027848724244849694802477863535478332423309663
328980020580464903473296294971047326829971408139585726251848130929
756789674226079747334452158526968419462047672619537914982157323281
765938448867224772687557375526249881822735685566944078585847832178

465660789404490297552771911612324048623259465942382846756873831459
582297504604564929025930690993563154535594525527484162629981806545
103221347539774210000426870593134067937052028012838595092607152170
970211732534222330510035981071185184805488475339429864170065125690
921863168473247543604374200038124078742618703328235200357767210429
781366169892198586124774316363320908143964736487753188360541522040
355793130463299770896153735076096686666155196448364527573288511977
966112692564868217734113326188744209425929530089383446727362785855
537446631432341752103397992514867370637648720090180863015036338522
371261441052468954767197436944344788958743331400038226728318003094
449956826560688775300081656781951697156113742669043734863809113422
126105473631251721517194224754156695904824635643261311553120770880
443845283491046489548085090523812923653589317998280181640330521068
727825399535749847984571770768467689348289832853675314442760759415
128644371058046485333393177449835394846939131867306522882242275335
099502719050837240564802582518185560560696152555178016193212274450
548885139966962214664298228195854265818604172733276829734341645407
291449616460434589019182431146440853813481310861092526910409393421
301898533692888095274012496831939816353437433648711505065714946430
584051066413520144474743407061620475254915304594507568880219413778
906201163844711789330990090747760616952590939996027069124378561218
178912768434232369632455829693270883304912438389854168144828672876
579733225054460863837784777889662010971879247219406317354061782693
338516256287724526839459371769565393170754566497778521543396975904
210537826408588313301170185782434823177182859573122631195445174416
588057931869899293090818481498883691339787514726656878774835012867
269781828837190052510096815857242362945814825310549701351172737093
533165299050700051103416439909128930996555722592831437556399392242
656290718402836815054831690092693268062271182656402914148938629675
351323769690936870773617620194963808985558512736739274362177031935
781114848291542520637173070043130534230816331915862500618278116106
325789613687293694750275654309366309779798948150910788480956875028
5535831269607795359092214711178689073123145503610178029834521098573
798869735971515925598086623552252490879089005115279316419848454604
841795512242882063500262952182989391360176297020241627364998184513
066577523563644249766419614619250942964955723892168178366341701310
506217155353801131409937312225046374120468016876316890195126149059
774803563581558628989959316465262400676493889000818478288119264549
576283846857312566594693616078396724868659403157413759199548408501
888510976169247034643231680642330650641863304279261557264375455593
102793342845215291921120562596850376322119454385757006905749076781
7130945206160588739162843447774742524289004391116467103840261506953
479389745079634659829396443604530370221593839861050546178938017321
104803558492050075961995981898159095551313980519076243277230167690
944961038273408160744094461318833137840793731653727577128392422660
024852689581262476001246194498112030825845426123724235712882719476
982825295047047263236829960995295644615857354795314426946620969230
347130545654695661085045647185190557523011301661463590400037454666
799785434916942117182897359048883444620017393382684458883475069529
778474393219478062889719897581308019002995677689238337444433454146
812529536790983973532451047950209282793102834632641248079993828305
288527059844973886366045770388380621533841769421121014867047709178
969800769217492594862514743752890899016610975898897638037526308811
333104468444584232446846481513613449554157244323949796882513833410
825921415564171593264539938560037965701114682189015316263031012255
063395749230903565339745866671103805512004996387932354648454412959
380101179670597761310915743368128548352246714950163799803102300976
640679042075433353046928266095083454275952499351326164501598307893

4588316217548421360434787937252273092491164617158151575048536933OO
3136395274541800636700124163584357056416916504749244654055147814 74
7946348628344712551240690667166206599991392062657503202490681672 44
6699984915915973242065978540575064194139116876307558671690319532 38
4642026852956822218911363660917763667330807958379864663952214041 62
9364664960900290526220949174711723132543986090710882730406608363 41
3134622958268637492678913547476019750702756925628486779120177367 04
0893987306022602688117268937124742257909399551439602853868138768 80
5020225617856629588979914185187067503243579496979441916554287432 35
9760911697194937935412418410164261314477541848126194471574445341 64
7888464284061931886057220129596696243267898883454967223412479487 98
7790018535204460330272145773515871541841053014835078421108305618 82
1631111312892035616631737363598226106577412415160341804326546496 19
5561572797640674561251632317981795059567572877615625565819621757 32
8774051811393987358698277443158008742583221437217214687611234716 19
2718026616749702986969522891387465762627013719890787534142834481 79
5375182392388404402465836519272382823980440213502072180059000525 55
1678133705975486983500269348564342289766362841919172181583060012 63
7895546396931867537087337704305333645846259172975868174088500840 27
9188818766146817483375513291547604490805470568828396654504341143 08
4282088305499943792780993187690901208959586551869550278756022430 51
1420820584266562058589955875343681848117188695787169046608921256 65
7670851925243479647210776372360188978604284565123805282902945911 68
8506891046742778608456363230886216345091072247957806786779789840 62
0881199926333991459322442411869657770337471110122992949014293860 86
6441765126719786177274095186218734269094224356162010238787429173 50
0778148086767541451275744919542956674895008178426992041842093440 79
0554211900803392970191832131109689719059339267713456069255597155 26
5957277376025586711384660406396645369858985732742521662246720437 59
4799533139307392248843516275788143483873511469199109937762205967 13
3769550246486583510729725950757503426167126741780843326225467784 37
1596535131136748904570519332013557217803683206849124464844251860 38
7487003543399549193863292701272132923921587246126515015851391864 58
1180588529583384957751787085005332314256825369350421216804586035 08
3152528128840450050499489557618688305342230480254885794713885017 44
0668709468598218911362128279531504642436295238111949613199015679 94
0731786504849011858242829662238634316634108145001184335212536224 99
8402637841688133262779539596352666072238140546029301794506841357 08
4226149178009058394243293498196784936495291194834845633620910232 11
3469000169176017480275367858205157515908169952521745556786814888 64
4313073238744088367869911526849826137670769359161022700580120629 00
9503227271608255997935314613893621288491016110070191642340665841 00
4210444654219816107829111747395747062811719198869934796055419600 48
2797768715301849552408447612247977836646987776480525080725673498 47
8884283598893846428190944262864844348627441482028581327508732614 13
4577946422694895822834201606929233044029890247125208019441186724 96
8515727288248568094856480729671797148047568305984069221851002448 17
0453697523540822009331015159002965003681053048902572180520688342 83
6313545602864436301749347119471867471084681311459641289290417356 16
5334423669888521488589594167492766566402193490236991005610591377 83
7868532648491995659588766082976896580945512836498980779417775298 50
5108118882459604607912469169894294840106147303964597929352098169 73
3063909344174126639505135264723115374700963617945682076530950577 81
7363230362344113708304053701053606212783581734355201418978673644 75
5818250131459428735999807760209437024935573485732098388721619160 39
8919189249698624098993659603922380774548735558404435506647644537 45
1370045421281182733582664889457253754258802181984433866523754964 55
3738113687610350795675661146991400027759831990973371600299897535 89

373147451100422446496911296470748725176814604898123999044592587613
164918061034183618059719313440571750725821083530595826418730954746
046522037190259121766557434624576144349509832968867754391977383346
191440157913577051683370399838609230250285479436093488091633430990
240660329913759122907923308437544611694757890633834120384313465951
928730703326622056106948836077285521647722293040846591746965932580
623841151488094735349095369713454828789959230033143336308067326901
401870389373991109121929757540245110973402620457903752162644891085
321777862492453411417517856080783845330667051913472751642191279492
423143606300899342383244372010440332440872716527437691319256741033
434186079008386014434848871357024995598000262820571303201265977827
212043974571306293435611181900774211143937418167637528999457496905
276127497355111098031081314776602748331597426232776769584939963221
996856149258696680622767839528785211520661570118637036543570790643
534941066108021043683637750964064909970776593021226912187363746877
795899640246914567927398787818725038024573562353186344163107179046
345941527500034137393593179671082189920316932611586670831101428147
797731881736602355119149268619968333587634406311911198410058330476
618633628673093911650506589814458665976138210879025447642782311024
942461830796378625173546628604488028367208150604280025141573296643
640964652114057827993011369696507171369111307928022111812125697385
278665875598075478609039431592271728625822426650007999896402577678
445776879218280187144374675049318567544390393050796727846090743717
935687036721674890153679849258498848062954147548705137250587367318
357002500772071956911428836672193996240273704793578058028026173462
355205668443074769180229856894446415908706814994071312271792374175
453026251614858078557819911616089451655947660793562563737731636929
121136920479477131604769846425920811060400625099468070033722195433
259487785523135422932314547209410740126792288069385849950796009771
328199281923590393297341955201486361793529792866254762718448282808
798424666631126874508839202070074012038267594375003043419711277095
270281140318317783798286922920465983103322731857578202743745392231
225466823877773061504227947863735083030968527692799083301581731371
016737017249132769002519505484456632306952123688648225415443991761
337397304696719687683762590574439137845751572349122029677250579978
533834950231441164148924617273592076779468141907631795214339156418
615792651629737608184824372053849123725483230347205971031150820275
832705063977440305077754681662518353690152205229873660493100046922
872062796856967404214978907052369423576266375759624455407054121420
737122073588654622229172754651376696399078249444824144528600652809
447620949276526249010473482877160063145864948674993916725550816956
851566370716349912645187310859104573828892187217089917504383766180
726370988773355182675209506528653684320560879870324668283488294184
166984338709281446655823682829881269803513355477965397517225665492
428258314015030599804059381824463877490788985752142059610895808205
875907002456482232982346706773697841464290551589489492954386623993
036000786258384968863209863868142953543999133265714475266614792333
638382975059257674210439994293105709676177349651062222697757027899
407723684149136895900827746945360056927842656950345600024071510796
253021921067641262880992687959453300005108326168670616243490890384
598339574765043169076134698883409105436648769059751191054230365635
941550552784091273605015351552341939375550132737936768235140123998
752814365083438403628935713002782410985573565375178755667679782275
161118621440622683712803258552406826105252298096848631299437390351
271798379242485042117673541632130359389294377550181351970110356709
766293572271304537718856332914853134484943397213581814875922748362
224715070930641358105521114852535896266709577607917166634560107460
206830842293495041220321735491721048025932859796391884242751102939

091858565280447930658839838217040842173974295929058309750545875920
981586238305578609740865071134477647740096287202914732845338120442
234309049390086577241839521047786330781926575548233171143530926472
860431102891719597292487045074509489451063308133845758711335963051
895790224974282632993000469944539850171879887275563515655990786653
395697940565563908719408469156127597840985669902806436349322202626
952179557598576048867545118486926277402827667981785269325407197182
804281082320145189609504389421899203889158997272608338292320933444
047682516553179998234823180590783626167229883062137864210092396478
627482226063354387285005586268941720540343808543826858008745976363
395962020911684866129512194367072323976036435512167500628277307172
895410929837536064234753369926006856675758336489987616970311704580
665835238358992907068751518653092567707689662019885657712440261831
839520295479069167231802334619838151681182251122589948355969893348
339336902344237223364147462856597442874024055012720815891846565999
206669519375329497819119331774590042107525534451640441997947667795
943378585272307563974556653640605508690091728320771744647312976332
711109593718042276446687572291184227629930275815888045087388073793
823823227397875115816881734136947111278243774211681065326209621924
789556107474191620724687603223167044644508717865572330152211177909
884481657483206172012989686410297760726630586249814339018635441996
464308052669833171379942519477893413759672805052553333895031851591
174189137821048915092335676629521495796799540123082955017458591348
952381916000897350392506013035201797745870041085692180479779491427
165893742375934808495919842060319089983780395631934002622275943010
154754342393971440977756782017325338300252700518593070871608176435
272067223954390862287277013812247421226653879678438982012538039296
800538117764660589858265232064962820726098487765801870653706795211
075370052728039324658848818597033421773921910250629628699959675183
407525629241191582072975084960252906534435742046252159180470839164
907901273884263966698675521264687398552718983876532367173618017124
762789579151944676627197014674830886085060376706739729245375200274
270920297953613572622408469142702226616765432423205892886099632092
475180808702478886507593839405676863883087537884201205054238682413
485973505399352652866612341536646993443099143831333461949854509898
057500068998482108971103833337812567709104644360797772916497885211
483461177028952684610798484292765844985160298028219574808690963355
451575576441464405512658317685088163752401493239187108605128091747
679793839104217865028177159563868421204721789569697677840903940259
716655477329798257775125966840549847196585932577640805983525594023
041791737398900690728985781523789024451122653654705246689190524885
831298743241296099638593030322477371401791655341093404081594833929
716953575098558657994736668032644592374954375184052168495736551621
628685010695601222157599241935209961998130224476755103609930804308
040219590889141709022668184007239990617650652969009059597089121820
152304275132642883893590734633339552241117839267717668789426194876
174409201873331119327176215591301299394130506788533708512585669345
529377676287300615174991219680898292623414225125421230006432837462
716972371982280800383776655220497792842697474850438505475397913320
085625024522942664249177130318041898132901684350762770015170747950
088906119874802156373128347802243372923405367572264802259756776221
521092298157526056979936424088620465475630502432232868070030642885
624201298577816260607069396902691684408173774774816641275897119772
094408284968657968155057624408038701786012291466024203994971502633
596992995944182123825476731894753092245107346111105367927121776414
084469153829789928762502541737788359765330807417551514953317452834
211630634148723943744697398535881219659585218673729862432131894679
376778891209677713577633245860705354198116851694033165708387262193

9944507478151889934411831429913585380650270466966022036004566 32678
4222793552396109982237397450381274024463162757901167117200623 98425
2896236742937861742112964577947216041100125106933339820400774 90097
9437905402438201828167816334631125491951532333560838848428002 68710
2814422909310319733415295981728031313160026350585393273752460 40207
7051034943637986882600993094075332708673761887938983057091925 48905
5110144703104130706405910119793541080708216889320725638469223 44865
4962942376317222804676576284037136195809800546877809927607210 17097
4256482762137595901369943805747266728754783366608564651489494 48346
9654648152204753386930078018803344216566745775898609654070206 33520
1767255235243022975224390198027279712102107650818850595514371 59908
3195443330456381165309917649786555348429819766517462217292687 0662
7103860452825029119803613817932183715269154727069708124630688 99780
1505399046285966758948940414345802356299695333333635359753786 748823
0191646156819174084624394303550821350893505891640141985430539 832767
0356233934848430869074252031859074946552822595993822917873498 23259
9619429605351966739077305432770331731688580946121851514286175 01649
5398292385190611521978917470620213922709732783353182839894315 76442
5650956226336031492185559907091862021113953017881158985637104 92164
1490650546941896135963141256579480633481827090303323250600519 21721
9785999474366847525627729750812274469017548016820559948395913 91696
1769178389823922729193604652749239068492221360610947442668908 07302
8207485450121790381012901910139037511821855420149426539599185 41720
1386993316442729193953069364880853953641239293632405316806546 91939
6758013188462875595642822484903133257004110053357761454904437 50808
5400163711274596307352255296316509772748663093020834556365899 83264
5449871464860617123318337179532674530987691547127817696394280 48698
9419240072757411951443045412249697183881348072702848811202638 70326
1026796673866582802103195728270514468087917205968034358137266 77245
8603992925035098489932523631199838359565241097787649941333347 02182
4039680949912266950071556777749440626874927149177904219538188 43621
3869649481988895216370078327765213794660089303796341729011155 88598
4153270510546333636123968974785705904355905030673754614780715 0578
3053983094502379186030614314229269370468270773707596871209108 32312
9366874695276556169184828198998776878124137686331952734575856 30309
2203945514795739032227507531454296230367769171409352593316103 61361
9296722493618631450661752251517508388813754819933160705776785 32435
0479261292019435187699102262393455878982699710052654080147840 40136
4002211991409923539148135532398424678857840053577181707880545 6815
9115671518154728583465407198807071365936677365111825393170674 71308
3745790558895029118123151840781222592761386857877280573489519 3709
6992764210380875588828129920169035808387693184576098288818325 00713
8217978266149637548714679693949405372040867284910209917358492 23036
9319281435897632652321406751656168184744665274997060974166581 42875
1709256112362802417872665717631346166569019250375987230944748 87545
3984952162399259440189521042997307490359039507055666578744007 9502
1148713411245491368914156937552601891888391067645821106112840 36566
6822106680305109595899834315598233749675956776480824932810603 665448
2475776218839437341587310151426814646351693740496074350143594 62654
9274138574318458700625691759532161759788155496265347755217459 66697
3788005906690476409309692071207338541753823446683262066859289 15191
4452164562221139290904774794065072005057958711092162076217204 10844
4872908180164369973626292875510953537484939067594655377026194 11964
1194396388075572390075088291192996063972131959290440091573763 01979
1375042476449045732976434198155786686441869744225248106202630 12259
2339149275139073694172535023597664822674466643619717069796078 78768
0773953491840591158691169041784845674667310983223795051288549 23444

942087233540873091175773738442233402612668756244983373087309334873
548893589490556920900251371013811191891338005135521904803728069198
618114871013294616516609633596174901537783950934009297482985967729
772651235342430618666243003786390016571268322390188528444499743370
010500437467581824593812079198354330588463335349549382794116715790
313942545730412669004076785690514617543072328834184091510737127111
055193321486325840543778296921596951048907057368207307678682437915
579000002918263571508283165000427590256496620800368873506347561174
357839673701089245311742615075928604709410630682403770407522243059
815309465963239507664793803292885085166744271076015381392137529545
050204224318274610379905075544999821122458212364180179956018731435
659458769395539044272608283631379977081867272400722454610463605587
853727953746149915702135028862699309029659625778212581590845783002
692065778230648173718912153948151700164587907288165136523645160050
049259161522744943318274444136807142952201908066672124409672148724
542741724311942714125359006678964872385243804561786608388189431003
052286487517582115915094496217139912737440205412525315649155859124
050635720764744946225303844908065793287139515745096706045530241913
427508554232208894735843088330807841439049689222874648752926902514
648669786574219758799163454083644448494626531163625587414146538086
820150911331263703380400828189676345879003492586258227283899460592
662155898985057566871155734012865431654710326249174862050536810146
047466295982451165916076704149877770459031835885997172599413788334
641541966954085538413821835960696579722501605529877427894950471426
745973776691064555093747741469716773898195126952884589334863002772
226996691704133749786904754675724751464536554753376056521252164580
135634564248772265311683925772471022484674594907062702481684226601
476944242069347650175403734912340914215884987078604496876410312519
217842475038871824407590000092848668075453478422785794879630963222
145767226929545672092636422721951652281682574341603597039556795836
709326548290796227602253661681834852364438101805312231714560103806
299695765346084228427486570297627647152835043949842760888954154270
470649642399931234650193854974866908895053287181829576271738663988
972753991586543732011332240792745206475391405829021962874659175112
366694771459026469765912806094915332020961426528683742114540997965
721449709409391218872232770122520718945738581805731700664308310379
513607272829134991351520557598013909030776734670829626735428455331
370687764128890195195349260385506672429916287493784421171350762627
230465734759092997453319400562340286471264286793954643634186419466
752618690884534469606713355591987235498866363290079553600524435481
066493206058199091774796785858812476058896096076507683371724805096
285816771190441416134958815307156560593043309026602294119931701062
113304887778066333754490040057969048681122167440240379981231439756
065048795879089360121700093634605594214737864121311491649211032604
040364420563519203552147619879010833159929178814913979269368446165
284547731163708195414795795377726047113863879040838673411355136193
882016039161661684747624111213771324683776532872096296718298839135
142545659720343685255135197809427983619945865173266487002896719422
904096876879249749121811997551280264722826975458852855833727648496
672114305588294043320367399397618433955957388274198428293758045783
825702197825780414154593412940931101649512264231351267868104925149
377930474868547690642317222121642568721366609455886706854738099542
346617887404165150598130543234080025465831831091878478164291987241
583033071660084624635153478945835966774309561075434088524680593806
409539708543742240918328526819490391120576569194794589044550363375
478861280418261391349518648722617919372069395169502479884394567644
160798126059088398821753013523731724394038313020174283946211563858
446918423872312514581432233201516062528859703414881456623506224441

067889174267588421947945839527569484127927651999892738215417719005
903233164251517326916562630253093897692495672480480186946056462597
435360464292711484128633688033665846862079097858823582991032063477
5877184444775198528313727023141407833658184166833454146115344317OO
230075897885873727900626374915202549788693066964213251463797622089
010917985626948344348680575840932066418774103956997091692922496626
522416059287746192004632615558792432295463756680313639896884506360
644626153982048871086383593019511985329035190810467230586324727036
247710048050336457368981846556017566866988333981970431001950093618
662872230104762996198648566981138560252796596877998340532589034346
866713467697593914059104180127677735430790627338510134905275838107
030333487385266007619511479610518939843377183918648820504812678638
755508302665323155452507011353413707178043822420448939276686204398
806951056125066462924188053160003909057990143617184818883106644000
006056715982128139528359416160123935254511383221188662530694121455
816541789888580073406578108926988690258010053244668479865807317215
992729652518976388373949248801769123157758265609674448967823093341
430458770213818899088441309603691920575883864535029847562883840385
313571274933730947472407843322799162692565961597566643714974790770
81441124026177307973962057130177139900526788933321135585454080996
011527082392323855346358843992536436496615665255775136104300865978
872234647095234506866526632755349570252403979632237015533363473521
728295777022570467265185040247141068431878610008592493965539781961
548190334690453533544319051614213127619301702379476686495625006668
562750639159749806831787346560254696447940078448275120403823617683
620991132249402066522377829882570479371075224663834405986460503853
520104173844342445255573704766503023491098033766857054043885182401
670340061286417136640778127102787214706863570126487233894377108060
831119488519413011760359619542509836565286655020274385796565921072
820768464960777083663544436178916050619274264354690711229000621812
736291624411045362823007811868059045405040979018681132897404450022
495950494206741059387326936890281934534941704057007549238429028928
791505404418532693292873673595796383303758943959509550039713983874
565911534727713432971462920723567675996541037096800064906206146002
635068710619113141241159452408978358396492401265625614704006011093
746620784786655131782398074128106838413396754176186641875985798366
418676861635552693879806152517214974182798032934759690272163134593
216961931790822777211636440946925680867571133617190826783662429099
531760810946384888975273779000012684973654466489196914683815155713
261122337922602362995977695252216193528335803195356809422460140679
530660070536377341174278437599252109151205151054970690809858206134
376519122278403919228777018552952463931876292820777206794437259904
209679915806011389491694067363846593763516185541049823079226436942
468722887549818030089938503770788947927341558752977944831902070097
646678523127922653918209885335489293538442010013513437181731611283
329645810913480710342229832747367155490789712629140115823654119665
067882257664784082730078803714149021167720309792381901937669717936
897652456954793638385713928443664868402771523406910795783315380302
531153700066648073739538703228329826760270113062040501079789196073
480349278926955968623949916766919415500016341742135898251652413055
419717961772311335357174654756021289614168412527603590575919932955
173673088337167411441994830294606660887272058849011669671394240858
029346770980093719038792421746105563863382763239249278273157622745
654797276621888200286585048734854085655675064315145287215311203721
064777026986132618953287705923648548455588865779884149872211114846
546456551098909983176086763588419434538888379380198225031890701570
218288908628433391107264074537845958825159856463258469031046349656
828747475566695185630964383327860787652979143959906838568554140883

4393968606077185161825077049774037161095011574362227968645476153944
5662329667081268803776220202148176579833102184982386084382673977711
2111900531090706889884363257921517671702634506426686910185603163666
4009576203812053958125580161740361121318953564558431439305762551688
4967303541052539812235997336808597289852707239168571279961640868311
2417794093777606758295376397665864302299680461271735159130518740955
2061184212175043152039520546763095485433122541973700854363193260200
9122249035479911774947663714941414952815313624004261915837904061677
2141378004285667089880325902041546869605905657296610758632235306688
8432661671797776899298057258416462624013502314092439817460643077800
2400390054461985734462402015029647908650253093444041352992575265899
6703665128128785065461820882454793197547583147889016706428259654366
9763240025045993608741292196609550788224675108195997699711827072300
6881341315947337185895936958308783095990429922204793792463405241777
9463049222303258885094310418671796907781931269147353475125965873333
0405411236321318370645046814844532953267094420411910960625756699299
4781873120531305020045228980323993288377307416392939523083774406200
7587617665067073089511586453164989346568007177881557969740221981066
2921335917772132235438153757078890739223016689836314259853808437311
3515685062398959442675856963014963111096881462491116694117926544655
3129139442103538188747382157446475674552556775830531396661323969299
4613977533161865447134384333472015764495353090087198745479958528488
7996131177599672932773464516958870643852611250919710473994069300600
6905496011933294519525095593267833492089287373010861732931722907044
7426683162438438025754830663031473911040317302554927663952642317000
1536523886273580884585223283287048338686510495525135529209222521111
7355347117992443357549466648227307085365437778207154383599460756711
1776378011734793992964712858879432613911776045037904696586420105644
8300480041164310470510746319789047923316321018392405238382311269011
3562979807062334443180671978718465303053065590067541887282577836844
9970401766816735296803297145201150767468144414102509820014530748266
4944500253739065365084076686291166292912770166164719244878165475044
6613628345721964086890281007337490850994179557716713068107140814600
3433031421372670680077574205440322161250290812147951080489070394844
8052465775572036312078093594657796782914612762429511712728454415288
7985119702303087349739137467730868585683707932581544985690746027522
4116787194729261938296579742196526335850370808832719277841357182088
6189852472886959599011659429872808364346789698479790354981933185200
7634129967422611542452781527142257691870255661608835869011356758677
8545342767966529450561437388075785753924266364576925674688474597544
4405879137511686113804496477768133305707488217526926061326210021533
7900922338270877140849986295039414519691355910344107248349664866944
0052119610320495281331868832551405582618624390379518128421123836188
9620153235329276497960122348106950783062776692837129950209304626899
7474006741000212318522376984748078053881097890787063502662790310111
3973898620517576709239001410806139247624732600669995997063187159711
8315683676590674988587396013487194098951867707437822576414525920855
5282837301921917323159217262756010938578633795353637638656086967300
5927060720816654871568929323190067336943572510199095170154399490099
8066412333693269557651430250796259605925335571361754615129700674299
3609422631344379459891342435410736670466577501836248398892205870377
0627573333088268078393508070211418796113626373448551994652644854966
1613922606518209689360616344425177767687194036747738119619602184799
1422226025095290217034537059990428512893780652471726415887226622011
8756981186090280759140353779153222115830462155493025249660378097811
5974798995999046013807453143197328039776747536028377028781212773400
1161955492409458143845348304768733726958229375253021136559117186055
2953763893919343621622916201119566398298507539868433450277940545255

234146334039702571643995263429332974710028666539001269429279087800
062613215909267838288921428995547960227630265365564896611247271231
825042583374630916232540146355665838852242895098520034990985429388
210979664389497817048093236691193355849523486014020651720574589104
805921821646262116359904231842689565797515866483500324989131715282
657446324647562478780635976907842769502912571150609877448144409067
859792132355493804596503439586274723436655902332136924598393935617
861850051313850402010855257070761374540164826081858807370715244894
686897465281550879019419967312968021742869031043162124680696443817
844582538358047282297598116275573062771790533557415043858452912229
560415467033654500974228197579490752267066141181471603242273901436
692878904314724657173768056768996369888719064553609974408330802428
140042371333036550899037705693184136232935805790170152538119043316
563146826269719954800674960164660282042069087228722210055604887833
955873715618476806456874419806321355936641899003972824293285194913
894361894266751592687241929730801966368831613367194225196906557270
279192251686471942418616746009080900037610221790924050934143501319
315325078093127101355122422720013195827373308039392617544386716962
394531419972591840636398334079410191947936931766554136330639212937
456886125532925957939327138310684162386414028999478422081055141967
091745354482324933290360127139987883353780142889062984530645094754
642690784979541154591985816079015159662485867648304340352405986617
623864059541109783596109886337837142719666343129382058629388441851
292610403406127594500690422407859314750694327563964099346258441446
257973666507500617001706835955727607775447343087807756597568914440
468560074322072536010411383616314234917147298340547269075703233000
620722446483304305693729206218004695210560331527027222793407325150
528980347374145862097531289431849978356465226761569323722953429361
860360328307774889582165069258726784084953557973559441737880943367
616503927759504350081927992714169369308550873811519923995666096194
377365369604536059378612842183194034070403914771721094906415418187
385773721916821210704719770562902903673761828649860065567212453198
153023402591484206892742648930767541243194908203786366715024282955
691813125115162255493400612941101991083359650862642150309788731835
477000303646755883076195297705282741376993195503743870208946144037
733494120326732172743835283884276811313037169724000845824839659238
563314412681125968050937382027438683879524420895294955657130514961
715149219447820794559607372125732098690372085250213384422011250686
040856401100676467111865331280437835349361435775347420576429879807
039340434452025505020491713119942391879875148919968355336870088666
418588478231128317447705835738752653524918753927509848789889252300
477374410441785403339773267015412690384550607574825188268491365627
140075875983703325431973869313954126575904430606517990962832881373
247844113265720207508982696925005646044734824180359517405775594541
837449997879513974115858880216734137474713291681067769264070574677
935490009256498568433371204484157699393465876932604343391724685086
495922735580411593440316638053412621254575846032757938193165609528
217079757831175610803455291913045223998106163205397897723259649347
502222490634333632031536940333258698772171249586231618119954429500
060670711546344931439506872075670234064434750922197506426823476138
790640439100298313540442330803773228595026309272340910655855671574
720805816316060607674120328851130476193697973520579471206872794564
068631252985091494188570598855644497099828219616218605835600123736
267222946140821760397428504747987251541931380582562458752303855888
032081007996086349548187939763813682367659706777478184573151108066
915362505571696072692855541734088984539663989671302694862404063992
383844593552600953529027490652877675818664573853715587281948886918
010837451831205579119446255596777889179540730941755402864906936784

160108156287559829627262032704471790554646925991929361024217096413
967505903774858800065738964845477439851029724411461874019027675384
430464817433081915630489338010901029691435886036740909006719752646
339451587089979785464773383593126380465732599209882602986972115722
865557321732661411441098103841125111674891900495554231957147900801
849730575613178620013111112599529542303178932932023966237782070532
740130471804016844566107444821620550431082963362653352712238874249
650530319772245525621325072782724704885320384051420464594511755689
493676995220691944502355473383973154968021940788987613319366360028
154657670571828470724289182894617589386102265881119861459650185728
722888057955359536624043399424065958355020202318457654920461411904
774044716733005805929771608377660800921865483838352542427949481071
985061754048983068518831629368277165542374849865102675013089515717
719522153263155810716129377721623605558829391005842231193399849142
923388347459811519102232670613143865328992153958089927735992877570
198690408394270611237396673119810518465168661649409591417963491273
096886968658710498582914029387512061869080171600285784855056298996
598992032362816912952677044833592041896447705995357653827890517176
885693922960903714325220487666338009314674049433955988001694365467
060480223292276836456515382657818283744664052235982623515733048917
378998974661187980216354258912619770795799305409200858726625374753
354893631922275805626418644520845056414936301142643507779700842907
116483570185528054201347976519972920459770752204271559858745814998
741057897932845698276220576764598325757597801332095878173300902566
573439506278649322210251329957340456592524118916818636407177039025
289289111979358550290655369271429440665244117753386898749407175973
551228361566496352569836853600634436858992988775598428253999243723
630492271749456053114707391211657306787654539328484336376274062797
770462674697445954363920404153859484325384724727600910396473995643
712437834046715069251329355521659660721649895563958588045423527603
015175975930892833880699885440040879172099722680992125093331948326
308924884409938611550696268552262557369395347984988822491510885576
884112943778741827097279441790396464415074461154809507217298987055
665105036320835545830451632391486039097081040222868093017365253570
368549140951717490489293806326598341275178849895570179331492700372
048570671938039677438734183574451784074679694528330598964823830453
853859265540258447707540987595320644830908821432702343609785331016
832524850351050174964035696128094994423040931689908093564339627127
393117367457194882840571335564700008558189569532218304334917201380
248911061346400075993225549925478977679202745225760629728391696580
877559713118725555635834115842520266904419771365740799988402106859
793320284247445258191914057403886617664271879145762725275099912294
584181629314478601794752708287157450086002302700108406005689615068
965293122460728402727952731931792526579752994161329835186767636240
099570395097428269191705476081855278046705644385079607271216554523
405358613181672072650877755023737171821562295896527755132322384197
388256074778983062698474718744439818301453172911951856271573283750
047314190007727855946190939570126779300342157836464728696908864436
049741581661798767807439037887276105351525286546457403202315397856
706314203769524016183761449268781635954256331194806183392025333762
226850295951563462554645656233023587747456577222266628375262458111
189340290985466313338206777343038033028834473328460197337295728586
356567365297194638234083252065422361570066969675542511598616046393
499563248056189173614292103386577909954911153107982629571815105283
632375282589508215239323735026909505000509836711807974549752200592
748546988125288675431812382098700377850547803994694005204263101553
350691331356507252975938223352291624571733193662620693464154615832
617129771169949754887332548276271863571561167975422651361164277465

459993685781535705073986196516522227982305755908503457926401733575
219998602059869689479292236742128789839768541688471423482529244779
454590978027320101957562903458067825025131907207795386438451934130
677474790508967349377079782107426450319761389116816026749063096097
924659632966805395579051665963569512420856529731691933035600912920
524873905688723530797117346820858274418559917082597012110679273894
466602354427153914714196061507678438565951544461420900505320074892
379763476816037920679318249419768348502310677529167846549817752370
326012220410099899714979650195194765310329217212140773468083879255
623375358554966814757610571273207098491586859646761229517072569128
049943671175518961520957127581770841895032973431795026540807114153
893425516877721004542016252836482084198107257533029120010762182783
896104171075319955748034939310316297882836362399261103863771746466
545392032644287747731829313727346575509414414133475858114926804549
006731662831349735880557140970128537691315941732138960114764507454
236649597286387779622161762025532952707681282956438874229967807578
224629674135735194628201667957311244255699136643683999220724775823
537269233329817679671678476372172831032005274600400587248567779876
539083359683368456845863681964802415392709389000376561759654520029
476571974176282571048838208217345892793353712765001662770626949213
062884425016647185470688093603308031529273883327260420255397129500
235625113416598700472721052616000304396159570001886308770470955947
398863511757526304641024655336864728081751014294233780118466176396
305501361377219702478792478590411831880264020056932213972959488363
484156531500733781908842694576811877499432691805401470760786951016
409471029950409608996655522556663334635620807033670335690271540508
037534481917546039499305833350604600883085964580738202576991486959
775248360430324537508013213113283455788559447741551415120797930993
643828937891339005871465845129267783633542785364446265419235140723
441298773704068820015826066845389849507530576202131569245268640056
851269921103093963218997809654909781288916016037527131508785108128
474851143208258524024921625124443978923970360345967906816669390765
120233679285084552108917628615512387171109647301145925151864186635
198888145375160912745928195081977917696338316534590028732124358535
678352080501646770595543793990894761487313180014912877739346916970
358544735417554704818069816199253273751212057171599470666070905849
364128494761900111627428813835031903556503140150133503656834397427
324572284387880480931623804763500808410446412988091915599443694855
956817596652375627232782821155260980202602827541976396129716672045
278568824438048019888692122138722337091713214121765780795391355536
572540187967896879278146981352167148736970929872168067179403741178
053909875726020530481739153457512237444149880308044745492996134673
568789314317921582748160352319127645025849310999676530989698411243
591777723347852158793126887225813271591077549437751234824842903458
409141476845259859413124105758152450639362155220687843060089665103
549690314187806568762232453052018840933980328229618287043328509008
381334190272589515410120623913819293092878262011343362350351506791
123936260571274209125528237287838354876530024740810451228697557205
179527271354462455557061411696884900371846091062215675219116907211
671414906912653694435374344261122153773953990833749965673721472759
662377771099329032303390961657395989108697546672599778121663666040
108051129803691507215273732228235255193559387759066465374304384303
483816476716402182155659235482933933080183818089716628132389467230
218180933302266445557446656711610770681468236245774766472589572144
059857881690730496894329787653952133604444653009851278979904798495
437564991994646624507942672043541398461144855384045167678549495511
193070160223028468512371199086665921920394962797708132975030035882
061794961125015156774659437838787509977170375030009167581748088231

893359991642765810540660154683799497508037557285554548410039258921
006150959445842683628647830715412618788569252448250588844441462160
628257997634569588482165502831402172147056632933684453020119737311
962513755547731256660165978042632276636395396145745263738148294498
428513581185840613657638766764732383893884819994334126540579612573
261918020869764716428360109482574145677559985686154292465057010737
151636369083300480786394551458718014413067328736742675739678558855
336845329118325812459928964137126459108162838256553550203068385576
236833480238865738401152376910680704897300889287048842627737089522
777580395111807956758042579740261827359220659909190942961273158701
999148702050268274796685810448021210424257692966523940089994066780
772446081190927080669547584007583757730011863708156900359815774020
903620185775996766682521239206008395626991357505992680212383069409
984112938813923605302623597829938614104956916235292075642295817460
955928371039403983162341535968612036407737377291020332677617590089
756905284023748697970346667061800635977735878361640788463810399926
591533319093049769307395427574884134362582007091785629626442684177
756837110916045513925666925941279646540907718322595554534659626317
104664997067593706771599267559474500760858241572700544455482404168
332645103250580079406133120749166232283675083225524715207012289011
270276139440453485331245124696997769284500305946214429039479856100
638047120064740059767842947964377441486714293081332299928161665176
571105343469266578878196042007478581332713333643591820354088854465
434046538942383608899871703154981843469495702194411951918522734945
426702009564051354259285355093684025940151564953013227079519997175
046889134741600698107286610015523720385010064121704736278994392191
320105280194098135965383336748792281962735990806635721281658407356
606922613581048868792353047892779056321004130001411019904404786161
119634452299038716524967439695983300633041245461707556021472372173
860884772983397155463035885563548360168111321236379337419615777684
767167375729603937576729588216051399642136343854475044236128525915
847114387562014952294968797649766363257682590429256497240036777957
378557168398393948118717462600270313962136898981595313386338354055
048102056901216585716905584334026376561198879721783489463080732831
405335104247357181757657047164740974247745782946134755663451757082
188670720589545732323656830018647245923701234528164669931643685232
520825041025160712431693318891347124925981467925268551313444006983
752107887065458202632605644551212908193454790005249909708713290607
265885875087156959699912224156978760015848969875057988558694820787
196061378903634090566572175699736070879132576366162580284344941197
837891649980086542765098240598626939139983815743328748208729907223
915931458179617940523978332784295391418945662901808345738315411311
065311081944590999180678585186315243853853027077441311896033065881
028993815131793569698000813606681435581130429261080855418223341000
677257623034293881874018008185702269756159886368505012056310117947
882560280037018753256172869547635469734600338630287232769307977319
492254526591997713602645367676481872021058467051722954107224668540
497640726179258900555402829828862796760642522374981315118888401059
352332912202877346190184912640673855749797639947722746695300106923
374740103750871325058563256657349685732878174386116101850945180126
578798733958679188447837623797875325993655210400022676144927423197
392563015613476501195460195132108365606298155330497852168999832083
268820777079662521228945845458378644981598021307138206388269861197
074601360582711979282425095982964376341909204341568874486915555282
369085759758077646089665032999433129248453029373731636505159508759
525310135287917332314614053828296063770697480660469249673791103421
061319785612446446791957038150227142071874626622457036778951522203
347550426450737366296155909635042898757535410392829044356083529896

3238179268510843043148475011564295029122439633164306396928839345442083134338949931935600588844585171586656061656822383776774674701286760047960980202651760833416620675417462172661118436759205220476698899694440210152589928372361747603272401824566498584908702970724476236946174711228551154602515045213810358656408718849503700977395847242809829011764025514329615578099556237462116154067262470646619780940068852387963995683348811666905245830816017515846168165470445197501872468530132811890780402243124753460297723392199419191475823884469659603883522761603988577338805407771737757020566288045709137749398921502991369307554018404615758874703251647399457882584036751285503193657313780367114893733889261723152871436462108351520175083684397288028881605079186534260101338032226849510274057742943761604634845016926604355573233489530421687333335841901075625119078048142254637392460113314773254766715868616636861048223348127841483521252984019877638778950503596042640147339223815238663285376189825067096656818916439921886479868469229289502579343276312575339472057440485310680230577666168065257225582328872319087717150748425404455509049599898946780493998289342687577553774376195149748380787311324977512995168847369867935779387842489168063896357725808745414734406726636836460655845743480176869423392539889720868032385786616215660405300526766656267406148091461211917453662454899890440248991874796730467639347533514957818559212674743232782573908932412954534468337743339422926279805825366994374836461290687164000626535433376410118571642651939514781392131490344206766297330348946308714459925245548416961657332517097112697900245143075480803487725158209367928909793472938520692108626748589286779386883523057280980703840546207472444674525424114848789039485433937430431832132891035659425925091141025753460024080011805276648833196304272588405077278089514125973487139457558702381400269446029712703874136840652216603717344557016570823164224592853407024311507737702590529336104921837805100784294311573193947842138662028047311049795291327374111158111698566399731618109955885465350557078910627123130021856640690150165966582858994018410502062249804170641270812418658009636138901810665849291225681042155843986951040452961702819550949764145861224660714015642544606659084444427853229725160883265254969518547167716124505972507334083379923833761329892600957190601186239287611737543002231043463238488742177828948630558657621797640998444354188860836753460089958928219161577642681757675709408507001057843985812445360398693198693567234511905711058819885337107006197513527779966352184807819733342505626738905959614393126044885495633989979285832031987802654719219612035576503191419587813512444895710895063410335491367239235833832641094824333714516935960468076615081591256300741209891252432128256006998028963421630064286700253885538632944039500221159850168509987088390470728064925985916551581922155736487568056847062972545165547632198425143822752964844193045046672935777097103583534282418714514318198133196301379909873656306401377043145685061691191908195807894584685145090693872239151027050087197848833659015893491355287076781904494384344261646028240506108158043574470162114234348373970321298037455881892500549701821292267191350184023326728005746144902173210084930746334616600420960486654331361866870902596923703123108431788894207797029489717184417460197280286918680137888692025569033659470961460792982201999673656571160529241475599839900084958276746340639947807044461487513864707177475469297014530265081694213217700124844607984961221808359131928176471877080833000720825996941988401375198454825057628661678603693366477984405716493330406110100251923278705956928181700571865776435332579053593715201223391172865190592776807157204632710758188238486554121893728426648383983896854853225872690196375114473832865301820853356084975120554657252751988782908959271858410336876188418269

377660417865833415626235499459668815073326861687032678368566459788
051007551578725954746461915975387591197844562014856700023055656272
145788936047543566164198505141240414467092775514672247637208335001
001287921777694554526529041629925672631278713657967963785476672857
533822609115672941243717619320594175780451632606406412259335668353
232418157889843662413716524990284875273817365022425732528758146990
659848787700214911913469575713037006455467239166233337924959015523
428730493885560475779978014849655421130098452781948264204832389346
212318559924415551870422726376619851292635216872896730068132564913
591548549447445748828536296594648735542769433237370894518521106324
056337380626123068276054131650985230712470230645646646397617446982
446057644246558526404731546930112863651718746478265604755606028609
952243485243100740027153304652983365633287720947463166992900986430
525985265718163361251616048269879114087714489674874209263398254673
440649415113301372205663506750160089010633053353107952417685124987
135073881419880754609150446632711634748621659880641983614668352080
155432242818454255630544820814418501850515118281140588645450193033
560185975840974845301301361997409399404736203977836544815589584539
054317765175696036563178339067619297769546429329144000748016628607
244270040511583451099361199459041157718767398388635625967995492217
698366741703529774861068416342889607650190384479287177233945256684
402921332597447612692603806882912678682769184110091277725787736869
484043409914449807880632727674243235875207077392227612777091338736
590788606868070073029165138728069008897063980606421594946781373150
517789861322194804405352831845056781886667558156108608720769692033
894498215182650704326560112304575225201936914470823078728895098774
671722998948415046621116128826949550582889080779995646818272498986
852917056431149858925445643521957119225283708440003941774612671309
988940485821899833614806314160826189892360939421506116289007037207
985191830240282527872934800077237743114511413155366144698791865912
154635476962319317049717889807947557313145731145561560423452934039
388305233521641817724360153973903837672111543738918610668165411053
063215544996128386294988647881554449184387902692398704698824456077
522497376639716130689820541426830595754248581585662925674599230601
791181268519727851801350869840426158811452029178344162483127343984
295594140485972087102719139488578677982793039502568293496541944874
154312625064757256755395444622399240930196413695360804089123479492
070882612172386110934885750954199776275178832632558052861291762487
069219400317037693245753426015212224686573424003235018587513656470
431070686928090270048117247387508866547754734492492060831514599961
006921262949682214082425108485607412055051642168951261267122002928
704865597161456514097370489642942663900091904881729209633501874109
719275528061325091099941755268058258912474554801674137502019731235
102941204432284132431373708590303932248377074762949816458344569065
481543719318896278382404285479667622648742716480475898241911264645
682029634398630119098547871705465706039367381780110934580182957324
532173064788029964239245875543137208773461820945716290153891403745
315087990511881559288630012602067592425102814214593581501503218135
651335381730366850639733879883475556610196723943989221474340738324
960050258441819841373648521096018163772681516148725654687116752212
559581933695768774831966121050829947896293997841471138339552435431
943862040522060019405202905586585468038940068750187462108220339938
947210853222717208704606682410321666412047983152537188146836281482
413843281940000042617174404836214396148272927980498480638238268498
542476825673426303916546364888545722592419439051425882285053550378
956406557141805985695085992297791170793176346682252851351609729731
593065016247141746916795550594400945175061359209146158278176958697
277817056991809158232468137385296645334711177150318474132702828790

137374106635318543021143007529615020096456350427465088200326667403
535162096089675817970270624398587235154295705971252225935302188484
794780499625815960094623861830632573326188797955484615044290222939
012227072769578347286647159143081707457569364071656760838943164405
325119975790725198188773585216975659409237065171486448978822558400
915299230046938318941742423704948927874362457257773590817978923141
106721456674212915050131582572935920148559880629986908321167033816
315344205769586995876596135269095080367601158459479975168580586404
842645035131418490152728532012347313050776556760138300071913830031
350990474148899486351573494331830550866255223978011613942851855599
973539467716102443806616639274235948437960917319092387672653172811
781739987590850843035446246791396493703384833085714896017050987689
040577903399140099748092666090218481872195595467090684497769543977
373669859302726367724916199084661093161686892165998979608018239281
819033500819234837919153686344185165673613276709515749338332464700
339649148331954829720365098900007568346789086430251324616360139586
216703557346728173712155222291231157133850231575672809466401785636
641315740988463864717701707160752023013330673069765826236193414140
969125773651554265300764335025271709354342334843338315450448058182
569782930532116335449960993878347644865817853146204310863219273785
459078852171315189218628599352608185579922850849173307465294619952
121094618482749572192868704180337542716078492545382804433009664190
584811939563747255034053860821441992543659479579925482614608122219
473756828497982198309210302626706659592456060267322111852840732438
675204983229548741315881591569658502654852270103856901006347070180
706404977329962101746649627646608741841834628579147765608760907353
878442103460476747335533645652350582507071717881574008056767478743
824691560222661300401866079348118064366327498037558521590799416423
539506870551266876177822077300042934995321547500255060327669448967
080168847759332587113968374075874744633945643573639672284501406794
942881346041203431496649632364795125052723067447956372536377251731
193717566896815700767121361707442562901288320809648352627751317521
207334516199628235678439143316495309219541687058318203064816864708
919901160060927811454940053676447453267345980236358444090052995177
403798709816181987979035321294622481273067513461221083187862056245
050769568907483230164060219207672075950334684737738189393709881576
843558892283686115991914342996337650798074102436766260012055254539
466449200757776212335647608212140216391956658652305978396408889601
620333069148157505601400394013779489321155373982132780770948204094
046345283420750856457764606822336898831615733891281562296484660090
367599249620805250538649508567295621644229751890214624710717582529
582809177695574234117881503280767287295973651815375303835528640017
261861504939769834643386233726234616975007137804867515882920033685
119170457172066239149156580933468558590335622883580680294988650055
739249763879752206898048104198794701077229163003666554687167705776
063620323914653140602962699059976475479032499814617630633498751195
485485237735012740334959111968491610016669798227723037738266774571
579935116566702873961498977919311907259018411253093768096101163764
710423444509921654276824561705480121033805605259585697941086879260
224212737510597373554214244423842938068238248780996035254880740991
061791187364732068205510722734085162816084937993162628178341964438
338493217239769934019657823227055931925488358374613582652406644334
721400892976352511270469501431520150184211273799449507324977463960
430061728687848096229234963083424484474241387034037024642380494376
048963882189145696084851866156215542834010170730866944262863498193
757596219527458916115741523461974019283126254163954886504746472231
770106464023908143215730940291126195201980864985341100034473914988
108169497116634933273354575671137454330131802306582537176806687685

941442419283887004136008656740070022588358240448524414537725488325
1736058702430988823894342963856281733371586065570124403021254786 50
309290488947086960202811748786912832612979591052617938342687770271
711659663343425777692364904458643866559651787536364189309046302176
256089509429980537387096408561165129643416930638105676535041915022
867923943012748617302339266267205858718907282872257514879449034436
209371882796191448798629639246649931603674794840420470970556323626
540450990658134372077681088192850029077489017097713118011358285279
676051528293413054810760064813188991857534791222770830883971989620
765983942449235672557126967659364865918377180493203264385130349626
991115629904335792259779393847656734100197086897690284903316373977
644108486326880857978633829139379802192985326617881566910284875986
153870956633191316430035706635787335255101168202150877941826328424
595817464339249172526351404552938584958959905296673068388762740641
260784029344888550584984250333338180428876148988634756013564194926
932114818207037832350678439611770618137782615747347949013834244271
958772620787022689745909515075886134355506226402178562201418891718
571291779102326360225699433882200278056255699691441689141347574496
445095315010532135483728268130809843979729229696712842924135741978
391975383214998360968371672187679718191610503911999194106958477365
484596255737902878058984926543035885975225264088174725798603750875
632386201700206825618983936979369554968146730022191169185917945745
535749811695801476809892811002927138850329423587114604113895024367
237947892905029782358879352691001767194108085409754549956949239471
231001512675907813051303502648855530360552395134438875863209438336
536689359934379462622564746923189337527794773702220697988362436953
491278021080912908324069974019029079445954048402626135880543822946
656377548450534114231744385945800450357306091219372802319955823556
318229576294498379499103749459103059843070859094164599178141206377
409715583132194492202864143169117953796375245915706835417503994140
708444810682785297336063706406060817810766841108404292937297121971
155739343466724494391808372364392843846011362742815293599902858756
351685350137167697318222084401295906248966918056393264358493411015
230996929838286832257885192733455798230964206396426876789132777070
535981116339134269883600825531590584003524440103980115571001830703
603813665028322531628042977913373771668051123272735606322737688160
934074625110236666380906481977173244710100332263690715219500575660
241726049125568116964129334785946343460602989798538524619225223224
088845646399637310149689568485748519155757122214996586963587748076
146648214370224226867481560967388829911779981827446659035392959161
976819829794167641681865957697465575797666091773730196324828347626
545020681268997418794871344571301590723995946219736545403966088127
521488700103881636526667057651219077665246703867417321639870214942
599224616039983673914436501598534371087087253074761413828397486298
909808591528648360875697958594519909027700341680510340971410648378
144772721140610597467519405321667588857962467636951273759339640283
890250865467507228328729652977460894536671159568197946237766692527
819240889065432891699525665235422489860982960209564595231219242128
551877090338365128921394835093014417770137310253823050846671787691
411179669463583236194240307489046846638042203007974498497812920051
039445371826451445638241629257329113746029323186975438184809439343
871336803771794032200600910529832206982619011187562551317419341260
455512898346623803030251009827399878377449645964800120624286728882
658275489684521235519314581099186202130487926014712226720886339289
299552179486261763094253860142466837588655790834284173785524650200
154971325345109718590045438535747763863444017970073446085759345593
602945401970293033427168156255200493514174019119209067207996182767
479316114515657381132794414182856010041327047440441089229284980404

811510879176865725112328277582238433461814242797715659170839107843
999356854847786823175104225546675732809037235309031098064933349899
122546697817712080042390999524422354122899088395669401160257940711
494741603004604240618027606215540759064410323306240743804020511435
083063156048581790636502622831985472223649575375183709221654717961
161237847207171686310041868497411103929801347152911674823475562432
027042992464956460645784719324158505548397280187395924221847681093
837958069157339856312568466107459028985798617804350817482173128579
661475326885770123645162168359312273936179036340483958039242720142
909935663273950592146237861479801557413658007702107037384914496084
912503212225623813358012451860534026124830857600619333874947735888
947913121470681216169254784179192781921691930941286154914482091405
329774338523176319630632601132763125170558900547529145130127038362
058114534895097994104557587902256604754759944732965031223024135158
228632820823476300915441676086587783613998167509411210930544848571
345669984927063114543719087952264641548687532919608853608643616778
810700085937758386448728722839938521461962874684865593773302263126
972978475670938607448898480695176182639538639857466119223214230887
053780931623675768492197470575843188383896451663726560190186859503
162298307738116019957278254102796882100519569746410882665437040556
422114683249173894489829781001711636257063355732081277406919378005
681200655019927787916937982923739488443531575717211476512428055702
393348758254532536913030148010790159230484428551585114310504739454
864423736502494266815888225343350345164253076560699851178571215919
932605967643050404961089380249893898635582271523807529576826500889
962662192082456021538483051894403860953699569070344929825392031753
969183018032394556586369206283043761758995256747768079344668295645
490359104763304696223203440078584867518675011787317443332396288033
680480606588741732214175358926548531961764318516503240971307219291
809018438457704877519752249745430582038942002786956588731884703692
264645104804027380688076236239573997952183612295589786343074523229
248239705305981527622295939781521722261961557137955088351012274295
677112766556948533629716843568638577128850061199624367565485142472
663834658292029721142044589388949915671746747278574985997761356485
694724001631533606601851571193945925218426491305936252904360748784
988957628458008405139763966674905798727118560659546363838675013747
949467496214424273896251192353355158320947946238663890031960109782
374062977262009807593328756761924565554652565886526489533931173751
045331792788833161674999938629270104121695942890271545866957311462
242202438304072029360189072988381937908074236895594594995341631100
373057339572855338428335677893283059445702779398525924272928691121
178070240114794084242806386620712573151822786334563816032314276909
512234802958734297137794979231253020797302388870662672012283837847
776138775503096762917542524639249137971746444041317649163873951856
570813340412855730324392093673448698612818486733497714711376176124
890094115152988670224144605447247631548610313713208042163381446849
998936181139469419407080654661788263698113418933965382770312661315
328763563561559524516838566067085238857646851579769067904138881686
863848879714123414365540373299140834316242408133980622877270699219
930069822796628344305276549858624476789537951707074264570691049061
851299693500705665702993000287965681567872031399200274387377762515
621428087336813690461900630526220691253499779268838242801845215736
549091449986263009189281896064428046048253949795847966535778850915
382331917144651694530380436137552400307020520204915406970550422775
333958716312233087592944967119340425369092438789552297349121769549
958206421055092917873239383125283315363576017533059960745603361747
441108199905365052867334904765878651879746173219161923877934177494
105058441222576908406526722881368483568313158877598171434951233269

728475940799334243724818382123329875313306896209292238865362389487
978481949812166401128982134889873161492476566982785117921291418591
862416793095162516610911606320130184709735850715651829901163271270
079047588457452758867083007315370512693663993976983092620899454951
610574079703158234592138700445726633926090930127340271833922233677
595471282057624920660005594401538950555848606872085036141362206092
408584291784670920680124630427698962510845835797503016909802462929
911651194043725755633429278451150534477515077612210325884806355963
361724865759420540511537959620824543719400137376231287392289077781
445858478585125133844719972684348533489800077772951541162821132021
192982712815368373824826675820066018959163656199867589558596138057
556199065134976653567628776531242437806532387414283460970436658201
493989325354264191271525770907661508688612198175460025538172596076
764133728382198686089655460594889851469433311661203483043478866437
175535850547452433391787917138857575511200699504140695473929522084
247213226171709717748494968160706972904987476205515626622203016937
458405084968932393994149978900666068147859380566429340490971138506
265386861255922981150058500456571793262108549187123212991808009586
094835358118228211159301223508468134377011502218635400295193238686
002780862574280958163595731183375197119515129382586389518634391782
182319516605640251057448704704118802522015375767658814169422584439
685461943555882029308149429375642420289251037031645487120431804047
745124394894266624345442148683536996444814996809851858696283226278
846363893223362684516841875524851697516411124867902907629015643913
698618189930946692519114821632681641690403439221316602681970091503
007328468368518106638506021763520944683953880232405555668868910348
189501039793479758879720408049636793277373813235934336566023872371
445402901614867745889104425954609538315733418207546289160739102042
496951241421008998440748883454806007257457329517790783664850618494
245344554157424285193068753845994771812680975270628547619762533911
461555107488524379079270921641897488873306853816031038594011728196
151543816453267622748922153123723775991037685437641388092726173131
143804951836969438361243908272518920533232706914549629146741504631
371408532906962920732700140891976859804004952737036280258392201108
550450679706736188684065642675190621359721663810942441948019894213
818696594411502048813530394224313990265037450305180770313784948326
430429872949020572713751082594707377632691879057294454104220472557
264436264499549626404315084045242481119683241847375772737853196943
611962341670208315996747334729627149442360244161425260633246537649
744522776602798866553294543827146341093742706917309022203470287347
152006746167628631299553037650351968061839778308567603651355437476
156353515672815195543064716870275736352640927141207680958300438216
927237250379739311582739262383723140925790381073455652181363663139
929338074753627109181585742228122633027710669333698146976943507917
792860108954683185184045169088620708974082254341174741637568706798
116601719876203721377391586783977937805165886704774568698649593557
983082686702756109490461625352354716746200347492414682925744617020
150726646674423263700285306450318754552028666857430540636888585621
856457509825792394321595442584153877137394995748699572798724968060
669059003157500836440770105765681620860149822967713250392481917877
883692048685920281100846926045154844501436881831738748300878500228
696057949664963104531297258220548203539402379730519468328436713429
839051535572172182290633143607657400221335365389466659515239054658
617131517100600341540422987293826210781196476387729227660755958574
788188015346075920527779619584694616561849363003815449856752942871
096015784783887575147216149869928753262761532671411941200496832262
835313314884738677455513304248323769217600935283733243447525495916
746892941171066726612242378745970628171439820909741111963327205548

1716755077390983130042264766022199415679863631739245116077745864449
4019439241703867715974125047723048823870061020591184329559037092229
2319482163244194566588049735634405498776775226980112101104778568688
8322951534198077363487295341007601107007822581221402115752672186651
3469996067880269508079619708118793308986946115301354038240322037554
3456450272575208829604849591639289058366887444558170150117186983557
1923516997893697387930127030531417043470641241403162678820587890226
7461443934640752151826904951552232880202776993632390204852176560997
9202447538366758437258830305181163177636707498431529167994750816335
1167656098361587924418369738089252225034843195558717191898179107811
1995674105676886289695599982084015747830050115026562148714075260777
1836030863839209502322786119563207511728584114289330998370113974331
4117094053407425905204057753814470170247440084060816748554229611446
1136594517927983932025668555080041171808956784750620135345905880664
1726411930559261392752482322552999487982408554639284134074557682888
7144692703997060353149352033293030611473679510366328475884700323664
9504501369813332406476623561223848008241525991416191326764465727441
7859101568673088009911455136271254753899668064895911081553201275778
3465405596121292164965927730802553308966658614321485205625733273662
0447817465467599914964780957310402790114594111286584334939988414332
4471843898271992196588318101398746131235741863189824015542231640229
6288421041812504982392299980860298073624902675512974816694251880445
1296293203784931040701249336752076349606398776462054943410121352445
1118390146507690718403136901903448761780849435527227674580398156115
5054101207406314620329383797234937082639359195673606280490645328665
4951771844437388527610426626174113313374928490114146940037982486009
2417383002756911607332740753973539234692302916523603893144268317660
8926816625120835133329903073038531344497584135673690561699564722444
2717348389918881481619920281605778739498684863768219918703072905222
0939520090578420935048311257939301156188371238700614229206666937331
1207904528023665638223820530990455387525767297873772279631658538001
7607286861288293542278762693306215376911944311426188158084576764554
3664833044160655805767208120369985173044351388669101324441233030030
9063368081500737932885929437288284707181820525156268777499925630993
8326326845431949266227646531281014567736379538665154015457451261117
4567781300406812172381664725878771562473191823945810403329033545442
8432331516630391718529927040895810576296491309762516282927593198995
5772994140048666974716114570683592265158848873852252954353498240446
0229644731913955575796551998068250147303952954105636814551553254118
6475738808870858676174838653222671108140381174806686189990791256992
7949453712609441596996383191415717442959835501836111933298172007774
2093457565698462576238856788384555204212596363049465768395250559887
1380712360921596234141345948341652751263546245690594808142519994992
9880894230392223991264103552344486513866663871909139325335030355776
2691334253165544575885640397853607338043353202130719044023831131774
8748308838712742924877603031311117818026534663745696251353644260555
6236252454314557433190273441142242262224714737303858561668768127000
7782939501173430296811729279159766931627338851983916119785964415773
6145028887458186401867899135162409896769162015589775155104660350554
0050433135555469764340188646817220971113648861008826568993505810111
3788372514953401698063082259300250788387877742334880255911271729333
9588404910509472363999104890420194322649705515915789769456892699998
3354220408188809615727884151129341571171618212355161573390181202111
0758650513038252445451382080556686213058564126307089183635724203993
1144217406346049654769247526638087875460900673554694425371596352998
1814366596405139473318695782277699882017396092393172575422448938663
8482575483075389828398514206464897990137048194483128390775526760990
9265675915164086392565264571747545249933518001198682339387347042555

155674802241301144432589700016359987646248933500615988017614998 28
204349029926237090049855047963059654013480651584119216853613436899
506965320500776199613585763977389961473576668689324041642444605238
504159197968643989390447417728761124838399524135076345959914652615
176948612079040970601417358210047707153632611207149040307518842245
590417480087798063150541912653178493011765074644547464601323238535
147982545910411781861799092689504739624236861891248032206378648847
287476474308740582922528598586095842030558038955293849202176792165
840337620541013077131208888391141118476686526515362585682374539584
369881484702523887863382237620345421977602963248543260511719657175
930854460140692281163953971522451523091450351703854573268070077674
624800735604535851672877577713695206217066793901310636355672969381
620156943916975780388169806291779133349085339846901178266844041171
572580864585268302154146709257634854721730745078439337242272107546
112479127675526004231460810845466901246731897426668288338410746394
987940826787905322421932076369860803168469657203234664769681618389
458900625018703903210863617271650291682491849394837971327708216269
368432659158172194849624717208059920524730369343778405937217659683
044284047112717069116796200157266733323055518271614145586933255642
039085139623586466745500283772812939269313517507715122105624195645
843817829960076123768115544568443099673190475206053851852508406734
966668101467798286192094481247781592935196167587941888167613466955
474692197383495077683196134117478436972048354575802072339148842950
683193610912133310962345295016525741775196851495753425222147748880
138317913407521921915354673327437732159958580068077437694669387637
401749038813958849507157816835659366577340928287365929268940595657
735939695595643248408301414147643562156351713272969021941705501953
854019863003124558029390683574448308366552186805129842679918012479
534881614751305055379571462245016112771922717850337508269318420218
368269713593586637524892766092170208878340509505234036696341759335
143166641974758365418554377054036060501494693155797601333023612558
280023468628681090944761271082434774031897250855735218735328637135
900326903154932237473410541690605103317733780804752254617561687754
033257971331860489928194866923485600871718294507629821395177124604
952332895191465473153369272370127786051115127915689772254140332569
437495974232807085418195444365540982784648698634036128116618515254
878967883358795867411853762952690928079670815995157457800648663147
580962952882793912384231482622288629550572362476392542577389077131
410155773274797166923095798574650226465960684029063404482530805746
533734462263183409530284063414595347578713042292650053747623405955
265366786084136220341946767945055518080173539138072478814261975347
105162874957306484999342911189385767769458714219884570833402593287
838442686244626148415498583789353305439850258961838301718939682204
756718810284200276489507729125433893413858710151509522997889992147
916825115199173032602561429417235990664745983705184633694934020251
332508647137435108359045066067304962081178654027778845424078944542
197662705871754562710789490037745414387702163818240914136080385674
065471224773125790767017211926220071935530927104662817665191941966
701571071416110063888379247049113137579471100983885044190284508661
037389534314623658200008000909516978149808713725169871725305599110
219402187890659825801789570129323100584515133328476099480194293968
398371384145012135411914958173337795907031184197022858678672872501
119461096971715831863692884897337594233876800111845353850333256688
752681107199220821004370682436392966510949162487633248622090001882
272897926438217333653442603075433540835737168612020173014187490136
431358709370944882387501910958988671627700221652108039663055839053
159284007071614954899402862521446699838089654188266686994261268029
605506698236709543647825539761054346925522873462519737917407176257

765732258951781824784035311524119495418173305024995968092356562044
078627742864860775832249506737829317570217466595870816475300388349
490932761397176522336183675446249007232072002472480821452496932436
316026087931707348382878225746143089733119625673877718123470160223
875341799508844951211868613148953970857161488195017075081429968861
021965601742034423179051590697962375790825167849775471954236337345
462292089244165590900982080678798697999604829396256436047135935726
822481728728175647282103640977244008547033540185832464684775618191
013990880562349458872906187254030205281669820960123981446563073112
868089305153738684795168173998801330089102055481365197748819889304
697800725261537972789379278951754700554916915103375629875252570898
474514317999256562898623333909655754732237226386661231600890681754
185014063174916964761446361624836440036433522160010204834604261938
384344889773403537950822735056938501114892909482555190682455638677
904844396144168319920727917983088461280316378553628724387304646922
813943466108872901730674645222861038316371005450051627337391153525
903253847548496762811803130649477434589916633380861265410593598063
767916246417700406073356479953602377225678982755160878398574850360
723949639522519147268687533985487583507694694359032202042552118445
965471175273739628223169551194403911306154685012136366343778528827
445897484394868953335680186910614920126835928901414652753456582792
079354123746269980523894735641433944783109013831879868910169118445
569846409919402360306093334607156104512683046883967291238701936775
384596728624559446718348798004027548446695150732681149014632381743
555514769812723867293192925211572562550817369830738069296849905737
220454672947440193316696932422278393130332129740522349818229047766
832590533261779798470053093833396407167660555925266661219450690554
055894731175011876463591684165691276101802605824370505377112290698
754980630165001959202094124462491227508784766311741728276326571046
624866154191527258683659939560207193270194023833950229535471498865
336767552750585296830405939004582352185989641688925999470163703441
690190590975781754341451482331052587289842281712982966914598162066
498232808176494704047160564709110008967420079286426203391148435691
411896057395387629221813727000042712689073783849207463350489279997
862553814692131576703600003503558675521008355842526168307872029098
644396083710457185302272430340040613676052610998044802572190520435
290140043135604712755662744556081666765907679029709686026844539767
008191007278832231401479194541287951303058934921910901605141220613
185679967036539294814803942757856892740839514432718007420880428923
760088915587832120541497548281711760622989562003100750366662033265
464720503240967921680992336732545698487504547314142671309941220670
511551477688925754090591788263529919054779593416045459481093262206
037239821674390324934520428707636893437361387059856930762580629021
087314883578668362514295106790894635867535864615637779002912199429
377212564666420181079762981327731880425258317683992463701074838948
816136987054201351224379578510267033019348374800102213226680058640
865799662863908172797076170056551540108020659765037060765562124244
576928117351664504675388810886981663430943732808905442521987184790
567585482025307631080405272401292824777910270052161352953476121651
568365922123469036454050616208673501575660487887611963900833222842
159239003231984406234628879453932516216578724579117325057862079544
044907029078698727117975964432124064900057267939758584139454028718
600845161123962574120270185077952320621069357708138143836788346526
003197742078566344158017192401639113869170203769512519236621883217
920004779911349398959198388995732521370739370842599999890091537151
086901638259642257585058890148570911986568377451880548120623731994
999487305766990010749495110607423104145787801066301812952217776428
428215956606499778805922929206355143353657724980773651406681618782

040372792326470629597238057429359613383324798500333217680214807531
409410720904709707648242870589157368915460548952772472741436797455
831264470034812024294379639011919393296038172507786461053124199901
768953156942961472015142542977794229299842523067500577669422348213
785720602400198910705040633616868970785400096191819933210783873177
845796708275971001418910149281967792608322503180738357111918445306
308165184051431347688076743578590814797013459279527286560508638550
477630222102744595872686257903204896955635305973161998308042876180
622364525402124079727416190080804285856300773268273375434409784454
044479412467876194376363102281617251015656041210111936789839269544
224921516254233697970203333307115113359586597853082589882571619242
360361578455869991835637476586831601182601686256372472271120773710
002445971910704260563581941389630522810436787276215794820414460764
396969170639355955119449687421158766572764105807937471951199859332
847125290793081258799020053235548695251542871771802686813210976518
703741080980918691606549520327855234398205502548275661290746509929
087707635326491496363073096734632618111495688357029866073979269807
964927474044118684110636424514433264299525370557338297806779639877
555766630722625618715460102664243588375861374833049742382846585794
989749995557005029895070697632374489605961177456677593294653181277
874289986624847706113166259182984834922230364534337557768884937191
027524512643470208250333454103048442995871389896118108936180759462
278695793635381129909220184150156890551068209918466509507510834474
167237688962529559993847669438573631445944689857273052719430711549
298144380927151334931814369245616035876393814793852533048325076803
784992830560737776470271119694036185032710367898021335960496974244
092403153138238936172327528639209072493784319094817561644334125948
365928730600921448438236652140367295907135006913915090965142298049
514244550416256284617328707524692597054826638595267273908673514729
737155312583793402818951623940739712130643589090892371191488862697
849569851665257814936095866748486358115803516453930884833227454904
242897157175528407338184400320412350273689115096815877871304675833
419252692432609731364082081208035929936936590681393230865491621669
415353074061594098323808956789058952251406545316675695396392296213
412283835324384196666998005534631652739210989145668809010297958310
292531382529016768135368727790739453420504686913626008276744426281
090677917754965337599126380710330473446824867766793309349916461078
555699646881723243125617289954890871804574115000930955804064932895
599728336476134630178649059493736584576441677828534648766761280349
752781125887435419906321773633160481950677678149724130542347723319
730141149437631047902578093092370486432180864930081223499423053309
549877208853261080677038170056479367580428223925918838669759886137
231574546092953308243999821862853047502994925187880245257609509595
630706209220635318875297964052101728431635124968531423103965745394
752838488490291064856799853660079655511000008595070467672903884213
896023258352978398050825290657222477821232198366082140209697521253
502742872449639079628893487221893994621382297494630394948247372261
150744344151010665788401431848628478522625546557999249784872405451
132215156295580019267259981491347549102610265007594731346288234707
416106637290676085067716137935472892582189758979481803498385373479
105945058148536541362133976053839530365636777959882548630780622483
734594472753001284426362474145654861047095792881760809909148252168
017165005943306954890311822489357173610936476370605538657631824649
042609585654848997777119726277628918109858604448983312828789823489
666141400637318213332676074597810172980312230954376319356969501589
745807383273468232086169320616728320004541106850381464938756345681
127361501364567777396243244628005367414404728365017246186550388522
076615880711317187896413137982304912371000144208449366046842776544

072627424042157729187887807854766021697103976774232965847319808146
981942271926772706637661604651172986444800690606988408904606317060
139239199058204312986380916820068895327987817120815523731829858311
477252224164582158832517305220437099028847146939147200224571397572
493170640545502556478315045316904553441900014091214546137488635549
712596343099106751894127959799535491493709642609448571957050826301
127478937357819687754879568145554782622366381034547095173171325389
493557651129249971426320307434428418787204357062252228641841405488
785533503468569340442036773883441186608545512126494270167113688307
871245239964884057552803225350917942578835524639090844780509388512
890617236107814041350771826348579845236521295981821027810970611119
260848745903131144777441902012023580291673017399328323978265152376
601255545433729616300951833526746486024581857953686631550653530179
155705934593604250459802902005255149785589489290382838537035442234
280484726280363392719753872414672387755736189379643308827320596134
630250319727038560804578515116416661626431523030314989915574223878
488609489064943104767573891107722049402574778170382966635921352115
920356453933002894470598091640361951284845287021913669580282296286
547833572411212356206421703704519671783706223358183511430336066293
925145675436611989756855079741210262338320967644597673913313651943
145101555003935597024156378187185727596997079326725095913745313665
522119371121867956457176425347542564909958595415528798652108743115
733105003687314870656912750513948647544472477598452252744839704771
017303589882117348691262772092539250613658062592137144466627787345
026287037992687824447684576218306874935428130578262786342180201898
443012657053849947927596836802630246663720595465324342859547303688
827184652560829067993039589240517824598346060568730637862750506423
999280546890699095768420644763432800653480981828358714800568284390
698132589096181555323167956543857800975606224157730697775270622747
752690834831016277437597804883809624447026159766882185950658088534
989965810481372093825133447265225609283102821710321852113110264499
862709835373501056587270510831663539358661429309738866776978433507
046885723260257709933174081454976052795287655344379667476379983628
573369561171098936208480397049423675266646953181477754475295854364
282847780931975619401595170202791048391718828698607607742738910548
003216468641200713712957022997014903932246392835018590643059541470
875853109555756576100719203213958945803313396587832740355615325286
387850972338362874856982499705776764360559543366674444058691917840
015140377469131595417729548345366336477024761151729222427482504218
398561581163394706444244534966395171929369911561842130458581398451
405285028368446141388686749433512628968873873238270927278581011794
521723947567224773982546091478462531980099164154453288692773156550
526641832096933265062024408044013383015249237093285310787559756637
163810640930729031171650368711318950824503470643787724233829052013
483106585560953222839572644720983761489735983968379968364488789811
015362951461323064066728886874896443911216868844729217417942243821
798233202687026100515603553744602885191642360625196458181935260376
082013464283316255932869928839403962599654326341592534430806130634
081794968723296338627302060777987774017519537614990954236881377931
426780819564558840084864611945626916981814852641152440846581574882
834138851970613397203743813277797947469434520252108796224621505478
182403653711158697109785958886161968814915938426792278732803321256
849465980966388737964299986300178112527988348834024637317594782705
134718177683636229175013142399254723325985560036453941822222623407
914464797217595509131566037745168415421755903696797354198797015095
947269915703026120291717049911609433548327964222543154631906713498
539503826269158240747303042192286855135292224388123433774514693489
169621661927163379365878034564727767254827643835164558131638801985

558951612847770823276531323638351846983641055964445327488555273611
836124269946847321965266178288302150550019671160563717280858735486
995219878989411370593162334458925604935685766569607905282762706122
165289628786741341085496058981055691526897383112534333593773690709
270829214707247048340678513074190350145554910555374409369573065285
644368060182994299481529172384582869470851985788520505227700036058
757704511799937519169271287484231107005835340819368998654615827286
398372357616087750835320799623079013940128080483121223848441186864
613807110261863356072584398971110247150678758078418886450791850611
491806159748317666809715082944633894154966294032789231247758386168
143091012529621951555084202060103197456660963064392296594123559945
075792258583218294473074911455866172050009696193803257003080322480
750027281924654229130903451945239036529977901124865245081317547040
192989786971484429411655385635177239597410195968794496802618694574
317974849053250396309014032156362544274103508930082346635761598751
972482775979016072565810761083841386360119004852894270405146814521
494201137069174175740347793185577333192466533514510807959552693 41
331403123193430575888763492775096941840462097926679204196103898000
212694048961409791932289052546553473408268374408252399469563379838
940670612014376837826680279802127049485827731640283884786558191180
432507940344638127570291147459638334591935098623145339994386776524
966896587204919280133795843846835296811089047473346084575486799008
936275196775415439420384035160466177012083513113973039752034121023
350771818470183550028619496131055249843706014911085441193686758207
223443710956398798714616142240177619411594218560768607897135347164
578210236951555697255577654634503941708429104589196673270925678009
969481603669964258959169291160366305024053139222249317213354263108
310906157497483460807764828576483293578572726396626116235490448058
448540289394804694044835757370134667577830934075677727423865334100
026793996458202465009072533060506266495475961348112673985950703851
893006745747806665532760732474762757916346257078205220352847069555
903891532786410873242764652607368810639492814186789638329875674595
541136021975451805067414922649155119916346686632851524257039001984
752319883496601899556797846158744081693367818928207928928063235939
482022144389909677484753264381416367115032785786019135079187358021
548023262014855747145738954436952379328415536110314372757857131510
170176045329473182311809132962345707892770337801735052700089256271
083830887866205754884523735785671913562179383963864197016680956673
942496133892468947294627645491893161144695975038761776933145175333
223677406931375087373913803951569876074011200439591240256927663901
194090968908555984188338310479655778593871290486901818548129544952
499103958665163335428367758384557339087195244528620540138676408579
342793566747181854417950016342243413145768745625949588950663880182
001903424597273046733103481013963415049233524093156760689846898574
645016960696266393659612589928672664285765577999094749927009318216
457904596364797367793931728381628189885855613958017795085427912404
850803495698097911434639723503553251071145636829320755253276288695
894993027311023290304266517064441037095337080537525074522493008549
700561012821688736920143271497910315472886871118144733791949497958
099787155036787373846041961277083131934595690030494756317592356279
205037163140644024106198106647109647516897929343145663348174631906
627809876985015484201024637695207154868403390431519320893425092341
226563068493113833266785764393200870557134291729746438813599520716
459459911834375247866447474449834746656473264371991032614302430473
430267170661084165021196851783660078090555757691091568907074146875 8
901583803993067885071615746890075205404762636402638688556785950995
615280561385069897848823960390416358165054534040625211434444407354
365565948141105444161450657754418362456901990601766666037154382642

6299007533903543849884983336780568267942007409497397241547369217275997416791624082750436991747366248656965271584742295866214242116694563175906659106969891257566333371292278535194091340170880984211952117773805420351062681471786951136397141103991370426695176344005987610392314435802095044405369713908303096573056029749922166452001699005771310362095123189098488133845368115678657696937511194399862014571815529402514096249998533732775672646850757941105932993557512091608405551292796106104363953182802544017569769102494286017577573595220637877462446457017005990545996309973123303729459784135449938334769350028564246765122416109116141363732247518096602377684410959385952476264912605496579602929679899434555424426491179274267824556764817853819623046944633537093802924683591838118446106979057280426813756968433123720478177758939148407885161657051263336413772066885923201354845005008509736434218599605809450781787964713259093301661693177867277214687702140294948092460316552608951265125485456516508757170814194265802496677843846227126389630203518240600856078308185506807528890032134077587241094336391586638291395078509225890693941106234778143270896334690863645745411604707448517708030879493144851427769345616612963369755616318316728263107073506047042367645241462941008874877653088862167411835539531331526234412572303251043539822800416565515357025048689686907178116005018717612404053306259863978639999194838277549932569375250429902380722985892758074583064086106552562536592723274881726093259221662196629557560243925643705186887322207070492680376550393746179140831965935269757599828103319530523957307626140378083278170736020152345757748380398935458745611173851940449969600169159736513338125856778739820119945419332206377429732070475752779605236200532879991482366275814187668701128048002564877555118456426794881394125678733820659524424114251861203250697654933179045054900927004439009020877624701154207683087103178514681910400937055999758162499249263933744460834455613463597173182586287830355910793675113168153194253823653568085244170518283732692850966466521415988104651010396651862819985791376576194970907320222010736406629303058194006764774752682055300984608401630612317574126875643804893541401982574278674140849956216881102307483636826905102058096257716492684106092544604474555603902725553114856128417595249829251799863529139443377963463756016072644976307714886038645892128662155100755582459987829323841560058952671976386419211095869878028442903896752424589333040672145110183547220472534108753550125267244630762561765083031394012695218853336188684557100792856995406578233337070252989878970458727232138323629951607440290758615880261372382263596736530134925728636600964366438596448770296356431338483209634416343916077474368851132084627103661151567352626034366880973529534934472093199348030107693450496908356772703640132257406492000813763329372316557743068025906455831336773851149738757936326528856619195433107355816950457584062867815807424772446278352828604666532442348311503227982109649530138272050742910391723713139048050361932613348598849976325419539373111149585847125732894653106565802650879030321487036791410339684571167620452747576402869509008983777030155818430999171340963916819896375943818108026014483182734851149610708371686866330937960562309289498909483121798291918824607821805420470027453849996308846254473145521743759966545681455791443881103037388860725263710442395531603010385256641545927327971879257580300589794567347548388687568682516770008257912932142937687218053182507646647798379419151550071784557947779740806066726639609424949604736281242432349537948325252979933183218411235877640818615121420858545845373475701472911672403295418398917244723858296655831687537234958538036493540811408572846959689474871912326330513343181025639668516748525570174263692648713235328121561768646216059527773872475920097115739352848182099674578833

894579115240645751815333618621901046742215780020778685572628836128
160535416305203601346489923778015028929680274826449103265824123181
569972682768560245569861380326398936437853441552819803530729526291
259577580084706756130253293874970010627997219922997208324606532044
631819812965788020414346088364947668140615208653920949425400449317
737068918982983894749313648816329818851888628439584615496536875214
305839422416097302056229967313002132208567778186942058351675256366
025012013569300311456441239302042258334691037603511879807442017753
726442117727412037099533002808340893381796205823271456034766941488
746151190093571499715325033133722579939381985077173748648055955756
137436908447422470012996215237030318467525906969447928893826362941
931523302316835913347288346735519156412494419422752076814667635352
560570956606315854618561754015570383267042088863612064652434015858
101977696397364801457128728885717249557158191703620741009379154010
466352969163976711044911265239655077032303995796621552057509928495
566600517449311510609562666757004469775301163859987935042904502926
270366903078063601523954261402290555813078156900096757638206741778
477690223307542865584787376513140649415691739803454699606331473344
892198101487355908912961491844279737467415132227624324435737585264
118929103248575723297713267698092610264203815321847764574590991613
595523201100738039894222605299629443320859968170894532975908064819
6986771518718680507570750409277509444711103039894595557574891944581
516332780448704250716076013295030625111614515811491160647378231907
190100022983749000338891878919725993933246667821104473008772219618
753805098109787994947173142628372064846095286361918008620641848322
188515534073511457879550472294052549609565295909771415538492976117
339982359723258783241054437862857876642264987221874602355630032912
595992672302547471229197997524268226793872493877710970841572504141
473121819437205311085593738724495716225169420775637954359831663306
110809157080105050332033986229567546514395038689944123545841834412
645414173824666486511358214111334514739189011560223788420944850736
034539633249357953595639710933448651228727429262648762881607957236
284720216736081668232555977086835038238197647706205087649578352620
031735466034041124405404078673202728588218238151101704443177421949
554597242719854212796604283041979936925384412684739599081001202696
650430726299276785156263815161807912492248307665174714640568245530
058754967306425957958593837263886709363674560979099802066386349034
669207511572470355105368524155369137669419706328262078397694832352
950293305145780234989124644289491852360039721061422471922066695053
184457204147418251327088540864577479368535021746167881170124217548
985466376436224959973461436119718076371429387947171099751164407943
166640186876608437041996319849593167143186367784761651676701093178
749746742749809444065598231275066399115585710147611609058711037484
366564371180972171137426937650811041424591868342234656196132280757
317273232866159826178783873307155603248939629906341461374697001032
132885752331931643063491214942912869162778085308360928907841585742
919747226889906232434455042147748066035849680637313090405182076174
760050218311618861388262428018539005589046562155774571205039227445
563824529611494765446460906897147816776017080152131300268932491575
529024883371901988287682481999040768534482361865428155363865699668
192973804450961255934963046272595688819733752978662483904688028808
992527681832984820569811122947653557152875675710363278489788577428
851967330812533494581252895542030368843097336177422378698042304807
850678443293093014962100634674848367063432268497580085101087974250
937189608497032054161952324292571504020386647093123468276850128957
491183877717605047929248673171985140964143999661693316204549418553
382365594952898631051244725135806359894044075190352060288732148784
382242595208547872473024375127073387908355498274046073663969717198

888759719529040423061508249544359491451958747703735135207104797542
042147100219034526230950997078960200524195924558863336940893532161
060013230815988790497119321830958590808120822912160414621645966226
361311518486560918714798421386174404089268372883100798490591625746
647847143894507640379535988667154762876427966731370856670428934027
917930024199645593125210491087687472200638195513557725223231761565
077106842107874604163362187100833994117890468106532198576813903336
681862131457253257924390845227853698294849852390008707992224078344
047507698469286301201761313883577770121895730812332722956103972751
211997639419340081953829703692316341046033685720511040591293436933
739391056158742716594776931693867545878872364048269699979598183855
899289354630539280767475088531758519907879241590265159506165588778
041907917359737238391151228127259777112235441459659436903504791260
898098371744748937435482678008370622253457126276778320171941456959
164915774478441716772013739355330591388949957440142116478284409390
417622526545418839348308527378557388375071072083488420893072287197
352671811775633700988155015994490930770207728396392058166744581538
579681034766190470367525816614642439489336200791706843660950705490
762376818597888252540282200686534078942991965272229846304267693594
834744107090300268900546437886452196370831678618748094708704980336
836455021461772832425504807730639564645251178514465116724694014526
012047361167229423552049156405567577812584191018843335203863583769
106718671141471562889137697260076457685773245961437430305526058611
036094328086506247065235855854239142657792041610865557104561984531
229777828725073920363004852390196207849774925358640102924454806681
178495338971693904344230318796649832410711103000792012767989714454
763050359556698418287465169292157008607167577207954736648677987292
708145160096586186905514515180177771850024819583224587910334563665
424367979826082934193311915633502514136293635296751283173452700256
893403087197326515623094182937175095963526363544683991180525432704
801464654546038672901278936080019687248187659023397405148023121751
088790711184454659010569927723681192088900134266900773572570635748
951034788221819388474071604833087873506581878431725132982112271220
510257074456471189209347626308493066039302854375557996078782540567
994132851241588640512130809439860461040245187235621226521176908067
324708043488826454779098677356717515546053105224020036085345513609
307048583809928376998254398968937690625747931267300834535339501251
223740307586383476004887455482892491682113594822187756781640659695
079369634473843496087367783774908049750358732010631405012977646742
145201698217315700305217363840845322508441173926041514247370715647
536276555955383939361916508961812191693061139457705640664924806464
774773043776123970947592997108276860209416109588901264119287727339
456112658211417672813945420301069057637087743826880005686709954083
901567242191247237124776474513332444172181392499265969222753513669
539598558911769696080221367913984959944360487227152594021052064051
982357332935542277659727669580240217673465304003670319224131104491
501898182984290836451531294868856617427652659067204225361947859402
083314610620120150011533593667022860921977811492368237786475064435
137858352724151522744676014148134429643119940551724080289591241089
543577460458464617771085357889085389678379406118306996637182982455
259226514471581446375897283322138634447138924612229662615435167628
622277760284031505209854637354820625860743552328288327243968815811
780466722161549338647996944094380232921648949607958235119186569997
434135891320209414563206887965950275083814537415596602549676403256
559131077053919778193501481147184271014615256023499750396294536267
039788707720612208528326688873241141444967806983463407899066999775
818535611679431233425722391134745771239930898662078118458200902569
305583322511264226659159677266674793246965140321327366442011772301

952417915292286281389564052640867703998595549137273585774129431585
647118519893319996800837034098042004668118836663397463875663076607
512122090820340829204646883986492917796827440944120617444600972367
971515596247939081656572812424204261635390421715799619699665836168
770081929304108663865224900359154617056360583956497351965077764976
882262863692153484135047920604402080390651385640441410622953709053
677979000243169714166956875114098383426905777896042806877682188966
154431262113706360682990310466273745127019840648244164656486688511
439574379334309719032498948302414840507414526659491378865585354597
848728297925674531563100387332480355234003885932791297181234532473
918770199810128563514718366356093147014578485183124721197058381669
640001838059356938669157095336979366146394149131593815260563082635
088895680172154369121360856720293455707647577202955754998446789742
447907193867580450690318536201820331824006222323203533301182143703
925370554675473394932683250121295008243768218202329413268530470969
468649615863540123922683390237574132519802415612320479864573569083
116437729361652986105201125736322947737669994183947890642018001372
960525873274529256194286117817074349774483472100162264420112470210
879490721145842560179595158261716807162017179079442161130128842463
999366513645331873612009158537353847396545294160154674047240823527
612184326159568567517951342885956437602564931303460714390543092742
885005435875086058885885662451704239585813739117563954299346509483
385582938621407315528498435684488811536850769442522596065082768819
651046826042559261486402212130818887654040645230438611608921164383
217839521710416550254623053393172442594646226571444543862772260567
214962661856634387405362249179714560016755405394884229872096915533
391959491886440574603975553853133899085864661671443964698049919994
905896716774340132773739493863280267225987498589785918368346173482
744087585162399954750887154900403445192377547012466391286382374820
895070799855647875674999158054773945438148758879927714130720745819
093088596736498337027461173894698233160892719879101896041653705629
080631986119088311721903089763501772035120701994484267578499138470
405996298433043165335483865945252139257945634617381649740310939548
726559902343922591015445371770638076766436143349923469810598714893
411969481440150865786794094483462558852788398167495660442368312051
522226844576745944958743351005717538309421989804789089862256731947
377674358309060897593222343924660800536938838815952228224056496943
751711840587084814083785475232158885249431224546260378373793073659
985815517639002095063685586752295382454745211304174212971832797567
435082140695589408867000096610786590537161885192040483116513402414
678204354183334786424773944579440140253178450875095652001238839612
724038926697685220006010811360183237609649188953320259623372097323
430667508576815107043840144238947279382859847283714371406793465227
400118200521905575793256274032408524373600192621495772550563218710
899504480012983646179363027727373717231547886044862614896008929625
213062274638594015286668673311461724725151752619112235947166551344
645667304501089263168860029268403108786287751329588392731131684575
946608382011701419516411724277061732676947758919393339418432739346
517226849046995392419554130679262358041860091101421765732756076899
781815686330371582434944938469397743854420250546403344803928945867
676391911116242478850342405568410439038112651983330502695312648037
983619447809205710103187760634315367493057668743820887846474677221
356415711534297844761066510307790339050164052706563775290343824584
256857097844837065438943510064939884167615336779859809449582733096
859283572377253265564583713549393911994081728204429507127662320770
172288461639123961360245379837599604406446543849854445888245741244
446584800566176065766701042195535773652938949204877286022526132110
884840304779399779341126037995020242360497259932975312450064912102

616046387808486318065804281842982970486965601223509937294001153946
764573007001847553296325654863390459965650158523985023067778799492
330783328525227172557151215806072904036978456929620167028094919760
534967689565217569798470465792695381863712858678694228447550342994
414860949767847917108794405578196226986592033691978715510745364007
541364039098279909544657169372712916561278038704207348590168127110
121484040362040928744847079434033278279432593545427902645315421980
316415122678235116375739135875271073542302276819107581989578272523
067230949878168624012517052969727983319940295336442947046298102665
555468642885369511202976072569433902826626894787850356103425865182
482123125127845929245188285267843734194875112349317647799673067177
086851318498290879944458356683683998565754213020523049205353350620
324818215879061519466852861237231150822155758688443983768281300526
814662178965726809466832451603203461228116794923261310149024942043
654278527967771298304828147827370471519004443409300129107660320645
629996762460862567845451772265196857588770628144427108893310495622
574305223900721397850967172302376173773171299725217279893168693101
952326117767493114864771510373303498965130847904832347290654945017
073492504012161932456200117484101911225100749888532965140288366302
416398744250250387955343672537376587779628463330957049594802659640
987258439697954380855056211092235415828614666103429789719905065063
328675587150950592896907699858840254876223192988561785348264633867
104501930909739374940648589620987039410888081650878649332476293987
699534464916507644914715371098286823422324399659159672435727164562
096576711524359136715430984985863037196337110212248465552950948599
321406758121450653754356371339105975318236672724429465024371996823
969416230696542768974974719970372385524703683628326760914877735079
979967954195531342447142997875707228170922680290481541059965618542
630441873005810768770948582640362580422191713467652604549434372868
747600756127335281682442087667325058592666689003032007805587945574
583411589081670335283954235038550919237554752735890262046681887544
558483443933404601394726710315320211851681216395022862863264525118
861011214413123033820251576527870689430589824067623734064498575317
146313325506393551284650187232714077089814236196477691071255403842
978507974486473034150256050290325155392079307443435165145920530763
676756143131658715787766176579840966169540705572369277315941169645
331386914059186153236887170671049135530522730210125936649781188084
085158774388699602191534558463105159613678207366183621771197878048
667071854418792537427548694402660550288200492447908659586090458125
359222260587685718574555896269951312203929547854125044404159893680
107722821176203625718909118865974076464847877877839499735100262647
431678933400199942751836564226233208865061775629127578622972279224
629625311404044657492989457418986665792320320928531163809397376028
626875154522206569411371812325628503901757578279885078812885702429
636311860841477040499032527417018666600118490018737947470283900656
354569733804652564168358526610768377002832789667594395074589095893
980793598598516299236649296640492840223418031324951248113676930672
486997981172353278659644409196746916652653260758421366023361983946
789281638248074666428166162632256452600975532359808582024023700103
362620212819507909750372987313396902360753512979139294525309911908
182093729148609792736807110198477761305423657750002311215695661437
385753191223459481047060515041124978309374164246485082052192889936
590109577910257985308496750442106162524467816297733116940042820239
840985898174506489145618031686740094192434725768866864091221802604
336534945769195261654864314026862080497837743868847871257790145269
249327981327400917017976169920395127657436521241052086345054221475
039628874784058606116978020447357488124047361367767531185113871444
648935285016099283085674258135644722262927803060735041909350403009

080624950298749666750384826154870680255242438995683698053236598459
9010492744608716539940022006180942243940913623482031719433891081531
558022107319125755305932726751628171796785076088513750240427667392
518933959027214417836283076894337729336948051094367384416991564788
081574309383212823808801937377768957401439015093301376616796475671
880212694719505779675734558952803280899116482807410649429123147159
380663551286496261495502779229009920014833551770130227518499011310
989586726281564147320079797896768159072359184788364537686035727342
577130373535247390514323315256547891385984195428820446368319538074
115512093522518132030158640500573758054644045642672617263622975787
337379171226477290386135084453843617176743247804925008734252804428
007727628701071922316253326407193825879418217949582764345927855712
984218281175676243119562477613371639311675608258464825058002765585
374584233146189611578467477933421649748976212049811284710661413894
834875624747053541010097077605740898616463448051772840377985434097
145426998185690608137233460784143199058046885653191296756993079290
305768970434157766086994670977780442705143897920791245387917068739
729525473379646969585191085606888546440585904054341645699992536833
485908436845732764379034568692011104497022133768386656796352780770
311340426298906589221620372797990991459616299079925576634428307976
367385114245134185489698417834972613833953835850088328700253661253
020239259360319200965254750541867841816910620335742836289635925385
151775890623769948224850511734206754938441118300351874842544538912
659976151689753254987855786249250463365974717269043979969160807481
350239835915482591638422684632345858922771352620509687177778252842
256928152688671812720122627498702221727165771037923434918461330104
823200089786464829534088494885955360777462895271201318342869512198
260852882120891869619838784396469617923251211822605595214327575844
243623472290952479633644990676527118338902235918500587723542155504
730491825899823534457227492283506153054666003243698418139992886702
226961684947570415325184694120748234152010502933106918179481598320
020773808732416261103787282703717100927701391549340073149595122849
011137643726596154411232726110521368570688364320824022282944317034
376096517997820762704691702928742519793238711577413188829121687282
225821195994411347577497818499724416233270258068165357810980806396
870955864035705976328147343269014411363538024783282714134765399571
000227564577485718947634641630270187892031131712238238748395865281
900151141542093267425623384811440122404288239201801162440388526239
128816614799827746565696832108583076217857521445564710815524107643
152861808866280612223636512461280140222855080560888452458623278792
514025350305287531754945254014602357586620698741193190233615465446
968312950068704891824460293857696748472034478296859267671725364691
572095402096739334603802073078838430546340420607072287100038970213
661792322588293015505520995810923734338243577114977039086453703074
269622664678620382074798651508095933977910063223997218687927293523
992102771879155227543819829944684159903891702673734812129229003441
529403526067606629556871271865816332713890060047649093148653988539
268441602818778319640071949829155334972662058322848529763647748863
638588946368573824519046957927527655347954813382697643442177737376
713239147487752111835140734676837883945425380272269850909454287391
473988346946485253354196279775319421095907952871861654840843785497
106596227907609551571108241083264973224642051830825992322781079736
159510264778393613902288935712251811373617159233734225908001476354
539619512159324613727585356798182260658537746117435012715923505834
352299816686908537776965681513834911383414826723578779914073530120
068918765090745544271863082421066896071508344131611726520267030592
450221222419754610471865569393920559507905243290556323029230063839
5373500248862170323178462025071685843874271742722706373176515090

010259182904216675897689335801788108896977380492527637465465550378
152932461419689697692059341135489856365118890893911541337597816071
618526416484506014260450339121052964429700342831350079316004732642
244909196888668094641979754908270136097747155421615552609577081743
996949422529250919414912046643331091332295221969374948801251616764
638878561883340165541806155391257546202137519888001072939980126509
794826726810754439425633148783842000096420104072616015168772449623
619900546298982543262258626363755526403000644513939199740955329923
434251903774104504435412650819669596736865260879998881870092971859
757683746949803643422949624803801291150601730835762242601724271874
968100166968067378991903716299116682239567441196533641363816801705
818632907691665632918820927209125392168092639670211386700482765452
624253961424122662133834425149060159874670886736892964304782232176
615847551235027818808526313255711071940296366912906631891939747164
694008385759645827199159270224221541814221088870895066290033109166
921848733617332556044833949573744436990468712539939003814112613928
446120483869210920537490358667720582315764513805676344144329811170
183894773180425847757466192563725601702174218727797284480264101096
467038204257430531434768045355489225458067421490652318512104049237
987880822294871017430841385457941421592902596555954085794357184382
863426335731139858881502888500240320690319415578434808577337260028
950171774644691000543147822838810178995662110543977028355075936912
944622415084497959588115759858204270772080361422283295376543397594
886676417560353944851310917655970428809345018916540978801334713120
710194256525100459959271958989523869845022876006848016634180765179
118832751774728826521426349137398811544223867857645797355827964217
197685605248889576849274270986520071867339238392391573744338123715
226700842734421825684820431127469143923092543471878488129766505366
959895167127735271424615952558635342152917884088176375846236281828
946020417856379827774234681243029470296951568197609331600838390204
004534954053619512567362751697472859514592268538614632383912003714
070673652575757051731451933305571210411434568382762412592972136587
423730339386510944233808012046127062812288516465723430531230975853
943623654299245611684045052612047013287406305270708842650460916822
902380712044572393060453525846049516262969388834742386088864333953
905600111750290438045761969351058223701058905356313653209712268858
600845683093522571474176712366366539886286523594886972888191519593
986479297936312615408822857558884446379860370869178478493407174265
786088182692246296488057047314787227655745399737207077607746941076
703701550990139285382992715104037591497723424991713811670876277142
495989487983934892688260993741300348619870834170110187163815382678
755571099002660936017971649266395810312512314450633941617271172021
817454975362988167535795877741426086588728875468285419682346936290
816041362199434024611614278602551316616740819752879107092072314612
830526230940040891068981750531451655379692090210509890984364074826
743846918851802940541090773590436075957065304092294305393153214584
353391969367230455006340408691465663381475591204096892514490361253
130952692701152600591466937364457838966020573301212979501716245904
484056410828528366248580178626331031826626865185266795117788539253
303703719940763380248930909539488344767492375681975845728891314572
843172816722992914895386449488315946000978242646180410402065569585
544809390605953232132946230696763126657652129374045338641846869134
379157510254259949909304623277197277460402667614482428124900615460
983384885582689021205589515805033857356113073496127363310935304857
724947067531658321798520390126130868626880951301199609520536891765
070015616191660083018062239323629555900495579392954527001441368682
565833156369671923303738607505041331718456706099245010295795649491
099869128124652741185722900892819862661763419273986002480591957534

988121378387828921329310158524853156682156813591961096781930888789
200883862044247058354690810375924155078369858380202640106573199397
034261850474234342492691736702664122331287634126754121449916258115
979680591621694783286743323490209216495225860458607124274223581929
192345452111372672084325644518743215707514386144067910318477620491
798345542808082520156234894887396527733727558160778189296878230619
781026569665240458594960596126330645787426015233983270572690175264
923384486106927901892222345049417304974812552405938598573644623769
968531593857123212738146030244696363708640928451906383817184846660
855668813247615725942222443126911990518895267795995982009695180997
696019085663299505350372148804765345440660365802017143215120485481
488955421453811226197407363706290691187409984234442483798498778642
016603981374119677069191263678246801959178852201033366285058002650
824314680522570869541420659251672984066277357594558653510971205400
732185622731073921644639623463013604710980116661875123499844534844
603585148668645656808928609637869124724638041067197779420031464080
048385750199305940066719599492315347270817736982058331895250489407
419778989312207396881917393702832340579333611601514899135468377664
539525637783927554230263773440107540295008275428549081031609574806
818820500953071570395008918379186830080106157724371957261042865900
126536127546996317784471519507709798793033510039596819329779319784
041140266465646078251389840986645722067437840194129464279933446027
559117936202156578744122869034827343250278565851609725373939863005
433108800851286032806494151343167662352509513184727183672778418582
465709469264543035860443424439162445964247823694249411232913519453
597004358998582581866864568389499798940410239501394984720813717668
681966070027682215436127801568314264369168683151938086537644449957
838010280476596579342435889339110279485494321703222745401090210817
858703963213584108897073391791761850351461890499951503912918537988
382571497993938986725936687668121434398872044373452835192451821718
280846673058830412214108136437829801563126434744550891337321021093
531697808186166312885248640616551714363357164454316068082040439464
852147656085084253821199561954641055812913886923610161286344325073
626317772228934753413943518227954005413131304665377215358367103413
091989012246614335421953083838389992158437777369949948493630369799
973295720570233216424323751794579530735237903683939180552587045263
452329808571880113576646753172649454589989229340970824781912809899
568565796332807614658444203417652593940334811630584772889692799890
033695587902204312795453942177781881324540161223079984419343045941
346667102483970481223632032644031717796743330794056349048994125462
540720604841072065379274340187367238392965391948241068043612464624
451009508937618051960172158478264567741213419478653949255340460626
293349117705534330581079510910722964665446792365340305563507136062
015003800845308239094375637707134313977112008095631049886248532395
744746737653899466228014305051068187759742974326010189762895482714
990045395292051040993831674289865403401464577090787320557779142564
131948050295806426479426475281222930091008516319548444843874981128
489756136045512368883113060548055431775535969866186410677333217834
461763986388712613069734084775847772050287996777462100012099060547
957351469876102436278678009147235639486339585499742944243430184326
176244666410456597819623669629777129900917565351256184525678695280
871725453665547276183297253067427104398063219771153848174529070058
996516405914514742191656927473732028000680278641530437771511888956
451936233350541318488352018852709345342344242503753425023413798043
868260885058564911800853512425863585445146931736321266412954899889
479016435732375128242224034067410785229873995184759645071062882382
508695312275544363134649292256714760989189975740308342578301349397
802812173071295581830197927773850597542147087104403427031146185862

5067152418158043636936880243864772828427431290905714873886631483 18
6821699081102050340871443241387606243992843282927202400299401139 80
4461937288043411291639452223685530961493584949795640839836756825 06
9150020580069181975424934060059165561901703555775462304302534207 95
5008611486162853828102220875976602602712505912939934947116540139 91
5560506585136005906797868321695857556614012093781469591952228091 00
4292248148093795267718569117897128851927214548832727813885904290 06
8598268692236679136635078707902302725283750162041626870399729291 06
3916950523939429431619634264960684504176574129720007516702065901 62
5643101979583727932058497685589186712293715957374225434896972352 56
6091438732546823024279428722228444221205664981751648562072496905 06
4229015069475632813457785906590097788075327194655452721226749174 68
3233167556881490882924317265303308426845290400932467542086142295 31
2282323711918531417172095240354682179025132749595255961986315673 90
7654983057018550049451301199278291769644596690903076823244836014 93
2412818148797967789055899330683616882325259433830263587157004577 32
6562818697146154510850374041126224397311367130669034637410361954 60
1796480387491166217656088878172626122053266201677323181521201927 10
3342682793968161215024892489998633029481990799008599381649755767 13
8128280342223291365176139606088256917060866216992251848641407279 66
9163603885270242511097439746507600000913802567686051886255285751 07
5182207114906474732417697798456190859295391263484409985964490681 28
5002440069203220035340904533441962533533572286806973418614790749 12
0891442178210604353945302117411404721013041217457459825526827346 60
4925767238854761650502836649779023396811868585975309047085045998 53
7978759012961590065067262731356963545517543083036374944690467814 34
9443791707835857513879548690934409850343598395325811390514313834 82
6860349390999444361704877348708785039676955166945113823172933454 79
6350621133210729959099363566140626342835761709355003367619356039 49
2482919749491564515570827698841640838605349083595109102076659924 48
6809160859086214172055696471043547640665625376317161547762740553 14
5976892601184029271258686736802928517158405534977790065690728625 17
2158731816179776285890879090913639179412963573388632984657743503 65
8978185017852716810309649154271956606529216410316751277240191138 83
0262669840155535162380276563122170618046729290437912484769039091 41
0459482276432666000147585075512714995943950280221149237586350455 32
1021277828227892277547906839074733085116238891901437482216392742 91
9629969668437970388912474321439796379533623906609758756162920731 94
6215386674244063067333215469511582224069922713494103406117509322 36
7368564573660877968945005790747670061216357542900375819123943476 01
9262407591745821007326791103832507293462682294942891544544836629 90
6325864331756880277802068603930513838718492148594302150768056070 69
3269812545596203607323032629437016867361881424553562419268241613 12
4460072601417414830980955935060854989784863551966854908378849059 17
1660810789722532657462368533962290014853276044983871272116375109 10
0020497192652308092573079052772157967882283149565919637282528504 80
2494512424545575924003185384206713574705621752685543117457912052 14
4125825859946855197182767362353576445729623126584175827930690944 49
4978521379119331004314304163976401006739840311137933941910671587 67
3850927138653979888360881220008857948250958705378365733111254118 93
8704431790864069731790753026746411414639173377739545140811364317 10
4404848366361989825468538350878618641122866589090051273667606543 11
7184713407661250757594799347290121964335013738687715206316459725 00
6939426913262744875184140761297655627827191561417745092274381133 52
7827771439252749246082636348022511975766944166924917565911652079 39
4596781429924299796667179318345196863780691634923812949953973218 29
2960642045015501096913018545808596727411874436984816838846700922 43
9043012249401930336037137429100511597041100028328488814788581780 09

507828891352943057940289456060217012783705052835682969316817221318
148567798991390571064600312080423051600801282159813305512034625631
556581131856966644851186324449367420649321958789107533407180568890
282663236058936710706004190963228034850485738617533476401692233067
710611089866207882561128971076315506773172634529786577742528557120
590547547109174546885729930013290711203684813974015969550752118437
403659468705939867008729487505367406665574763671232773118080908691
339712115496329656487803383978070056497497106087894840956192876971
341058573675117456750877758719662977044363737997605045669861654094
604284734857568957534480884771180188065745734984112711047519080682
489363138001320440989305391167536018339181046100153579932751535510
905450236584013458394546703825633316240871193927884580075859953383
996757341232610651856818916206992921733880281807259833419301012086
246310461990461329148431511263714018479651736272361939248422568103
498106712860633439053288517997891114053361622240272969004417798219
502613180968952337077345519257332175903865828331539952652961563932
018074398514756817232413258063636538049983679584232451617422050007
267712431870848792274672244395681544430480462178718528716510738195
106213385873810245005839751440275214217162148388514510810272360426
473178383069094927207502040487456098756949016879784150057898459516
700284458215797987530046688111384033650479977833840343161269252639
862881999461281887290873181376611962246696596442286811629227273450
679449895149656450202314770426818525204764010014842437233613401819
265683875260653153529388029000933028021661361618324270696579722239
758294265736728738214317527098148877704376629302596135825787555060
824963614316414982974096699916688845699812635967812122116788509381
708453577114992558484777020932680954138977825650830098838132278857
211430324483762605514611339636507533664315404411035035069925797716
061061889895191973546619966225196608116644567942434874928148534819
401156856183600396942326500335842967262307425253440336429737909982
882095659097146402536687647248234439396626739142440208773310641080
940120610352945814726643569181125818729703253133603560493797270275
351125258998887647678591101503623470756044327109540217862370094815
734953651973137436774339356629555241810989400515852307228700420765
340000407770710587913236514976805296124838086218722830355971716368
100873553903197212355224619213500507452724814251164685932150509848
232423292910148118963337514863108108127109397346626308113898078685
316421670258766342200789943568657123486627442910195488863365139012
830844849503996929263846134110115411107529157091264005570239381140
342296111822233426277731865931137752337618347387609201557612575036
104857769698070107261564688184530398896928904431540865563096565234
435816183481746254099862748674805230912961890222342472239200216245
930093689816743809595632121847329188713369523380706809882643609991
200502603195417809856162351627687523449374699407899024455496893167
031450056518553249902911012262906135006064530828363951078091760799
085853095416600649929381476245207049850182241161529004010370794631
242101261738017772159645655475036551783482558081810494021184350599
884369992741814764349534982545550233136585338565114077650741598275
049598764865355718137994341175517567715857014855288487704906080027
273259536361521815116384157483596614385676508283278069614893064735
374741536852463572337357891470052379931328610859960019395572803343
145195387559682089322801941558761011262467129754003306287875242213
772818271002614854625134143084360809240522645727828620735884402922
978788952234211625992400445065945835653116609306655057974300408632
463208046350743628410476516699359575700605586391527839777036739881
201889875573433339156128657541552636867594064152420287089339108466
006251658517175814660119686907518614282612879301011178825303877958
772995435205900571609333020219768230685107736258472638862527760681

181753098271058312603586358045945655302823977740443135225666957736
392231623022653032412679116154007707659718092921046300994335447554
003557837350637641880605299408016140601164211173580226212934126007
378545046923822620426458995459039410561369489044147100618532759541
836267509824179714127110899888156861116436444271863199189246519618
402503084611895490285725839866844031220770503870082392230183632727
429732712962789814388432942817000684688654591187154776162501154958
706713811597375395031541781849984758454634141363784323337639492093
256954727113552516829270720341987053453493299038984366408076182354
029544656776812816853333757094036289129198876617928609232030599293
463621343867180420702905446343493205441984062652136609672918919998
179236298311938636215118628996231614554640837667614735890783182284
767691080884594327533442135564969460296277106639582679765643444965
173505810415917053154053074966045117616628337602866783160363845526
113162702478040905312534948158127758578782413474846396669172522404
413566971352517492023660596791343643126808459722925597463441489650
385459105797474725919790865907155563342298856837848219765081050954
916275494011566183768484129350089342697445826065146307545686524470
135214533614726392830907173667942588819115003872386203118951766921
669606005523908721870725079217581438921792081234188272694920532937
873325915066910357618584273428071175927516048427636715501931511119
283621717682412245821555710128723178294808109287504824093928907648
463717738699400133028833123946725913849779606343013185711541001976
586494614686455477035931958956326965954078494768142398803961113461
816147482643783468707239192357852672560362058445178203126141159741
678374216900847700412982051248817654906543679374632871828852013682
077219493535559344849371325964050681369829773096998705968122783388
237241869033206947285992654319916361375162924914318557349575730859
142996121336780875250998999612897604294125867685706728785640802580
817870356744717141020274468127648918944941755468071081449513654397
072202254551668644742566110636293354875514604890674500520285483363
626516800360609893715829831782765131795909080910689793818613124184
655386172780893718398124093235723965906665765480479330967465891344
185505481953499262996302805020526968233561794794292373180216828478
224939783455726953607423244399264596815040724439867144761832193917
210220307501982374571666487377404908632114389015190858124708009003
371728625158287388740441365508534301302556819319606957293024640621
069613458649196209201453267623363116077219982060959659981789766122
136970714675010838578233031796384192636873526518074679712611457995
618203924755983414417261882797701972794601856144344506335913626239
341131787939441625956207071589227290656062069450549558944409180247
146078029102864375475521514011376447857153722735068859935833329269
746304064322947634472632446257648301099808870201978201233245882593
665403035816579508415858767280447948265666653865326226050169456152
481982329719559699825630563828768741063130236456751841353715757653
023261416310249833457831476367623049598240171916637338875728668929
753557199234737957619574367758341336987138247416564830028789751059
193489391586856334123849157582365684698128349464853135129474982498
587129302912259165342834878763944847390147005750296285415297994741
794424101877102346426916349537868346761498999717123674472152601801
871229711267727819777066584419081816596563399240901478516805152083
676856711413241387888692799750828173279489997694050252254601187408
004004041982006519000667885074121476079925062119168482560123604692
310040080596804631084377968380422395205488692215984214947989308266
644161430952487222484291001146675030516506235336859781120875250469
132184556618293375267941860745024200140038677323708731500110805005
544842730496648971340288759324274907825709138452748349740216488255
877034385225985239393157584639561372071425650192133101548950488878

1550866670150498562842739893492302174534537769051080608260798694 70
970958693491408193781114003951875088440397484834929095574358558373
280087247345628637302388177594019807324244282030580359934326040334
310393755780124588166845313793835232196707391103070612314728255946
156070120858949598636049236004882996806642917687587707867510430084
147478241672792792508032411199071086276370546868339007133163494426
495033479260726151525559279940339684329500070022688709332478171160
267178311523491853066884707777085218570423276531481231196439324045
566319829827795521038476986338727621130944457086146500643898369669
170424304883173523459693116128559833035325674992011292159706967998
537993287219067465678163467534075001371412874568006215060901663863
624779217827285903167488539233175088951807128406569248357487900725
088360045058994941190224163396254927744522345723782249811221569211
836933437423618125783219506515225150816611616066932901099911234856
811347730225478237015348124190393465345140330309937228116772371682
577575371749896477988939069779125998511177957938900138112421822814
286702291928330773411176254693217814987545905219281938965607724567
123484521478812601332198299682270947139467383374769545658720580259
859562074910852791860515274823191785770759650912076355255641007682
708262459579990243385069446527968428580690796291462024492884587086
191854312619636341637738548476510731529900242360732443389716521026
764805433804609913983082180702475769324302491023962139818469153240
910163640475586361746405520350632003293526399282535456356783497720
921629679792613672653255763472975450547277472545324969238873685341
997060333194137813293488410937481619556757217168800361176672875571
559412400261041967429735773975994422421937970519937503560963368297
629211135554455342403871455828324343472137466200611472476887322986
075655135741469631440427198892370194388351142282283106026801113981
642148111349151195843512963049852670596264625907898419343973106886
112600617047761166104400452401277468113001120387999165242554876929
227961442328457709395509224672452898583117927577371250424276751794
639258753717935065644087232723235464851608684963969477894903010446
574563265285878699811036444544249269740988596261886392456841145194
118102069739270568759242965603384360835141367605937565298094763234
774769818611382686827249947451094916810117254693774014952259677333
729811358407088333758335007356073805333972770122534089556120183999
033932793921697014624092747156691980432834282076511639646085094221
947881394115249907341384727427169115015975279190835261951224798295
424385204111230821311309957086890902058549039520747130770323455304
949802786044093193597739383567695887110007493944298509104184050906
171786749903847188418072807471063965650583948078952750664971202801
465011696629555195973960556550397933127412793094449326554386292782
708561921242942378470432772243505124603737923416204519837614770909
323725413149711469201455696074424058164832055755352953228281219623
929075021228702684900685252999310601779125532978741364544149815303
957321055225154533051454140454998102984600830441719676266550137200
093123454908331447605952404636934500249858047054445732078608663133
858439484985402055081847895005235470412916156229420407599197093093
662550948773343605909821451673412498316096528175831149223661907618
330812330739483002540208226848956572968796724562341649909767077077
634318798885753064190243313236219691248248305201034058553999996579
418508519392218799422995394246071197283159539981801240367935482448
017519622381603942819868934944960018324524811225341775421038201612
259760850568780527406544134153822562842735569375679656563697652038
507292066730158202457428541703785811296758254182279007629333373507
681922942793889756721372159212639835161853683589938466773545831346
752390485502109720985741700106260621148666829083258292745840862420
714965528605248158791012361952953493897812455273002076416875321449

351621497125127028935868435512710989851174933462624191653710182124
599681131843062849980725559783711797557399602491368382138949053815
119529200552757644826900090797069192901461911375538782059707861813
028102554396736487483561276630438154499577882979172848627639254480
068431052770223874915809290805690914271863342667626549885562439439
344944829237937532526530856820324761549503158658201803762682939056
860383963273329252112638651465193737656342566346907717498095552190
711203711428705026976711068104850686256287829016522171474034815226
029646493389105045680675586176685153025692708018744887511653738366
895580562526824452887275891653704243450972832419559677647195332296
710417356884045960144513339456287627405772987391059571290759367715
350320889863006819844751473496792118632101976113864744509109150616
833300559364451654865356770870019561898344369408850984913095686105
398795951335354093176332081025352447601042940068477314087589655306
560782409704800755257714897028343206789377927390899027863815877352
528452765963199945966350001360987363835759905613028704336017833112
819958113995368748904523441710996226481051666298927734737096049659
008462061698640940259027085933310371988901887435058588707598357128
026847778650548174483023568328199037209734906399991433655974515690
297370684407348005905902082121505096764691438640685521344558081850
018747509609358749342851939374959623680354609554002950611309905561
418403429299853065236318381769749566472643850307875583951885728034
657476302681578373735528270203316899501939254199587267653291007986
799827170879108792099747341656464483587366478845205170704658014498
078397603820554310729127802295875647631830893539181774062040830630
868010096088212306061598257967965689561453908062250805402554162769
767539655211058911483864360365683928542500493332143270332349850065
331615836628205923923355671394273837006126025347108705148221740492
872244575146851051636115417541521399225460996540026018526027254582
988271134104827647190641126614935563267890656482946920785659861030
758664036331548645918516320462850651888623764193908302052253860184
044459121859131053123017806878435780438721973533695412652606151612
319895887663829769882130909891247118555747431110674119361982339091
357051369041522744416213853200313787209710560798326966834573614891
947705155816597341375429126754839706379045809767418143697494830518
306811763237420181331104235156015428080530754355709337095377119641
047362462238699300537224105113664175312127466957222473374479301980
571947679375521840674167765396805448781307561617917565203214091249
526489538006640373509156105147931001218178423926661698764814501251
954763410476361128395642285676384496942922322571887565484296718173
115414422603256941901213195755153263453581907183736392012602468738
434376261388778675180206449752134080837799900926945398219919277856
166922059532894409055017686822209861143154416728614833375643784928
128855755264759472752916229978827913345894229851278619375939489883
910987184220027455061919066712312120341832949608593919328973190587
926136240391537662431431723151521664661650988415533234074922984602
729052299847390708323629532027408714428942239093535909264040875825
371963916825108031793565005087768522237515344328603901733564541752
529201924797943437411771260130183034707604842950854722303578681753
568852490095216963935156191704624219193051007040439783273016883132
036391871989519876993076119302108512056335132276934139154923439618
207205299250843587476745718817010069531795904828263810228217168707
156301634877385773457668831388306608231057622291078325791379227669
674364083014141024935503462617969056113679293462558652154649888855
990053966830948839593356678878620057514649424168924878958045797639
077819092917862578213197774244239663116944478162128782354217879229
166805049104479678470091263153230581214885068166009909541666676113
850464388267124592751627057651171510337538747658514882429339344926

0520699976031874346142697273958558894163353158674368738995044443801
164372840390458202370694316096130799749190446078234788392875870699
436272742814501615369142520685731792760875983074154508481036955375
584026382933726700954159241311027357350212497358089845886367414269
959992194283856649047423437857692166395862715703351576670658480853
667133639235332885283803138498707606677828043598480335348257689755
169805472075935690604300974095300029945102705911358453752136534827
210709883866696624267279058744654328376553324606106180377891580444
360156763937110898249106567175962044441173321127816246474268393571
098153163639094437756555246936773688509306855294100468384465415645
777473800702635256150254474996532875320793610062736110426061858284
081640140025140547480415063742366100952111439150458058667134662157
183040604716598258708876028665534124711204832235281674949364013790
031021903594062771961563248797814382492464707688590502672640174376
921104197650256298973934903903396173160217086194855516537228564998
834447531027568176651752221320093709257055700150639721337412939872
357772860701556319751756770647323620657892947078168693879933090244
824011476697645020149420988737033241674025415646240321418009586660
312586948691462684912009467688111224093912259077124390558597643197
028356283705033907477698105016879977479906410146891843143653695228
000262421299545930337228969082639095808985225906522234420711050329
349194361050333626515997933554849586019149984984859084564939868687
429527973410920035574784929282053506676156620040262151241548259540
616524637560942409698031995508378631362407381283910348683491474936
212574019016933081403039077587324278813064955959476256430496018888
382060671096493301395237238668469948291300992795894461157979477385
166295516926881294612220522693998917481945562783044085616500408119
379810092699420640479012253618339582096242975862238427656632339634
527124438232725749644042961407542421475653302931739894875691691609
250625614431186436240729558449971466649298668591431191861323576571
906213576718759719492245758077773809751267389981675317007722409424
682930266790010020871501492200273573561550340800018534921729295240
764835477415391062925301561388721615371945293085079924146909137903
095010288034809621568014341969120194816705113732859086023966162977
270978504693396280576656077331931306654383159276842143206229863690
981545296147635166641786078143674478256592201883898732487746749289
762690445901845960592400122547856451581745832560250692636725873747
022210149958254550320830461208921629469435791995552411043821054662
824323806353060055227046583100027316531218356825658856641051327875
561625071395021993421717855291897159871230265076101390290019537154
027481812661614308011692364347528239644198444805446282899530426826
597108691278401273583974567305482406881882394714299694257082067957
091602114378343536472038070851538302061396525430652731141263732685
018841888542777031788759312775105267553920563075351692534764004206
238304365068308892425562216149302258514892829692359778135078412373
755317195403594222270953097124145519321477065032269041004027204807
413246418247628780756401802221941603375315040637884628865564023441
391817301659637066826215706542887000345591270494600304696260302253
507200983968358782783684698613220638572777446827762413223946848711
627949284744796534852008763343695893844647760736766328542993800372
642527332398163963801500580132608237054136904116836894189468012360
646721564938392379005947806445241426707626723697981789827542860923
521410106114724367842549953695600185342748467800225131875954468189
183480484133237965779811484839995961517509245481797811133936769448
137004961544008177146567085863503186212289852428860631167296372266
252811607657911852540779250844719245559169601169660319897239225112
537443564584970166438643384963486426770017395136603626697958121574
278956549374920817983261058220354147686322831835967446088361587059

923066996294350421508974147064054464167467782134782651229646525089
088059691215247508242669041286549404086191884194730838084649666896
764215049740622721897396973873762329009337869116519482345663551781
788627799717077478384261393532150789589415533762790551893527216588
425916319888754919257529269921885795873057453037890911273915724356
191933508027184122425538310557531907998365009500746946700621559746
604971609338958751348430531522331002960520938944820848045111823091
782478968744237491899922100759116875922640737200540258203251990791
446785025151595762387835141358959931536847444919071623880069660713
470258913129924105105009569584471860979473474316832472983056732245
011708339591331594891876946129949104509411910259847540913967981064
956660393145680662996086259390290334217426044022236573745984117164
438151091461168182329778852592405671096351446151556840779923196253
079925142137913147625726628175747002928397796558568686572899873927
541442930806576034897164241108844101055347328402242304246375545492
405288632398671835460726127304747529102332712496393506979325716749
211550364147938563818787581835459304130828859954103688446122679829
201133150387951960042670692601136723794457282703755477731437836033
734385523336650623677547101193013464667194826713193221897453646151
125119273621872512016328736215134667657588767576760361908733498063
597076097985038711929363751649422153426458790157595620434652570580
058654774662767331355148451776869078772210830677319578133127215652
237002980617906179101070795094866867193264424159867574529303342975
070667280117155919277426465154564811681788220289947068974455904125
356082971931048274983720110102363278374226034544001805245538570505
827149529052749530025482801739967026621873674088642293750866836332
355116946733786957147774913665195772512401544605137525759118606934
194997338815822429947454576371038882157830588669513143571416799558
766530021662597834540103705087069079235982047478237114024690549216
771402678217125484692278963999499341545621567511547856002034922768
079778222015965815046381694783066158072741445238215834866372505534
680746661438220213499728489623217399553437010344496161720695676216
449436861252090799271689500194618228203631147223404775981385489859
338952718877595177241390012474537996157897227506799590834453088505
158561946335096717351316907863689949314195889648664525590165082360
461871317291088108855762687694605782712388371883430300948317770180
783563169829542220894345448502967127577956639767725541860331630759
166669948630826074782577603593669912078137993713906416030818337457
422345264446426239650065465243818169745539826378149747801316058242
932887210592267593063691481544273009287439800397792993881068304105
070363508310460102396855341682615622657617875438108017666154715714
586854385992910619338789827302904163299931142131957810143432780878
421194634903965286328932723675428880190277199018808948760772918176
869580683285725885617687067378381696770327839723803604981520707853
325438444435868547992539056654760738958477290095276783135598031628
387036902640468897619092196732085074276626877449926336421846251295
980597426139727827137818992673012907654769836646434934447925939751
907878872234365860238394719254672488504590100306336351528370436915
726797169057169474234717062968167146832820768224100217491116675390
855908911770346326217417964044111031080898025364293548230316471852
701244493819760213099430931966201348830272720837825685532427544031
737883715071298018863353008221305051932937202634776518936417550077
708467495054398146866153589631643293227329093865115024632877971415
094051713633572827078547537531368304438038085103858198104803048598
774435664103121581585986655318137087880155316573210831880190780728
548920967634144611444402888827541838528905572242064907485295674251
880317383778515387498876855075886318825952441674412158142175161982
622752228355814176577875509657398051419028624762445400083917954210

950371097365488976787080163948754310874140146026828619699399379289
862002769296586797083834395107747418406704593269248062288117637524
050335417756117259529832603195435234690757946493196977241135973516
072155663781916080912050329685084682151614490223318699201352550068
443197109539407912183086203243922064684497866448310402658324526417
472615244381286708606841619788211042404777412116690045981637811443
929590164877130277454592211017111989274045062879402518440441418674
931068531679138457299176274875022993564269435761107511193250395641
731769560789174955936828044312463432839841966706754457531362204702
349216207306801900902026957467615192982900853787400474939206956972
142206208124712753893514954296323988599725671094219722839074224780
216527070377713183856349091444346910996638611341543307087753041894
372701345149252099426001099200474565595014331631973823938772696451
500224955353450393571007666423607093639748118894620222353335856149
149123202329743578221052859286641018781681823579840767923850177153
237102803328017322105017945523193140907422140782521168951813203790
180442699579101257898953739847724322855913197529695584761790385770
089101432989364672403856799285212958344568457244781507938809342230
892238788322623382008629374020870223214300886520594697907902440763
465433244954372879278388872371046779312714769746188734254887872949
394017991255809923270190016388013585306342649027874947415803122613
666817226787271608508325786423597268823091116868093786537987899131
141052481798269088588768696847466756835600665045189546459814734537
250134281165776545308608868185535069027482278582763620798204931021
751814670123368418720887669585087990714780446181976805636498562008
578518817567515014450429760313980096759679028256180670008897501378
688323878553320386941800822276149579891890156691627117165808107887
204301466695308869149279501583782411059074103818736329898582301745
600284634970537357043326115640422471656929201415207223310863252427
435603973913529527363917974041449450240003012864112031169824178345
726418967191582700964270605295672925241278527959654159667151603660
407418666834901745786550181959720080881031007607848227700783930966
990968916922501275153817739728716199525664843497797595350222507756
948875847634478889258272064163862014735861784019787273385514257980
451432810161319758264730229963476957572511140015996997958720268209
624240688602250817696431416366762688430154498418943749992673006623
762311044325293540208339226749675434347668702580304302935070107072
873378888432418273448619533479385919482532729843923486679106244541
626324461999276064579090759474129190876646440490610521520296595543
415509582960180734333220585796308095696131177439388343337419438275
119723442106702359660491550760649918221308920081172314755376790399
275751162742893353559509744154947885196247564582940212318995781612
952740831956721101002250127351669154425544853550176336809782828447
939142604823933030852098742889507310943784170707919231375935616423
129492998694515446721094546155220956746742678955584216331491433235
933436440470168890971865480491276705352296827731241412317422955005
980183864608946584790129252631990329861680201807130266403810717666
775206759680008397029499161603294424011197146564700994516942722852
912966263816599296597222352324027410396543803141577487540659559992
943730973562184477499738930502461450020718407776085438808518976855
457149488370424037307114585317396465900806239966008022113756122892
844166549419647855058685706330799539345981443105289478095682383677
460573550882331180824480238875201726140191365800534280431197190893
408962039545543041212700569868636218353433626822270759293933165893
113028127890308595626671886328549122301394169073801365966951496395
065190822845266636881600187497137507877906867397645553165212884757
333783384362242160888926744729435611187651767015152562882758889301
264558894105229191517861202551757317546089616833949113768498913420

5953006258317689449646521672584298386566926230958626459739885142489
913552507093259100119277397274445453703103413424053949841961802937
042552491318834468417845719415493449646076411227876495413808276528
072539069971682639275912038584131768904773434663255751409752242470
637448621843390965846778099135572530672399703650989800108211976451
082237483989657132774159655576025435546420369535376202700626689303
918424567343566100306157363868361427748151362162440684998040907925
361382350535920022556606103564843121929340438987412657778577375306
420522505633447606623518199410821164382171662783920760096203180254
286095186966685228788752671031832625644747311590900838035179255823
697798951829522433471803310215910990502561299959109993832269983497
972896610207312899042816354608756028981491092809284475984977882252
977861676296148418631425059593174849421437921659632209607888066954
045677723551816893010228169279855302652684413549251417729682967559
411871009238730125385455720845817934478981590739230091238688771056
782102709282631092738910038835953497035789946246600313939486472652
579247317963453250946329030236632600545402359075784611002814231173
054211249152876993656413356398853307445098704365767287758815028861
000824639917853392494655157209265046351001774555337939735702368332
724956199985828878942447568454707298640146852125048321165379170301
079074010724489627339605441849125860222351843066459230769666688838
973249427124390488956248285662080348389755975732456215419451491917
103139183046155023841690321151770695013135901335616793915131539348
131248849303080247881636972818746694828915212871163835100628083474
293776811264820386031483755357269911675246714816581148677104831785
767050516152425654992687524056760240093377750836855842714701419045
333285930780899195798003656123435063255467206253258211148987039298
694891968304943138665493441201793593881855894809394347994708916583
393353295829718132203737500822014382319271996318075561173921796672
390430731621260437825359584555131681566228332448567403755001754379
386628055760997352122852558130503068648572804800253617078763157223
261649475760703257222766571705735238210418430377819582656897353593
806859763261993101026780444697487799253447615635915772710407069940
945231929633036991330274811906831023953653640098419032132836114050
115528899033969124755736431550431212481404257795356668939296355295
941888911620102204739367853584201936534593045307361172151788593258
362652947994588726452969565042127286747421218273652317717408803699
088229246811222517488044418070799318427317439338559829959942603708
013601811078445481978986818168743270394789394913433453543335553119
169852493671784934093583284987480744543674615332026301448992604160
560804764946282578395518337413362127824369573927235535301964157792
857638544077374754487916496944000981095253094058072164921735042365
868830090566604750231525385165759673004180182314295624021620251721
694617383562447439213609049657552235287014044902053832726759023996
581666226965319146885470403717221402855401944213784105421133787282
680612661415254581011880059604124448707037979162972322031745981450
314182508153781644556796736791135329936931867629741296206806556198
033250759806124494063762871581975539952857500699556616913415554013
029747385261844950523265382387712299249238813358647229497653386933
641007974133612868724822050342922853608416021397569217279681807983
617597299633203279732786216371548577306400461234761279508754571455
083201816362595568213986468379849963849923006443736724705605929791
428338801495509663380016085071262057250046205784036303701457496995
388154657177959118571513050305801909191750696475527332191047470994
955666196406014598683238102632515639945498292632132801053716024688
421451774569943877638038260312520340115632872677503744286308241906
346823708648592291641211713107348353558432957079329867510605918367
889999139433262676798361514563116412717640093972777116892774496026

447313986470790210619878786765350077322254170662086843375722574127
080607248618406819211743505624283097240498228293210529293267812301
392212253255055392511441832384179984329912184554875931598601750279
477553443420601929445481338735446275205750385555248216458171893327
508420942966073814236056156484851201663721148909451467166809308886
818715937767241650979658375835139823893581122212390051089662540232
832500690018039540923921709485140708012587075370677753943798837758
935629656085679037430296983266109437743958321414554994164278640931
105327468672613468606582930590603670031852634496235256199757871531
419873204067388112910649581264776397633602751030311485326140455550
599458468541475647160386822187326784225506048964057802090742627609
528941466544157503707900628411024371544080379874772282169862583225
492265858750637830926039766456846526882801649309931925092734667351
480957787227970839176284909787634200281373869324109615332117828245
377510851042874528681724754105932862838693874028342379319042042598
563328640404090010481408246351653454420802499340415757410411126588
617968636990193870114191363523822176864688121725906092894445670917
146121138167058788614316062637820791065067439703121429137990408115
769674667737766632902334076889038427962114039493581972865872612114
802629568007096941331110668648494794194334302905027255512792068102
345496755737892626602099270003699905828758740156328266081370747538
169049386393318265599141856725274241662070759017763457278914305769
901377480175657398690762454717120025081393601788333962463775955831
463412787544861131490673803323637216842450714188245896759896974084
661768415816831731782787397392210987913986643199699507675080321828
913275691084745619006501153130677732925835614926142132377163768232
092139301002461679439746378862958714521865387404182355859155108181
993058431758421930066621240550121543415335728640783269271995536968
733172135884967122201378534667949246788500503672201675623746118087
781494162972233365127365379040549825575298138084505617654495995010
478087229655586898605318400918555731540060129721021384798368103657
106308507443779257093887652787639362407448643075725355391546352222
053564688853661759803377143028005484468451470889465915059007669095
689037315581991026473662218406888020049383081137752540020664346829
795743775521428357051630519368900228390974959040781776305925814791
072267040943215377470020289183968470288848118629772023972108987914
635057828165054581612519450659317723599413922376881760522668645065
450264181320606913799801310218416859343271498002082248806406289363
626527280921168161480660859277760567391511230662954831868656429508
329419648435464219626545849850923645907744897350992248718631764126
437837333278907301138952139793006200807003536923354249146783807256
624783092958038289997339212314856890038903012985840913956714187489
426533564447108026838549986133235112166001440274744333189061892329
865338907674599742963626950379808084261005498853385315742572117994
817559674559065450745852496534689711519592241248470473082028988285
915407908625796407392235759582368795231599403908149319334828861892
862858067447605014501327550680998007613080119187729124100559138970
240187767083268157572207944424003242311574695213066398716338545700
167777682685318021860165631222052543071320228469074705016380948993
146143092719820356655185575700187367967429935916173593709543756003
844321772981619863442732001560274500189493847703853004813788170003
759047873641147650312302897379972517454186441121267536138173469654
756356205204871292225223697660464764044808724962666881977891106916
672058642599238055987060229508003922348318661244258709104936026453
485813513731367532047240857158320839984978339629625398500487796501
385564671279284951399343474167750874979129357724508673475242675112
233409139035679308048151185840644068826954723684746248342778859824
534114649422599177620699596821149460257833743354862563901814179756

959119671025042414697480073209868979663083891528162909700558228148
845600937883163872849039355353274186197967980384570552613748755989
867954100617038732849496019179938603435495880528346817036857627169
014443727938565498979872533042704132103691555825601849464683730268
549763959202161499878489385935511282345418984788482384224550182280
707182422153938153655330299439546761001390184157763315399637686784
688652303641631719088778569756555103393056548172497204095784313218
269251392418779946007798972870051951889281156740499911388975628537
202033321144819022849199254512062907872358215359075513596686768273
521029887569649366415810315135680426574253711141703635243361260779
549831683486218578072101057612905144510307047996550554485463407827
496956178843439159870965876459396042088007578992985843693142394283
204648207188296762113236794011074813370219569367740302747253629502
249752054455009671240100358832512256908650419275998025864143306925
178173543303935996504704431693885306849511803543021965264068002093
072936405430877850317327803538069632661766577590119561101886225956
447897002604698024341880467463078264162293205745446364927478152624
194662931361968248080867122628878593068519454679634886507667052712
383929793448442617641336693907775860261769176846975809188187733645
999146193052613045866708653979213551704766262649796103331894948632
923889333185182524738148363094986947779321784776510200174923033297
090035164448049338398578395941895634226037954830370089077270739501
891592829357548408102255630912302586180737225825874652467523921536
075560094573320169043414748163245427223347557365640648907231142446
073457786681961331932610439999325732331611862023683997139366705582
051314049068844824975786069944500282914570994143805302083404110209
592317190836227253823482154325292716070032477172982894981800854272
169866212649313857063243171577872834034848163015931806290432586756
493965725254102855279928039513746762886482175110427317368132950439
256105115105239805015629847976198082876254390077499400775366010968
918164974976969936402660591739451506372548548211105651183355616042
580256196883490321634361484952411913739887917694960262626594774247
690902468551450970376155261585594147608050512143885011123991395810
076765521937083117797184821884256636015271216826128909917127725048
968287064652338796187901861456446235489954283488980811247404839361
695862925309891836629406863857404576333658294925689081766736623940
375438888447038937982186125170440976870007606712913944418429059122
559350439747910433953099935249297682852133978192594812797425767194
264247895891561070262345824770614079567076564938629711994392647945
996937182289749896447365388856577394536518432396134193563480244279
244235054792993323130291746442683520685719516221365796295672718138
629005756625362835607062708219532675161086840134709672384697009852
305469137511101102530678519905548573994279498976449669243877904671
062369290439068454360132894946309005852342595715207432145411071470
366742685264908983537548614347847610857875776941076139649368489244
201087106852826637571560543790327645094257775682890435875728722907
980390610738805679321769138801446509895300908082286299029495808419
530969388072520331256089542875731581502911540885062607472615532883
166046864895449027097535061629301238161575080291363181708843901414
266824628691592221525591187682062419550242556210518662925583367959
973893987337215851280746269130356403126842830155594619763931196300
428667900756343508556273907869042914898600082765783471175068518022
095599515276221861494811928705033344459477035573174113775262148686
421839550035336435332506924717956226194044699379911813418250007691
137998451137769983886379289205091661305561519369825297538758326706
388356474283154711953699576039306002232386610212044851051485894071
834317295107864543085265435213957354160607465637971372399694999662
046152254990271537798043305191945049199765528806295570892481981139

06212886811995261127840486097479833744530743609462732202456948724611220261317887610483867427884554283379210592427683050277450858125241934639056538351489805664144648499972266963828363263202526200639560289616287284362170816614989022808631386570109844121600152218004171013081992134546075152450317862600611155699180762366077001301418534585994398151114789928746512450441946610394995417785452363641163545308532010489685292523036303414683515786650725236596667950296432625292510125336568073096052220496505834237248263407074727729212187751028541322940741519939027760840197253580809324157556342752244893729425335308832934541161359482734060881315067672945970413901158550798924615247976113546422269432658889653862471797874387877108909402745941900192148478049066617274161123938260111860546911178196616401065685227830112471207924248298698773233519715903334213434217391692458630504688552482168379379843597624087634110904519730475898402659587282746725626627555132425076564734757860631541786140231901174774301074337482402847737753140637829689691865652757955142997201528228205128385984531749908376524475565593841534184647234882176902003361410465017813644634825668042662194916147323634575709523748704205370526633990698346088191817780198547470335565959609893054301199235806314933786528622001379817644769422818883747115156239682713

www.ingramcontent.com/pod-product-compliance
Lightning Source LLC
Chambersburg PA
CBHW071341210326
41597CB00015B/1530